深圳市专志系列丛书

深圳市气象志

Shenzhen Shi Qixiang Zhi

《深圳市气象志》编纂委员会

内容简介

本书是一部深圳气象专业志。全书共分十章，第一至六章对深圳气象行业体制机制、机构人员、业务服务、科技创新等进行了记述，系统介绍了深圳气象事业发展的演变过程；第七至十章全面总结了深圳市气候变化特征和灾害性天气特点，梳理了历年影响深圳的重大灾害性天气气候事件。全书内容全面、资料可靠，具有较好的"资治、教化、存史"作用。

本书可供党政部门、气象及防灾减灾相关行业、史志研究等人员阅读参考。

图书在版编目（CIP）数据

深圳市气象志 /《深圳市气象志》编纂委员会编
.—北京：气象出版社，2020.12
ISBN 978-7-5029-7372-8

Ⅰ.①深…　Ⅱ.①深…　Ⅲ.①气象—工作概况—深圳
Ⅳ.① P468.265.3

中国版本图书馆 CIP 数据核字（2020）第 267755 号

ISBN 978-7-5029-7372-8

深圳市气象志

《深圳市气象志》编纂委员会　编

出版发行：气象出版社
地　　址：北京市海淀区中关村南大街 46 号　　**邮政编码**：100081
电　　话：010-68407112（总编室）　010-68408042（发行部）
网　　址：http://www.qxcbs.com　　**E-mail**：qxcbs@cma.gov.cn
责任编辑：蔺学东　　**终　　审**：吴晓鹏
责任校对：张硕杰　　**责任技编**：赵相宁
封面设计：博雅锦
印　　刷：北京地大彩印有限公司
开　　本：889 mm×1194 mm　1/16　　**印　　张**：19
字　　数：660 千字　　**插　　页**：18
版　　次：2020 年 12 月第 1 版　　**印　　次**：2020 年 12 月第 1 次印刷
定　　价：268.00 元

◀1991 年 2 月 7 日，国家气象局局长邹竞蒙（右二）视察深圳市气象台

▶1992 年 12 月 4 日，中国科学院院士、中国气象学会理事长叶笃正先生（右二）在深圳市气象台参观指导气象工作

◀1999 年 10 月 6 日，广东省气象局副局长余勇（左二）陪同香港天文台台长林鸿玺（左三）在深圳市气象台参观指导

▶2005 年 3 月，中国气象局局长秦大河（左二）视察深圳气象灾害预警雷达建设

◀ 2007 年 11 月 4 日，中国气象局局长郑国光（左三）一行参观深圳市气象局新办公大楼

▶ 2010 年 1 月 19 日，中国气象局副局长沈晓农（右三）视察西涌天文观测基地

◀ 2011 年 7 月 4 日，广东省委常委、深圳市委书记王荣（左二）在市气象局调研指导气象工作

▶ 2012 年 4 月 2 日，中国工程院院士陈联寿（左四）率队视察指导深圳市气象局工作

◀ 2012 年 9 月 4—5 日，中国气象局副局长于新文（前排左二）一行在市气象局调研指导工作

▶ 2016 年 11 月 7 日，深圳市常务副市长张虎（右二）在市气象局调研气象工作

2017 年 5 月 20 日，中国气象局局长刘雅鸣（前排左二）在市气象局调研指导深圳气象工作

2018 年 3 月 27 日，深圳市副市长黄敏（左五）率队检查深圳气象灾害防御准备工作

2019 年 10 月 15—16 日，中国气象局副局长矫梅燕（前排左四）率队来深调研指导气象工作，并参观鹏城实验室

▶ 1988 年 3 月 11 日，广东省汛期预报讨论会全体代表在深圳市气象局业务楼前合影，前排左四为广东省气象局局长谢国涛

◀ 1988 年 12 月 4 日，两广珠江水系雷达联防会议代表在深圳市气象台合影留念

▶ 2005 年 12 月，世界气象组织热带气象研究工作组会议在深圳举行

◀2009 年 11 月 19 日，首届深圳应对气候变化论坛在深圳举行

◀2009 年 12 月 12 日，“大运气象论坛”在深圳举行，来自广东省各市气象部门负责人参会

◀2016 年 11 月 13—15 日，第三届风云卫星发展咨询会（ISCC）在深圳市气象局举办，中国气象局局长郑国光（左四）向 ISCC 三位新成员颁发证书

◀ 2017 年 9 月 7 日，第二届中国（深圳）国际气候影视大会召开

► 2017 年 11 月 28 日，《粤港澳大湾区气象发展规划》编制启动会在深圳召开，粤港澳三地气象部门负责人共聚一堂

▲ 2018 年 4 月 18 日，深圳市气象局、南方科技大学和中国科学院深圳先进技术研究院在深圳联合主办第三届中国南方强天气学术研讨会

▲2019 年 4 月 16—18 日，世界气象组织第四届季风强降水研讨会在深圳举行

▲2019 年 12 月 13 日，粤港澳大湾区气象创新发展研讨会在深圳国际创新中心举行

◀ 1991年8月20日，加拿大大气环保部副部长兰古德博士（前排右三）和大气环境局局长道斯威尔女土（前排左三）等来深圳市气象台访问

▶ 1992年10月16日，伊朗代表团访问深圳市气象台

◀ 1993年5月20日，世界气象组织成员国20位国家气象局局长在“锦绣中华”合影

▶ 1995年6月21日，越南气象局 Nguyen Thi Tan Thanh 博士（右二）在深圳市气象台参观留影

▲1995 年 11 月 14 日，台湾气象学会代表团团长陈泰然（右二）率队参观深圳市气象台

▲2006 年 9 月，深圳市气象局局长黄競基一行到俄罗斯、匈牙利气象水文局和香港天文台进行工作交流

▲2006 年 8 月，第十八届非洲之角气候展望论坛中国代表合影，深圳市气象局副局长王延青与大会主席互赠礼物

▲2006 年 8 月，深圳市气象局科技业务人员在美国国家海洋和大气管理局（NOAA）及 Vaisala 公司学习培训

◀2012 年 9 月 14 日，深圳市气象局与美国俄克拉何马大学风暴分析预报中心签署数值天气预报技术合作框架协议

▶2012 年 10 月 24 日，来自十多个发展中国家的 24 名气象灾害早期预警培训班的学员参观气象天文科普大厅

◀ 2015 年 10 月 20 日，世界气象组织（WMO）多国别考察团来深圳市参观交流

▶ 2016 年 11 月 15 日，多国别考察团参观深圳市突发事件预警信息发布中心平台

◀ 2017 年 11 月 2 日，深圳市气象局局长王延青（左一）与美国国家海洋和大气管理局（NOAA）副助理局长马克·佩斯（右一）进行交流

▲2018 年 5—11 月，深圳市气象局、香港天文台与阿里云共同举办天池全球气象 AI 挑战赛

▲2018 年 5 月 23—24 日，美国国家天气局专家在深圳市气象局调研气象灾害防御联动机制

▲1999 年 4 月 24 日，深圳市首次飞机人工增雨作业，深圳市气象局局长张儒林（左五）等在深圳机场与机组人员合影

▲2004 年 6 月，在深圳市气象局召开深圳市气象志愿者成立大会

▲2004 年 7 月 22 日，深圳市气象减灾学会成立，市减灾学会会员合影

▲2005 年 1 月，深圳市防雷协会成立，市防雷协会会员单位在深圳迎宾馆合影

◀ 2008 年 1 月 9 日，深圳市气象局与中国民航深圳空管站合作，共建气象观测基地

▶ 2010 年 9 月 10 日，深圳市气象台西涌天文台揭牌

▲ 2012 年 6 月 28 日，深圳气象事业发展 60 周年纪念日，深圳气象人合影留念

◀ 2012 年 12 月 28 日，深圳市气象局龙岗基地正式启用

▶ 2013 年 11 月 19 日，深圳市气象局与中国联通有限公司深圳分公司举行推动智慧气象建设全面合作签约仪式

◀ 2016 年 11 月 14 日，中国气象局党组书记、局长郑国光（右二），广东省委副书记、深圳市委书记马兴瑞（左二）共同为深圳气象“十三五”规划重点项目启动揭幕

▶ 2017 年 6 月 15 日，深圳市气象局与腾讯公司在腾讯大厦举行战略合作框架协议签约仪式

◀ 2017 年 6 月 27 日，深圳市应急办、市气象局与中国移动深圳分公司、中国联通深圳分公司、中国电信深圳分公司三大通信运营商签订深圳市突发事件预警信息手机短信发布协议

▶ 2017 年 9 月 26 日，深圳市气象局与哈尔滨工业大学（深圳）签订战略合作框架协议

◀ 2017 年 12 月 20 日，深圳市气象局局长王延青带队赴香港中文大学（深圳）暨深圳市大数据研究院调研

▶ 2018 年 8 月 21 日，“智创气象共享与应用平台”正式启用亮相深圳智博会

▶ 2018 年 8 月 21 日，深圳市市长陈如桂（前排左三）在智博会上了解智慧气象建设情况

◀ 2018 年 9 月 19 日，“庆祝改革开放40周年媒体看气象”大型主题宣传活动在深圳启动，30 余家媒体集中报道改革开放 40 年气象事业发展成就

▶ 2019 年 2 月 25 日，深圳市副市长黄敏（左四）参加深圳市气象局正局级单位揭牌仪式后与局领导班子合影

◀ 2019 年 7 月 5 日，深圳市气象局在市三防指挥中心开展气象灾害应急演练

▲1999 年 3 月 23 日“世界气象日”，深圳市气象局在深圳书城设点宣传

▲2008 年 3 月 23 日“世界气象日”，200 多名深圳市民参观深圳气象雷达塔

▲2009 年 9 月 20 日，参加“气象——让气候变暖缓下来”活动的市民了解人工影响天气火箭（练习弹）装载与模拟发射流程

▲2010 年 3 月 21 日，“世界气象日”前夕，参与深圳市气象局组织的“风云之旅”活动的市民合影留念

▲2012 年 3 月 17 日，参加深圳市气象局开展“天气、气候和水为未来增添动力”开放日活动的市民

▲2012 年 3 月 23 日，深圳市气象局副局长毛夏（右一）做客深圳电台 89.8 频道《民心桥》栏目

◀2014年3月17日，纪念世界气象日暨气象减灾知识进校园活动走进竹林小学，图为小学生自编自演的节目《二十四节气》

▶2018年11月1日，“深圳天气”政务抖音号荣获2018年十大优质政务抖音号

◀2019年3月23日，深圳市气象局联合电台89.8频道推出“世界气象日”访谈节目——《气象让城市更安全更美好》，市气象局局长王延青（右一）现场接受电台节目主持人采访

◀ 1994 年 7 月 22 日，深圳市首次发布暴雨预警信号

▶ 1999 年 11 月 18 日，深圳市气象局“影视中心”电视天气预报节目首次开播，主持人马妮正在播报天气

◀ 2006 年，预报员每天在深圳都市频道的直播连线节目《第一现场》中播报天气

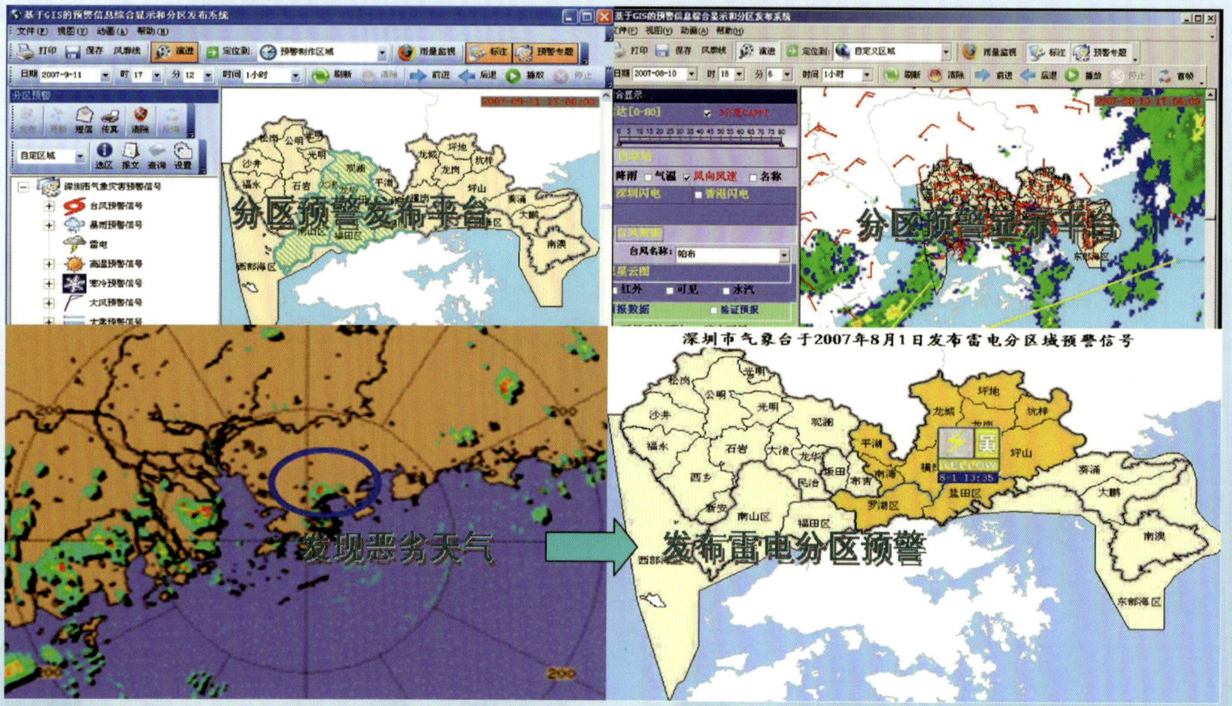

▲ 2007 年 7 月 18 日，深圳市气象台开始发布以街道为最小单元的气象灾害分区预警

▶ 2011 年 7 月 29 日，深圳市政府举行大运气象服务专题发布会

◀ 2011 年 8 月 12 日，大运气象频道直播第 26 届世界大学生夏季运动会开幕式气象保障和天气情况

▲2011 年 8 月 24 日，深圳大运气象保障服务总结表彰大会全体合影留念

◀2014 年 12 月 2 日，深圳地铁集团总工陈湘（右三）一行向深圳市气象局局长王延青(左四）送锦旗，以感谢市气象局热情周到、优质高效的服务

▶2014 年 12 月 23 日，深圳市海钓爱好者代表向深圳市气象局赠送锦旗，感谢气象局的优质服务

◀2016 年 1 月 2 日—2 月 5 日，深圳市气象局为光明新区滑坡事故现场救援提供应急气象保障，图为保障人员合影留念

◀2017 年 7 月 23—29 日，深圳市气象局圆满完成第 19 届国际植物学大会气象保障任务

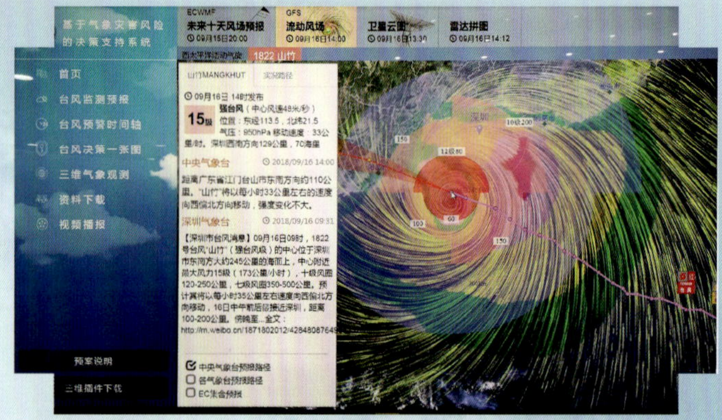

▶2018 年 9 月 15 日，深圳市气象局发布台风红色预警信号，迎战 1983 年以来影响深圳最严重台风“山竹”

◀2018 年 9 月 16 日，市气象局局长王延青（右一）和副局长兰红平（右二）在市三防指挥部向市长陈如桂（左四）汇报台风“山竹”动态，做好气象服务保障

▶2019 年，推出深圳首档气象天文科普《谈天说地》节目

▲1952 年，宝安县气象站建站时的观测场

▲1984 年，深圳市气象台业务楼

▲1987 年 6 月，深圳市气象台观测场

▲1987 年 6 月，深圳市气象台业务楼和观测场

▲1988 年 11 月 7 日，中央列岛风自动观测站

▲2008 年 9 月 26 日，深圳市防灾预警气象雷达塔和竹子林国家基本观测站建成启用

▲ 2009 年 11 月 30 日，深圳特区成立 30 周年十大民生工程之一的西涌天文台建成启用

▲ 2017 年 1 月 13 日，深圳气象观测梯度塔正式建成交付使用

▲ 2008 年建成启用的求雨坛新一代双偏振天气雷达综合观测基地

◀ 细丫岛海洋气象观测基地

◀ 20 世纪 80 年代，深圳市气象台气象观测风向、风速记录仪

▶ 20 世纪 80 年代，深圳市气象台气象警报接收机

◀ 20 世纪 80 年代，深圳市气象台气象通信接收机

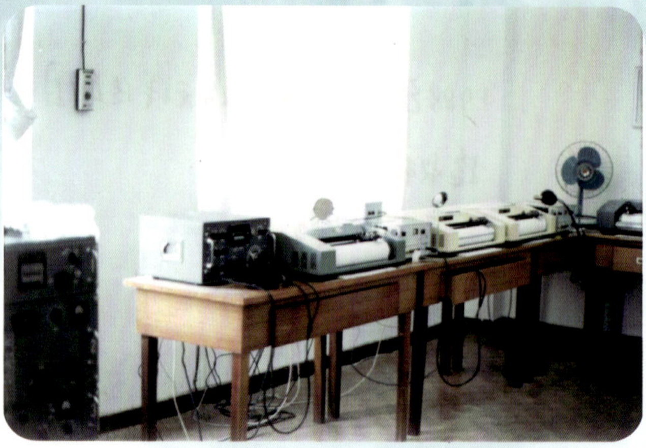

▶ 20 世纪 80 年代，深圳市气象台无线传真图接收机

▲ 20 世纪 80 年代，深圳市气象台 711 雷达天线

▲ 20 世纪 80 年代，深圳市气象台气象观测风向标、风杯仪

◀ 20 世纪 80 年代，深圳市气象台无线传真图接收天线

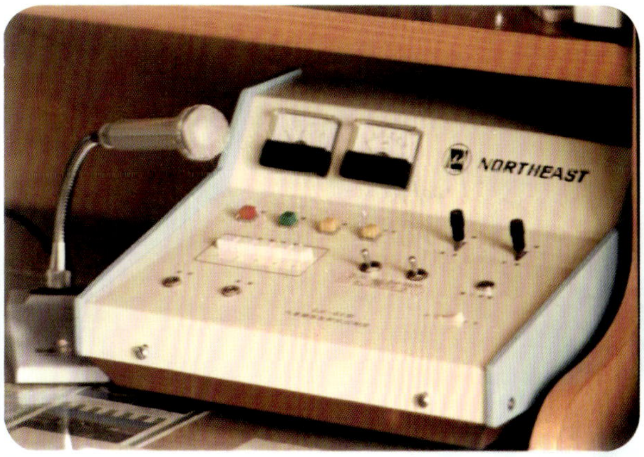

▶ 20 世纪 80 年代，深圳市气象台 711 雷达室内操作台

◀ 20 世纪 80 年代，深圳市气象台雷达监测联防用对讲机

▶ 20 世纪 80 年代，深圳市气象台自动气象站观测仪

▲ 20 世纪 80 年代，中央列岛自动气象站测风自记仪

▲ 20 世纪 90 年代初期的卫星接收器室外天线

▲ 20 世纪 90 年代初期的自动气象站

《深圳市气象志》编纂委员会

主　　任　张儒林（1998 年 5 月—2003 年 5 月）
　　　　　黄競基（2003 年 5 月—2009 年 11 月）
　　　　　王延青（2009 年 11 月—）

副 主 任　毛　夏　兰红平　张刚扬

委　　员（按姓氏笔画排序）
　　　　　李新硕　江　崟　刘　源　刘东华
　　　　　罗华明　罗红艳　邱宗旭

《深圳市气象志》编纂人员

主　　编　罗华明

副 主 编　张小丽　唐　历

编 纂 室（按姓氏笔画排序）
　　　　　王明洁　李沛奕　杨　琳　梁碧玲　黄晓君

撰稿人员（按姓氏笔画排序）

　　　　　深圳市气象局：丁钰琳　力　梅　王书欣　王炳坤　叶汶华
　　　　　朱小雅　邬　明　刘　敏　孙石阳　孙晓铃
　　　　　李明华　李宪送　李　辉　吴亚玲　邱胜军
　　　　　邱容生　何宇华　余吉祥　张立杰　张　丽
　　　　　张　莉　张　蕾　陈丹心　陈丹青　陈申鹏
　　　　　林　逸　罗　鸣　郑　慧　胡　娟　胡媛媛
　　　　　药　蕾　钟保粦　饶华炎　贺佳佳　徐文文
　　　　　徐希珺　高瑞泉　黄良元　梅　林　曹春燕
　　　　　谢小敏　谢　坤　鄢玉荣　谭明艳　谭　徽
　　　　　潘若阳　戴劭怡　魏启梅

　　　　　宝安机场：杨建宇　黄伟杰　赖伟权

　　　　　直升机场：陈克宝

审　　定　深圳市史志办公室

前 言

大潮起珠江，改革促发展，深圳气象事业68年（1952—2019年）的发展历程，是深圳特区沧海桑田的一个缩影，她与深圳城市发展同步，与“深圳速度”匹配，从一个“小渔村”气象站成为今天城市气象服务的品牌和样板，不仅是全国气象现代化和改革发展的成功试验区，更充分体现了一代代特区气象人“敢为人先，勇立潮头”的时代精神。今年适逢深圳改革开放40周年，在2009年编撰出版的《深圳市气象志》基础上进一步补充修编，让每一个时代的脚步都留下印记，让特区精神永远激励后人，是气象人献给特区40周年的最好礼物，可喜可贺。

我们不能忘记，新中国成立初期，百业待兴，1952年的夏天，深圳气象的前身宝安县气象站就是从6个人、几间平房、几个百叶箱成为气象艰苦创业的初始。拓荒者们头戴草笠，身披雨蓑，一年四季、昼夜不断地记录着冷暖风雨的点点滴滴，无论狂风骤雨、电闪雷鸣，他们锲而不舍，用满腔热血和科学精神守卫着头顶这片天空。他们肩负着经济建设和国防建设、保护人民生命和财产安全的使命，一组组宝贵的数据不仅仅及时服务于百姓，更成为当今气象大数据重要的组成部分，成为研究深圳气候变化和城市发展规划不可或缺的数据。纵使在观测仪器简陋、资料稀少的年代，他们仍然不忘初心，殚精竭虑地做好气象保障服务工作，如为飞机造林和人工（高炮）增雨作业进行现场气象服务，一份份天气预报为防灾减灾做出了不可磨灭的贡献。他们还积极组织气候调查，编写《宝安县气象志》，为今天撰写修编《深圳市气象志》奠定了基础。

我们欣喜看到，改革开放的春风为特区气象事业发展带来了重大转折机遇。伴随着特区快速发展的脚步，气象人开始了新一轮的创业。从人工气象向数字气象时代的跨越，从简单服务到综合服务的转变，是深圳气象人用科学态度和拼搏精神创造出来的成果。那一个个的“率先”，展示了气象人奋发有为、只争朝夕的创业精神：1983年建成了由计算机、传真机、单边带对讲机、高频电话组成的“三机一网”；1990年建成第一条省市微波气象通信专线，远程图形图像工作站投入试用，来自省级的卫星云图、雷达图等气象监测数据大大增加；1994年率先发布台风暴雨预警信号，为全国树立了气象灾害预警信号发布样板；1998年建设了首个闪电定位网，实现全天候监测雷电发生地点、时间、次数；1999年由40多个自动气象观测站组成的每小时观测站网通过中国气象局验收，成为全国首个投入业务化的自动气象站系统，等等，这些气象现代化设备的率先建成，是新世纪深圳气象现代化再上台阶的坚强基石。

我们十分振奋，世纪跨越，深圳气象进入了快速发展的通道。增创优势、砥砺前行是新世纪气象人的担当。气象部门接连升格为市政府直属事业单位、市政府组成部门，使气象在日新月异的科技信息时代有了更加广阔的发展空间。2006年气象多普勒雷达的建成投入使用，完成每分钟一次高密度观测采集的50多个6要素地面自动气象站建设等，标志着精细化气象服务的启航。至2010年，全市已建成包括雷达、136个气象自动观测站、3部风廓线仪、闪电定位仪系统、GPS水汽观测仪、移动观测车等气象遥感遥测设备组成的综合立体气象监测系统，监测平均水平分辨率3.5千米 ×3.5千米。与此同时，2007年率先推出精细至街道的气象灾害分区预警，并推动以预警信号为先导的部门联动、社会响应机制，形成了以“政府组织、预警先导、部门联动、社会响应”的气象防灾减灾体系，使气象灾害预警信号成为全社会启动防御气象灾害的“指挥棒”和“消息树”。在2008年“6·13”罕见特大暴雨、异常南方雨雪冰冻天气、2009年登陆深圳的“莫拉菲”强台风等历次重大灾害性天气预报服务中发挥了显著作用，实现了重大气象灾害无重大伤亡的良好成绩。

我们更加欣慰，从“十二五”到“十三五”，气象人更是以“走在前列，当好窗口”为己任，以海纳百川、兼容并蓄的开放精神，引进吸收国内外最先进的气象和相关领域科学技术，以转型升级、创新发展的主动实现腾笼换鸟、凤凰涅槃。2011年圆满完成了第26届世界大学生夏季运动会的气象保障服务，被中国气象局列为大城市精细化气象服务的“深圳模式”在全国推广。亚洲第一高的365米气象观测梯度塔拔地而起，新一代气象多普勒雷达、多源数据并行处理平台（新一代气象超算）、智慧气象服务系统等重大工程建成使用，地面自动气象站个数达到243个，站网分辨率3.1千米 ×3.1千米，构建了集约智能的现代气象业务和协同高效的防灾减灾体系，使气象在服务城市、服务民生、服务经济中取得了显著成效，对35年来影响深圳最严重的2018年超强台风“山竹”的精准预警预报服务是最好的例证。深圳气象还获得了连续7年在全省气象现代化考评和公众气象服务满意度调查中蝉联第一的好成绩。2019年粤港澳大湾区气象监测预警预报中心（深圳气象创新研究院）落地深圳运行、深圳市国家气候观象台首批晋级国家队等，更为深圳气象未来的可持续发展奠定了坚实的基础。

我们充满信心，在中央赋予深圳建设中国特色社会主义先行示范区的今天，气象也迎来了新机遇和新挑战，我们相信，深圳气象人将会拿出新时代的新担当、新作为，推动气象工作开创新局面、再创新优势、铸造新辉煌。

编　者

2020年6月

出版说明

《深圳市志·气象志》是一部记载深圳市气象事业发展演变、气候资源、灾害性天气宏观变化的综合性志书。

气象是地球大气中所发生的各种时间尺度和空间尺度的现象。人类生活在地球大气之中，其生命、生活和活动无不受气象条件的制约。故自人类有文字记载历史事件以来，气象便成为常见的记载内容之一。历史上各时期的史志均有天气灾害、特殊天气现象和天气预测经验等内容的记述，且越到近代，记载越详细。记述内容也由地理风土的属性逐渐转向气象学的属性，气象学的内容已经成为修志的重要组成部分。但由于史料的散失，过去的记载并不能反映历史上气象灾害的全貌。

《深圳市志·气象志》综合记述了深圳气候变迁、气候资源及主要气候特征和灾害，概述了深圳气象事业发展的沿革和现状，力求较好地反映深圳气象事业的情况，为深圳市国民经济建设以及和谐社会的构建、发展服务。

《深圳市志·气象志》从深圳市气象事业的总体出发，记事上至宋代的灾害性天气，下限断至 2019 年 12 月 31 日。本着详今略古的原则，重点记述 1952 年 7 月建立宝安县气象站以后的史实。也收集了宝安机场的气象业务发展情况，并列入志书中。

为合理利用气候资源，有效地防灾减灾，用了较多的篇幅总结归纳了深圳市的气候资源分布、灾害性天气出现规律以及气候变化等内容。

《深圳市志·气象志》主要参考资料为《中国气象史》《广东省志·自然灾害志》《广东省志·气象志》《新安县志（清康熙）》《新安县志（清嘉庆）》《宝安县志》《深圳市宝安县农业自然资源与区划》《宝安县水务志》等。录入公元 975 年后的重大气候事件和《新安县志（清康熙）》《新安县志（清嘉庆）》中的有关气候描述。气候标准参考广东省气象局的气候标准。

凡　例

一、本志以马克思列宁主义、毛泽东思想、邓小平理论、“三个代表”重要思想、科学发展观及习近平新时代中国特色社会主义思想为指导，坚持解放思想、实事求是的思想路线，运用现代科学理论和方法，全面真实地反映深圳市气象事业的历史与现状。

二、本志记事上限起于1952年5月筹建宝安县气象站，建置沿革和某些源远流长之大事适当上溯至事物的发端；下限断至2019年12月31日。

三、本志记述范围大致以2019年底深圳市行政区划为界，记述重点为深圳经济特区。由于天气系统和所产生的天气现象的特殊性以及行政区界的历史变迁等，有些气象灾害记述范围超出现在的深圳市行政区界。

四、本志述、志、记、图、表、录，诸体并用，以志为主。全志根据科学分类和社会分工实际，力求突出时代特征和地方特色。一般设章、节、目三个层次，标明题目，依次统辖，章下设无题小序。

五、本志采用语体文、记述体。使用的文字、标点、数字、计量单位等均按国家规定的统一标准书写。图表以3个字码表示章序、节序、表序（如表“1–1–2”即为第一章第一节第二个表）。

六、历史纪年：民国前采用历史纪年并括注公元纪年；民国后一律用公元纪年。志书中所使用的年代，凡未注明的，均指20世纪。志中“新中国成立前（后）”指“中华人民共和国成立前（后）”；“建市前（后）”指“深圳市建立前（后）”，以1979年1月23日为界；“建特区前（后）”指“深圳经济特区建立前（后）”，以1980年8月26日为界。使用“解放前（后）”时，特指“1949年10月19日宝安县解放前（后）”。为区别撤县建市前的宝安县，1981年10月复置的宝安县称“市辖宝安县”。

七、本志大事记以编年体为主，辅以纪事体。

八、行文涉及政区、机构、会议、文件、职衔等，均依当时称谓，一般采用全称，名称较长且重复出现者用简称。志中凡称市委、市政府，区委、区政府，均指中国共产党深圳市委员会、深圳市人民政府，中国共产党深圳市某区委员会、深圳市某区人民政府；凡称省委、省政府，均指中国共产党广东省委员会、广东省人民政府。凡称市气象局，均指深圳市气象局（台）。

九、本志资料来源于重要文献、档案、报刊、书籍、口碑及实地调查等，所用资料均经修志部门考证、核实。除古籍和重要引文外，一般不注明出处。注释采用页下脚注。统计数据一般采用市统计局公布的数据，统计部门缺乏的，采用行业（部门）正式提供的数据。

目　录

概　述

第一节　地理与气候

深圳地域，夏、商、周三代为百越地，秦代属南海郡番禺县地。东晋咸和六年（331 年）宝安建县，唐至德二年（公元 757 年）宝安县治迁往东莞，宝安县也改为东莞县。明万历元年（公元 1573 年）析东莞县置新安县，县治在南头，1914 年因与河南新安县同名复称宝安县。1979 年宝安县改设深圳市。

深圳是中国南部海滨城市，位于北回归线以南，地处广东省南部，珠江口东岸，东临大亚湾和大鹏湾，西濒珠江口和伶仃洋，南边深圳河与香港相联，北部与东莞、惠州两城市接壤，辽阔海域连接南海及太平洋。陆域位置为东经 113° 43′ ～114° 38′，北纬 22° 24′ ～22° 52′。全市总面积为 1997.47 平方千米，呈东西狭长形，地势东南高，西北低，大部分为低丘陵地，间有平缓的台地和阶地丘陵。东南部的大鹏、葵涌主要为低山；中部和西北部主要为丘陵；西南部主要为较大片的滨海冲积平原，平原占陆地面积约 22.1%。海岸线长 260 千米，海域面积 1145 平方千米。2018 年底，深圳户籍人口有 454.7 万，常住人口（含户籍人口）1302.66 万，管理人口超 2000 万。

深圳属亚热带季风气候，长夏短冬，气候温和，日照充足，雨量丰沛。夏季长达 6 个月，春、秋、冬三季气候温暖。年平均气温为 23.0 ℃，1 月平均气温最低，为 15.4 ℃，7 月平均气温最高，达 28.9 ℃。极端最高气温为 38.7 ℃，最低气温为 0.2 ℃。空间平均气温分布呈西高东低，西部大致在 23～24 ℃，东部为 22～23 ℃。最高气温大致呈北高南低，最低气温则呈北低南高分布。年平均降雨量为 1935.8 毫米，空间分布大致自东向西减少，为 1350～2200 毫米。一年中有 86% 的降水出现在 4—9 月，其中第三季度最多，为 928.1 毫米，第一季度最少，仅 144.2 毫米。年日照时数 1837.6 个小时，属日照时数丰富地区，其中 2、3、4 月日照时数较少，在 100 小时左右；7 月份日照时数最多，高达 210 多个小时。年平均风速在 1.6～3.4 米 / 秒，在空间分布上，自东南半岛、南部沿海向西北、东北部丘陵盆地区减小。同时，深圳也是灾害性天气多发区，春季常有低温阴雨、强对流、春旱等，少数年份还可能出现寒潮天气；夏季有热带气旋、暴雨、强雷暴、高温等灾害天气；秋季尽管多秋高气爽的晴好天气，但由于雨水少，蒸发大，常有秋旱发生，一些年份还会出现台风和寒潮天气；冬季雨水稀少，大多数年份都会出现秋冬连旱，寒潮、低温、大风也是这个季节的主要灾害性天气。随着全球气候变暖和城市的快速发展，深圳也呈现出平均气温升高、相对湿度下降、日照时数减少、能见度明显降低的显著趋势，极端天气气候事件频繁发生，强降雨不断出现、台风强度剧烈、高温酷热增多、干旱趋于频繁等，对深圳社会和经济的和谐发展也构成了威胁。

第二节　机构沿革

宝安县气象事业始于 19 世纪中叶。1853 年香港开始有雨量观测，并在宝安设立观测点，这是宝安县境内最早设立的现代气象站点。1883 年香港皇家天文台成立，并从 1884 年开始雨量记录，1885 年开始有完整的气温记录。

宝安县气象站于 1952 年 5 月开始筹建，1952 年 7 月 1 日正式成立，同时开展气象观测业务。1952 年 5 月—1953 年 12 月，为珠江军分区宝安气象站，归中南军区广东武装部建制，受军委气象局与广东武装部双重领导；1954 年 1 月—1958 年 7 月，更名为广东省宝安气象站，根据中央人民政府军事委员会和中央政务院的命令，各级气象组织从军事系统建制转入政府系统建制，受广东省人民委员会气象科领导；1958 年 8 月—1959 年，根据中央和广东省人民委员会的决定，宝安气象站下放为宝安县人民委员会建制，实行地方政府与广东省气象局双重领导，称为广东省宝安县中心气象站；1960 年—1962 年 7 月，宝安县人民委员会设置气象科，将宝安县中心气象站更名为宝安县气象服务站。1962 年 8 月—1968 年 12 月，气象管理体制收回广东省气象局领导。十年“文革”期间，宝安气象工作也受到了较大冲击，所幸极大部分工作人员坚守工作岗位，基本上保持了气象资料的连续，保证了气象服务工作的开展。1969 年 1 月—1970 年 12 月，下放宝安县革命委员会建制领导。1971 年 1 月—1973 年 5 月，中共中央、国务院、中央军委联合通知，气象部门实行军队与地方政府双重领导、以军队领导为主的体制，宝安县气象站为宝安县革命委员会建制，军队领导。1973 年 6 月—1979 年 2 月，中共中央、国务院、中央军委决定气象部门归地方政府建制，宝安县气象站归宝安县革命委员会和广东省气象局双重领导，以宝安县革命委员会领导为主的体制。1979 年宝安县改设深圳市，1980 年 8 月以前机构为县级气象站，特区成立后，经广东省政府批准，于 1980 年 9 月扩建为深圳市气象台，为正处级单位。

党的十一届三中全会以后，特别是改革开放以来，深圳市气象事业进入一个新的发展时期。1982 年 12 月，完成了机构体制的重大调整，明确深圳市气象台的管理体制从以广东省气象局领导为主调整为以深圳市人民政府与广东省气象局双重领导，以深圳市人民政府领导为主。1997 年 7 月，深圳市机构编制主管机关批复，深圳市气象台加挂“深圳市气象局”牌，代表深圳市人民政府主管全市气象工作。2001 年 7 月，经深圳市委批准，调整为市政府直属事业单位，升格为副局级，仍实行局、台合一。2002 年 1 月，经深圳市机构编制委员会批复，赋予行政职能，主管全市气象工作，人员经费等由市财政局全额拨款，业务上接受广东省气象局指导和管理，成为由深圳市政府和广东省气象局双重领导、以深圳市政府领导为主的直属事业单位，内设机构为：办公室、天气预报处、信息网络处、监测减灾处，下设深圳市气象服务中心，加挂“市防雷设施检测所”牌子，经费形式为市财政核补与自筹并存，正处级设置。2004 年 9 月，根据市委、市政府办公厅《关于印发〈深圳市深化行政管理体制改革试点方案实施意见〉的通知》，内设机构调整为副处级设置，内设：办公室、天气预报处、监测网络处、气象减灾处，气象服务中心亦调整为副处级设置。2005 年 5 月，经深圳市机构编制委员会批复，同意成立深圳市气象雷达综合观测站，为气象局直属事业单位。2009 年 9 月，根据中共深圳市委市政府《深圳市人民政府机构改革方案》，成为全市 31 个政府工作部门之一（简称市气象局，挂深圳市气象台牌子），由市人居环境委员会归口联系，主要职能包括气象事业发展规划、气象灾害防御规划、气象行业管理、气象资料共享的管理、气象灾害防御工作管理、公益性气象预报、灾害性天气警报以及与城市环境、自然生态有关的专业气象预报和公共气象服务管理、应急气象保障服务、气象信息传播管理、气候资源的管理和利用、人工影响天气作业与管理、升放气球管理、气象天文科普宣传等。2010 年 1 月 8 日，经市机构编制委员会办公室文件批复，同意市国家气候观象台增加天文观测系统管理功能、增设天文观测部。2016 年，根据《深圳市机构编制委员会办公室关于市气象局有关机构编制问题的批复》，气象预警预报处加挂“深圳市突发事件预警信息发布中心”牌子。2017 年，根据《深圳市机构编制委员会关于市气象局有关机构编制事项的通知》，市气象局由副局级单位升格为正局级单位。2019 年《深圳市机构改革方案》发布，明确市气象局（台）由市政府工作部门调整为市政府直属事业单位。

第三节　业务发展

在深圳市委市政府的直接领导下，在上级业务主管部门的指导下，深圳市气象部门坚持以经济社会发展需求为导向，始终把做好气象防灾减灾工作放在重要位置，着力提高气象工作现代化水平，深圳气象事业取得了长足发展。

20 世纪 80 年代初，深圳气象事业处于起步阶段。建立深圳市气象台后，各项业务逐渐发展，开始利用无线传真机接收国家气象局下发的天气图、云图和数值预报产品，通过抄收气象专业广播电台播发的实况资料、天气形势与气象要素的预报等，气象资料逐渐丰富。同时，深圳市气象台的预报人员也对各种预报工具、预报方法进行了一系列的总结和研究，制作出一批较符合深圳地区的预报工具投入业务使用，取得了较好的预报效果。1986 年，开展了以强对流灾害天气为重点的监测与短时预报服务业务。为迅速准确把预报传输给用户，开展了电话传真（1979 年）、有线电传（1982 年）、甚高频电话（1983 年）和天气警报接收系统（1985 年）等业务。1987 年，气象台新的业务大楼落成，安装了第一部国产 711 气象雷达，为短时天气预报服务提供了条件。

90 年代以来，随着计算机、通信网络技术的发展，深圳气象现代化建设进入快速发展时期。90 年代初，依托于国家和省级的气象信息网络，深圳市气象台成为广东省第一个安装远程气象通信终端的地市级气象台，预报信息量大大增加，可以与省气象局共享信息资源。1995 年，成功研制了气象自动通信系统，并再次对通信网络进行了升级改造，可以及时获取香港 6 分钟一次的多普勒雷达资料，并安装了气象卫星云图接收设备，气象信息资料的获取更加快速。1996 年开始，建立遍布全市的 40 多个自动气象站，于 1999 年通过中国气象局业务验收，成为全国率先投入业务化的自动气象站系统，实现每小时采集雨量、风向、风速和温度四个气象要素，为天气预报提供了中小尺度天气监测信息，增强了信息的及时性和准确性。1997 年，建立了气象卫星综合应用业务系统 VAST 站。1998 年，气象信息综合分析处理系统（MICAPS）正式投入业务使用，不仅可以及时获取常规的地面高空资料，还可以得到国内外数值预报产品及各类加工资料、气象卫星、雷达资料等，在气象资料的获取、处理上实现了完全自动化。1998 年，开始建设闪电定位网，实现全天候监测雷电发生地点、时间、次数。

进入 21 世纪，气象探测技术快速发展。2003 年，改进了气象卫星接收装置，可接收可见光、红外、水汽通道的卫星云图。2005 年，将卫星云图的接收升级到数据接收；建成了第一个地基 GPS 水汽监测点，实时探测深圳上空大气水汽含量的变化。2006 年初，新建的多普勒天气雷达安装调试成功，同年 5 月投入业务试运行，可以探测 460 千米范围内每 6 分钟一次的降雨回波、风场、水汽含量等几十种雷达产品。2006 年 11 月，第一部 Vaisala LAP-3000 风廓线雷达投入业务试运行，可在晴空条件下探测垂直方向 3 千米高度下各层的风场和温度。2006 年，新建 50 多个 6 要素地面自动气象观测站，分布在全市高山、海洋、重点敏感区域等，实现每分钟一次的高密度采集传输。2011 年，多要素气象环境监测站、微波辐射计、激光雨滴谱、龙岗边界层风廓线雷达、大气电场仪等观测设备投入业务试运行，提升了重点区域密集观测能力及边界层垂直探测能力。2012 年，建成细丫岛海洋观测基地、对流层风廓线仪等 30 多个探测设施，全市自动气象站总数增至 161 个，基本实现每个街道都有气象观测覆盖，空间分辨率达 3.5 千米 ×3.5 千米，时间密度达到 1 分钟，在全国副省级城市居领先地位。2018 年 3 月，新一代双偏振天气雷达正式启动业务试运行。截至 2019 年底，由市气象局建设并投入业务运行的站点已达到 243 个，平均空间密度达到 3.1 千米 ×3.1 千米。构建了监测城市气象、海洋气象、环境气象、生态气象等综合气象探测一张网，实现了“气象探测数据三个一”：一分钟数据采集、一分钟内到达预报员桌面、一分钟内通过移动端服务市民。

精密而高效的气象探测和快速的通信网络计算机系统为及时准确分析制作预报提供了必要的基础条件。市气象局从 1985 年引进第一台 IBM 计算机起，到 1990 年 3 月开通广深微波气象专线，再到 2011 年 7 月建成第一代高性能计算机，为数值预报模式和短时临近预警预报等系统运行、气象数据计算和存储奠定了基础。2018 年 11 月第二代高性能计算机又建成试运行，为快速处理海量气象信息、提高气象业务服务效能进一步厚实了基础。截至 2019 年底，已建立了高速畅通的气象通信网络系统，纵向与中国气象局、广东省气象局和香港天文台网络对接，横向与深圳市电子政务中心和市超算中心千兆互通，专线连通移动联通电信三大运营商、决策服务和行业服务部门，内部 10G 裸光纤直连市内六个气象业务基地。

预报制作从 20 世纪 80 年代前简单的分析小范围天气形势、单站要素、天象物象，到 90 年代后综合运用天气学、动力学、统计学对天气图、卫星、雷达各类数值预报产品进行分析应用。2003 年，实现了 MM5 中尺度数值预报模式的本地化运行，提供 48 小时内每隔 3 小时的多种预报产品；开发了预报在线系统，实现了气象信息资料查询分析、预警预报发布、预报流程管理等为一体的无纸化业务运行；开发了预报信息制作发布系统、台风业务系统、面画图系统、台风暴雨评估系统、城市积涝仿真系统、水库蓄水量估测系统等业务服务系统，为提高预报准确率和服务效率提供了有效的帮助。2005 年引进 GRAPES 数值预报模式并实现了本地化。2007 年，市气象局自主开发的“基于 GIS 的气象信息综合显示和分区域预警发布系统”，是市气象局第一个基于地理信息的业务系统。2010 年，临近预报决策支持平台（PONDS）、实时同化预报系统（HAPS）和精细化临近预报网格产品数据库开发完成并投入运行，为服务于 2011 年第 26 届世界大学生夏季运动会（以下简称“大运会”）做好准备。2012 年已建成以数据集成平台、短临预报系统、数值模式单点预报、气象灾害分区预警系统、热带气旋综合业务平台、霾与空气质量平台、精细化预报制作服务平台等七大平台为核心的大城市精细化预报技术支撑体系。2014 年，采用三维变分同化技术，建立了广东省范围的雷达资料快速处理和分析系统。2015 年，用“光流法”技术，解决强度和形状快速变化的局地性雷暴的回波外推问题，对突发性强雷暴天气的短临预报预警能力提升了 7%。同时，构建了天气自动追踪、分级提示、人机交互、快速制作和气候预测评估的从小时到年度的无缝隙天气气候一体化平台，实现了“气象预报的三个一”：一千米网格预报、一小时更新分区逐时预报、一分钟快速发布预警。其中，短时临近预报决策系统、逐时同化预报系统、雷暴尺度集合预报系统作为智能预报业务平台的“三剑客”，有力支撑着深圳精准化天气预警预报业务。

对公众发布天气预报的时效从 20 世纪 80 年代的 2 天预报，发展到 2001 年的 4 天逐日滚动预报，2006 年延伸到 7 天预报，2010 年 5 月又进一步延长至 10 天预报。2000 年前后，开发了与市民生活息息相关的各类气象生活指数预报，如健康天气预报、太阳辐射预报、上下班天气预报、火险天气预报、舒适度预报、行车参考指数、居家气象指数、休闲气象指数等特种气象预报。先后与有关部门联合发布空气质量预报、地质灾害预报、高温中暑等级预报、健康气象预报等。2004 年，根据灾害天气特点和防灾的需要，先后推出了重点时段预报、重大灾害性天气预评估等。预警信号发布从 1994 年的台风、暴雨预警信号，发展到 2001 年的台风、暴雨、高温、寒冷、大风、强雷电 6 种信号，2006 年进一步增加到台风、暴雨、高温、寒冷、大雾、大风、雷电、冰雹、灰霾、干旱、火险 11 种信号，2015 年又增加了地质灾害气象风险预警信号，地域从全市细化到分区（区域、街道），并有效推进了《深圳市气象灾害应急预案》的落实，形成了以“政府组织，预警先导，部门联动，社会响应”为特色的深圳气象防灾减灾体系，气象灾害应急预案与相关部门应急处置预案实现全面对接。气候业务从简单的气候预测、气候分析评估等发展到建立了与天气一体化的气候监测业务、以风险为导向的气候预测服务和以城市为核心的生态气候研究，开展了一系列卓有成效的研究和决策服务。同时，防雷减灾、气球管理、人工影响天气等业务也在 2003 年后得到蓬勃发展，并随着政府公共服务改革的不断深入，按照政府机构改革和深化“放管服”改革的要求，通过“互联网 + 政务服务”，不断优化审批业务流程，梳理编制了气象行政审批权责清单、行政权力和公共服务事项，截至 2019 年，权责清单由最初的 86 项精简至 44 项，审批事项“即来即办”率达 75%，实现了气象科普活动的“秒批”办理。气象公共服务产品达到 7 类 68 项，服务渠道达 12 类 32 种。

在加快气象现代化建设、丰富预报服务产品的同时，气象公共服务体系也得到不断健全和发展，信息传播渠道丰富多样，气象服务覆盖面不断拓宽。20 世纪 80 年代，天气预报传播仅限于个别广播电台、电视台，90 年代末开始，传播渠道有了快速的发展。1997 年开通 121 电话天气预报答询系统，2003 年由 120 路中继线扩充为 240 路。1998 年 5 月，第一代气象预警信息分发服务系统开发成功，实现了预警传真信息快速分发。1999 年 11 月，开始推出“气象小姐”播出的气象影视节目。2005 年，预警信息短信通报系统投入业务运行，预警信息短信发送能力最高达 200 条 / 秒，直接向政府各级部门、公安边防、教育系统等几千名防灾责任人提供气象预警短信息；实现电视、电台全频道全频率播发气象预报预警信息；各大报纸均开设了气象专栏专版。2006 年，推出了政府气象信息服务网站，改造了公众气象服务网站，气象信息量大幅度增加。2013 年还推出台风预警信号预发布服务，对涉及停课、停工的台风黄色、橙色和红色预警提前 2 小时预告。2015 年市突发事件预警信息发布中心正式启用，预警发布平台实现了与国家、省级的纵向对接，联通了全市所有 10 个（新）区、15 个部门的自然灾害、公共卫生和事故灾难等 22 类 39 项公共安全信息发布链条，可以一键式 3 分钟内完成新媒体与传统媒体的全渠道信息发布。2019 年，气象信息发布实现了“三个一”：一键式全渠道发布、一千米微区域精准发布、一平台贯通纵向横向。手机短信全网发布时效从原来 8～9 小时提升至 2 小时内完成，覆盖异地漫游用户，并通过对重点风险区手机用户信息的实时动态分析，可实施分辨率 1 千米微区域定向发布。同时，建成了“深圳天气”微信、微博、手机客户端的“两微一端”随身气象台，是深受市民喜爱的互联网 + 气象服务“三剑客”。通过“两微一端”，市民可通过自动定位获取精细到街道的定点定时定量预报，可自行定制所需的预警预报服务，可获知全国 3000 多个城市、全球 6000 多个城市天气预报，可与值班预报员实时互动交流。

第四节　科技创新

气象是科技型、基础性社会公益事业，科技创新是推动深圳气象事业发展的核心动力。20 世纪 80—90 年代，市气象局自主研发自动气象观测仪器，使得 1999 年深圳的自动气象站网率先于全国通过中国气象局的业务化验收。2007 年，依托于自主研发的“基于 GIS 的气象信息综合显示和分区域预警发布系统”，深圳率先开展了精细到街道的气象灾害分区预警。2009 年，集成创新的“基于边界识别追踪技术的雷暴云团的临近预报方法和系统”获得国家发明专利，成为强天气预警的重要核心技术在业务中广泛应用。21 世纪 10 年代以来，更是以需求为导向，广泛开展合作，吸引社会力量共同参与气象科技创新，依托多学科融合技术，持续开展气象科技研发，取得了近百项科技成果，95% 以上的成果转化为业务服务应用。形成了支撑深圳气象精细化预报服务的智能预报服务平台、短时临近预报决策平台、分区预警系统、数值预报系统、台风预报系统等十大业务系统，以及支撑气象行政服务的气象灾害预警联动协同化平台、防雷安全管理监察平台等五个管理平台，有效提升了智慧气象服务能力。在气象科技工作的组织管理上，从 2005 年组建第一个市气象局科技攻关小组，到 2014 年创建“深圳南方强天气研究重点实验室”，再到联合国内外高校、科研院所、高新企业等社会力量形成的气象科技主力军，通过引进、消化、吸收、集成、再创新，形成了科研 – 业务 – 服务的良性循环，深圳气象科技自主创新能力和核心技术水平得到明显提升。业务科技人员的科研能力和科学素养也跨上了新高度，从 21 世纪 00 年代仅能申请到市厅级科技项目，到近年获得多项国家自然科学基金项目、国家科技部项目、省部级科技项目等，气象科技的不断创新发展，为深圳气象现代化发展注入了活力。

第五节　人员队伍

气象事业的不断发展，不仅要求气象队伍不断壮大，而且要求人员队伍素质要不断提高，结构上不断优化。在人才的使用上，坚持以人为本、加强培训、充实引进、提高素质的原则，有计划地引进了一批高学历和高素质人才。另一方面，积极抓好精神文明建设、学历教育、业务培训等，由此促进全市气象部门人员结构不断优化，队伍的政治素质和业务素质有较大的提高。截至 2019 年底，市气象局在职职工有 157 人，其中，博士学历 9 人，硕士学历 31 人，本科及以上学历共 137 人，占全部人员比例的 91%；高级以上专业技术职称人员 32 人，其中正研级专业技术职称人员 4 人。

68 年来，在党和政府的领导下，在上级业务部门的指导下，通过一代代深圳气象人的不断创新和努力拼搏，气象事业取得了长足的进步，气象服务的准确性、针对性、及时性、便捷性不断增强，社会对气象工作的认知度和信赖度也得到了提高，根据广东省情调查中心历年对全省各市公共气象服务调查数据显示，深圳市的公众气象服务满意度从 2010 年的 76.1 分增长到 2019 年的 84.98 分，从 2012 年开始连续 8 年蝉联全省第一。在广东省政府组织的各市气象现代化综合考评中，深圳市也连续 7 年获得了全省第一。在中央赋予深圳建设中国特色社会主义先行示范区、打造粤港澳大湾区核心引擎的新时期，气象事业的发展也迎来了新机遇和新挑战，深圳气象人必将以习近平新时代中国特色社会主义思想为指导，牢记为特区经济社会发展提供世界一流气象服务的目标和使命，坚定不移深化改革开放，进一步大胆创新，提质增效，推进深圳气象现代化再上新台阶。

大事记（1952—2019 年）

1952 年

5 月，珠江军分区派遣张辅成、吴炳源、樊关金、陈昭通 4 人筹建珠江军分区宝安气象站。

7 月 1 日，正式成立珠江军分区宝安气象站，同时开展气象观测，业务归中南军区广东武装工作部气象科领导。

1953 年

1 月，开始编发天气报告。

8 月 1 日，中央人民革命军事委员会和政务院命令，各级气象组织从军事系统建制领导转入政府系统建制领导，明确气象工作既为国防建设服务又为经济建设服务的双重任务。

1954 年

1 月，珠江军分区宝安气象站正式由军队建制改为广东省人民委员会（简称省人委）建制，更名为广东省宝安气象站，受省人委气象科领导，实行新的气象观测规范。

9 月，开始编发危险天气报告。

10 月，宝安气象站归广东省气象局领导。

12 月，开始编发航空天气报告。

1955 年

10 月，开始编发雨量报。

1956 年

6 月，解除气象机密密级。

1957 年

7 月，开始向越南编发台风季节报。

1958 年

4 月，开始制作发布单站补充天气预报。

8 月，根据中央和省人委的决定，宝安气象站下放为宝安县人民委员会建制，实行地方政府与广东省气象局双重领导，更名为“广东省宝安县中心气象站”。

1959 年

开始农业气象观测和发布农业气象预报，第一次开展农业气候调查。

1960 年

宝安县人民委员会设置气象科。宝安县中心气象站更名为“宝安县气象服务站”。
8 月，气象观测由地方时制改用北京时制。

1961 年

进行第一次地面资料整编。

1962 年

8 月，气象管理体制收回广东省气象局领导，更名为“广东省宝安县气象服务站”。

1964 年

刘树松被广东省人民委员会评为“先进工作者”。

1968 年

1 月，测风仪器由维尔达风压板改用电接风向风速器。
7 月，宝安县革命委员会批准成立宝安县气象站三结合革命领导小组。

1969 年

1 月，广东省宝安县气象站下放宝安县革命委员会建制领导。

1970 年

10 月，在龙岗人民公社和光明农场建立气象哨试点工作。
11 月，广东省革命委员会、广东省军区联合通知，气象部门实行军队与地方政府双重领导、以军队领导为主的体制。

1971 年

1 月，中共中央、国务院、中央军委联合通知，气象部门实行军队与地方政府双重领导、以军队领导为主的体制。宝安县气象站为宝安县革命委员会建制，军队领导，更名为“宝安县气象站”。

1972 年

组织气候调查，编写《宝安县气象志》。

1973 年

1 月，宝安县革命委员会、县人民武装部在龙岗人民公社召开气象工作现场会议，各公社革委会和武装部领导等参加。会后，全县先后建立起公社气象哨，开展气象观测和天气预报服务等工作。
6 月，中共中央、国务院、中央军委决定气象部门归地方政府建制，宝安县气象站归宝安县革命委员会和广东省气象局双重领导，以宝安县革命委员会领导为主的体制。

1974年

2—3月，宝安县首次实施飞机播种造林，宝安县气象站派出7人参加现场气象保障指挥。

4月，气象电报传输改用国际统一格式。

1975年

参加《军事气候志》调查编写和宝安县耕作改革气候资料分析整编。

1976年

3月，宝安县实施第二次飞机播种造林，县气象站（含公社气象员）派出14人参加现场气象保障指挥。

1977年

4月，参加华南各省、区联合组织的“华南前汛期暴雨实验”。

4—5月和8—9月，县组织首次人工（高炮）增雨作业，县气象站派5人参加现场气象保障指挥。

宝安县气象站被广东省气象局评为“先进单位”，派出代表参加全国气象部门学大庆、学大寨先进单位和标兵大会，受到党和国家领导人接见并合影留念。

1979年

1月，宝安县改设深圳市，宝安县气象站更名为深圳市气象站。

1980年

2—3月，宝安县实施第三次飞机播种造林，深圳市气象站派9人参加现场气象保障指挥。

9月，广东省政府批准深圳市气象站扩建为深圳市气象台。

1981年

1月，深圳市气象台改为由广东省气象局领导体制。

6月，深圳市气象台设办公室、预报科、观测科。

1982年

1月，气象测报工作启用新的“国际地面气象报告电码”。

6月，深圳市气象台业务办公楼（二层）落成使用。深圳市人民政府发文复函广东省气象局，同意将深圳市气象台由以广东省气象局领导为主的体制调整为以深圳市人民政府领导为主的体制。

12月18日，深圳市人民政府与广东省气象局正式办理体制交接手续。24日，深圳市人民政府办公厅发文，明确深圳市气象台的管理体制从以省气象局领导为主改为以深圳市人民政府与广东省气象局双重领导，以深圳市人民政府领导为主。

组建了南头直升机场气象台以配合南海石油开采。

1983年

5月25日，国家气象局副局长戈锐等一行到深圳市气象台视察工作。

6月24日，国家气象局气象科学研究院院长张家诚等一行到深圳市气象台考察工作。

6月28日，广东省气象局副局长张延松到深圳市气象台协助制定气象事业发展规划。

建成了计算机、传真机、单边带对讲机、高频电话“三机一网”。开展深圳市农业气候资源调查与区划工作。

1984 年

5 月 23 日，深圳市人民政府办公厅批准成立深圳市气象服务公司。

7 月 13 日，深圳市人民政府批准设立深圳市气象中心，开展气象服务工作。

8 月，国家气象局副局长骆继宾等一行 8 人到深圳市气象台视察，商议气象观测场的有关事宜。

1985 年

2 月，苏联气象代表团访问深圳市气象台。

2—3 月，深圳市实施第四次飞机播种造林，市气象台派员参加现场气象保障指挥。

4 月 24—25 日，粤港重要天气研讨会在深圳召开。

5 月，中共深圳市气象台第一届党支部经市直机关工委批准成立。10 日，深圳市召开 1984 年度劳动模范暨先进单位表彰大会，深圳市气象台被评为“市先进单位”，张辅成被评为“市劳动模范”。

10 月 15 日，深圳市气象台业务楼（九层）破土动工。

1986 年

4 月，国家气象局副局长章基嘉等一行 9 人到深圳市气象台视察工作。广东省气象局配置的国产 711 气象测雨雷达运抵深圳市气象台。

8 月，深圳市总工会批复，深圳市气象台第一届工会委员会成立。深圳市编制机构批准，深圳市地震办公室成立，隶属深圳市气象台管理。

9 月 9 日，深圳市召开社会主义精神文明先进集体（个人）表彰大会，深圳市气象台获评为“文明单位”，张辅成获评为“先进个人”。广东省人民政府授予郭世浩“广东省农业科研先进工作者”称号。

深圳市气象台业务楼（九层）落成使用。

1987 年

4 月，深圳市召开“立功创先劳动竞赛”大会，深圳市气象台评为“市先进单位”，张辅成获评为“先进个人”。

5 月 28—31 日，“全国台风联防会议”在深圳市气象台召开。

12 月，中国气象学会热带气象学术委员会第一次会议在深圳市气象台召开。

1988 年

3 月 10—11 日，广东省汛期预报讨论会在深圳市气象台召开。

6 月 20 日，深圳市地震办公室移交深圳市基建办公室接收。23—30 日，深圳市实施人工（高炮）增雨作业，市气象台派出 5 人参加现场气象保障指挥。

11 月，郭世浩被评为“深圳市科技先进工作者”。

12 月 1—4 日，珠江水系气象雷达联防会议在深圳市气象台召开。广东省气象局、广西壮族自治区气象局以及惠阳、佛山、阳江、江门、肇庆、韶关、梧州等地气象台派员参加会议。

12 月 15—18 日，深圳气象台召开深圳市气象事业发展规划会议，邀请北京、河南、湖北、湖南、广西、广东等省（区、市）气象部门的专家 26 人到会。

1989 年

10 月，深圳市气象台参加深圳市住房制度改革工作，完成本单位自管房的租、售工作。

1990年

3月，深圳市气象台至广州区域气象中心微波气象通信专线开通，为广东省省市之间气象通信专线首创。

7月11日，市机构编制领导小组办公室批准成立深圳市防雷设施检测所。

7月28日—8月3日，广东省气象局长工作会议在深圳市气象台召开。

9月25日—10月10日，深圳市实施飞机人工增雨作业，深圳市气象台成立人工增雨服务小组。

1991年

2月8—10日，国家气象局局长邹竞蒙、广东省气象局局长谢国涛来深圳视察气象工作。

3月2日，安徽省政府副秘书长陈者香、芜湖市市长赵衡蘧、安徽省气象局副局长王相文等一行11人来访。

3月，为配合深圳宝安机场的建设，组建民航深圳航务管理站气象台。

6月，深圳市气象台图形图像工作站建成试用。27日，深圳市市长郑良玉在市农业局局长林伟雄、水利局副局长林辉煌的陪同下视察深圳市气象台。

7月12日，国家气象局副局长骆继宾、广东省气象局副局长李明经来深圳市气象台视察。16日，深圳市实施人工增雨作业，气象台派出易耀辉等5人参加作业指挥工作。

8月17—18日、20—21日，以加拿大大气环保部助理副部长、大气环境局局长道斯威尔女士为团长和以大气环保部副部长兰古德博士为团长的一行两批7人的加拿大气象代表团，在国家气象科学研究院副院长丁一汇、广东省气象局副局长李明经的陪同下来访。

1992年

1月14—15日，国家气象局局长邹竞蒙、广东省气象局局长谢国涛来深圳市气象台视察工作。

7月1日，深圳市气象台举行深圳气象事业创建四十周年庆祝大会。到会祝贺的有国家气象局副局长温克刚、深圳市副市长李广镇、中国气象学会理事长章基嘉、广东省气象局局长谢国涛以及佛山、珠海、江门、惠州等市气象局的来宾和深圳市各界来宾。

10月16日，以伊朗伊斯兰共和国交通部副部长兼气象局局长塔拉瓦特为团长的代表团一行6人来访。

12月4日，中国科学院大气物理研究所所长叶笃正到深圳市气象台视察。

1993年

5月8—9日，广东省核电应急会议在深圳市气象台召开。20日，联合国世界气象组织成员国20位国家气象局局长来访。

1994年

6月，深圳市市长厉有为签发深圳市人民政府令第27号，实施《深圳经济特区防洪、防风规定》。

7月22日，深圳市气象台首次发布暴雨红色预警信号。

11月8—9日，深圳市暴雨、台风预警系统可行性研究论证会在深圳市召开。

12月3—4日，深圳城市气象预警系统论证审定会在深圳市召开。由中国气象局、深圳市人民政府共同主持，中国气象局局长邹竞蒙、广东省政府副秘书长游宁丰、深圳市副市长李广镇等到会。

1995年

6月21日，越南水文气象局 Ngvyen Thi Tan Thanh 博士来访。

7月12日，深圳市人民政府立项建设“深圳市暴雨台风预警系统”，该项目总投资人民币2744万元。

11月14日，台湾大学大气科学系陈泰然教授为领队的台湾气象界一行11人来访。

12月11日，皇家香港天文台署理副台长林超英等4人来访。

1996年

5月28日，深圳市气象台程控交换机正式开通。

6月18—19日，第一届粤港澳气象业务工作会议在深圳市贝岭居宾馆召开。

9月，深圳市市长李子彬签发深圳市人民政府令第54号，实施《关于修改〈深圳经济特区防洪、防风规定〉的决定》。

12月16日，深圳市“石岩标准气象观测基地”获深圳市规划国土局批准，征地9601.5平方米作为科技用地。

1997年

1月14—17日，中国气象局局长邹竞蒙由广东省气象局局长谢国涛陪同视察深圳气象工作。14日，深圳市委书记厉有为会见邹竞蒙。14日，皇家香港天文台李本滢一行6人来访。

3月22日，“121”预报服务系统正式开通。

6月18—19日，香港回归气象保障工作会议在市迎宾馆召开。中国气象局副局长颜宏、深圳市副市长何景涣到会。

7月24日，市编制主管机关批复，深圳市气象台加挂深圳市气象局牌，代表深圳市人民政府主管全市气象工作。

8月25日，深圳市防雷设施检测所、深圳市证券管理办公室、深圳证券交易所三家联合发文《开展对证券系统交易机构网点进行防雷设施安全检测的通知》，开展对部分证券系统交易机构网点的防雷设施的安全检测工作。

9月1日，越南农业气象代表团一行3人来访。

9月11日，深圳市防雷设施检测所与中国人民保险公司深圳分公司联合召开“深圳市首届气象（防雷）防灾减灾研讨会”。研讨会邀请市人大、市政府办公厅、市三防指挥部、市安委办等市政府单位24家、用户单位20家、气象部门11家，共有近100人出席研讨会。

1998年

1月，中国气象局授予深圳市气象台“1997年重大天气预报服务先进单位”称号。

3月，深圳市三防指挥部授予市气象台“1997年度三防工作先进单位”称号。

3月19日，张儒林任市气象局局长，毛夏、韩哲任副局长。

4月2—3日，中国气象局局长温克刚在广东省气象局局长李明经陪同下来深圳市气象局视察工作。

5月21日，市政府发文实施《关于加强我市防雷设施安全管理工作的通知》。

5月21—23日，以阮德语为团长的越南气象水文代表团一行7人到访。

10月27—29日，广东省人大、省气象局联合调查组来深圳市气象局调研。28日，与深圳市人大农经委、市农业局、市国土局、市法制局、市计划局研究深圳气象机构设置情况。

1999年

3月12日，深圳市防雷设施检测所与市公安局计算机安全监察处联合发出《关于切实做好我市计算机网络防雷工作的通知》。

3 月 23 日，市气象台首次对社会举办开放日活动。

3 月，中共深圳市委办公厅、市政府办公厅授予市气象台“1998 年度深圳市党政信息工作先进集体”称号。

4 月 13 日，成立深圳市人工增雨指挥部。

4 月 25 日，市气象局组织在“首届中国高新技术成果交易会”开幕式晚会实施飞机消云作业。

7 月 15 日，市气象局与市贸发局联合发出《关于开展对我市旅游景点防雷安全工作检查的通知》，对全市 14 处旅游景点进行防雷设施检测。

8 月，市气象局在《深圳商报》专门开辟“气象观察”栏目。

9 月 29 日，省气象局批复，确定深圳市气象局中尺度自动气象站区站号。

10 月 27 日，市气象局多普勒气象雷达系统建设可行性方案通过了以中国科学院院士丑纪范为组长的专家组论证。

11 月，市气象局影视中心正式开播，“气象小姐”和观众见面。

11 月，深圳市 SHQI-300 型自动气象站通过了中国气象局的设计定型考核，自动气象站网率先通过中国气象局的业务化验收。

12 月，市气象局被中国气象局授予“1999 年全国重大气象服务先进集体”称号。

2000 年

2 月，在南山区人大有关部门领导的提议下，起草了《深圳经济特区防御雷电灾害管理规定》议案。并在市人大会议期间，由 32 名人大代表联名向大会提出，受到与会代表和社会的广泛关注。

3 月，深圳市三防指挥部授予市气象台“1999 年度三防工作先进集体”称号。“深圳市气象台预警信息显示系统”获广东省气象局气象科学技术进步奖三等奖。“深圳市中尺度自动站网系统”获广东省气象局气象科学技术进步奖一等奖。

6 月，“深圳市中尺度自动站网系统”获广东省科学技术进步奖三等奖。

8 月 3 日，市农业局机关党委同意市气象台支部换届选举的结果。

8 月 10 日，深圳市防雷设施检测所与市公安局三处联合发出《关于加强爆破防雷安全的通知》，明确规定防雷设施检测合格证制度。将深圳市的爆破施工单位、石矿场、爆破器材仓库等纳入防雷设施定期检测范围。

9 月，市防雷设施检测所与消防局防火科联合发出《关于加强石化行业防雷安全的紧急通知》，明确石化系统的有关油气站（库）等的防雷设施定期检测。

9 月 19 日，“SHQI-300 型自动气象站”获深圳市科技进步奖二等奖。

10 月，深圳电视天气预报节目获第三届全国电视气象节目观摩比赛综合类一等奖和主持艺术类二等奖。

11 月 6 日，深圳市气象局与深圳市住宅局联合发出《关于举办深圳市物业管理防雷技术与标准培训班的通知》，开始对深圳市物业管理公司管辖下的 60 幢高层建筑物进行安全检测。

2001 年

3 月，市气象局（台）获“广东省气象系统先进集体”称号。

5 月，张儒林、钟保粦、李新硕赴台湾参加海峡两岸气象防灾研讨会。

5 月，成立深圳市防雷检测部。

6 月，“深圳市暴雨台风预警系统技术开发研究”获广东省科技进步奖三等奖。

6 月 12 日，经广州气象卫星地面站同意，深圳市气象局闪电定位网广州站站址确定在广州气象卫星地面站内。

7 月，经深圳市委批准，市气象局调整为市政府直属事业单位，升格为副局级，仍实行局、台合一。

8 月 19 日，深圳市市长于幼军签署的深圳市人民政府令第 103 号《深圳市气象灾害预警信号发布规定》正式实施。

11 月 28—29 日，邀请中国工程院院士陈联寿来市气象台为业务人员做学术报告。

2002 年

1 月 26 日，深编办批复，根据市委《关于印发〈深圳市市级党政机构改革方案要点〉的通知》，设置市气象局（台），实行局、台合一。市气象局是市政府授权、主管全市气象工作的市政府直属副局级事业单位。市气象局（台）内设 4 个处室（正处级）：办公室、天气预报处、信息网络处、监测减灾处。设立市气象服务中心（挂市防雷设施检测所牌子），为市气象局（台）直属事业单位。

1 月 28 日，省气象局通报表彰，深圳市气象台预报科被评为“2001 年重大气象服务先进集体”。

2 月 10 日，市档案局发文通知，正式认定深圳市气象局为“科技事业单位档案管理国家二级单位”（证书号：SE44020008）。

3 月 18 日，市气象局发文通知，市气象局为市政府授权主管全市气象工作的市政府直属副局级事业单位，按规定启用新印章，原印章停止使用。

8 月，深圳气象短信业务正式启动，经过初期发展定制用户达 10 万户。

2003 年

5 月 23 日，中共深圳市委组织部部长宣布深圳市气象局新领导班子：黄競基任局长、党组书记，王延青、毛夏任副局长、党组成员，韩哲任调研员。

6 月，由市政府投资的“防灾预警气象雷达系统”项目经市三届人大常委会第二十五次会议表决通过，正式由市政府立项，主体建筑命名为“气象塔”。深圳市气象局成立项目建设领导小组。

8 月 27—29 日，深圳、珠海、汕头三特区气象业务交流会议在深圳召开，就发展规划、行政执法、行业管理、业务管理进行座谈。会议期间，省气象局副局长余勇等到会指导。

9 月 1 日，深圳市气象服务中心（防雷设施检测所）正式开始运行，余立平任法人代表、负责人。同日，深圳市气象服务公司恢复运行，周新任经理。

9 月 2 日夜间，第 13 号台风“杜鹃”在深圳登陆。深圳市副市长李德成等亲临市气象局视察，并组织指挥全市抗台风工作。

9 月 10 日，市气象局党总支部委员会成立，下设 4 个党支部。

9 月 17 日，深圳市市长李鸿忠及三位副市长分别在深圳市气象局防台风工作总结上批示，对深圳市气象局的抗台工作表示充分肯定，并指示要加强气象设施建设，拿出科学、可行、有实效的方案。根据市领导批示，形成《深圳市气象灾害预警服务系统》工作方案上报市政府。

10 月，完成“121”系统的扩容改造工作，由原来的 120 路中继线扩充到 180 路，遇重大灾害性天气时，可再增拨 60 路语音线路。

10 月 29 日，市人事局批复同意毛夏等 31 名人员过渡为国家公务员。

11 月 16 日，省气象局局长李明经到市气象局调研。

11 月 19 日，深圳市副市长卓钦锐带领市规划国土、建设、城管、环保、三防、水务等部门领导来市气象局进行调研，听取汇报，解决相关问题。

12 月 8—10 日，市气象局局长黄競基出席在厦门市气象局召开的 2003 年计划单列市气象局局长联席会议。这是深圳市气象局首次参加该项会议。

2004 年

3 月 19 日，市气象局举行新闻发布会，首次向社会公众发布深圳天气气候公报，向公众介绍了公开发布年度天气气候公报的目的和意义，通报了 2003 年深圳天气气候概况、50 多年来的气候变化特点。

5 月 9—11 日，深圳市气象局首次特聘专家会议召开，中国工程院院士陈联寿等 8 位首批特聘专家出席。市政府副秘书长蒋尊玉为特聘专家颁发聘书，广东省气象局局长余勇到会表示祝贺。会上专家们对《深圳市气象灾害预警综合服务系统可行性研究报告》《天文观测系统项目建议书》《深圳市高性能计算中心项目建议书》进行了论证。

5 月 21 日，中国气象局发文批复：同意深圳（区站号 59493，经纬度：114°06′E，22°33′N，气压传感器拔海高度：40.07 米）国家基本气象站从现址搬迁至直线距离约 10 千米处的深圳市福田区竹子林“黄牛垅”附近新址（经纬度约为：114°00′E，22°32′N）；搬迁至新址后，深圳气象站的站名、区站号不变。此外，为保证气象资料的连续性、研究城市气候的变化，保留原深圳气象站观测场作为城市环境气象站开展相关观测研究工作。

6 月 8 日，市领导来市气象局调研，提出加快防灾预警综合服务系统项目建设和完善深圳市气象防灾体系基础建设的具体要求。

6 月 20 日，深圳气象志愿者成立大会召开，126 名普通市民成为首批志愿者。志愿者将向气象部门反馈市民对气象工作的意见，收集气象灾害等信息，标志着普通市民关心气象、参与气象防灾工作进入新阶段。

6 月 30 日，深圳市政府批准同意授权市气象局为“防雷协会业务主管单位”。

7 月 22 日，深圳气象减灾学会成立大会召开，市政府副秘书长李一康到会，代表市政府表示祝贺，六家发起单位领导和会员近 100 人参会，选举产生了学会首届理事会、会长、副会长、秘书长。

9 月，经市政府批复，根据省委、省政府《关于深圳市深化行政管理体制改革试点方案的批复》，设置深圳市气象局，为副局级建制，市气象局与市气象台实行局、台合一，市气象局是负责全市气象工作的市政府直属行政事务机构。根据市委市政府办公厅《关于印发〈深圳市深化行政管理体制改革试点方案实施意见〉的通知》，内设机构调整为副处级设置。

9 月 28 日，市气象局发文通知，成立深圳市气象局科学技术委员会，主要任务和工作准则按《深圳市气象局技术委员会章程》执行。本届深圳市气象局科学技术委员会任期三年。

10 月 11 日，中国气象局副局长许小峰来市气象局检查指导工作，实地考察东部气象监测拟选址和竹子林气象雷达项目，对深圳气象现代化建设提出了具体要求。

11 月，市气象局获省气象局颁发的“四个一流”新型台站的称号。

11 月 15 日，市政府召开专题会议，研究实施中国气象事业发展战略的有关问题。市政府 12 个有关职能部门的负责人参加会议，具体研究深圳气象事业发展的有关问题并提出相应措施，为加快深圳气象事业的发展创造有利条件。

12 月 14 日，市政府办行文批复成立深圳市人工影响天气工作领导小组。

12 月 14 日，哈萨克斯坦气象水文局局长库捷科夫到深圳市气象局参观访问，加强哈萨克斯坦和中国气象部门的交流和合作。

2005 年

1 月 1 日，“121”气象特服电话统一升位为“12121”。

1 月 18 日，首届东江流域灾害性天气联防会议在深圳迎宾馆举行，广东省气象局副局长许永锞、江西省气象局副局长黎健、广东省气象台副台长冯业荣以及来自赣州、东莞、河源、惠州及深圳市气象局的领导和专家近 50 人参会。

2 月，深圳市防雷设施检测所获评广东省质量技术监督局颁发的“计量认证合格证书”。

3 月 19 日，中国气象局局长秦大河在省气象局局长余勇的陪同下视察深圳市气象工作，深入深圳市气象局防灾重点工程项目——竹子林气象预警雷达塔建设工地，以及业务值班一线检查指导工作。

4 月 7 日，深圳市委组织部批复：经考核，深圳市气象局干部人事档案工作目标管理达深圳市一级标准。

5 月，深圳市防雷设施检测所获评团市委颁发的“青年文明号”荣誉称号。

5 月 27 日，市编委办批复同意成立深圳市气象雷达综合观测站。

7 月 18 日，市国土局与市气象局联合召开新闻通报会，双方签署合作协议，正式启动地质灾害气象预警工作。并于 7 月 22 日首次发布了地质灾害气象预警。

8 月，“12121”在普通话版本的基础上推出了粤语及英语气象播报，增加了七天预报、交通专题预报、省内主要城市天气预报、国内主要城市天气预报、气象生活指数、地质灾害预警、气象知识等。

8 月 5 日，深圳市气象服务中心与广电集团都市频道合作开辟《都市新气象》节目，时长 2 分钟，每晚 19 时 40 分播出。

10 月 11 日，分管市领导带领相关部门负责同志视察深圳市防灾预警气象雷达塔建设工地，并主持召开专题会议，研究近期气象事业建设和发展中急需解决的有关问题。

10 月 13 日，市气象局被中国气象局评为“国家气象部门局务公开先进单位”。

11 月 1 日，中国气象局批复，鉴于深圳市气象局观测站已在新址（区站号：59493，经纬度：114° 00′ E，22° 32′ N，观测场海拔高度 50 米，气压感应器海拔高度 50.9 米）完成观测场建设、仪器设备安置等有关工作，同意深圳市气象局观测站从 2006 年 1 月 1 日起在新址开展工作（实际从 2005 年 12 月 31 日 20 时开始）。竹子林观测站位于福田区竹子林园博园内，在原站西面约 10 千米。12 月 31 日，深圳市基本气象站向国家气候观象台顺利进行业务切换。

12 月 23 日，市编委办批复，同意市气象服务中心加挂“市防雷设施检测所”的牌子。

2006 年

1 月 6 日，天气周报会制度启动。

1 月 19 日，深圳市防灾预警气象雷达开始试运行。

2 月，向市政府上报《气候变化在深圳的影响》。

2 月 10 日，市人大代表来市气象局调研。

2 月 15 日，气象行政许可审批进驻市民中心服务大厅。

3 月 6 日，深圳市气象服务中心开辟预报类节目《移动气象》，在地铁 1 号线与 3000 多台公交车终端屏幕上播出，每次播出 3 分钟，每天滚动播出 6 次。

5 月 9 日，第四次修订的《深圳市气象灾害预警信号发布规定》（深圳市人民政府令第 151 号）经市政府审定正式实施。

5 月 21 日，中国气象局副局长张文建一行来深圳市气象局调研。

5 月 22 日，深圳市防灾预警气象雷达通过中国气象局监测网络司现场验收。

5 月 24 日，市人大经工委主任郑国炎一行就气象立法工作进行调研。

6 月 2 日，深圳市服务中心与广电集团都市频道合作在《第一现场》节目中的气象直播工作正式启动，8 月 1 日实现日播。

6 月 7 日，6 分钟的气象科普节目《气象百科》在移动频道正式开播。

6 月 23 日，市气象局党委成立，黄競基任书记。

8 月 17 日，市政府《关于加快气象事业发展的实施意见》（深府〔2006〕189 号）下发。

10 月，深圳市气象服务中心与深圳移动公司、华特迪士尼（上海）公司联合开展气象彩信业务。

11 月 9 日，广东省三特区气象局长联席会议在深圳召开，广东省气象局副局长许永锞以及珠海、汕头、深圳等市气象局 30 位代表参加了会议。

11 月 13 日，《深圳市气象灾害应急预案》由深圳市政府办公厅正式发布。

11 月 30 日，深圳市气象减灾学会举办“深圳市防灾应急气象保障技术研讨会”。

2007 年

2 月 9 日，根据市发展和改革局《关于深圳市电涌保护器测试室工程项目总概算的批复》（深发改〔2007〕220 号），市气象局防雷实验室在石岩气象观测基地开始建设，这是继北京、上海后全国第三个气象防雷实验室，首期建设主要是电涌保护器的冲击试验、环境试验、信号网络试验等 8 套设备 9 项试验。

3 月 27 日，中国工程院院士丁一汇应邀来深圳，为深圳市委中心理论组做《气候变化及其影响》专题报告，市五套班子领导和市直机关主要领导参加了学习会，深圳市委书记李鸿忠发表了重要讲话。

5 月 24 日，市气象局与深圳市应急指挥中心联合召开“气象预警信息直通基层”推介会，为 612 个社区开通气象信息社区服务网。

6 月 19 日，市气象局与市卫生局联合召开新闻发布会，签署《应对气象条件引发公共卫生安全问题的合作机制》，联合对深圳市公共卫生气象进行监测、预测、预警与发布。

7 月 18 日，市政府组织召开实行气象灾害分区预警新闻发布会暨深圳市气象灾害分区预警小区广播启动仪式，宣布即日起在全市实行以街道为最小单元的气象灾害分区预警，市民将通过电视、手机、小区广播、短信等方式接收到气象灾害分区预警信号。

7 月 30 日，市气象局增设科技发展处，原办公室负责的气象科技业务协调工作转由科技发展处承担；天气预报处更名为“气象预警预报处”；气象减灾处加挂“市人工影响天气办公室”牌子；撤销深圳市气象雷达综合观测站，成立深圳市国家气候观象台（加挂“深圳市气候中心”牌子），主管气象观测、气候研究任务，配备编制 52 名。其中，事业编制 33 名，专业技术雇员 18 名，工勤雇员 1 名（新增 18 名事业编制和 1 名工勤雇员由原气象雷达综合观测站划转）。原加挂在深圳市气象服务中心的“市防雷设施检测所”牌子更名为“市防雷中心”，编制增加至 21 名，其中，事业编制 10 名，专业技术雇员 11 名。

8 月 20 日，中国气象局办公室向全国各省（区、市）气象局转发深圳市《气象灾害防御预案》。中国气象局气象现代化指标体系课题研究组将深圳实行的部门联动、社会响应及手机小区广播列为全国气象现代化指标参照项目。

9 月 14 日，广东省委书记张德江在国内动态《深圳实行气象灾害分区预警》信息上作出专门批示，深圳市分区预警工作引起各级领导的高度关注。

9 月 18 日，深圳市领导和市气象局局长黄競基出席了全国气象防灾减灾大会。

11 月 5 日，深圳市气象防灾减灾工作会议召开，深圳市防灾预警气象雷达塔正式落成启用。中国气象局局长郑国光、深圳市市长许宗衡、广东省气象局局长余勇等领导及全市 70 多个相关部门共 100 余人出席了气象雷达塔揭牌仪式和会议。同月，市气象局从蔡屋围旧的办公大楼搬迁至雷达塔办公。

11 月 16 日，市气象局与青海省果洛藏族自治州气象局对口交流合作签约仪式在深圳举行，双方就队伍交流、设备支持、资金支持和气象网站链接等方面展开合作。

12 月 4 日，市人大常务委员会副主任庄礼祥到市气象局视察气象工作。庄礼祥在座谈会上指出，深圳开展气象立法不但必要，而且迫切，市人大常委会十分关注和重视气象立法工作。

2008 年

1 月 3 日，深圳市卫生局、环保局、气象局联合制定了《深圳市“空气污染与疾病监测点”工作方案》，在全市设 9 个国控、市控空气污染与疾病监测点来收集空气污染、气象、人群健康监测等资料。

1 月 9 日，市气象局与民航深圳空管站签订气象数据交换共享协议。

1 月 14 日，市气象局与广东移动深圳分公司签订战略合作框架协议，重点在气象信息服务、合作成果推广等。

2 月 22 日，深圳市人大常委会副主任邱玫来市气象局检查指导工作。

2 月 25 日，深圳市市委常委、副市长刘应力来市气象局慰问气象一线工作者，充分肯定了市气象局在为文博会、香港回归十周年庆典、西部通道的开通剪彩等重大活动提供精准的气象服务。

2 月 28 日，《深圳市气象志》通过专家评审，并经深圳市史志办同意，纳入“深圳市专志系列丛书”出版。

3 月 3 日，市气象局被深圳市委、市政府授予“深圳市创建全国文明城市工作先进单位”称号，获得精神文明建设先进集体表彰。

3 月 13 日，芬兰维萨拉（Vaisala）气象测量技术有限公司首席科学官、时任美国气象学会主席 Walter DABB-ERDT 博士等气象专家一行 10 人来市气象局进行访问交流。

4 月 7 日，市气象局与深港产学研基地举行项目合作意向书签字仪式，双方就共同开展海洋气象服务研究工作达成一致意见。

5 月 5 日，市气象局联合深圳市应急指挥中心和龙岗区应急指挥中心在龙岗区布吉街道办举办气象防灾减灾培训暨全市基层气象防灾减灾培训，200 多名防灾责任人参加了此次培训。

5 月 8 日，市气象局为 2008 年北京奥运会火炬传递深圳站活动及庆典晚会提供精细化气象服务。

7 月 29 日，市气象局联合深圳市社会科学院共同开展的《公共气象经济发展研究报告》通过专家评审。

8 月 30 日，第 13 届残奥会火炬接力深圳段传递活动在莲花山顶广场举行，市气象局为活动提供气象保障服务。

9 月 19 日，粤港“鹦鹉”台风最佳路径研讨会在市气象局召开，广东省气象局、香港天文台、中山市气象局、深圳市气象局专家、预报员参加了此次会议。

9 月 25 日，市气象局召开学习宣传和贯彻实施《建筑物防雷装置检测技术规范》国家标准及《雷电灾害风险评估技术规范》等 4 项防雷气象行业标准会议，邀请市建设局、市质检总站、市燃气集团、中石化深圳分公司等单位和近百家具有防雷相关资质的公司参加。

11 月 4 日，中国气象局副局长宇如聪来市气象局指导工作。

11 月 14 日，深圳市领导来市气象局调研，开展“办一次事”“听一次意见”“问一次计”等科学发展观主题实践活动，现场调研解决气象塔建设和消防等遗留问题。

11 月 27 日，2008 年全国重大气象服务总结表彰大会在北京隆重举行，市气象局预警预报处处长张小丽荣获“2008 年全国抗击低温雨雪冰冻灾害气象服务先进个人”。

2009 年

1 月，“精细化气象预警”项目被中国气象局评为“2008 年度气象部门创新工作”。

1 月 13 日，气象预警预报处获“2008 年度广东省气象局重大气象服务先进集体”称号。

2 月 24 日，中国气象局副局长矫梅燕来市气象局调研指导工作。

4 月 13 日，市气象局获“2008 年度三防工作先进集体”称号。

5 月，市气象局获市委市政府“深圳市创建全国文明城市工作先进单位”称号；市气象台获 2008 年度广东省综合预报质量一等奖。

5 月 1 日，兰红平同志获“深圳市五一劳动模范”称号。

5 月 25 日，市气象局与甘肃省气象局签订对口扶持甘肃陇南地区协议。

6月，李磊获得“深圳市地方级领军人才”的认定，兰红平获得“深圳市后备级人才”认定。

6月5日，市国家气候观象台在深圳市最高峰梧桐山建成集风能太阳能电力互补、大功率GPRS无线通信能力的自动气象站。

7月，市气象局被中国气象局列为省级公共气象服务试点单位。

7月2日，香港天文台新任台长李本瀅博士、助理台长卫翰戈、高级科学主任郑楚明博士访问市气象局。

7月17日，市气象局获“2008年度广东省气象局气象宣传工作先进集体”。

7月31日，根据《中共深圳市委 深圳市人民政府关于印发〈深圳市人民政府机构改革方案〉的通知》（深发〔2009〕9号），市气象局成为深圳市31个政府工作部门之一。

8月5日，中国气象频道在深圳天威数字电视的准视频点播栏目“万花筒”中以点播的方式实现落地。

8月20日，中共深圳市委办公厅和深圳市政府办公厅联合发文，布置市气象局挂点帮扶雷州市附城镇南亩村三年工作任务。

8月27日，市气象局局长黄兢基任市农业和渔业局（海洋局）巡视员，主持气象局工作。

9月1日，时长1分钟的卡通类天气预报节目《少儿气象站》在深圳广电集团少儿频道播出。

9月，深圳经济特区技术规范《雷电防护安全要求及检测规范 第1部分：通则》（SZJG 28.1—2009）正式颁布施行。

9月6日，深圳市人民政府办公厅下发《关于印发市政府工作部门主要职责内设机构和人员编制规定的通知》（深府办〔2009〕100号），根据《中共深圳市委 深圳市人民政府关于印发〈深圳市人民政府机构改革方案〉的通知》（深发〔2009〕9号），设立深圳市气象局（简称市气象局，挂“深圳市气象台”牌子），为市政府工作部门，由市人居环境委员会归口联系。机关行政编制43名，其中局（台）长1名（副局级），副局（台）长2名（正处级）；内设机构领导职数14名（副处级5名，正科级9名）。内设机构监测网络处更名为“信息网络处”。重新确定了气象部门5项行政许可和2项非行政许可审批和登记事项。

9月17日，市气象局共青团在原来单一的团支部基础上扩建团总支，成立市国家气候观象台和市气象服务中心两个支部，进行换届选举，李俊山任书记。

10月19日，经深圳市直属机关工会批复，市气象局第四届工会委员会由韩哲、李峰、张蕾、池小青、王小勇5人组成，韩哲任主席。

10月23日，《深视气象快报》在第七届华风杯全国电视气象节目观摩评比中获综合类二等奖。

11月5日，市气象局与南京信息工程大学签订局校合作协议。

11月6日，王延青同志任市气象局（台）党组书记、局（台）长。

11月19日，以“气候变化与人居环境”为主题的深圳市首届应对气候变化论坛顺利举行。

11月23日，广东省气象局局长余勇率班子成员来市气象局检查指导工作。

11月24日，市气象局参赛队员获得第二届广东省重要天气预报技能竞赛7个奖项。

12月10日，《深圳市扬尘污染天气预警发布规定》在2009年第45期市政府公报上发布实施。

12月11日，市人居环境委李水生副主任到市气象局衔接归口联系的相关工作。

12月18日，张刚扬任办公室主任，张小丽任科技发展处处长，兰红平任气象预警预报处处长，孙向明任信息网络处处长，李新硕任气象减灾处处长。

12月24日，市气象局在大甲岛架设首个海岛风能监测塔。

12月，市气象局成为国家自然科学基金依托单位，可申请和实施国家自然科学基金项目。

2010年

1月8日，市机构编制委员会办公室文件批复，同意市国家气候观象台增加天文观测系统管理职能，增设天文观测部，增加事业编制3名、专业技术雇员4名；同意市气象服务中心增加事业编制4名、专业技术雇员5名。

1月15日，京港气象专线粤港段广深支线实施方案专家论证会在深圳召开，方案顺利通过了专家论证。

1月19日，中国气象局副局长沈晓农、广东省气象局局长余勇视察西涌天文台。

1月20日，第15届粤港澳气象业务合作会暨第24届粤港澳气象科技研讨会在深圳开幕，中国气象局副局长沈晓农、广东省气象局局长余勇、香港天文台台长李本滢、澳门地球物理暨气象局局长冯瑞权出席了会议开幕式并致辞。

2月2日，市气象局审批窗口被市政府办公厅授予“先进窗口单位”称号，这是市气象局窗口进驻市民中心服务大厅以来获得的最高级别荣誉称号。

2月23日，深圳市政府正式印发《深圳市行政机关公务员分类改革实施方案》，深圳市气象局被列入全市首家专业技术类公务员分类管理改革实施单位。

4月1日，推出深圳天气即时发布软件“天气宝宝”。

4月6日，市气象局与市森林防火指挥部办公室签署了合作共享工作备忘录，在森林防火实时视频监测、火情信息、森林覆盖区域人口密度信息、防火信息服务和宣传等方面达成合作共享协议。

4月14日，市气象局“双到”工作组赴雷州市附城镇南亩村开展帮扶工作“送温暖”活动。在捐赠活动仪式上，深圳市防雷协会及防雷企业代表向南亩村3个农村小学捐赠了3台26寸液晶电视机和2万份文具。

4月20日，兰红平同志获2010年度享受深圳市政府特殊津贴人员。

5月1日，市气象局向公众发布的逐日天气预报时效由7天延长至10天。

5月19日，市气象局和市三防办联合召开了三防业务知识培训暨《社区暴雨灾害风险及防御明白卡》推广应用启动仪式，将“明白卡”推广至11个街道137个社区。

5月23日，王延青局长当选为党代表出席深圳市第五次党代会。

6月28日，市气象局与市人居环境委联合制定并印发《深圳市环境空气质量异常预警工作方案》。

6月29日，雷达实时同化和数值预报技术研讨会暨实时同化预报系统HAPS（一期）验收会在深圳举行。

8月，“深圳市气象综合监测业务平台”获得2010年度广东省农业推广三等奖。

8月，国家标准化委员会发文《关于增补国家级服务业标准化试点项目的通知》（国标委服务〔2010〕57号），同意深圳市气象服务中心申请的气象服务标准化试点项目，该项目属于气象行业首个国家级标准化试点项目。

8月5日，“深圳市天文观测系统”投入试运行，观测设备包括60厘米光学望远镜、太阳望远镜以及小型科普望远镜阵列等。

8月12—16日，开展大运会气象服务演练，中国气象局和广东省气象局共派20名专家到市气象局参与演练。

8月31日，中国气象局局长郑国光率队来市气象局检查指导工作，并与深圳市领导亲切会面。

9月10日，市气象局举行西涌天文台揭牌仪式，中国气象局和广东省气象局领导、深圳市分管领导、市人大代表及天文系统专家到场参加。市气象局聘请中国工程院院士潘君骅、北京天文馆馆长朱进等8人作为深圳市天文专家委员会特聘专家。

10月，市气象服务中心与地铁3号线投资有限公司正式签定服务协议，开展地铁3号线高架线气象保障服务，建立了精细化大风警报系统，并于2011年1月1日正式投入运行。

10月20日，市气象局召开深圳市气象事业发展“十二五”规划衔接论证会，有16个部门和单位代表参加。

11 月，市气象局被中国气象局列为全国四个大城市精细化预报试点之一。

11 月 10 日，市气象局在广东省气象局召开深圳气象事业发展“十二五”规划专家论证会，来自中国气象科学研究院和国家气象中心的陈联寿院士、李泽椿院士，以及北京大学、中山大学和广东省气象局的多位专家参加了会议。

11 月 17—18 日，2010 年全国计划单列市气象局长联席会议在市气象局召开。

11 月 26 日，中国气象局副局长王守荣到市气象局检查指导工作，对深圳气象事业“十二五”发展规划编制提出指导意见。

11 月 29 日，深圳市人力资源和社会保障局批复，设置市气象局专业技术类公务员职位 16 个，其中，气象预报职系职位 9 个，气象信息职系职位 7 个。

12 月 18 日，香港气象学会会长林嘉仕带领 13 位专家到市气象局参观交流。

12 月 20 日，市气象局完成专业技术类公务员职级薪级套转工作，气象预警预报处、信息网络处共有 10 名公务员转任专业技术类公务员。

2011 年

1 月，大气成分（灰霾、雾害）监测系统投入业务运行，该系统包含竹子林中心站、西涌背景站及石岩、龙岗城市组团站。

1 月，“基于互联网的深圳市多级气象服务平台”获广东省气象科学技术成果应用三等奖。

1 月 6 日，中国气象局成立大运会气象服务工作领导小组，中国气象局副局长矫梅燕任组长。10 日，矫梅燕副局长在深圳主持召开大运会气象服务工作领导小组第一次会议。

2 月，市气象局发布首份《深圳市城市热岛监测公报》。

2 月 23 日，市气象局党组书记、局长王延青和各党支部书记、处室单位领导及帮扶工作组共 10 人到雷州市附城镇南亩村开展帮扶工作。

3 月，市气象局、市教育局、市科学技术协会在竹林小学举行“自主创新大讲堂——气象科普进校园 深圳市中小学生气象科普知识系列讲座”活动启动仪式。

3 月 17 日，市气象局召开“有效发挥气象服务在政府公共服务中的特殊作用”座谈会，邀请来自市委政研室、市委党校、市委宣传部、市规划国土委等二十多名专家参加。

3 月 19 日，市气象局开展“市民看气象，给力迎大运”3·23 世界气象日公众开放活动，西涌天文台举办第一个公众开放日活动。

3 月 24 日，深圳市人大常委会副主任闫小培带领市五届人大科技代表专业小组到市气象局检查指导工作。

4 月，北京 – 广州 – 深圳及泛华南区域各省及港澳气象部门的网络建设完成，实现深圳五大气象基地之间的万兆光纤高速互联、大运气象服务中心与各大主要赛场的网络互通。

4 月 18 日，市气象局联合中国气象局公共气象服务中心共建的大运会气象服务 WAP 网站（www.szmb.gov.cn/m）正式上线运行。

4 月 25 日，市气象局成立深圳大运会气象服务中心，下设 11 个本部气象保障服务机构和 6 个派驻各指挥部或与相关部门联系的气象保障服务组。

4 月 25 日，由中国气象学会雷电委员会、深圳市气象局主办，深圳市防雷中心、深圳市防雷协会、广东（从化）野外雷电试验基地承办的中国气象学会雷电委员会成立大会在深圳召开。

4 月 30 日，市国家气候观象台（市气候中心）、市气象服务中心（市防雷中心）完成事业单位岗位设置管理改革（由身份管理向岗位管理、由固定用人向合同用人转变）工作，实现全体在编职员、雇员及临聘人员共 133 人的平稳过渡。

5 月，经中国气象局评审，市国家气候观象台取得气候可行性论证资格，成为全国获得该项资格的首批计划单列市气象部门之一。

5月7日，大运会气象服务网（universiade.121.com.cn）中、英文版正式上线运行。

5月7日，中国气象局副局长于新文到市气象局检查指导大运会气象服务筹备工作。

5月10—13日，大运会气象服务中心开展第二次综合演练，11个部门的110名服务人名和35名大运服务外援专家参加了演练。

5月19日，市气象局组织83名党员公推直选，推选出王延青等7名同志成为新一届机关党委委员，韩哲等3名同志成为新一届纪委委员。

5月22日，由市气象局主办的“深圳2011年科技活动周”在深圳市园博园公园欢乐剧场启动，深圳市政府袁宝成副市长出席并致辞。

5月22日，西涌天文台被市科协授予“深圳市科普教育基地”称号。

5月25日，大运会中英双语人工语音气象咨询服务热线（0755-82117772）正式开通。

6月11—12日，广东省气象局副局长庄旭东主持的大运会泛华南区域观测资料共享座谈会在深圳召开，会议议定从8月1日起由各省向深圳提供加密气象观测资料，包括泛华南区域17部天气雷达每6分钟观测一次、8000多个地面自动站每10分钟观测一次等资料。

6月15日，中国气象局副局长矫梅燕在深圳主持召开中国气象局大运会气象服务工作领导小组第二次会议。

7月2日，3G智能手机客户端软件“深圳气象”（苹果手机版）上线运行。

7月4日，广东省委常委、深圳市委书记王荣一行到市气象局检查指导深圳气象工作及大运会气象服务保障筹备情况。

7月9日，中国气象局印发《第26届世界大学生夏季运动会气象服务实施方案》。

7月12日，市气象局与中国气象频道、深圳市科协在华侨城中学举办了“大运，我们准备好了”暨大运志愿者气象防灾应急演练活动。

7月18日，中国气象频道深圳本地节目插播系统正式上线开播。

7月29日，大运会组委会和市气象局在市政府新闻发布厅召开“精彩大运 惠民气象”大运气象保障新闻发布会，中央电视台、新华社、《深圳特区报》、《深圳商报》、深圳电视台等20多家主流媒体记者出席了此次发布会。

8月1日，中国气象局召开深圳大运会气象保障服务动员电视电话会议暨大运会气象服务工作领导小组第三次会议。

8月3日，《气象天运汇》《场馆天气》和《英语天气预报》三档影视节目首次在深圳气象频道播出。

8月5日，3G智能手机客户端软件“深圳气象”（安卓手机版）上线运行。

8月6日，大运会综合查询系统（INFO 2011）中的气象信息栏目正式上线。

8月11日，大运会主媒体中心召开第26届世界大学生夏季运动会开幕式天气新闻发布会，53名中央、地方媒体记者参加。

8月11日，中国气象局副局长许小峰莅临大运会开幕式气象服务保障现场和西涌天文台检查指导工作，并寄语“夜观天象云遮月，大运临近好运来”，祝福大运会气象保障服务工作顺利开展。

8月13日，中国气象局副局长许小峰在12日晚大运会开幕式结束后的13日凌晨，亲临深圳大运会气象服务中心，共祝大运会开幕式气象保障服务圆满成功。

8月18日，市气象局召开第26届世界大学生夏季运动会闭幕式天气新闻发布会。

8月23日，第26届世界大学生运动会在深圳闭幕，大运会气象服务任务圆满完成。

8月24日，市气象局召开大运会气象保障服务总结表彰会，中国气象局副局长于新文、广东省气象局局长许永锞及近200名大运会气象服务人员和志愿者出席。

9 月 16 日，香港天文台新任台长岑智明及高级科学主任李立信、陈柏纬、陈世倜等一行访问市气象局。

9 月 17 日，由市气象局、深圳市科协和深圳特区报社联合主办，深圳市国家气候观象台和深圳市少年宫共同承办的首届西涌天文台天文摄影图片展在深圳市少年宫揭幕。

9 月 22 日，深圳市气象灾害应急预警工程（三期）项目投资概算获得市发展改革委批复，总概算为 7574 万元。

10 月 11—13 日，中国气象学会与市气象局联合举办“防雷国际标准研讨会议”，50 余名来自世界各地的防雷专家和国内同行进行技术和管理经验的交流。

10 月 27—28 日，第八届全国气象台长会议在深圳召开。

11 月 16 日，市气象局与国家超级计算深圳中心达成了合作共识，为深港气象部门即将开展的数值天气预报技术合作提供所需的计算资源支持。

11 月 25 日，市气象局局长王延青与香港天文台台长岑智明在香港举行的深港政府间合作会上，签署了“数值天气预报技术合作协议”，拟定在数值天气预报技术与人才交流等方面开展深入合作。

11 月 28 日，中国科学院国家天文台党委书记兼副台长刘晓群、副台长郝晋新，紫金山天文台副台长蒋耀文等一行赴西涌天文台进行参观指导工作。

12 月，市气象局在“深圳市文明单位”评选活动中，被市直机关推选为 50 个“文明单位”之一。

12 月 10 日，市国家气候观象台联合深圳市观星会在深圳市园博园南广场开展了月全食观测科普活动，观众逾万人次。

2012 年

1 月 7 日，市气象局“气象灾害分区预警和雷暴追踪系统”获广东省气象局科技成果应用一等奖。

2 月，市气象局获“深圳市文明单位”称号。

2 月 27 日，市气象局雷电技术实验室通过广东省质量技术监督局 CMA 质量认证，取得 CMA 资质认定计量认证证书（证书编号：2013190614L），通过 27 项能力认证。

3 月，市气象局气象预警预报处获人力资源和社会保障部颁发的“深圳世界大学生运动会气象服务先进集体”称号。

3 月 17 日，市气象局开展“天气、气候和水为未来增添动力”3·23 主题开放日活动，同时在腾讯、深圳新闻网以微博和论坛的形式开展“我和天气”的微博体和命题作文有奖征集活动。

4 月，市气象局和市国家气候观象台获广东省政府颁发的“广东省深圳世界大学生运动会先进集体”荣誉称号；市气象局与市规划国土委联合在全市实施地质灾害气象分区预报预警机制，并于 4 月 29 日首次在宝安区、光明和龙华新区发布地质灾害分区预警。

4 月 2 日，中国工程院院士陈联寿和中国气象局公共气象服务中心主任孙健一行到市气象局视察指导工作。

5 月，市国家气候观象台副台长庄红波荣获“深圳市劳动模范”称号。

5 月 20 日，“中国科学院国家天文台深圳工作站”挂牌仪式在西涌天文台举行。

6 月，流花石油平台气象站完成安装和技术升级，细丫岛海洋气象基地建成。

6 月 6 日，西涌天文台组织“金星凌日”观测科普活动受到广泛关注，当日实时参与互动的市民和网民达 7 万余人次；市气象局和深圳卫视联合推出的气象类科普节目《气象万千》正式播出。

7 月，市气象局开展庆祝建党 91 周年和深圳气象事业 60 周年系列活动，出版了纪念文集《璀璨风云》。

7 月 11 日，市气象局组织召开了“精细化数值天气预报及数据同化技术研讨会”。来自美国、中国香港及省级专家参加了会议。

8月2日，广东省气象工作会议在广州举行，深圳市副市长陈彪代表深圳在会上做气象现代化建设经验介绍。

8月31日，市气象局"十二五"规划项目"珠江三角洲中小尺度气象灾害预警中心深圳分中心"获批立项。

9月4—5日，中国气象局副局长于新文等一行莅临深圳调研指导防雷管理及气象服务标准化试点工作。

9月14日，市气象局与美国俄克拉何马大学风暴分析预报中心（CAPS）在美国签署了"数值天气预报技术合作框架协议"，市气象局王延青局长和CAPS主任薛明分别代表双方在协议上签字。

9月28日，市气象局正式推出"分区天气预报"，对深圳10个区（新区）分别发布未来12小时逐时天气预报。

10月，市气象局入选"2012年度全国科普教育基地"。

10月15日，深圳市政府副秘书长许重光主持召开会议，研究落实深圳气象现代化建设有关问题。

10月24日，来自十多个发展中国家的24名气象灾害早期预警培训班的学员来市气象局参观学习与交流。

11月1日，深圳市政府办公厅印发《关于加快推进率先实现气象现代化工作的实施意见》。

11月29日，市气象局副局长兰红平参加联合国亚太经济与社会理事会/世界气象组织台风委员会第7届综合研讨会，在大会上做了《精细化预警在深圳大城市的试验》报告。

12月，市国家气候观象台被广东省科协挂牌"广东省科普教育基地"；市气象局官方微博获得2012年"十大气象机构微博"榜单第二名。

12月19日，市气象局自主研发的"基于边界识别追踪技术的雷暴云团的临近预报方法和系统"获得国家知识产权局颁发的发明专利证书。

12月24日，新一代闪电定位系统和对流层风廓线雷达建成，实现了与粤、港闪电监测资源的共享，珠江三角洲地区闪电定位同步监测联网启动。

2013年

1月7—8日，市气象局局长王延青参加第18届粤港澳高层业务工作会议。

1月21日，"珠江三角洲中小尺度气象灾害监测预警中心深圳分中心"项目总概算获市发改委批复，总投资6396万元。

1月25日，市气象局与对口帮扶雷州市附城镇南亩村代表开展总结座谈会，三年"双到"帮扶工作圆满收官，获得广东省委省政府办公厅"优秀单位"表彰，李峰被评为"优秀驻村干部"。

1月28日，深圳市政府副秘书长许重光等一行到市气象局调研，就气候研究成果如何更好地为城市规划建设服务提出要求。

2月5日，深圳市气象灾害预警综合服务系统项目完成审计，竣工决算金额为2921.85万元。

3月21日，市气象局开展主题为"监视天气 保护生命财产和安全"的3·23世界气象日活动，组织各区、街道近百名气象防灾责任人开展汛前气象防灾减灾管理知识学习。

3月27日，市气象服务中心与香港理工大学建筑屋宇系签订了"雷电防御研究及应用合作框架协议"，联合开展雷电监测、雷电物理、电磁仿真和建筑物防雷技术研究。

4月18日，市气象局"真创新惠民生 气象灾害预警机制显神通"荣获市直机关工委"弘扬改革创新精神，树立优良工作作风"学习讨论活动创新奖。

4月21日，"深圳，在一起"微博首次组织政务微博线下互动见面会，"深圳天气"新浪微博和手机客户端的天气预报整合发布形式获得"创新TOP5"。

5月7日，深圳被中国气象局确定为2013年城市气象防灾减灾示范社区建设的14个试点城市之一。

5 月 9 日，新版“12121”语音电话系统正式投入使用，增加了突发事件预警信息和防御指引、报平安等服务内容以及智能语音人机对话功能，开通了普通话、粤语、英文信箱服务；由深圳市应急办、深圳市三防办和深圳市气象局联合编制的《深圳市台风暴雨灾害公众防御指引（试行）》发布。

5 月 20 日，美国国家强风暴实验室 LAK 博士到市气象局访问交流，做了题为《天气决策支持系统（WDSSII）概览》和《风暴单体追踪》的学术报告。

6 月 9 日，由深圳市国家气候观象台、深圳市南山区青少年活动中心以及深圳市天文爱好者联合发起的“深圳市天文学会”成立。

7 月 16 日，广东省气象局局长许永锞带队来深圳调研基层气象防灾减灾工作，并组织召开气象信息服务研讨会。

7 月 19 日，“气象灾害监测与预报综合准确率”纳入深圳质量评价考核指标体系 43 项指标之一。

7 月 23 日，市气象局召开党的群众路线教育实践活动动员大会，市气象局局长王延青做动员讲话，市委第四督导组组长李劲出席会议。

8 月，市气象局推出《深圳微天气》，追踪社会天气热点，解读天气现象，普及灾害防御技巧。

9 月 2 日，市气象局推出空气污染气象条件等级预报。

10 月 15 日，按照中国气象局和广东省气象局对业务调整的统一部署，深圳市国家基本气象站取消云和天气现象的人工观测，取消夜间（20 时至次日 08 时）能见度观测。

10 月 28 日，市气象局主办的“2013 精细化数值天气预报及数据同化技术研讨会”在深圳召开，来自美国以及中国香港、北京、广州、重庆等地专家参加。

11 月 14 日，广东省气象局副局长刘作挺率领省防雷安全生产专项执法检查联合复查组，对深圳市防雷安全生产工作进行检查；深圳市政府发布《深圳市公共安全白皮书》，台风、暴雨、雷电、高温、大雾、灰霾等气象灾害被分级列入白皮书四大类城市公共安全风险。

11 月 15 日，市气象局、市应急办和市三防办联合发布《深圳市台风暴雨等突发事件预警信息手机用户发布实施细则》等 5 个配套细则，进一步明确相关部门、单位台风暴雨等突发事件预警信息发布的流程和内容。

11 月 19 日，市气象局、深圳联通公司签署“推动智慧气象建设全面合作协议”，共同挖掘气象大数据价值，拓宽气象信息发布渠道。

11 月 26 日，深圳市获 2012—2013 年度广东省气象现代化首次考核评价第一名，分数为 83.7 分。

12 月，市气象局官方微博“深圳天气”进入腾讯、新浪“十大气象微博”，“深圳天气”已连续 3 年获此殊荣。

12 月 26 日，中国气象局广东省区域数值天气预报重点实验室深圳研究基地及美国俄克拉何马大学风暴分析预报中心深圳研究基地在市气象局落地启用。

2014 年

1 月，深圳市国家气候观象台和深圳大学合作的“深圳城市自然通风评估办法研究”项目获深圳市第十五届优秀城乡规划设计三等奖。

1 月 4 日，市气象局 2013 年两项民生实事“高级别台风预警信号发布的预告服务”和“深圳城市气候数据信息网上查询”获南都街坊口碑榜“十大金奖实事”。

2 月 24 日，深圳市马洪经济研究发展基金会首次开展对 2013 年 43 个政府部门公共服务白皮书任务完成情况的评议揭晓，市气象局以综合评分排名第三荣获“金秤砣”奖。

3 月 13 日，市气象局在门户网站推出覆盖珠三角及深圳市陆地海区的阵风预警服务产品。

3 月 15 日，市气象局点对点积涝预警服务由 8 个点拓展到 57 个街道。

3 月 30 日，市气象局联合腾讯大粤网首次实现 TIPS 弹窗对深圳地区 QQ 用户发布暴雨红色预警信息。

4 月，市气象局发布深圳市气象事业发展第十二个五年规划中期评估报告，16 项指标完成率达到 85%；市气象局开展业务科技援疆工作，支援新疆喀什塔县气象局完成小气候自动气象站、天文望远镜等设备的安装调试与人员培训。

4 月 26 日，气象科普宣传短片开始在罗湖、福田、南山、宝安、龙华、龙岗等行政区的 290 个住宅小区 3200 个楼宇的电梯液晶电视上播放，滚动频率为 120 次 / 天。

5 月，深圳市在 2013 年度广东省气象现代化考核评价中，综合指数 88.3 分，公众气象服务总体满意度 79.34 分，再度荣获全省第一；市气象服务中心参与国际标准化组织（ISO）开展标准的非经济效益评估试点项目（中国深圳）获国际标准化组织正式颁发的 ISO 试点项目证书；市气象局科技项目“气象灾害分区预警和雷暴追踪系统研究与应用”荣获 2013 年广东省科学技术奖三等奖。

5 月 1 日，市气象局推出精细至全市 57 个街道 0～3 小时的时空分辨率为 2 小时的降雨和气温预报。

5 月 23 日，中国气象局局长郑国光在广东省副省长邓海光的陪同下，赴深圳调研指导工作，并与深圳市委书记王荣、市长许勤就更好地发展深圳气象事业进行了会谈。

6 月，深圳市公共气象智库议事会专家咨询会开始启动，议事会由 21 个与气象关系密切的行业协会以及有关部门、单位的专家组成，旨在搭建公共气象的民生诉求沟通平台和气象科学决策的服务神经网络。

6 月 11 日，市气象局推出“台风”智能手机客户端。

7 月 15—16 日，市气象局联合市应急办（安委办）、经贸信息委、公安局（治安分局、消防分局）、住房建设局开展了全市气象灾害防御暨防雷安全设施“三同时”联合检查工作。

8 月 8 日，《深圳市气象公共服务指引》向公众发布，内容包括 7 大类 72 项服务产品及 10 类 27 种服务渠道，该项工作获得“2014 年全省气象部门创新工作奖”。

8 月 28 日，广东省全面深化气象管理体制改革试点工作部署会议在广州举行，深圳市副市长刘庆生代表深圳市政府就健全气象防灾减灾体制和创新气象服务管理体制方面的改革创新经验在会上做交流发言。

9 月 8 日，由中国科学院国家天文台发起，以百度为平台，北京、上海、深圳、乌鲁木齐、拉萨和台北共同参与的“2014 年两岸六市中秋月升直播”活动举行，市国家气候观象台（西涌天文台）顺利完成了当天深圳中秋月升的现场直播活动。

10 月 21 日，市发展改革委批复，新一代气象雷达项目立项，投资匡算资金为 8963 万元。

11 月，深圳市气象台荣获“全国气象科普工作先进集体”称号。

11 月 18 日，市气象局与国家超级计算深圳中心（深圳云计算中心）在深圳市会展中心举行战略合作签约仪式，并为“深圳气象云”服务平台揭牌；市气象局获第三届广东省公共气象服务技能竞赛团体第三名，一人获得全能第二、基本技能单项第一。

11 月 29—30 日，受国家标准委委托，广东省质监局组织专家对深圳市气象服务标准化试点项目进行评估验收，中国气象局政策法规司副司长庞鸿魁、广东省气象局副局长邹建军参会。

12 月 4 日，市气象台申报的“深圳南方强天气研究重点实验室”获得深圳市科技创新委员会和深圳市财政委员会联合发文批准立项。

2015 年

1 月，市气象局《建立白皮书制度 创新气象公共服务管理机制》获得 2014 年广东省气象部门创新工作奖。

1 月 22 日，深圳市突发事件预警信息发布中心正式启用。

1 月 27 日，《人民日报》发布《2014 年政务指数报告》，“@ 深圳天气”微博位列全国气象类政务微博第一名，连续四年被评为“十大气象政务微博”。

1 月 28 日，深圳市应急气象保障系统获广东省农业技术推广奖二等奖。

2 月 6 日，市政府五届二十六次常务会议审议通过《深圳市全面深化气象管理体制改革实施细则》，2 月 26 日发文实施，明确四大方面 18 项改革任务。

2 月 26 日，广东省气象局局长许永锞、副局长邹建军等一行到市气象局调研，现场指导突发事件预警发布平台建设等有关工作。

3 月，深圳市获 2014 年度广东省气象现代化考核评价第一名，综合指数 90.3 分，公众气象服务总体满意度 79.59 分，连续三年全省第一。

3 月 22 日，市气象局开展“气候知识服务气候行动”世界气象日主题论坛，气象专家、水务专家、人大代表等就应对气候变化问题与市民互动。

3 月 24 日，市气象局与招商局国际有限公司签订战略合作协议，对接 21 世纪海上丝绸之路桥头堡气象服务保障工作。

3 月 27 日，市卫计委和市气象局合作开展流感指数发布工作，定期向公众发布深圳市流感指数。

4 月 1 日，市气象局在门户网站推出英文版气象服务信息。

4 月 8 日，市国家气候观象台（西涌天文台）开展“月全食”系列天文科普活动，当天逾 100 万网民通过新浪网观看了“深圳月全食实况”直播。

4 月 22 日，深圳市气象灾害预警信号增加中、英文标识，电视台字幕增加英文版本。

4 月 29 日，中国气象局副局长矫梅燕到市气象局检查指导气象现代化建设工作。

5 月 11 日，经市政府五届一百三十次常务会议审议通过的《深圳市气象灾害预警信号发布规定》（深圳市人民政府令第 275 号）正式公布，自 2015 年 8 月 1 日起施行。

5 月，市发展改革委《关于深圳市防雷产品实验室建设及石岩基地供电专线改造工程项目总概算的批复》（深发改〔2015〕592 号），项目总概算为 1117 万元。项目建设内容为防雷产品工频短路及续流测试系统、高塔雷电流观测研究系统和石岩基地供电线路改造等。

6 月，“气象云终端”部署到深圳市委、市政府值班室及市应急办、市三防办等单位。

7 月 2 日，“深圳市精细化气象预报业务系统”获得广东省气象局科技成果应用一等奖。

7 月 17 日，新修订的《深圳市气象灾害应急预案》发布实施。

7 月 24 日，暴雨橙色和红色预警发布区域以地图的形式在电视上显示，帮助市民了解预警生效区域。

8 月 10 日，市气象局发布《深圳市气象和产品共享开放目录》，同时推出“深圳气象数据网”，开放气象数据和产品共 19 类 75 种。

8 月 20 日，市气象局召开深圳市气象“十三五”规划论证暨新一代气象雷达项目可行性研究论证会，来自中国气象局、广东省气象局、香港天文台、澳门地球物理暨气象局等 7 个单位的领导和专家参会。

8 月 24 日，“小尺度三维陡峭山体的背风波研究”获国家自然科学基金支持，“基于体绘制和 GPU 编程技术的三维可视化雷达产品显示”获得广东省自然科学基金支持，均为市气象局首次获得国家和省级自然科学基金的支持。

10 月，市气象局获得“广东省气象现代化新型台站”称号。

10 月 20 日，中国气象局和世界气象组织（WMO）举办的第 45 期多国别气象考察活动共 15 人到市气象局参观交流。

10 月 30 日，芬兰 Vaisala 公司全球总裁吉尔·福森一行到市气象局访问交流。

11 月 6 日，市气象局召开深圳市公共气象智库议事会暨“十三五”规划专家咨询会，来自深圳综合开发研究院、深圳社科院、北京大学深圳研究生院、深港产学研基地、深圳大学、深圳市华夏气候应对中心等单位的专家参加了会议。

11 月 16 日，市气象局与中国科学院深圳先进技术研究院签订气象技术开发合作协议。

12 月 8 日，市气象局和市规划国土委联合修订并发布了新版深圳市暴雨强度公式。

12 月 14 日，深圳南方强天气研究重点实验室举行了第一次学术委员会会议，中国工程院院士陈联寿等 13 位来自国内外的实验室学术委员会成员出席了会议。

12 月 15 日，由市气象局主办，深圳市气象服务中心联合“飞扬 971”承办，国家超级计算深圳中心、阿里云、中国联通深圳分公司、深圳创客联盟等机构共同协办的“乐享气象”主题创新活动正式启动。

12 月 20 日，市气象局按照市政府统一部署，为光明新区山体滑坡事故提供气象服务，派出应急小组赴现场开展气象监测，为救援指挥部提供精细化预报服务。该项气象保障服务持续至次年 2 月 5 日。

2016 年

1 月 12 日，中国气象局副局长矫梅燕赴深圳调研公共安全气象服务体系改革工作情况，实地考察深圳创客基地“中科创客学院”运行机制和“生毛豆”创客团队。

1 月 22 日，深圳市编办批复同意市气象局气象预警预报处加挂“深圳市突发事件预警信息发布中心”牌子，负责深圳市突发事件预警信息发布等工作。

1 月 28 日，中国科学院院士曾庆存来市气象局调研指导，并做了特邀学术报告。

3 月 23 日，市气象局举办“3・23 世界气象日”主题活动——创客总决选，“乐享气象”应用征集活动圆满落幕，12 家创客团队获得了“气象数据金钥匙”。

3 月 28 日，在 2015 年度广东省气象现代化考核评价中，深圳市气象现代化综合指数 96.3 分，公众气象服务总体满意度 82.49 分，连续四年全省第一。

4 月 25 日，“@ 深圳天气”官方微博获“2015 年深圳十大最有影响力微博”及“十佳媒体互动微博”称号，“深圳天气”官方微信获“2015 年深圳最有影响力微信号”。

5 月 3 日，“深圳市突发事件分区预警短信发布系统”项目获得市发展改革委批复，项目总概算为 1242 万元。

5 月 23 日，市气象局派驻河源市龙川县佗城镇四甲东坑村工作队正式入驻，开展为期三年的精准扶贫精准脱贫工作。

5 月 26 日，市气象局“乐享气象”创赛活动荣获市直机关工委“党建杯”创新大赛三等奖。

6 月 24 日，市气象局联合市应急办召开全市突发事件预警信息发布工作推进会，进一步健全自然灾害、事故灾难、公共卫生领域突发事件预警信息的发布机制。

6 月 28—29 日，市气象局局长王延青带队前往中国气象局向矫梅燕副局长汇报工作，并到国家卫星气象中心、国家气象中心、中国气象科学研究院等单位调研，商谈合作事宜。

7 月 18 日，中国气象局综合观测司批复，同意将深圳市纳入超大城市综合气象观测试验。

7 月 21 日，“新一代气象雷达”项目获市发展改革委批复，项目总概算 8784 万元。

8 月 1 日，针对台风“妮妲”，市气象台于 17 时发布首次台风红色预警，全市首次实行“四停”，即停工、停业、停市、停课。

8 月 3 日，市政府办公厅印发《关于落实市政府代表团考察援疆工作期间议定事项的通知》，市气象局承担“塔县空中云水资源利用开发项目”援助工作。

8 月 19 日，市气象局与“深圳校园气象团队”“深圳蝨玄阁科技有限公司”等 5 家创新团队代表在蔡屋围气象楼举行了“智慧气象应用创新平台”的入驻签约及揭牌仪式。

8 月 22 日，深圳市机构编制委员会批复调整市气象服务中心机构编制，经费形式由财政核拨补助调整为财政核拨，保留原 14 名事业编制，核定员额 36 名；加挂的“深圳市防雷中心”牌子更名为“深圳市气象公共安全技术支持中心”。

9 月 9 日，经深圳市政府同意，《深圳市气象发展“十三五”规划》由市气象局和深圳市发展改革委联合印发实施。

9 月 15 日，中国气象局和世界气象组织（WMO）举办的第 46 期多国别考察团共 11 人来深圳，调研深圳市气象现代化建设和气象防灾减灾经验。

9 月 30 日，市气象服务中心完成岗位设置工作，经公开竞聘，23 名员额入岗，15 人自愿选择离岗创业。

10 月 10 日，美国国家大气研究中心（NCAR）研究应用实验室（RAL）主任 Brant Foote 博士一行到市气象局访问交流。

10 月 11 日，中国工程院陈联寿院士来深圳指导深圳南方强天气研究重点实验室工作。

10 月 18 日，市气象局“乐享气象”创赛活动获省直单位第四届工作技能大赛优秀奖。

10 月 28 日，市气象局与国家气候中心、国家气象中心、国家卫星气象中心、中国气象科学研究院等单位签订合作协议，就推进大城市气候业务服务现代化、大城市气象精细化预报服务技术、卫星遥感技术应用、强天气监测预报技术等开展合作。

11 月 1 日，市气象局召开直属机关党委、纪委全体党员大会，选举产生新一届直属机关党委 7 位党委委员和直属机关纪委 3 位纪委委员。

11 月 7 日，深圳市常务副市长张虎率市委组织部、编办、发展改革委、经贸信息委、科技创新委、财政委、人居环境委等部门到市气象局调研气象工作，研究解决“小局小处”和气象“十三五”规划实施中的相关瓶颈问题。

11 月 13—15 日，中国气象局党组书记、局长郑国光一行来深圳出席第三届风云卫星发展咨询会（ISCC），并检查指导深圳气象工作。

11 月 14 日，深圳气象“十三五”规划重点项目启动仪式在深圳举行，中国气象局局长郑国光，深圳市委书记马兴瑞、市长许勤，广东省气象局副局长庄旭东（主持工作），以及有关领导出席，并商定共同推进市气象局机构升格和建立深圳智慧气象研究院等事项。

11 月 15—18 日，第三届风云卫星发展咨询会（ISCC）在市气象局举行，来自国内外共 70 余位专家为风云三号、风云四号卫星未来发展及应用建言献策。

11 月 17—18 日，中国气象局副局长于新文到市气象局调研指导深圳气象业务服务工作，并出席第三届风云卫星发展咨询会闭幕式。

11 月 21 日，中国气象局党组向深圳市委来函《中国气象局党组关于商请解决深圳市气象局机构规格问题的函》。

11 月 23 日，深圳市政府向中国气象局发函《深圳市人民政府关于恳请同意中国气象科学研究院在深圳成立深圳智慧气象研究院的函》。

12 月 19 日，“智慧气象服务系统”可行性研究报告获市发改委批复，投资估算 3.1357 亿元。

12 月 22 日，“深圳天气”微信服务号荣获第四届广东省互联网政务论坛“最具影响力政务微信公众号”称号。

2017 年

1 月 13 日，亚洲第一高、世界第二高的 356 米气象观测梯度塔建成交付使用，该塔是集气象、环境、能源、通信等为一体的边界层综合观测开放平台。

1 月 19 日，《人民日报》和新浪微博联合发布《2016 政务指数 · 微博影响力报告》，“深圳天气”新浪微博荣获 2016 年度全国十大政务微博第八名，蝉联气象系统政务微博第一名。

2月26日，市气象局局长王延青率队赴中山大学珠海校区洽谈气象科技创新合作，中山大学校长罗俊、大气科学学院和物理与天文学院的领导专家参加了洽谈会。

3月，市气象局举办深圳“最美的天空”主题摄影展活动，共征得相机摄影作品1045幅、手机摄影作品522幅。主题摄影展于3月25—31日在市民中心西展览厅展出。

3月8日，市气象局召开局妇委会换届选举大会，选举产生第四届妇委会委员。

3月16日，深圳市委常委、常务副市长张虎会见瑞典皇家科学院院士陈德亮一行，双方就在深圳开展气候、生态等领域联合研究项目进行交流。

3月22日，深圳市首个儿童友好基地——气象教育基地在市气象局启动，市妇女联合会主席马宏、市气象局局长王延青等领导共同为基地揭牌；雷电技术实验室通过广东省质量技术监督局现场扩项评审认证5项，能力总项32项，取得资质认定计量认证证书（证书编号2016190614L）。

3月23日，第二届“乐创气象”总决选活动在深圳市音乐厅举行，所有入围参赛团队可以申请获取市气象局相关气象数据和政策扶持。

3月30日，市气象局（台）工会委员会召开换届选举大会，选举产生第六届工会委员。

4月17日，市气象局与中国科学院深圳先进技术研究院联合主办，深圳南方强天气研究重点实验室和深圳市强风暴科学研究院承办的“中国南方强天气学术研讨会”在深召开，来自国内外的40多位专家参会。

4月24日，广东省气象局局长庄旭东陪同中国气象局副局长许小峰到市气象局检查指导工作。

4月28日，市气象局陈训来博士荣获“深圳市劳动模范”称号。

5月，深圳市气象梯度塔钢结构工程被中国建筑金属结构协会授予“中国钢结构金奖”称号，是中国建筑钢结构行业工程质量的最高荣誉奖。

5月8日，国家气候中心主任宋连春一行到市气象局调研交流，并将国家气候中心气候预测交互式分析系统与气象灾害风险管理系统移植深圳应用。

5月20日，深圳市委书记王伟中会见来深圳调研指导气象工作的中国气象局局长刘雅鸣一行，双方就进一步推进气象服务地方经济社会发展、做好气象防灾减灾工作等交换意见。市领导张虎、王刚、王虎善等参与会见。

6月13日，在2016年度广东省气象现代化考核评价中，深圳市气象现代化综合指数86.9分，公众气象服务总体满意度83.71分，连续6年全省第一。

6月15日，市气象局与腾讯公司签署战略合作框架协议。

6月20日，市政府印发《深圳市人民政府关于贯彻落实国务院优化建设工程防雷许可决定的实施意见》（深府〔2017〕58号）。

6月27日，“深圳市突发事件分区预警短信发布系统”落成启用。

6月29日，市气象局组织召开深圳市防雷安全管理联席会第一次会议。市安全监管局、市住房建设局、市经贸信息委等13家联席会议成员单位的分管领导和联络员参会。

7月23—29日，深圳第19届国际植物学大会气象保障任务圆满完成，广东省气象局总师林良勋到深圳全程指导植物学大会气象服务工作。

8月23日，市气象局针对台风“天鸽”于10:00升挂全市台风红色预警信号，全市实行“四停”（停工、停业、停市、停课）。

9月7日，深圳市副市长黄敏、副秘书长王刚率市经贸信息委、市财政委、市人居环境委、市水务局（三防办）、广电集团等部门到市气象局调研。

9月11日，按照市委统一部署，市委第一巡察组召开巡察动员会，正式进驻市气象局，对市气象局党组开展为期两个月的巡察。

9月26日，市气象局与哈尔滨工业大学（深圳）战略合作框架协议签订仪式暨项目启动仪式在哈尔滨工业大学深圳校区举行。

9 月 30 日，市气象局组织召开“粤港澳大湾区气象发展规划思路与策略”专家咨询会。

10 月 13 日，根据《深圳市机构编制委员会关于市气象局有关机构编制事项的通知》，市气象局由副局级单位升格为正局级单位。

10 月 19 日，以“助力气象企业成长”为主题的“风云际会·中国气象服务协会 2017 年年会”在深圳召开，中国气象局副局长余勇、部分省（区、市）气象局及其相关企业代表、协会会员单位代表共 500 余人参会。

11 月，市气象局联合阿里云组织以“气象智能预报”为主题的国际挑战赛，来自中国、新加坡、美国、英国等 10 余个国家和地区的 1395 个团队共 1650 人参加，成为由国际计算机学会（ACM）第 26 届 CIKM 国际会议的四大赛题之一。

11 月 2 日，美国国家海洋和大气管理局（NOAA）助理局长马克·佩斯带队到市气象局访问交流。

11 月 28 日，粤港澳大湾区气象发展规划编制启动会在深圳召开，来自广东省气象局、香港天文台、澳门气象局和珠三角各市气象局的负责人参加会议。

12 月 1 日，“基于影响的气象灾害四级防御协同化平台”和“指尖上的气象台”项目分别获得首届全国气象服务创新大赛二、三等奖，市气象局获团体三等奖。

2018 年

1 月 11 日，市气象局在“深圳天气”微信公众号和订阅号以及门户网站开始发布大珠三角城市天气信息。

1 月 31 日，深圳市天文台联合上海、新疆等地天文台通过腾讯网对月全食进行全程直播，306 万人同时在线观看。

2 月 2 日，世界气象组织（WMO）热带气旋计划处处长彭涛涌来市气象局调研，并做题为《热带气旋科技进展及 WMO 的研究计划》的报告。

2 月 5 日，深圳市副市长黄敏赴市气象局检查指导工作，听取了市气象局班子成员和各处室、单位负责人 2017 年工作亮点和 2018 年工作思路汇报。

3 月 1 日，位于宝安区求雨坛的新一代双偏振天气雷达正式启动业务试运行。

3 月 19—24 日，围绕 2018 年“世界气象日”主题，智慧气象科普展在市民中心展出

3 月 24 日，市气象局和深圳市科学技术协会联合主办的深圳智慧气象天文宣教平台正式上线。

3 月 27 日，深圳市副市长黄敏带队前往求雨坛新一代双偏振天气雷达站、石岩气象观测基地气象观测梯度塔，检查气象灾害防御准备情况。

3 月 29 日，香港天文台署理台长刘心怡一行到市气象局沟通推进粤港澳大湾区气象监测预警中心规划建设事宜。

4 月 24 日，市气象局雷电模拟技术服务平台通过中国合格评定国家认可委员会（CNAS）现场评审，获得 CNAS 认可证书（证书编号：CNAS L10970）。

5 月 23 日，市气象局联合香港天文台、阿里云共同举办的天池全球气象 AI 挑战赛启动，至 11 月结束，共有来自 45 个国家和地区的 1739 支队伍 2000 多名选手报名参赛，竞赛前 5 名受邀参加 11 月 17—20 日在新加坡举行的 ICDM 大会并获颁奖。

5 月 23—24 日，美国国家天气局（NWS）派决策支持服务系统（IDSS）项目负责人凯瑟琳·拉贝尔·爱德华兹和 NWS 堪萨斯市气象台预警协调气象学家安德鲁·詹森·贝利两位专家到市气象局访问交流。

6 月 12 日，中国气象局原副局长、研究员许小峰一行到市气象局调研，并做题为《气象现代化的路径与走向》的报告。

6月29日，中国联通深圳分公司总经理张海涛一行到市气象局调研，沟通推进双方在气象信息服务方面的合作。

7月27日，深圳、北京、云南、新疆、大连五地联合与新浪、腾讯合作直播火星大冲。

8月6日，市委巡察第一督查组进驻市气象局，对市气象局落实市委巡察整改情况进行为期一个月的巡查回头看督查。

8月21日，市气象局在第四届中国智慧城市国际博览会现场举行新闻发布会，推出“智创气象共享与应用平台”，深圳市市长陈如桂到气象展位指导。

8月22日，中国气象局副局长于新文在广东省气象局局长庄旭东的陪同下，赴深圳调研指导气象服务、管理体制改革等工作。

8月26日，在马洪基金会主办的“2017年度深圳政府信息公开金秤砣奖颁奖仪式暨2018年度中国政府政务公开金秤砣奖开秤仪式”上，市气象局获得政府信息公开和依申请公开双项“金秤砣”奖。

9月12日，“平安海洋”深圳气象服务保障系统项目总概算获市发改委批复，项目总投资6248.43万元。

9月15日，市气象局启动防台风一级应急响应，应对超强台风“山竹”，20时发布台风红色预警信号，全市实施停课、停工、停市、停业。

10月23—24日，中国气象局副局长矫梅燕在珠海主持召开粤港澳大湾区气象发展规划研讨会，市气象局局长王延青、副局长毛夏汇报了粤港澳大湾区气象监测预警预报中心筹备进展。

10月29日，广东省气象局印发《广东省气象数据（深圳）备份中心管理规定（试行）》，标志着广东省气象数据（深圳）备份中心正式投入运行。

10月31日，在2017年度广东省政府气象现代化考核评价中，深圳市再次以综合指数89.7分排名全省第一。

11月1日，“深圳天气”政务抖音号荣获2018深圳十大优质政务抖音号。

11月5日，深圳市副市长黄敏主持召开专题协调会议，研究推进粤港澳大湾区气象监测预警预报中心建设事宜。

11月14日，市气象局与中电科新型智慧城市研究院公司签订战略合作协议，中电科作为市气象局技术总体单位为气象信息化发展提供支撑。

12月6日，多源数据并行处理平台项目通过验收，新一代600万亿次超算投入气象业务服务运行。

12月10—15日，市气象局副局长毛夏带队前往日内瓦世界气象组织总部商洽智慧气象服务共同体示范项目。

2019年

1月1日，深圳新一代双偏振天气雷达并入全国气象雷达组网运行。

1月10日，《深圳市机构改革方案》发布，明确市气象局（台）由市政府工作部门调整为市政府直属事业单位。

1月10日，广东省气象局局长庄旭东赴市气象局调研推进粤港澳大湾区气象监测预警预报中心建设等事项，与深圳市副市长黄敏座谈交换意见。

1月19日，根据深圳市人民政府文件（深府任〔2019〕72号），王延青同志任市气象局（台）局长（台长）（正局级），毛夏、兰红平同志任市气象局（台）副局长（副台长）（副局级）。

1月30日，中国气象局批复深圳国家气候观象台成为全国首批24个国家气候观象台之一，代表“珠江三角洲经济圈环境综合观测区”开展气候多圈层观测。

2月25日，深圳市副市长黄敏赴市气象局检查指导工作，并为机构改革后的深圳市气象局（台）挂牌。

3月8日，根据《中共深圳市委办公厅 深圳市人民政府办公厅关于调整深圳市气象局职责机构编制的通知》，办公室更名为办公室（机关党委），科技发展处更名为科技业务处，气象减灾处（市人工影响天气办公室）更名为减灾与服务监督处（综合审批处、市人工影响天气办公室），信息网络处更名为规划发展处。原配备的43名行政编制置换为事业编制，现有在编人员按“老人老办法”管理。

4月11日，针对4·11短时强对流天气，市气象台连续发布雷电、冰雹、大风、暴雨预警信号。按照市政府部署，派专家参加4·11短时极端强降雨引发灾害事故调查组开展调查。

4月16—18日，由世界气象组织主办，中国气象科学研究院、中国气象学会、深圳市气象局联合承办的第四届季风强降水研讨会在深圳召开，来自世界各国和地区的100多位气象专家学者参加。

4月19日，深圳市副市长黄敏带队到西涌气象观测基地检查汛期气象服务工作，听取了有关气象服务和天文科普工作情况汇报。

4月30日，深圳市国家气候观象台荣获“深圳市五一劳动奖状”。

5月13日，广东省气象局局长庄旭东率队来深圳调研粤港澳大湾区气象监测预警预报中心建设工作，到福田保税区金茂长富大厦现场研究预警中心建设筹备相关事宜。

5月14日，中国气象科学研究院院长端义宏一行赴市气象局洽谈推进气象科技合作，双方签署合作备忘录。

6月10日，中国气象局批复同意《粤港澳大湾区气象监测预警预报中心组建方案》（中气函〔2019〕110号）。21日广东省气象局成立粤港澳大湾区气象监测预警预报中心筹建工作组，常越任组长，王延青、毛夏、万齐林任副组长。

6月20日，《气象科技进展》（英文）深圳气象专辑（2019年第9卷第3期）出版，主题为“气象让城市更安全”。

6月25日，深圳市在2018年度广东省气象现代化考核评价中综合指数91.4分，连续七年排名全省第一。

6月27日，2019年第6次市气象局机关党委会议审议通过局系统党支部集中换届选举结果。

7月25日，市气象局参赛的“智慧气象点亮美好生活”项目荣获“党建杯”创新大赛“服务创效组”二等奖。

8月1日，市气象局联合深圳广电集团推出的气象天文科普节目“谈天说地”开播。

8月19—20日，中国气象局副局长宇如聪一行来深圳调研指导气象工作。

9月5日，市气象局与深圳联通签署5G+气象应用合作协议，推进智慧气象服务。

9月26日，广东省首台酸雨自动观测系统（TCY Ⅱ 1型）在深圳国家基本气象站完成安装，深圳国家基本气象站所有气象要素观测实现自动化。

10月15—16日，中国气象局副局长矫梅燕率队来深圳调研指导气象工作，出席深圳气象“十四五”规划发展思路研讨会。深圳市副市长黄敏会见了矫梅燕一行。

10月16日，深圳市政府六届一百八十九次常务会议审议通过了成立粤港澳大湾区气象监测预警预报中心（深圳气象创新研究院）。

11月19日，“快速触达每一个你——基于灾害风险影响预警信息靶向精准发布”项目获第二届全国智慧气象服务创新大赛—气象服务应用创新奖二等奖，防灾减灾科普节目《谈天说地》获影视业务竞赛服务类三等奖和预报类全国最佳气象主播单项奖。

11月30日，市气象局被深圳市科协授予“深圳市科技志愿服务气象天文分队”旗帜。

12月12日，深圳市政府办公厅下发《深圳市人民政府办公厅关于成立粤港澳大湾区气象监测预警预报中心（深圳气象创新研究院）的批复》（深府办函〔2019〕269号），同意设立粤港澳大湾区气象监测预警预报中心（深圳气象创新研究院）。同日，该中心注册并取得事业单位法人证书。

12 月 13 日，粤港澳大湾区气象创新发展研讨会在深圳举行，来自国家和粤港澳大湾区气象部门、高校和科研院所的领导和专家参会。同时召开粤港澳大湾区气象监测预警预报中心第一次理事会，选举万齐林为预警中心主任，理事长庄旭东向预警中心主任万齐林和首席科学家谢元富颁发了聘书。

12 月 26 日，深圳市天文台联合 6 家中国天文科普联盟成员完成“12・26 日偏食”观测直播，同步在新华网、央视频等 7 家平台直播，在线观看人数超过 1000 万人次。

第一章　气象机构

至2019年底，深圳市有深圳市气象局（台）、民航深圳航务管理站气象台两个气象机构以及气象减灾学会、防雷协会和气象志愿者工委会三个民间团体。深圳市气象局（台）系统工作人员由建站初期的6人发展到2019年的150余人。

第一节　深圳市气象局（台）

根据《中共深圳市委办公厅 深圳市人民政府办公厅关于调整深圳市气象局职责机构编制的通知》（深办发〔2019〕59号），深圳市气象局（简称市气象局，挂深圳市气象台牌子）为市政府直属事业单位（正局级）。

一、机构职能

深圳市气象局（台）主要职能包括贯彻执行国家有关气象工作的法律、法规、规章和政策，负责制定气象事业发展规划、气象灾害防御规划，负责气象行业管理、气象资料共享管理、气象灾害防御管理、气象预警预报与气象信息传播管理，负责发布公益性气象预报、气象灾害预警信号及相关的专项预报，负责气候资源开发利用管理、人工影响天气作业与管理、升放气球管理、气象天文科普宣传等工作。

二、机构设置与干部任免

（一）机构沿革与主要领导

1980年8月以前，宝安气象站为县级气象站。深圳经济特区成立后，经广东省政府批准，1980年9月，宝安气象站扩建为深圳市气象台，为正处级单位；1984年5月，经市政府办公厅批复，同意成立深圳市气象服务公司，为深圳市气象台直属自负盈亏的企业；1984年7月，经市政府办公厅批复，同意加挂"深圳市气象中心"，不增编制；1985年4月，经市政府批复，同意成立"深圳市地震办公室"，由气象台管理，为科级单位，增加事业编制4名；1987年10月，经市编办批复，深圳市地震办公室独立，隶属深圳市基本建设委员会办公室领导；1990年7月，经市编办批复，同意在气象台雷达通讯科加挂"市防雷设施检测所"；1995年1月，经市编办批复，同意在气象台内部增设信息综合科，为正科级单位，增加事业编制6名；1997年7月，经深圳市机构编制委员会批复，加挂深圳市气象局牌子，隶属深圳市农业局；2001年7月，经深圳市委批准，调整为市政府直属事业单位，升格为副局级，仍实行局、台合一；2002年1月，经深圳市机构编制委员会批复，赋予行政职能，主管全市气象工作，人员经费等由市财政局全额拨款，业务上接受广东省气象局指导和管理，形成由深圳市政府和广东省气象局双重领导、以深圳市政府领导为主的直属事业单位，内设机构为：办公室、天气预报处、信息网络处、监测减灾处，下设深圳市气象服务中心，加挂"市防雷设施检测所"牌子，经费形式为市财政核补与自筹并存，正处级建制；2004年9月，根据市委、市政府办公厅《关于印发〈深圳市深化行政管理体制改革试点方案实施意见〉的通知》，内设机构调整为副处级建制，内设：办公室、天气预报处、监测网络处、气象减灾处，气象服务中心亦调整为副处级建制；2005 年 5 月，经深圳市机构编制委员会批复，同意成立深圳市气象雷达综合观测站，为气象局直属事业单位，经费形式为市财政核拨，领导待遇为副处级。2006 年，气象服务公司划归深圳市国有资产监督管理委员会。2007 年 7 月，撤销深圳市气象雷达综合观测站，成立深圳市国家气候观象台（加挂“深圳市气候中心”牌子），负责气象观测、气候研究任务，配备编制 52 名。2009 年 9 月根据市人民政府机构改革方案，市气象局（台）由市政府直属事业单位改为市政府工作部门。2010 年 1 月 8 日，市机构编制委员会办公室文件批复，同意深圳市国家气候观象台增加天文观测系统管理功能、增设天文观测部，增加事业编制 3 名，专业技术雇员 4 名；同意深圳市气象服务中心增加事业编制 4 名，专业技术雇员 5 名。2016 年深圳市机构编制委员会批复调整市气象服务中心机构编制，经费形式由财政核拨补助调整为财政核拨，保留原 14 名事业编制，核定员额 36 名；加挂的“深圳市防雷中心”牌子更名为“深圳市气象公共安全技术支持中心”。2016 年“西涌天文台”更名为“深圳市天文台”，加挂在深圳市国家气候观象台。2017 年 10 月，根据深圳市机构编制委员会文件，市气象局机关行政级别升格为正局级。2019 年气象局由市政府工作部门调整为市政府直属事业单位，仍为正局级建制。2019 年 12 月，根据市政府办公厅批复，成立粤港澳大湾区气象监测预警预报中心（深圳气象创新研究院）。

表 1-1-2-1　机构、体制沿革表

机构名称	时间	说明
珠江军分区宝安气象站	1952 年 7 月至 1953 年 12 月	归中南军区广东武装部建制，受军委气象局与广东武装部双重领导
广东省宝安气象站	1954 年 1 月至 1958 年 7 月	根据人民军事委员会和政务院的命令，各级气象组织从军事系统建制转入政府系统建制，受广东省人民委员会气象科领导
广东省宝安县中心气象站	1958 年 8 月至 1959 年	根据中央和广东省人民委员会的决定，宝安气象站下放为宝安县人民委员会建制，实行地方政府与广东省气象局双重领导
宝安县气象服务站	1960 年至 1962 年 7 月	宝安县人民委员会设置气象科，将宝安县中心气象站更名
广东省宝安县气象服务站	1962 年 8 月至 1968 年 12 月	气象管理体制收回广东省气象局领导
广东省宝安县气象站	1969 年 1 月至 1970 年 12 月	下放宝安县革命委员会建制领导
宝安县气象站	1971 年 1 月至 1973 年 5 月	中共中央、国务院、中央军委联合通知，气象部门实行军队与地方政府双重领导、以军队领导为主的体制。宝安县气象站为宝安县革命委员会建制，军队领导
宝安县气象站	1973 年 6 月至 1979 年 2 月	中共中央、国务院、中央军委决定气象部门归地方政府建制，宝安县气象站归宝安县革命委员会和广东省气象局双重领导，以宝安县革命委员会领导为主的体制
深圳市气象站	1979 年 3 月至 1980 年 8 月	宝安县改设深圳市
广东省深圳市气象台	1980 年 9 月至 1980 年 12 月	广东省人民政府批准深圳市气象站扩建为深圳市气象台
广东省深圳市气象台	1981 年 1 月至 1982 年 11 月	体制改由广东省气象局领导
广东省深圳市气象台	1982 年 12 月至 1997 年 6 月	深圳市人民政府办公厅发文，明确深圳市气象台的管理体制从以广东省气象局领导为主调整为以市人民政府与广东省气象局双重领导，以市人民政府领导为主
广东省深圳市气象局（台）	1997 年 7 月至 2001 年 6 月	深圳市机构编制主管机关批复，深圳市气象台加挂“深圳市气象局”牌，代表深圳市人民政府主管全市气象工作
深圳市气象局（台）	2001 年 7 月至 2009 年 8 月	经深圳市委批准，调整为市政府直属事业单位，升格为副局级，仍实行局、台合一
深圳市气象局（台）	2009 年 9 月至 2016 年 12 月	经批准，设立深圳市气象局（台）为市政府工作部门，由市人居环境委员会归口联系
深圳市气象局（台）	2017 年 1 月至 2019 年 3 月	经深圳市委批准，升格为正局级，仍实行局、台合一
深圳市气象局（台）	2019 年 3 月至今	由市政府工作部门调整为市政府直属事业单位，仍为正局级，实行局、台合一

各级领导干部的任免和管理是随着管理体制的变化而做相应的调整。1977 年以前的干部任免文件现已无法找到。1977 年后，除 1981—1982 年由广东省气象局任命外，其余均按干部管理权限由深圳市政府任免。

表 1-1-2-2　深圳市气象局（台）主要领导人名录

姓名	职务	任职时间
张辅成	筹备组负责人	1952 年 7 月至 1953 年 1 月
吴炳源	筹备组成员	
樊关金	筹备组成员	
陈昭通	筹备组成员	
姚　元	宝安气象站副主任	1953 年 2 月至 1953 年 3 月
王凤阳	宝安气象站主任	1953 年 4 月至 1953 年 12 月
陈桂樵	宝安气象站站长	1954 年 1 月至 1954 年 9 月
李　世	宝安气象站站长	1954 年 10 月至 1955 年 7 月
詹润泽	宝安气象站站长	1955 年 8 月至 1956 年 3 月
张辅成	宝安气象站副站长	1956 年 4 月至 1957 年 8 月
蔡敏光	宝安气象站站长	1957 年 9 月至 1958 年 8 月
张辅成	宝安气象站站长	1958 年 6 月至 1964 年 6 月
	宝安县人民委员会气象科科长	
黎雪松	宝安气象站站长	1964 年 7 月至 1971 年 2 月
李裕天	中共宝安县气象站党支部书记	1970 年 11 月至 1970 年 12 月
刘耀章	中共宝安县气象站党支部书记	1971 年 1 月至 1976 年 6 月
王焕南	宝安县气象站站长	1971 年 1 月至 1974 年 6 月
黎雪松	宝安气象站站长	1974 年 7 月至 1980 年 12 月
邱容生	宝安气象站副站长	1977 年 3 月至 1981 年 11 月
张辅成	深圳市气象台副台长	1981 年 1 月至 1988 年 7 月
	中共深圳市气象台党支部书记	1985 年 5 月至 1996 年 12 月
	深圳市气象台台长	1988 年 8 月至 1996 年 12 月
李燊生	深圳市气象台副台长	1989 年 7 月至 1996 年 6 月
张儒林	深圳市气象台台长	1996 年 12 月至 2003 年 5 月
	深圳市气象局局长	1998 年 3 月至 2003 年 5 月
	中共深圳市气象台党支部书记	1996 年 12 月至 2003 年 5 月
毛　夏	深圳市气象台副台长	1995 年 11 月至 2003 年 5 月
	深圳市气象局副局长	1998 年 3 月至 2003 年 5 月
	中共深圳市气象台党支部副书记	1995 年 11 月 2003 年 9 月
	深圳市气象局（台）党组成员	2003 年 5 月至今
	深圳市气象局（台）副局长	2003 年 5 月至今
	中共深圳市气象局直属机关党委书记	2016 年 11 月至 2019 年 11 月
韩　哲	深圳市气象台副台长	1996 年 6 月至 2003 年 5 月
	深圳市气象局副局长	1998 年 3 月至 2003 年 5 月
	深圳市气象局（台）调研员	2003 年 5 月至 2016 年 6 月
	中共深圳市气象局直属机关党委副书记	2006 年 7 月至 2012 年 6 月
	中共深圳市气象局直属机关纪委书记	2006 年 7 月至 2016 年 6 月

续表

姓名	职务	任职时间
黄兢基	深圳市气象局（台）党组书记	2003年5月至2009年11月
	深圳市气象局（台）局长	2003年4月至2009年11月
	中共深圳市气象局机关总支部书记	2003年9月至2006年7月
	中共深圳市气象局直属机关党委书记	2006年7月至2009年11月
王延青	深圳市气象局（台）党组成员	2003年5月至2009年11月
	深圳市气象局（台）副局长	2003年5月至2009年12月
	中共深圳市气象局机关总支部副书记	2003年9月至2006年8月
	中共深圳市气象局直属机关党委副书记	2006年8月至2011年6月
	中共深圳市气象局直属机关委员会书记	2011年6月至2016年11月
	深圳市气象局（台）局长	2009年11月至今
	深圳市气象局（台）党组书记	2009年11月至今
	中共深圳市气象局直属机关委员会书记	2019年11月至今
兰红平	深圳市气象局（台）党组成员	2011年1月至今
	深圳市气象局（台）副局长	2011年1月至今

（二）内设机构、下属单位与主要领导

1. 1980—2002年

设有办公室、预报科、观测科，1984年增设了雷达通讯科。1984年5月，经市人民政府办公厅批准，成立了市气象服务公司。2006年，市气象服务公司划归深圳市国家资产监督管理委员会。1985年，经市人民政府办公厅批准，成立市地震办公室，行政关系隶属市气象台，1987年10月归属市基本建设委员会办公室。1990年7月，经市机构编制领导小组办公室批复，雷达通讯科加挂市防雷设施检测所。1995年，增设了信息综合科。1997年，信息综合科更名为行业管理科，市防雷设施检测所由雷达通讯科转挂到行业管理科。2001年7月，经深圳市委批准，升格为副局级，仍实行局、台合一。内设机构和单位职能如下。

（1）办公室：主要负责政务、文秘、人事、劳资、政工、档案、基建、信访、综合调研、信息宣传、执法监督、纪检监察、计生、工作协调、财务、审计监督、后勤等工作。

表1-1-2-3　历任台长助理、办公室主任、副主任一览表

姓名	职务	级别	任职时间
邱容生	副主任 主　任	副科级 正科级	1981年11月至1986年8月 1986年8月至1993年4月
黄满秀	副主任 台长助理 助理调研员	正科级 正科级 副处级	1988年6月至1993年4月 1995年10月至2003年11月 2004年1月至2004年9月
毛　夏	台长助理	正科级	1994年12月至1995年11月
韩　哲	副主任 主　任	副科级 正科级	1989年7月至1993年4月 1993年4月至1996年6月
彭瑞云	副主任	副科级	1994年1月至2003年11月
潘若阳	副主任	副科级	1998年3月至2003年11月

（2）预报科：主要负责区域内天气预报、警报的制作和发布；负责研究与开发有关天气预报业务技术；担负灾害性天气联防业务；负责专业气象预报制作；负责气象灾害成因的调查分析。

表 1-1-2-4　历任预报科科长、副科长一览表

姓名	职务	任职时间
郭世浩	科　长	1984 年 2 月至 1987 年 9 月
钟保彝	副科长	1986 年 8 月至 1996 年 5 月
李燊生	科　长	1987 年 10 月至 1989 年 7 月
余吉祥	副科长	1988 年 10 月至 1996 年 5 月
谢行石	科　长	1989 年 7 月至 2000 年 8 月
谭　徽	副科长	1991 年 8 月至 1996 年 5 月
刘　敏	副科长	1996 年 5 月至 2003 年 11 月
兰红平	副科长 科　长	1997 年 7 月至 2001 年 8 月 2001 年 8 月至 2003 年 11 月
江　崟	副科长	2001 年 8 月至 2003 年 11 月

（3）观测科：主要承担站点的地面观测业务工作；负责观测资料的整理和上报；承担全国或全省组织的季风试验、暴雨试验、台风试验、核电应急等定点观测任务。

表 1-1-2-5　历任观测科科长、副科长一览表

姓名	职务	任职时间
顾　轩	科　长	1984 年 2 月至 1986 年 7 月
余吉祥	副科长	1986 年 8 月至 1988 年 10 月
郭世浩	科　长	1987 年 10 月至 1993 年 4 月
李新硕	副科长	1989 年 7 月至 1996 年 5 月
黄满秀	科　长	1993 年 4 月至 1995 年 10 月
陈文海	科　长	1996 年 5 月至 2000 年 12 月
余妙颂	副科长 科　长	1998 年 3 月至 2001 年 8 月 2001 年 8 月至 2003 年 11 月
林　逸	副科长	2001 年 8 月至 2003 年 11 月

（4）雷达通讯科：主要负责气象通信管理、通信日常业务、设备的安装与调试及机务维护；负责气象影视节目的制作等工作。

表 1-1-2-6　历任雷达通讯科科长、副科长一览表

姓名	职务	任职时间
林炳洪	副科长	1986 年 8 月至 1996 年 5 月
谢行石	副科长	1986 年 8 月至 1989 年 7 月
韩　哲	副科长	1988 年 6 月至 1989 年 7 月
黄良元	副科长	1989 年 7 月至 2003 年 11 月
李新硕	科　长	1996 年 5 月至 2003 年 11 月
谭　徽	副科长	1996 年 5 月至 2003 年 11 月

（5）行业管理科（加挂防雷设施检测所）（原名信息综合科）：主要承担专业气象服务的对外开拓、气象信息咨询服务；负责对政府有关部门及专业用户发布中、长期天气预报；负责本区域内防雷设施的定期检测；承担当地防雷设施工程的竣工验收；负责全市防雷工作的业务技术和咨询服务；承担本市雷电灾害事故的调查、鉴定。

表 1-1-2-7　历任行业管理科（防雷设施检测所）所长、副所长一览表

姓名	职务	任职时间	备注
余立平	副科长 副科（所）长 科（所）长	1996 年 5 月至 1998 年 10 月 1996 年 5 月至 1998 年 10 月 1999 年 6 月至 2003 年 11 月	信息综合科 行业管理科（防雷设施检测所）
邱胜军	副科（所）长	1998 年 10 月至 2004 年 11 月	行业管理科（防雷设施检测所）
李　峰	副科长	2001 年 8 月至 2003 年 11 月	行业管理科

（6）市地震办公室：成立于 1985 年 4 月，独立于 1987 年 10 月。负责地震信息收集，提供地震趋势意见。

表 1-1-2-8　历任市地震办公室主任、副主任一览表

姓名	职务	任职时间
顾　轩	主　任	1986 年 8 月至 1988 年 10 月
余吉祥	副主任	1987 年 10 月至 1988 年 10 月

（7）市气象服务公司：主要负责为各建设单位及港口、南油集团提供气象服务，并开展气象咨询、专业气象保障、装配及维修气象仪器、仪表等（下设的招待所负责内部接待工作），属气象台直接管辖的经济独立核算、自负盈亏企业。2001 年 6 月后，主要承担防雷工程的接洽、设计、施工等。

表 1-1-2-9　历任市气象服务公司经理、副经理一览表

姓名	职务	任职时间
郭世浩	经　理	1984 年 6 月至 1997 年 11 月
罗体环	副经理	1987 年 4 月至 2005 年 5 月
陈文海	副经理	1987 年 4 月至 1996 年 5 月
余立平	副经理 经　理	1993 年 4 月至 1999 年 6 月 1999 年 6 月至 2000 年 11 月
韩　哲	代经理	2000 年 11 月至 2001 年 6 月
范　伟	经　理	2001 年 6 月至 2004 年 6 月

表 1-1-2-10　第一届公司董事会

姓名	职务	任职时间
李燊生	董事长	1993 年 4 月—2000 年 8 月
韩　哲	董　事	1993 年 4 月—2000 年 8 月
余立平	董　事	1993 年 4 月—2000 年 8 月

表 1-1-2-11　第二届公司董事会

姓名	职务	任职时间
韩　哲	董事长	2000 年 8 月至 2003 年 8 月
李新硕	董　事	2000 年 8 月至 2003 年 8 月
李宪送	董　事	2000 年 8 月至 2003 年 8 月
池小青	董　事	2000 年 8 月至 2003 年 8 月
范　伟	董　事	2000 年 8 月至 2003 年 8 月

表 1-1-2-12　监事会

姓名	职务	任职时间
张儒林	主　席	2000 年 8 月至 2003 年 8 月
钟保粦	监　事	2000 年 8 月至 2003 年 8 月
林　逸	监　事	2000 年 8 月至 2003 年 8 月

2. 2003—2019 年

2003 年完成市气象局（台）机构升格与岗位人员过渡。内设机构为：办公室、天气预报处、信息网络处、监测减灾处，下设深圳市气象服务中心（加挂“市防雷设施检测所”）。2004 年 9 月，监测减灾处更名为“气象减灾处”。2005 年 5 月，成立“深圳市气象雷达综合观测站”，为气象局直属事业单位，经费形式为市财政核拨。2007 年 7 月，增设“科技发展处”，天气预报处更名为“气象预警预报处”；气象减灾处加挂“市人工影响天气办公室”牌子，“市防雷设施检测所”牌子更名为“市防雷中心”。撤销深圳市气象雷达综合观测站，成立深圳市国家气候观象台（加挂“深圳市气候中心”牌子）。2019 年 3 月，办公室更名为办公室（机关党委），科技发展处更名为科技业务处，气象减灾处（市人工影响天气办公室）更名为减灾与服务监督处（综合审批处、市人工影响天气办公室），信息网络处更名为规划发展处。2019 年 12 月，设立粤港澳大湾区气象监测预警预报中心（深圳气象创新研究院）。内设机构和单位职能如下。

（1）办公室（机关党委）

原办公室职能：承担文电、会务、行政、后勤、信息、信访、督办、政务公开、财务、固定资产管理、宣传、机要、保密、档案等工作；承担党务、纪检、监察、机构编制、人事、社会保险、工青妇、计划生育、离退休人员服务等工作。

2019 年职能调整为：负责党务、人事、行政运行、后勤保障等工作。承担党务、意识形态、纪检、监察、信访、机构编制、人事、人才、外事、教育培训、劳动工资、社会保险、计划生育、绩效考核、扶贫、离退休人员服务等工作；承担文秘、文件审查、政务公开、会务、督查、信息、宣传、新闻、机要、保密、档案等工作；负责统战、精神文明和群团建设；承担物业管理、消防安全、车辆管理、机关节能减排、后勤保障等工作；组织协调法治建设、行政复议和行政应诉、议案提案办理、办公自动化、基地管理、内部应急处突等工作。

表 1-1-2-13　历任台长助理、办公室主任、副主任一览表

姓名	职务	级别	任职时间
黄满秀	台长助理 助理调研员	正科级 副处级	2002 年 1 月至 2003 年 11 月 2004 年 1 月至 2004 年 9 月
彭瑞云	副主任	副科级	2002 年 1 月至 2003 年 11 月
潘若阳	副主任	副科级	2002 年 1 月至 2003 年 11 月
兰红平	副主任（主持工作） 主　任	副处级 副处级	2004 年 1 月至 2004 年 11 月 2004 年 12 月至 2009 年 12 月
余妙颂	副主任 副调研员	正科级 副处级	2004 年 12 月至 2005 年 7 月 2007 年 12 月至 2018 年 1 月
邱胜军	副主任	正科级	2004 年 12 月至 2007 年 1 月
江　崟	副主任	正科级	2004 年 12 月至 2008 年 5 月
曹春燕	副主任	正科级	2008 年 5 月至 2011 年 10 月
张刚扬	主　任	副处级	2009 年 12 月至 2012 月 7 月
刘　源	副主任	正科级	2009 年 12 月至 2016 月 2 月

续表

姓名	职务	级别	任职时间
罗华明	副主任 主　任 主　任	正科级 副处级 正处级	2011 年 12 月至 2014 年 1 月 2014 年 1 月至 2017 年 12 月 2019 年 5 月至今
胡　娟	副主任	正科级	2014 年 6 月至 2016 年 2 月
李　峰	副调研员	副处级	2012 年 10 月至 2015 年 1 月
肖良忠	副主任 副主任	正科级 副处级	2016 年 2 月至 2019 年 6 月 2019 年 9 月至今
黄晓君	副主任 副主任	正科级 副处级	2011 年 12 月至 2019 年 6 月 2019 年 9 月至今

（2）气象预警预报处（加挂市突发事件预警信息发布中心）（原天气预报处）

原天气预报处职能：主要负责 24 小时连续不断监视天气变化，综合分析地面、高空，包括卫星、雷达、风廓线、闪电定位、地面遥测等大气探测设备获取的几十种资料，制作和发布天气预报、预警信号、空气质量、城市火险、城市积涝、地质灾害、卫生健康、交通气象、海洋气象、气象生活指数等预报服务产品；为公众提供气象信息服务，及时发布重大灾害性、转折性天气新闻；为政府提供公共安全应急气象保障、重大活动专题保障服务。

2007 年更名为气象预警预报处，主要职能是：承担重大灾害天气跨地区、跨部门的联防预报工作；负责公益性气象信息、气象预报、灾害性天气警报、气象灾害预警信号以及各种专项预报；承担应急气象保障服务工作，管理气象信息传播。

2016 年加挂“深圳市突发事件预警信息发布中心”牌子。增加职能：负责市突发事件预警信息发布平台的规划、建设、维护，负责预警信息的收集、分析和研判，发布经审定的预警信息并反馈发布情况，组织预警信息发布绩效评估，拓展预警信息发布手段。

2019 年职能调整为：负责气象预警预报及信息发布工作。承担发布公益性气象信息、气象预报、气象灾害预警信号以及环境气象、海洋气象等专项预报；承担重大灾害天气跨地区、跨部门的联防预报工作；承担气候预测和气候风险分析工作；承担决策、公众、行业气象服务和重大社会活动以及应急气象保障服务；负责预警信息发布平台的管理和运行维护工作；承担南方强天气研究重点实验室的组织管理工作。

表 1-1-2-14　历任气象预警预报处（原天气预报处）处长、副处长一览表

姓名	职务	级别	任职时间
张小丽	副处长（主持工作） 处　长	副处级 副处级	2004 年 1 月至 2004 年 11 月 2004 年 12 月至 2009 年 12 月
孙向明	副处长	正科级	2004 年 12 月至 2008 年 5 月
张　蕾	助理调研员	副处级	2004 年 1 月至 2017 年 12 月
钟保粦	助理调研员	副处级	2004 年 1 月至 2004 年 4 月
彭勇刚	副处长	正科级	2008 年 5 月至 2012 年 8 月
孙晓铃	副处长	正科级	2008 年 5 月至 2012 年 8 月
兰红平	处　长	副处级	2009 年 12 月至 2011 年 2 月
曹春燕	处　长	副处级	2011 年 10 月至 2017 年 7 月
李　辉	副处长	正科级	2012 年 10 月至 2019 年 6 月
李明华	副处长	副处级	2019 年 12 月至今

（3）规划发展处（原信息网络处、监测网络处）

原信息网络处的职能：主要负责全局通信网络的规划、布局、调整和实施；负责气象通信、信息网络日常维护和管理；负责气象信息和预警预报产品的分发、交换、存档及传输管理；负责气象卫星地面站、市气象专业广播电台、计算中心、气象网站以及气象业务和服务系统的维护；负责计算机及网络系统的安全管理；负责气象信息共享工作；负责气象无线电管理工作；负责气象探测环境保护。

2004 年 12 月，增加“气象监测资料的采集、质量控制、分析、处理、分发和存储”等工作，同时改名为“监测网络处”。

2009 年 9 月，深圳市人民政府办公厅下发《关于印发市政府工作部门主要职责内设机构和人员编制规定的通知》（深府办〔2009〕100 号），内设机构监测网络处更名为“信息网络处”。信息网络处的主要职能：承担气象资料共享的管理工作，组织管理气象探测资料和天文观测资料的汇总、分发和交换；承担气象通信专线、计算机网络系统、卫星地面站、信息共享平台、预报业务和服务平台等各类气象业务系统的运行维护与安全工作。

2019 年信息网络处更名为规划发展处，职能调整为：负责规划计划、财务、审计等工作。承担气象事业发展改革、规划计划的编制、实施管理和绩效评估；负责组织编制发布气象科技指南和业务规范；承担部门预决算编制、政府采购、国有资产、会计统计等管理工作；负责统筹管理各类资金；负责项目立项、审核、实施、验收、审计等全流程管理工作；研究气象工作中的重大事项，提出政策建议。

表 1-1-2-15　历任规划发展处（原信息网络处）处长、副处长一览表

姓名	职务	级别	任职时间
李新硕	副处长（主持工作）	副处级	2004 年 1 月至 2004 月 11 月
李新硕	处　长	副处级	2004 年 12 月至 2009 年 12 月
肖良忠	副处长	正科级	2005 年 7 月至 2010 年 3 月
何宇华	副处长	正科级	2009 年 12 月至 2017 年 12 月
孙向明	处　长	副处级	2009 年 12 月至 2010 年 11 月
谭　徽	副处长 处　长	正科级 副处级	2010 年 3 月至 2010 年 12 月 2011 年 10 月至 2019 年 5 月
李新硕	处　长	正处级	2019 年 5 月至今

（4）科技业务处（原科技发展处）

2007—2018 年科技发展处的职能：负责气象事业发展改革、规划计划编制，负责项目立项、组织实施、绩效评估、验收审计等管理；负责气象现代化建设组织推进工作；承担气象和天文业务运行、重大天气应急响应、气象探测环境保护等综合管理和组织协调工作；承担科研项目的立项、鉴定、评审、验收、绩效评估、成果申报和推广应用等管理，组织开展科技合作交流；负责法规和标准化管理，起草法规规章草案，拟订有关政策；承担重要气象设施建设项目的技术审查及设备计量管理工作；承担气象行政复议和行政应诉工作。

2019 年科技发展处更名为科技业务处，职能调整为：负责气象业务、服务、科技管理和气象现代化建设组织推进工作。负责综合气象观测站网规划布局及气象探测环境保护的组织管理；承担气象和天文服务的综合管理，以及业务系统、服务产品的集约、统筹和监督；承担重大天气内部应急响应管理；承担编制监测、预报等专项业务发展规划并组织实施；承担气象科技项目绩效和质量，科研项目的立项、鉴定、评审、验收、成果申报和推广应用，组织开展科技合作交流；承担气象标准化管理工作；承担气象设备计量管理工作；承担部门合作相关事宜；承担信息安全的管理工作。

表 1-1-2-16　历任科技业务处（原科技发展处）处长、副处长一览表

姓名	职务	级别	任职时间
孙向明	处　长	副处级	2008 年 5 月至 2009 年 12 月
张小丽	处　长	副处级	2009 年 12 月至 2018 年 11 月
周星明	副处长	正科级	2011 年 12 月至 2016 年 6 月
王小勇	副处长	正科级 副处级	2014 年 6 月至 2019 年 5 月 2019 年 5 月至今
张　凯	副处长	正科级	2016 年 7 月至 2019 年 6 月
胡　娟	副处长	正科级	2016 年 2 月至 2019 年 6 月
邱宗旭	处　长	正处级	2019 年 6 月至今
李　辉	副处长	副处级	2019 年 9 月至今

（5）减灾与服务监督处（加挂市人工影响天气办公室、审批综合处）（原监测减灾处、气象减灾处）

原监测减灾处的职能：主要负责气象行业管理、气象行政许可和气象行政执法，管理各类专业和商业气象服务，管理涉外气象活动，并对其他部门涉及的气象工作进行指导、监督；负责气象灾害防御、施放气球、人工影响天气、雷电防护、气象减灾学会、气象志愿者的组织管理工作。

2004 年 12 月，更名为“气象减灾处”，职能不变。2007 年，气象减灾处加挂“市人工影响天气办公室”牌子。

2009 年气象减灾处主要职能：组织管理气象灾害防御、气候可行性论证工作；负责气象行业管理、行政审批和行政执法工作；负责升放气球和防雷安全管理工作；组织实施局部人工影响天气工作；组织气象灾害调查、风险评价和成因界定工作。

2019 年更名为减灾与服务监督处（加挂市人工影响天气办公室、审批综合处），职能调整为：负责减灾服务、审批执法、安全监管等工作。承担气象灾害防御和应急管理工作，收集气象灾害防御四级联动需求并组织协调实施；组织管理气候可行性论证工作；承担气象行业管理、行政审批、行政服务和行政执法工作；承担防雷安全和升放气球管理工作；管理和指导人工影响天气工作；承担气象相关安全生产管理工作；管理气象信息传播工作；监督管理气象服务行业自律和气象服务市场活动；承担气象服务产品监督和效益、满意度调查评估。

表 1-1-2-17　历任减灾与服务监督处处长、副处长一览表

姓名	职务	级别	任职时间
韩　哲	负责人（主持工作）	正处级	2004 年 1 月至 2004 年 11 月
张刚扬	助理调研员 处　长	副处级	2004 年 1 月至 2004 年 11 月 2004 年 12 月至 2009 年 12 月
蒲广亮	助理调研员	副处级	2004 年 1 月至 2006 年 9 月
谭　徽	副处长	正科级	2004 年 12 月至 2010 年 3 月
邱胜军	副处长 副调研员	正科级 副处级	2007 年 1 月至 2011 年 12 月 2011 年 12 月至 2017 年 12 月
李新硕	处　长	副处级	2009 年 12 月至 2017 年 12 月
肖良忠	副处长	正科级	2010 年 3 月至 2016 年 2 月
张　凯	副处长	正科级	2012 年 10 月至 2016 年 7 月
刘　源	副处长	正科级 副处级	2016 年 2 月至 2019 年 5 月 2019 年 5 月至今
叶汶华	副处长	正科级 副处级	2016 年 8 月至 2019 年 6 月 2019 年 9 月至今
江　崟	处　长	正处级	2019 年 6 月至今

（6）市气象服务中心（市气象公共安全技术支持中心）（原加挂名市防雷中心、市防雷设施检测所）

2002 年市气象服务中心（市防雷设施检测所）的职能是：主要负责组织开展气象科学技术研究、技术开发和气象科技成果的推广应用；负责气象特服电话业务和气象手机短信服务；负责气象信息技术开发与服务；开展气象资料服务；提供专业气象预警预报服务；开发针对特定用户的专业气象服务产品；开展全市气象科普和气象宣传工作；负责电视天气预报节目管理、采编和制作。

2007 年，“市防雷设施检测所”更名为“市防雷中心”。

2016 年，加挂的“深圳市防雷中心”牌子更名为“深圳市气象公共安全技术支持中心”。

2019 年主要职能是：负责应急气象电话、电台、智能终端、互联网等公共气象服务产品的开发制作与服务；承担气象数据共享服务与技术支持工作；承担气象影视和多媒体天气预报节目管理、采编和制作；承担气象防灾减灾科普宣传工作；负责开展交通、供水、供电、供气等重点行业的气象保障服务；承担气象灾害防御工作事中事后监管的技术支撑；承担气象灾害调查鉴定及雷电灾害风险评估与区划；承担行业专项雷电预警服务；承担城市防雷安全排查、督查及防雷装置安全检测等技术支持工作；受市气象局委托，承担防雷装置设计审核与竣工验收许可、防雷产品质量监督的技术支持；负责组织开展气象科学技术及气象安全标准的研究与应用；承担市气象局交办的其他工作。

表 1-1-2-18　历任市气象服务中心（市气象公共安全技术支持中心）主任、副主任一览表

姓名	职务	级别	任职时间
余立平	副主任（主持工作） 主　任	副处级 副处级	2004 年 1 月至 2004 年 11 月 2004 年 12 月至 2015 年 8 月
邱宗旭	副主任 主　任	正科级 副处级	2008 年 5 月至 2015 年 10 月 2015 年 10 月至 2019 年 6 月
唐小新	总　师	专技六级	2015 年 12 月至今
刘东华	主　任	副处级	2019 年 9 月至今

（7）市国家气候观象台（市气候中心、市天文台）

主要职能：负责综合气象观测系统的运行管理及相关气象观测业务；承担观测基地管理和设施的监控、检修、标定及气象探测环境的保护和评估工作；承担气象观测数据的收集处理、质量控制和开放共享等工作。承担气候预测、监测，气候变化研究及气候资源评估工作，组织开展气候可行性论证与环境气象等技术研究和决策服务工作。负责市天文观测系统及天文与气象相结合的综合观测系统的运行管理；承担天文观测业务与天文科普工作。

表 1-1-2-19　历任市国家气候观象台（市气候中心、市天文台）台长、副台长一览表

姓名	职务	级别	任职时间
江　崟	台　长	副处级	2008 年 5 月至 2019 年 6 月
庄红波	副台长	专技五级	2008 年 5 月至 2015 年 12 月
李　磊	副台长	专技四级	2009 年 12 至 2019 年 12 月
郑　涛	总　师	专技六级	2015 年 12 月至今
罗红艳	副台长 台　长	正科级 副处级	2015 年 11 月至 2019 年 9 月 2019 年 9 月至今

（8）市气象雷达综合观测站：成立于 2005 年 5 月，撤销于 2007 年 7 月。承担气象雷达观测、气候观测、高空探测及数据处理业务；承担观测基地的日常管理工作以及自动气象站的维护工作。

表 1-1-2-20　市气象雷达综合观测站站长一览表

姓名	职务	级别	任职时间
余妙颂	站　长	副处级	2005 年 7 月至 2007 年 12 月

（9）市气象服务公司：主要承担防雷工程的接洽、设计、施工，自动气象站维护等。2006 年 11 月划归深圳市国有资产监督管理委员会。

表 1-1-2-21　历任市气象服务公司经理、副经理一览表

姓名	职务	任职时间
周　新	经　理	2003 年 7 月至 2006 年 11 月
刘晓峰	副经理	2003 年 7 月至 2006 年 11 月

（10）粤港澳大湾区气象监测预警预报中心（深圳气象创新研究院）

2019 年 12 月 12 日，市政府办公厅下发《深圳市人民政府办公厅关于成立粤港澳大湾区气象监测预警预报中心（深圳气象创新研究院）的批复》（深府办函〔2019〕269 号），同意设立粤港澳大湾区气象监测预警预报中心（深圳气象创新研究院），业务范围包括：气象灾害及其次生衍生灾害的监测预警预报关键共性技术、前沿引领技术研究与成果转化应用，研发区域数值预报模式、台风预报模式和对流尺度集合预报模式；协同建设粤港澳大湾区重大气象科技基础设施、气象大科学装置；探索开展粤港澳海陆一体化综合监测与服务，探索共建共享研发创新平台；联合研制精准台风预报指导产品；开展气象科学技术成果转化应用、气象科技咨询与服务及国内外气象科技交流与合作。

表 1-1-2-22　粤港澳大湾区气象监测预警预报中心（深圳气象创新研究院）筹建工作组

<table>
<tr><th>名称</th><th>人员名单</th><th>任职时间</th><th>文件名</th></tr>
<tr><td>组长</td><td>常　越</td><td rowspan="3">2019 年 6—12 月</td><td rowspan="3">《广东省气象局关于成立粤港澳大湾区气象监测预警预报中心筹建工作组的通知》（粤气函〔2019〕266 号）</td></tr>
<tr><td>副组长</td><td>王延青、万齐林、毛　夏</td></tr>
<tr><td>成员</td><td>郑思轶、林敏虹、邓　华、邓　涛、江　崟、林轶琦</td></tr>
</table>

三、党建纪检与监察

经中共深圳市直属机关委员会批准，市气象台党支部于 1982 年 5 月成立，1985、1988、1990、1993、1995、2000、2006、2011、2016 年分别进行了改选或换届选举。党员由初时的 5 人发展至 2019 年的 100 多人。1982 年至 1996 年党支部书记为张辅成，1996 年 12 月张辅成退休，由中共深圳市农业局直属机关党委批准，张儒林接任党支部书记。2003 年张儒林工作调动，2003 年起先后由黄競基任党支部书记、中共深圳市气象局（台）党组组长、中共深圳市气象局直属机关总支部书记、中共深圳市气象局直属机关委员会书记。2006 年，通过换届选举，黄競基再次当选为中共深圳市气象局直属机关委员会书记。同年，各内设处室、单位成立党支部。2011 年，通过换届选举，王延青当选为中共深圳市气象局直属机关委员会书记。2016 年，通过换届选举，毛夏当选为中共深圳市气象局直属机关委员会书记。2019 年，经市直机关工委批复同意，调整王延青为中共深圳市气象局直属机关委员会书记。

表 1-1-3-1　市气象局（台）党组织成员表

组织名称	书记	副书记	委员（成员）	任职年月	备注
中共深圳市气象台党支部	张辅成		邱容生、郭世浩、韩　哲、钟保粦	1985 年至 1988 年	
中共深圳市气象台党支部	张辅成	邱容生	郭世浩、韩　哲、钟保粦	1988 年至 1990 年	
中共深圳市气象台党支部	张辅成	邱容生	郭世浩、余吉祥、李桑生	1990 年至 1995 年	
中共深圳市气象台党支部	张辅成	毛　夏	李桑生、郭世浩、韩　哲	1995 年至 1996 年	深农党复〔1995〕006 号

续表

组织名称	书记	副书记	委员（成员）	任职年月	备注
中共深圳市气象台党支部	张儒林	毛　夏	韩　哲、兰红平、李新硕	1996 年至 2000 年	深农党〔1996〕30 号
中共深圳市气象台党支部	张儒林	毛　夏	李新硕、钟保粦、黄满秀	2000 年至 2003 年	
中共深圳市气象局（台）党组	黄競基		王延青、毛　夏	2003 年至 2009 年	深组干〔2003〕116 号
中共深圳市气象局直属机关总支部	黄競基	王延青	毛　夏、兰红平、李新硕	2003 年至 2006 年	
中共深圳市气象局直属机关委员会	黄競基	王延青 韩　哲	毛　夏、兰红平、张刚扬、余立平	2006 年至 2009 年	深直组复〔2006〕25 号
中共深圳市气象局直属机关纪律检查委员会	韩　哲		张小丽、余妙颂	2006 年至 2011 年	深直组复〔2006〕25 号
中共深圳市气象局直属机关委员会	王延青	毛　夏	兰红平、江　崟、余立平、张小丽、张刚扬	2011 年至 2016 年	深直工组复〔2011〕12 号
中共深圳市气象局直属机关纪律检查委员会	韩　哲		余妙颂、黄晓君	2012 年至 2016 年	深直工组复〔2012〕12 号
中共深圳市气象局直属机关委员会	毛　夏	黄晓君	叶汶华、江　崟、张　凯、陈训来、罗华明	2016 年至 2019 年	深直工组复〔2016〕115 号
中共深圳市气象局直属机关纪律检查委员会	黄晓君		余妙颂、饶华炎	2016 年至 2019 年	深直工组复〔2016〕115 号
中共深圳市气象局直属机关委员会	王延青	罗华明	毛　夏、江　崟、张　凯、陈训来、叶汶华	2019 年至今	深直工组复〔2019〕74 号
中共深圳市气象局直属机关纪律检查委员会	罗华明		黄晓君、谢　坤	2019 年至今	深直工组复〔2019〕74 号

表 1-1-3-2　2006 年后市气象局（台）各党支部和支委一览表

组织名称	书记	副书记	委员（成员）	任职时间	备注
办公室党支部	兰红平		郑　涛、黄晓君	2007 年 2 月	深气党字〔2007〕3 号
天气预报处党支部	张小丽			2007 年 2 月	深气党字〔2007〕3 号
监测网络处党支部	李新硕		肖良忠、江　崟	2007 年 4 月	深气党字〔2007〕7 号
气象减灾处党支部	张刚扬		邱胜军、罗华明	2007 年 4 月	深气党字〔2007〕7 号
服务中心党支部	余立平		陈启忠、陈伟华	2007 年 4 月	深气党字〔2007〕7 号
退休老干党支部	李　峰		郭世浩、余吉祥	2007 年 2 月	深气党字〔2007〕2 号
科技发展处支部	邱宗旭			2008 年 2 月	深气党字〔2008〕5 号
观象台党支部	江　崟		庄红波、郑　涛	2008 年 2 月	深气党字〔2008〕5 号
办公室党支部	张刚扬		黄晓君、周星明	2010 年 7 月	深气党纪〔2010〕6 号
科技发展处党支部	张小丽			2010 年 7 月	深气党纪〔2010〕6 号
预警预报处党支部	兰红平		孙晓铃、胡　娟	2010 年 7 月	深气党纪〔2010〕6 号
气象减灾处党支部	李新硕		邱胜军、肖良忠	2010 年 7 月	深气党纪〔2010〕6 号
信息网络处党支部	谭　徽	何宇华		2010 年 7 月	深气党纪〔2010〕6 号
服务中心党支部	余立平		陈启忠、邢松森	2010 年 7 月	深气党纪〔2010〕6 号
退休老干党支部	李　峰		郭世浩、余吉祥	2010 年 7 月	深气党纪〔2010〕6 号
办公室党支部	李　峰		罗华明、黄晓君	2013 年 8 月	深气党字〔2013〕14 号
预警预报处党支部	兰红平		胡　娟、陈训来	2013 年 8 月	深气党字〔2013〕14 号

续表

组织名称	书记	副书记	委员（成员）	任职时间	备注
气象减灾处党支部	李新硕		肖良忠、张　凯	2013 年 8 月	深气党字〔2013〕14 号
信息网络处党支部	谭　徽	何宇华		2013 年 8 月	深气党字〔2013〕14 号
服务中心党支部	余立平		陈启忠、郑炀枢	2013 年 8 月	深气党字〔2013〕14 号
退休老干党支部	余妙颂		郭世浩、余吉祥	2013 年 8 月	深气党字〔2013〕14 号
办公室党支部	罗华明		李瑞吟、刘洪涛	2016 年 7 月	深气党字〔2016〕26 号
科技发展处党支部	张小丽			2016 年 7 月	深气党字〔2016〕26 号
预警预报处党支部	陈训来		王德立、谢　坤	2016 年 7 月	深气党字〔2016〕26 号
信息网络处党支部	谭　徽		何宇华、邓　平	2016 年 7 月	深气党字〔2016〕26 号
减灾处党支部	李新硕		吴亚玲、曾　峰	2016 年 7 月	深气党字〔2016〕26 号
观象台党支部	江　崟	罗红艳	郑群峰、钟雪平、赖　鑫	2016 年 7 月	深气党字〔2016〕26 号
服务中心党支部	邱宗旭	庄红波	刘东华、蓝润斌、陈启忠	2016 年 7 月	深气党字〔2016〕26 号
退休老干党支部	余妙颂		郭世浩、余吉祥	2016 年 7 月	深气党字〔2016〕26 号
办公室党支部	罗华明		徐文文、陈欢欢	2019 年 7 月	深气党字〔2019〕19 号
科技处党支部	邱宗旭	王小勇		2019 年 7 月	深气党字〔2019〕19 号
规划处党支部	李新硕		李瑞吟、黄　薇	2019 年 7 月	深气党字〔2019〕19 号
预报处党支部	兰红平	赖　鑫	陈训来、贺佳佳、蔡伟源	2019 年 7 月	深气党字〔2019〕19 号
减灾处党支部	刘　源		邱胜军、吴亚玲	2019 年 7 月	深气党字〔2019〕19 号
观象台党支部	罗红艳	杨国华	刘爱明、潘国盛、温精敏	2019 年 7 月	深气党字〔2019〕19 号
服务中心党支部	刘东华	庄红波	饶华炎、孙石阳、杨　彦	2019 年 7 月	深气党字〔2019〕19 号
退休老干党支部	谢　坤		余妙颂、钟保粦	2019 年 7 月	深气党字〔2019〕19 号

四、人员队伍

深圳市气象队伍随着气象事业的发展而不断壮大，不同阶段任用人员的数量、素质需求不同。深圳市气象局（台）由县级气象站发展至今，随着机构、职能的变化，编制也逐渐增加。1980 年编制有 22 人；1984 年有 32 人；1985 年成立市地震办公室，增编 4 名，总编制增加到 36 人；1986 年增编 9 名，总编制增加到 45 人；1987 年深圳市地震办公室独立，脱离气象台，减编 4 名，总编制减少为 41 人；1995 年增编 6 名，总编制增加到 47 人；2002 年成立市气象服务中心，增编 10 名，总编制增加到 57 人；2005 年 5 月，成立深圳市气象雷达综合观测站，增编 16 名（其中，15 名事业单位职员，1 名工勤雇员），总编制增加到 73 人，同年 12 月，深圳市气象服务中心增加专业技术雇员编制 5 名，总编制增加到 78 人；2007 年成立深圳市国家气候观象台，新增 18 名事业编制、18 名专业技术雇员编制，市气象服务中心新增 6 名专业技术雇员编制，总编制增加到 120 名；2010 年市国家气候观象台新增事业编制 3 名、专业技术雇员编制 4 名，市气象服务中心新增事业编制 4 名、专业技术雇员编制 5 名，总编制数增加到 136 人；2016 年收回市国家气候观象台 22 名专业技术雇员和 1 名工勤雇员，核定 38 名员额，收回市气象服务中心 16 名专业技术雇员，核定 36 名员额，增加深圳市突发预警中心 4 名临聘人员员额，实有编制数（公务员和职员）为 93 名，总编制数 142 人；2019 年市气象局由市政府工作部门调整为市政府直属事业单位，原配备的 43 名行政编制置换为事业编制，现有在编人员按“老人老办法管理”，实有事业编制 93 名，员额 74 名，工勤雇员 2 名，总编制数增加到 157 人。

实际在编人数：建站初期只有 6 人；1980 年 9 月，建台时发展到 17 人；2003 年市气象局（台）

作为副厅级机构运行时，在编 45 人，编外 25 人；2009 年转为市政府工作部门时发展到在编 119 人，编外 37 人；2019 年转为正厅级市政府直属事业单位时，在编 82 人，编外 75 人。

表 1-1-4-1　人员编制、实有人员统计表

年份	编制数	实有人数		
		在编人数	编外数	合计
1952		6		
1980	22	17		
1984	32			
1985	36			
1986	45			
1987	41	33		
1988		32		
1989		31		
1990		31		
1991		34		
1992		35		
1995	47	40		
1996		45		
1997		44		
1998		47		
1999		46		
2000		44	8	52
2001		44	15	59
2002	57	42	18	60
2003		45	25	70
2004		48	41	89
2005	78	57	57	114
2006		72	55	127
2007	120	113	55	168
2008		118	36	154
2009		119	37	156
2010	136	120	46	166
2011		124	47	171
2012		127	52	179
2013		128	55	183
2014		127	53	180
2015		124	52	176
2016	93	83	59	142
2017	93	87	65	152
2018	93	85	71	156
2019	93	82	75	157

表 1-1-4-2　1990—2019 年市气象局（台）系统人员基本状况表

年份	总数	性别		年龄				职称				文化程度					
		男	女	51 岁以上	41～50 岁	31～40 岁	30 岁以下	高级工程师	工程师	助理工程师	技术员	博士	硕士	本科	大专	中专	高中
1990	30	21	9	4	9	8	9		13	11	6			6	9	11	4
1991	35	25	10	6	8	8	13		16	12	7		1	7	12	10	5
1992	38	25	13	8	6	11	13		17	13	8		1	9	12	10	6
1993	37	25	12	9	5	11	12	2	15	18	2		2	10	13	7	5
1994	37	24	13	8	5	15	9	3	21	11	2		2	12	12	6	5
1995	40	26	14	9	5	17	9	3	21	12	4		3	14	13	6	4
1996	46	30	16	9	6	19	12	6	21	11	8		4	17	15	6	4
1997	45	29	16	10	5	19	11	6	20	14	5		4	15	17	5	4
1998	47	30	17	9	8	20	10	6	24	13	4		4	17	17	5	4
1999	46	29	17	8	10	19	9	6	23	15	1		4	17	16	5	4
2000	52	30	22	5	14	21	12	9	20	11	1		3	19	15	5	7
2001	59	35	24	5	16	21	17	10	20	14	3	1	3	19	20	7	8
2002	60	35	25	6	18	21	15	10	20	14	3	1	3	19	21	7	8
2003	70	41	29	6	26	22	16	11	22	14	2	1	6	22	23	7	4
2004	89	57	32	9	27	26	27	14	29	16	3	1	9	31	25	12	9
2005	114	77	37	11	29	31	43	18	31	22	3	1	11	51	25	14	10
2006	127	86	41	6	29	32	52	16	28	23	2	2	16	68	26	8	8
2007	168	108	60	6	40	56	58	18	30	24	5	2	26	90	33	10	9
2008	154	102	52	6	40	52	56	20	31	28	5	3	28	80	28	8	7
2009	156	103	53	6	41	57	52	22	30	30	7	4	32	78	30	7	5
2010	166	108	58	6	42	63	55	22	32	33	10	5	35	77	39	6	4
2011	171	109	62	6	45	65	55	22	30	34	10	6	70	84	31	5	5
2012	179	109	70	6	46	71	56	23	34	35	9	7	40	95	30	4	3
2013	183	110	73	11	41	74	57	23	35	36	11	10	44	95	29	2	3
2014	180	108	72	15	37	73	55	24	36	36	10	9	42	92	32	2	3
2015	176	106	70	17	35	70	54	24	42	30	12	9	40	88	34	2	3
2016	142	93	49	18	34	60	30	24	42	30	13	9	28	90	10	2	3
2017	152	89	63	19	33	67	33	28	38	30	12	10	35	92	10	2	3
2018	156	90	66	18	34	69	35	29	45	33	12	10	37	93	16		
2019	157	91	66	16	34	71	36	33	46	40	12	10	40	93	14		

建站以来市气象局（台）系统工作人员名单详见附录一。

五、技术职称评聘

1992 年 8 月，经深圳市职称改革领导小组办公室批准，市气象局初次成立工程技术初级专业技术职称评审委员会，由 9 位成员组成，张辅成任主任委员，李燊生任副主任委员。1995 年 6 月，初次成立深圳市气象局考核聘任工作领导小组，由 9 位成员组成，张辅成任组长。2000 年 7 月，成立深圳市气象局技术委员会，由 7 位成员组成，张儒林任主任，毛夏任副主任，主要负责市气象局科技开发项目的设立和成果评审工作。1995 年前，核准市气象局设立高级专业技术职务（岗位）2 个，中级专业技术职务（岗位）15 个；1995 年 8 月，经深圳市职称改革领导小组办公室核准，市气象局设立高级专业技术职务（岗位）7 个，中级专业技术职务（岗位）22 个。2003 年后市气象局（台）机关人员参照公务员管理，不再设立专业技术职务岗位，但人员可以参加技术职称资格评审。2006 年两个下属事业单位设立高级专业技术职务和中级专业技术职务：市气象服务中心分别为 3 个和 4 个，市气象雷达综合观测站分别为 3 个和 9 个。2010 年两个下属事业单位的专业技术职务职数：市气象服务中心分别为 6 个和 4 个，市国家气候观象台分别为 11 个和 16 个。直至 2019 年专业技术职务职数仍保持不变。

深圳市气象局系统具有专业技术资格人数逐年提升：2001 年有高级职称 5 人、工程师 23 人；2006 年有高级职称 16 人、中级职称 28 人；2018 年有高级职称 37 人、中级职称 52 人。

表 1-1-5-1　历任初级专业技术职称评审委员会委员名册

任期	主任委员	副主任委员	委员	备注
1992 年 8 月 22 日至 1994 年 12 月 31 日	张辅成	李燊生	邱容生、郭世浩、刘　敏、谢行石、毛　夏、钟保粦、余吉祥（兼秘书）	深职改办批字〔1992〕23 号
1998 年 9 月 9 日至 2003 年 5 月 13 日	张儒林	毛　夏	钟保粦、蒲广亮、易耀辉、谢行石、陈文海、李新硕、余立平（2000 年 9 月因易耀辉、谢行石、陈文海自然减员，增补余妙颂、江　崟、孙向明为委员）	深气字〔1998〕30 号 深气字〔2001〕45 号
2003 年 9 月 3 日至 2005 年 12 月 31 日	毛　夏	兰红平	钟保粦、蒲广亮、李新硕、张小丽、张　蕾、余妙颂、江　崟、孙向明、周　新	深人函〔2003〕227 号
2006 年 5 月 30 日至 2009 年 5 月 29 日	毛　夏	兰红平	李新硕、张小丽、张　蕾、孙向明、郑　涛、庄红波、王明洁、邱宗旭、孙石阳、刘　敏、孙晓铃、余立平、李宪送、余妙颂、江　崟	粤气人函〔2006〕30 号
2009 年 6 月 5 日至 2012 年 6 月 4 日	毛　夏	兰红平 孙向明	张小丽、张　蕾、王明洁、江　崟、张立杰、孙石阳、李　磊、张　莉、梁碧玲、庄红波、余妙颂、郑　涛、李新硕、余立平、周　新、邱宗旭、刘敦训、邱胜军	粤气人函〔2009〕59 号
2012 年 5 月 1 日至 2015 年 4 月 30 日	毛　夏	张小丽	江　崟、李　磊、余立平、曹春燕、张　蕾、庄红波、唐小新、邱宗旭、李新硕、梁碧玲、陈训来	粤气人函〔2012〕109 号
2015 年 6 月 8 日至 2018 年 6 月 7 日	兰红平	张小丽	曹春燕、李新硕、张　蕾、李　磊、邱宗旭、陈训来、叶汶华、刘东华、王小勇、刘爱明、胡　娟	粤气人函〔2015〕83 号
2019 年 7 月 12 日至今	兰红平	李　磊	邱宗旭、江　崟、罗红艳、刘东华、庄红波、陈元昭、王明洁、陈训来、魏勇平、刘爱明、刘敦训	粤气人函〔2019〕104 号

表 1-1-5-2　历任考核聘任工作领导小组成员名册

任期	组长	副组长	委员	备注
1995 年 6 月至 1996 年 12 月	张辅成	—	李燊生、郭世浩、毛　夏、韩　哲、谢行石、黄满秀、刘　敏、彭瑞云	深气字〔1995〕13 号
1997 年 3 月至 2000 年 3 月	张儒林	—	李燊生、毛　夏、韩　哲、谢行石、李新硕、余立平、陈文海、彭瑞云	深气字〔1997〕18 号
2000 年 7 月至 2003 年 7 月	张儒林	毛　夏 韩　哲	李新硕、钟保粦、兰红平、余立平、余妙颂、彭瑞云	深气字〔2000〕12 号
2003 年 7 月至 2005 年 7 月	黄兢基	王延青 毛　夏	韩　哲、兰红平、余立平、彭瑞云	深气字〔2003〕32 号
2005 年 1 月至 2007 年 1 月	黄兢基	王延青 毛　夏	韩　哲、兰红平、余立平、余妙颂	深气人字〔2005〕1 号
2007 年 3 月至 2009 年 2 月	黄兢基	王延青 毛　夏	韩　哲、兰红平、余立平、余妙颂	深气人字〔2007〕4 号

表 1-1-5-3 历任技术委员会成员名册

主任	副主任	秘书	委员	备注
张儒林	毛　夏	周　新	李新硕、兰红平、钟保粦、李宪送	深气字〔2000〕14 号
毛　夏	兰红平 张小丽 李新硕	江　崟	张　蕾、刘　敏、蒲广亮、孙向明、彭勇刚、胡　娟、张　莉、高　鸿、孙丹波，增补孙晓铃为委员	深气字〔2004〕46 号 深气字〔2004〕60 号
毛　夏	兰红平 张小丽 李新硕	江　崟	增补郑涛、庄红波、孙石阳、王明洁、邱宗旭、顾宗华、李　辉、李　程、刘爱明、刘锦泉为局技术委员会成员，增补李兴荣、毛　辉、谭明艳为技术委员会成员	深气人字〔2006〕2 号 深气人字〔2006〕5 号
毛　夏	兰红平 张小丽 李新硕	江　崟	张　蕾、刘　敏、孙向明、彭勇刚、胡　娟、张　莉、高　鸿、孙丹波、孙晓铃、郑　涛、庄红波、孙石阳、王明洁、邱宗旭、顾宗华、李　辉、李　程、刘爱明、刘锦泉、李兴荣、毛　辉、谭明艳	
兰红平	张小丽 陈训来	张立杰	曹春燕、张　蕾、陈元昭、孙晓铃、魏晓琳、李　程、何宇华、叶汶华、邱胜军、江　崟、庄红波、李　磊、梅　林、唐小新、张　莉、刘敦训、刘东华	深气字〔2014〕27 号

表 1-1-5-4 历任防雷工程专业资质（资格）初级评委会成员名册

主任	副主任	秘书	委员	备注
黄競基	王延青、毛　夏、韩　哲	黄良元（兼）	兰红平、余立平、蒲广亮、黄良元、李宪送	深气字〔2003〕57 号

表 1-1-5-5 历年专业技术职务（岗位）职数及实际聘用情况表

年份	单位	下达职数		实际聘用（在编）			备注
		高级	中级	高级	中级	初级	
1995 年 8 月前	气象台	2	15				
1995	气象台	7	22		20		
1996	气象台			5	21		
1997	气象台			6	20		
1998	气象台			5	21		
1999	气象台			6	22		
2000	气象台			6	20		
2001	气象台			7	20		
2002	气象台			7	20		
2003	服务中心						
2004	服务中心						
2005	服务中心	1（1）	2（2）				深人函〔2005〕18 号
2006	服务中心	3	4	2	4		深人函〔2006〕442 号
	雷达站	3	9	3	4	3	深人函〔2006〕45 号
2007	服务中心	3	4	2	4		
	雷达站	11	16	3	4	3	深编〔2007〕65 号
2008	服务中心	3	4	2	4		
	观象台	11	16	5	10	4	

续表

年份	单位	下达职数		实际聘用（在编）			备注
		高级	中级	高级	中级	初级	
2009	服务中心	3	4	2	4		
	观象台	11	16	7	14	8	
2010	服务中心	6	4	6	3	1	深编〔2010〕4号
	观象台	11	16	8	15	7	深编〔2010〕4号
2011	服务中心	6	4	6	3	1	
	观象台	11	16	9	14	7	
2012	服务中心	6	4	6	3	1	
	观象台	11	16	9	14	6	
2013	服务中心	6	4	6	3	1	
	观象台	11	16	9	15	7	
2014	服务中心	6	4	6	3	1	
	观象台	11	16	9	14	6	
2015	服务中心	6	4	6	3	1	
	观象台	11	16	9	13	7	
2016	服务中心	6	4	6	3	1	
	观象台	11	16	9	11	3	
2017	服务中心	6	4	6	3	1	
	观象台	11	16	9	14	8	
2018	服务中心	6	4	6	3	1	
	观象台	11	16	9	14	8	
2019	服务中心	6	4	6	3	1	
	观象台	11	16	8	15	5	

说明：括号内为自筹编制的技术职数，自定。

六、精神文明建设

68年来，各任气象局（站、台）领导班了均十分重视精神文明建设，坚持业务建设和精神文明建设两手抓，努力培养爱岗敬业、勇于创新的人才队伍。根据不同时期创建精神文明的要求和重点，订计划、出方案、抓落实、促成效，在各个时代都涌现出代表深圳气象人精神面貌的先进典型。据记载统计，历年市气象局系统共获得各类集体奖励218项、个人奖励449项，其中省部级的集体奖励12项、个人29项，包含了业务、服务、科技、党建、文体等各方面。

例如，2003年制定了《深圳市气象局创建文明机关活动实施方案》，成立以局党组书记、局长黄競基为组长的创建领导小组，并将创建任务分解至各处室（单位），内容具体，责任到人，落实到位。领导小组成立后，按照深圳市创建文明机关提出的“领导班子坚强有力，依法办事公开公正，工作效率及时快捷，服务质量群众满意，业务工作成绩突出，队伍素质全面提高，廉洁自律遵纪守法，道德风尚健康向上，规章制度完善落实，办公环境优美和谐”的要求，以及省气象系统创建“四个一流”新型台站考核办法7大方面38项109条的标准，逐条逐项对照，找差距、寻不足，认真整改提高。2004年市气象局获得了广东省精神文明建设委员会认可的气象部门精神文明建设品牌项目——广东省气象系统“四个一流”新型台站称号。自1986年起，市气象局多次获得市文明先进单位。气象预警预报处作为昼夜值守、分析制作天气预警预报的核心部门，很多女同志长年累月奋战在灾害性天气预报服务的最前沿，不辞辛苦，任劳任怨，先后被评为“巾帼文明示范岗”“深圳市三八红旗集体”“广东省三八红旗集体”等，近十多年来，各种预报服务技能竞赛更是硕果累累。张辅成、兰红平、庄红波、陈训来等先后获得“深圳市劳动模范”称号，陈元昭、王明洁、杨悦新、徐文文等先后获得“广东省技术能手”称号。

表 1–1–6–1　历年集体与个人获奖统计

年份	集体奖			个人奖		
	省部级	厅、处级	合计	省部级	厅、处级	合计
1964				1		1
1977		1	1			
1985		1	1	1		1
1986		1	1		2	2
1987		1	1		1	1
1989					1	1
1995					1	1
1996		1	1			
1997	1		1		1	1
1998		1	1		3	3
1999	1	2	3		1	1
2000		2	2		1	1
2001		2	2		1	1
2002					1	1
2003	1	2	3	2		2
2004		4	4		1	1
2005		8	8		3	3
2006		7	7		13	13
2007		7	7	2	24	26
2008		31	31	1	27	28
2009		16	16	4	46	50
2010	1	14	15	1	31	32
2011		17	17	1	30	31
2012	3	19	22	4	62	66
2013		7	7		43	43
2014	1	13	14	1	29	30
2015	1	9	10	2	30	32
2016		9	9		19	19
2017	2	11	13	2	15	17
2018		14	14		26	26
2019	1	6	7		15	15
合计	12	206	218	22	427	449

市气象局（台）系统历年集体与个人获奖情况详见附录二。

七、工青妇

市气象局的工青妇组织在2003年后才建立完善，每年工青妇均会制定各自年度工作计划，为工会会员、青年和妇女组织各类文体活动、健康讲座等，丰富干部职工文化生活，促进干部职工身心健康。

表 1-1-7-1　历任工会主席和委员一览表

主席	委员	任职时间	备注
韩　哲	李　峰、张　蕾、黄良元、池小青、彭瑞云、何宇华	2004年2月—2009年9月	深直工〔2004〕05号
韩　哲	李　峰、张　蕾、池小青、王小勇	2009年10月—2012年10月	深直工〔2009〕68号
李新硕	王小勇、李继红、胡　娟、刘洪涛	2012年11月—2017年3月	深气工字〔2012〕3号
李新硕	李瑞吟、胡　娟、邓　平、蔡伟源	2017年4月—2019年12月	深气工字〔2017〕5号

表 1-1-7-2　历任共青团主席和委员一览表

主席	委员	任职时间	备注
彭勇刚	—	2003年12月—2006年9月	深直团复〔2003〕27号
彭勇刚	莫静华	2006年10月—2009年12月	深直团复〔2006〕7号
李俊山	王　博、周　杨	2010年1月—2016年12月	深直团复〔2009〕19号
王书欣	张　超、黄芷君	2016年12月至今	深直团复〔2016〕36号

表 1-1-7-3　历任妇委会主任和委员一览表

主任	委员	任职时间	备注
张　蕾（第一届）	孙晓铃、彭瑞云	2004年1月—2012年7月	深直妇复〔2004〕2号
余立平（第二届）	黄晓君、胡　娟、陈　昊、曹　艳	2012年8月—2017年2月	深直妇复〔2012〕8号
张小丽（第三届）	赖　鑫、张　丽、张舒婷、曹　艳	2017年3月—2018年11月	深直妇复〔2017〕7号
陈　旌（第四届）	赖　鑫、张　丽、张舒婷、曹　艳	2019年6月—2019年12月	深气党纪〔2019〕5号

第二节　民航深圳空管站气象台

一、机构职能

中国民用航空深圳空中交通管理站气象台（简称民航深圳空管站气象台）原名为民航深圳航务管理站气象科，于1991年5月组建，1992年3月26日正式挂牌成立，由民航深圳航务管理站直接领导，受中南管理局气象处业务技术指导，下设预报室、观测站、填图室、雷达站、卫星传真站。1993年11月18日，改名为民航深圳航务管理站气象台，下设机构调整为：预报室、观测站、情报站、雷达站、设备室。2005年，航管站机构改革，设备室和雷达站划入通信导航总站管理，气象台下设机构调整为：预报室、观测站。2007年6月，民航深圳航务管理站更名为中国民用航空深圳空中交通管理站，气象台下设机构调整为：预报室、观测站和综合业务室。2010年“三定”后，气象设备重归气象台管理，气象台下设机构调整为：预报室、观测情报室、气象设备管理室、综合办公室和技术业务室。

气象台是民航深圳空中交通管理站下属的二级机构，担负着深圳机场的气象保障任务。实施深圳机场的天气观测与探测，制作和发布天气报告，并通报相关部门；收集与分析气象资料，制作和发布深圳机场的航空气象产品，为民航气象用户提供各类气象服务；按规定进行飞行气象情报交换，维护深圳机场气象业务系统和气象设施设备；处理与保存有关气象资料，编制本机场气候志等。

二、人员队伍

1991 年 3 月，组建民航深圳航务管理站气象科，科长周孝先，全科共 28 人，其中高等院校毕业生有 7 人，大中专毕业生有 9 人，技术学校及高中毕业生有 12 人。

1993 年 11 月 18 日，民航深圳航务管理站气象科改名为气象台，全台共 29 人，其中具有中等技术职称的有 17 人，大专以上学历的有 18 人。全台平均年龄 37 岁，30～40 岁的有 22 人，40～50 岁的有 7 人。

多年来，在民航深圳空中交通管理站党委的领导下，气象台始终坚持“安全第一、预防为主、综合治理”的工作方针，以制度管理为基础、以绩效管理为手段、以人文管理求稳固、以创新管理谋发展，加强队伍建设，打造出一支学习型、专业型、合作型和创新型的团队。在保障运行的同时，气象人员注重业务技术的总结和研究，有多篇论文在全国行业杂志上发表，多项成果获空管技术革新奖。

表 1-2-2-1　2007—2020 年民航深圳空管站气象台人员情况

年份	总人数	台领导	预报室	观测室	设备室	综合室	技术室
2007	23	2	10	9		2	
2008	24	2	12	8		2	
2009	26	2	13	9		2	
2010	36	3	10	9	9	3	
2011	38	3	12	9	11	3	
2012	43	3	13	10	14	2	1
2013	48	3	13	12	15	2	3
2014	48	3	13	13	14	2	3
2015	48	2	13	13	15	2	3
2016	49	3	13	13	15	1	3
2017	45	3	12	12	14	1	3
2018	47	2	13	13	14	2	3
2019	46	2	12	12	15	2	3

三、气象设备

民航深圳航务管理站气象台组建初期就遇到中国民航事业高速发展的大好形势，为适应深圳宝安国际机场的开通，设备建设一步到位，包括芬兰的机场自动气象观测系统、美国的自动填图设备、国产 714 气象雷达、卫星云图自动接收系统、计算机以及百叶箱、温度表、湿度表、气压表、风斗等一整套观测仪器。1998 年，根据民航总局的要求建立气象资料数据库、卫星传真广播系统，基本实现了气象业务现代化。

进入 21 世纪，为适应深圳机场航空业务的快速发展，民航深圳空管站气象台积极推广和应用新技术，建立了以气象自动观测系统、气象雷达、气象卫星云图接收系统、风廓线仪（与深圳市气象局共享数据）、风廓线雷达系统等组成的气象综合立体探测系统，应用了气象情报、卫星传真广播、综合预报、数值预报、网络信息、天气可视会商讲解、深圳空管重要天气预警预报系统、深圳空管气象业务运行监视系统、航空气象智能语音服务平台等气象信息处理和服务系统，使航空气象业务工作从传统方式向自动化、规范化和无纸化转变，提高了航空气象保障和服务水平，提升了深圳机场空管运行总体水平。

四、重大事件

2007 年，民航深圳航务管理站更名为中国民用航空深圳空中交通管理站，气象台下设机构调整为：预报室、观测站和综合业务室；建设了多普勒天气雷达系统。

2008 年，推行绩效管理工作，建设了 621 气象数据库系统。

2009 年，开展安全管理体系（SMS）框架建设。

2010 年，完成“三定”工作，气象台下设机构调整为：预报室、观测情报室、气象设备管理室、综合办公室和技术业务室。深圳空管站天气可视会商讲解系统顺利通过验收。

2011 年，荣获 2010 年度“安康杯”竞赛活动全国优胜班组，圆满完成深圳大运会航空气象保障服务工作。

2012 年，完成 SMS 安全管理体系框架建设，并通过民航中南地区管理局组织的手册审核验收。深圳机场西跑道自动气象观测系统开放使用。

2013 年，深圳空管转场成功搬迁；开发协同决策系统（CDM）气象产品“重要天气预警预报系统”，实现了深圳机场 0～2 小时强对流天气的临近预报。

2014 年，实施了“大面积航班延误应急响应机制”（MDRS）工作程序。

2015 年，完成深圳机场东跑道自动观测系统迁建。

2016 年，研发出航班运行协同决策系统手机客户端（CDM-APP），获得首届民航空管系统青年职工移动应用创意设计大赛第一名，完成卫星云图接收处理系统升级和气象雷达中修工作。

2017 年，开发应用航空气象综合信息服务系统。

2018 年，开发应用深圳空管气象业务运行监视系统，获得空管系统科技创新小发明、小创造二等奖。

2019 年，完成深圳机场东跑道自观更新改造工程和深圳机场风廓线雷达建设工程。开发应用航空气象智能语音服务平台，实现主动、智能语音服务，提升服务品质。

第二章　气象社团

第一节　深圳市气象减灾学会

深圳市气象减灾学会（以下简称学会）于 2004 年 8 月成立，属地区性、学术性非营利性社团组织，接受深圳市气象局、深圳市科学技术协会（以下简称“深圳市科协”）的业务指导和深圳市社会组织管理局的监督管理，是党和政府联系气象减灾科技工作者的桥梁和纽带，是发展气象减灾科技事业的重要社会力量。

截至 2017 年底，学会共有 27 家会员单位、221 名个人会员，会员单位主要为企事业单位、科研机构、大专院校、中小学校、社会组织等，个人会员主要为深圳市从事气象、减灾、应急及相关领域的管理、科技人员。

学会主要业务范围：

（1）普及气象防灾减灾知识和技术；组织气象防灾减灾技能竞赛、学术交流活动。

（2）开展气象防灾减灾技术培训、技术咨询、政策规划、科研项目论证和评估。

（3）开展气象防灾减灾科技成果鉴定和评奖。

（4）编辑、出版、发行气象防灾减灾技术（学会内部）刊物、科普刊物及相关的音像制品。

（5）开展青少年气象减灾科技活动，配合教育部门开展相关教育活动。

（6）加强同其他学会间的联系，促进相关交叉学科之间的交流与协作。

（7）开展气象减灾国际学术交流活动，发展同境内外有关学术团体和科技工作者的友好交往。

（8）举荐人才，表彰奖励取得优秀成绩的会员和气象防灾减灾工作者。

学会自成立以来，定期召开会员大会、理事会议、议事例会，多次承办深圳市气象局、深圳市科协、深圳市民政局委托的“3・23 世界气象日”“5・12 防灾减灾日”“科技活动周”“全国科普日”等公益科普活动，开展中小学生、社区居民气象防灾减灾知识技术培训，组织会员参与深港科技交流，参加广东省气象学会、中国气象学会组织的学术交流会议，加强与港澳台地区气象社团的互访往来、组织会员参加有关气象防灾减灾的国际学术交流会议。2012 年 4 月，学会受深圳市科协委托，与台湾中国文化大学、香港气象学会、浙江省气象学会以及上海、深圳的气象、教育、地理、环科、仪器仪表等社团共同发起并成功举办“2012（首届）两岸四地校园气象科普教育论坛”，为更多社会力量参与校园气象科普教育公益事业搭建了一个新的平台。受深圳市科协委托，学会还开展了“气候变化情景下的深港物候变化应对研究”“深圳市建立气象灾害综合科学防范体系的研究”“深圳市灰霾天气的成因、危害及应对研究”等软课题研究。此外，学会还与深圳市环境科学学会、深圳市蓝色海洋环境保护协会、深圳市生态学会等相关社团开展跨行业、跨学科学术性交流研讨和社会公益慈善活动。

2014 年之前，学会领导由市气象局分管领导兼任。按照社团改革要求，2015 年 1 月进行了第三届换届选举，产生了新一届理事会，完善了机构与业务运行制度，学会业务得到显著发展。

学会组织机构

表 2-1-1　深圳市气象减灾学会第三届理事会人员构成

（2015—2018 年，三届四次理事会通过）

会　长	成良玉
常务副会长兼秘书长	唐小新
副会长	何龙、刘晓峰、张文海
理　事	李晴岚、李小松、范军、陈海生、邹阳溪、唐暑光、吴从周、韩峰、李俊、司马晓、黄云、张玉英、陈威、雷呈斌、李建、张海强、徐华林、石兰涛、许桂东、陈克宝、高永惠
监　事	李磊
副秘书长	张永臣（专职）、卿乐（兼职）、林楚雄（兼职）、王金鑫（兼职）

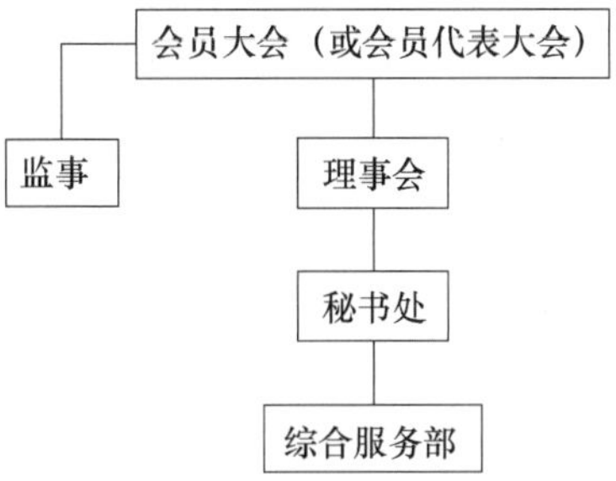

图 2-1-1　深圳市气象减灾学会第三届理事会组织结构（2015—2018 年）

第二节　深圳市防雷协会

深圳市防雷协会（以下简称协会）成立于 2005 年，现有会员单位 105 家，是由从事雷电防护产业相关领域的企事业单位、科研学术机构等相关单位自愿组成的行业性、非营利性的社会团体。协会遵守国家的法规和社会道德风尚，制定并遵守行业道德规范，加强行业自律，反映企业合理诉求，维护会员合法权益；发挥行业与政府间的桥梁纽带作用，为行业服务，为政府服务，引导和促进行业健康、持续、有序的发展；以服务经济建设和社会发展为中心，以服务国家公共安全和人民生命财产安全为使命，大力发展防雷减灾事业，为构建平安社会、和谐社会作贡献。

协会主要业务范围：

（1）组织政策法规、标准规范、市场营销、管理咨询等培训，策划组织文化活动和应急演练活动；

（2）与国际组织国际电工委员会（IEC）、中国标准化协会等单位建立联系，举办交流活动。

（3）承接政府购买项目，开展行业管理服务，为主管部门优化管理措施提供数据和技术支撑。

（4）开展安全隐患排查，编制排查报告。

（5）编制学术、技术刊物。

（6）开展职称评审、“广东省守信用重合同”、政府资助申报服务。

（7）定期举办社会科普宣传活动，大力宣传气象部门为经济建设和社会稳定和谐发展所发挥的重要作用。

（8）举办全国防雷行业高峰论坛、国际研讨会议，发布行业报告，剖析行业发展现状与趋势，搭建行业服务平台。

（9）开放行业资源，加强与各商协会间的横向联系，促进横向交流与协作。

（10）气象科技及产品的推广和应用服务。

（11）防雷技术的咨询和推广应用服务（金融、电子、通信、交通、新能源、应急、石化、人工智能、城市安全等领域）。

（12）举荐人才，表彰奖励取得优秀成绩的会员企业和防雷减灾工作者。

协会一直秉承“与政府同步，与会员同心”的办会理念，定期召开会员大会、理事会，推动会务工作高效运行。多年来，承办深圳市气象局、深圳市科协、深圳市民政局委托的“3·23 世界气象日”“5·12 防灾减灾日”“安全生产月”“科技活动周”“全国科普月”“雷电安全宣传日”等活动，开展从业人员专业技术能力提升培训、安全生产主体责任单位培训；举办“中国防雷行业发展与创新高峰论坛”“全国雷电防护前沿技术研讨会”“雷电防护国际研讨会”“智慧城市 智能防雷大讲堂”等行业交流活动，得到企业、媒体、社会的支持和认可。

协会组织机构

表 2-2-1　深圳市防雷协会第五届会员（代表）大会

（2019—2021 年，五届一次会员（代表）大会通过）

会　长	刘元昌（第一届、第二届） 徐春明（第三届至第五届）
副会长	邱宗旭（第一届至第四届） 刘晓峰、赖良超、尹昭、张庭炎（第一届至第五届） 陈清（第三届至第五届） 肖剑波（第三届至第四届） 蔡晓明、曾峰（第四届至第五届） 庄红波（第五届）
理　事	陈惟松、李鸿堤、赵福江、田冉、舒正福、吴昌伟、吕毅、张敬帅、肖剑波、王赞东、曾耀湖、王建新、陈国新、陈桂海、费自豪、李凡希、张岩刚、李汉标、黄林棵
监　事	何建国（第三届至第五届）
秘书长	张卫星（兼职，第一届至第二届） 肖虹（专职，第三届至第五届）

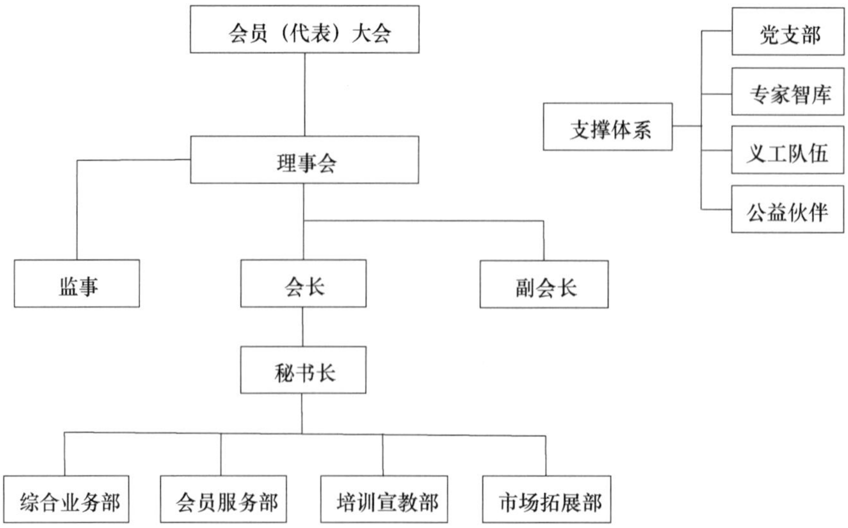

图 2-2-1　深圳市防雷协会组织架构（第五届）

第三节　深圳市气象志愿者工作委员会

深圳市气象志愿者工作委员会是由市气象局组织一批气象爱好者，开展气象义务志愿活动的临时性组织。志愿者收集当地发生的气象灾害情况、有关气象和天文现象，通过短信、电话等方式及时向深圳市气象局报送。市气象局免费为志愿者提供灾害预警信号和天气变化信息，提供气象灾害预警信号知识培训，组织气象志愿者开展气象科普工作，并为各自单位和生活小区做好气象灾害预警信号的传播以及气象灾情收集工作。

2004 年 6 月 20 日，市气象局组建气象志愿者队伍，有志愿者 112 名，来自社会各行各业。同年 7 月 23 日，市气象志愿者工作委员会成立。至当年 12 月，市气象局组织气象志愿者参加各类会议活动 5 次、专项活动 3 次、培训 4 次、网上论坛 4 次。气象志愿者通过培训和指导掌握防灾减灾知识、报告程序，提高灾情信息时效性和有效性，全年共收到气象志愿者灾情报告 52 次。

2005 年 6 月 19 日，市气象局组织全市气象志愿者在荔枝公园举行气象志愿者周年庆。市气象志愿者工作委员会总结过去一年志愿者工作情况，并表彰了一批优秀气象志愿者，气象志愿者队伍从最初的 112 人发展到 229 人，队伍在不断壮大。市气象局加大对气象志愿者的培训力度，全年通过 6 次专题知识讲座和培训，大部分志愿者掌握了基本气象常识和报灾方法，全年共发送报灾短信 66 条、图片 37 张、录像 4 份。全年气象志愿者参加了保持党员先进性教育座谈会、气象局“十一五”发展规划特聘专家会、气象科学报告会等共 12 次；另外还参与了市气象局组织的登莲花山活动、培训座谈会和迎新年等各种活动共 5 次。

2006 年，市气象局组织气象志愿者进宝安桃源居社区参加“3・23 世界气象日”活动，发挥气象志愿者活跃在社会基层的特点，以点带面，广泛宣传气象灾害预警知识，延伸气象服务手段，增强市民的防范意识。市气象局为志愿者换发了气象志愿者证，志愿者队伍经过不断发展，已增加到 261 人。全年共收到志愿者报灾短信 150 条，市气象局对一些报灾突出的气象志愿者给予了奖励。气象志愿者在宣传气象、防灾减灾、收集气象灾害信息等方面发挥了应有的作用。

2007 年，市气象局引导气象志愿者组织举办“气象志愿者杯”深圳儿童绘画书法比赛，得到全市中小学生的积极响应，收到 300 多幅参赛作品，评出 81 幅获奖作品，印刷成《气象志愿者杯“深圳儿童绘画书法作品集”》，在南华中学举行颁奖典礼和画展。组织气象志愿者参加“气象・城市・人”论坛，参观防灾预警气象雷达塔，建立“气象志愿者论坛”和“气象志愿者 QQ 群”，为气象志愿者提供交流平台。积极引导气象志愿者参加各类活动，既宣传了气象，又增强了气象志愿者的服务精神，促进气象志愿者这股新生力量不断成熟壮大，为深圳市气象事业的发展和社会服务发挥积极作用。

2011 年 7 月 12 日，市气象局与中国气象频道、深圳市科协在华侨城中学举办了“大运，我们准备好了”暨大运志愿者气象防灾应急演练活动。期间，在模拟应急灾害演练环节，主持人与“气象弟”“表演弟”等现场志愿者以小品形式即兴表演气象灾害现场以及救助现场的突发应对情景，同时气象专家、急救专家分别就表演进行了现场点评。8 月，深圳进入气象灾害频发季节，台风、雷电、暴雨、高温等对大运赛事都会带来严重的影响，作为大运志愿者，除了学会防御这些极端天气带来的身体不适和伤害外，正确掌握防御气象灾害和急救的方法服务运动员、观众和深圳市民显得尤为重要，同时还要提倡市民从多渠道学习防灾应急技能，积极互助，打造安全大运。此次模拟应急灾害演练让在场人员不仅收获了快乐，更收获了应对雷电、高温中暑等突发情况的处理办法，使大运志愿者们更专业地服务于大运。

2013 年 12 月 15 日，市气象局开展“气象服务进万家”党员志愿者集中服务与公务员志愿服务活动。市气象局 60 余名党员志愿者身穿“蓝马甲”在福田区交通枢纽中心和竹子林地铁站的 9 个服务点，现场为市民提供“深圳天气”微博、微信及“深圳天气”手机客户端等气象咨询服务和“文明出行”

引导服务，受到市民的好评。

2014 年 1 月 15 日，在公务员志愿者服务日，市气象局的 50 余名党员、公务员志愿者们，用自己的行动以“天气信息早知道 · 平安回家过大年”主题为市民提供周到的现场气象服务。 3 月 15 日，市气象局在福田区竹子林地铁站开展了主题为“绿色出行，减少雾霾”的公务员志愿者服务活动。此次活动由市气象局副局长兰红平带队，气象预警预报处和局妇女委员会共 13 名志愿者参与。志愿者们来到竹子林地铁站，按照预定服务方案，穿上蓝马甲，手持“文明出行从我做起”小红旗和劝导牌，带着气象科普宣传册，分组到达预定区域进行服务。6 月 15 日下午，市气象局为进一步提高公众的气象防灾减灾能力，增强台风暴雨灾害公众防御指引的宣传力度，积极发动 34 名党员志愿者牺牲周日休息时间，在竹子林地铁站开展以“互动学气象 一起来防灾”为主题的志愿者服务日活动，向市民宣传气象防灾减灾知识，提供出行志愿服务。在活动中，党员志愿者们设立了台风暴雨灾害天气防御指引互动点，通过触摸大屏，在现场与市民进行互动，接受市民相关防灾减灾知识的咨询，普及《深圳市台风暴雨灾害公众防御指引》相关知识。

2015 年后，气象志愿者纳入深圳市义工联合会统一管理，市气象志愿者工作委员会自行解散。

第三章　气象业务

深圳市气象局（台）的气象业务涵盖了预警预报、气候业务、大气探测、信息网络、防雷减灾、人工影响天气和天文业务等。

第一节　预警预报

一、预报业务发展

1958年以前，宝安县气象站的主要任务以观测为主，从1958年起，相继开展为当地服务的补充天气预报。在收听广东省气象台播发的天气形势与分区要素预报以及惠阳台编发的各县预报电报的基础上，再根据宝安县气象要素时间剖面图与当地天象、物象特征的综合分析，做出24小时预报和3天趋势预报。

20世纪60年代至70年代中期，气象部门推行“大、中、小结合，以小为主；长、中、短结合，以中为主；图、资、群结合，以群为主”的预报方针，把天气图与政治挂钩，把使用“天气图”作为罪状，进行批判。这一时期，除预报业务有所发展外，主要受“天气图十大罪状”“文化大革命”“反右倾翻案风”的影响，广大天气预报人员不能安心钻研业务，造成业务工作处于停滞动荡的局面。

20世纪70年代后期至80年代，对气象方针拨乱反正，特别是在恢复中国在世界气象组织的席位以后，在国内实行开放政策的新形势下，气象事业出现了快速发展。尤其在80年代初建立深圳市气象台后，各项业务都有比较大的发展，开始利用无线传真机接收国家气象局下发的天气图、云图和数值预报产品，通过抄收气象专业广播电台播发的实况资料、天气形势与气象要素的预报等，气象资料逐渐丰富。同时，深圳市气象台的预报人员也对各种预报工具、预报方法进行了一系列的总结和研究，制作出一批较符合深圳地区的预报工具并投入使用，收到了较好的预报效果。公益天气预报主要通过电台和特区报向社会传播。

从1983年起，逐步开展对建筑、航运、交通、工程、厂矿等单位的有偿专业预报服务。1986年，开展了以强对流灾害天气为重点的监测与短时预报服务业务。为迅速准确把预报传输给用户，开展了电话传真（1979年）、有线电传（1982年）、甚高频电话（1983年）和天气警报接收系统（1985年）。参加了广东省组织的热带气旋监测中心和预报联防（1972年）、长期天气会商等，逐步建成了覆盖全市的天气警报系统，开展了多种气象预报特别是短时预报，取得了较好的社会效益和经济效益。1987年，市气象台新的业务大楼落成，安装了第一部国产711气象雷达，为短时天气预报服务提供了条件。

20世纪90年代以来，市气象台进入了快速发展时期，特别是在天气观测、预报业务手段与方法上有了很大的进展。90年代初，依托于国家和省级的气象现代化建设，深圳市气象台成为广东省第一个安装远程气象通信终端的地市级气象台，预报信息量大大增加，可以与省气象局共享信息资源。1995年，成功研制了自动通信系统，并再次对通信网络进行了升级改造，安装了气象卫星云图接收设备，气象信息资料的获取更加快速，可以及时获取香港6分钟一次的多普勒雷达资料。1997年，建立了气象卫星综合应用业务系统VAST站。1998年，气象信息综合分析处理系统（MICAPS）正式投入业务使用，不仅可以及时获取常规的地面高空资料，还可以得到国内外数值预报产品及各类加工资料、气象卫星、雷达资料等，在气象资料的获取、处理上实现了完全自动化。1996 年，开始建立遍布全市的 40 多个自动气象站，更为深圳市的短期和短时预报提供了中小尺度天气信息，增加了情报的及时性和准确性。随着气象现代化建设的快速发展，实现了广东省和中国气象局的视频天气会商，为天气预报准确率的提高奠定了基础。

进入 21 世纪，由于我国数值天气预报业务系统快速发展，数值预报解释应用工作受到高度重视。2003 年引进了 MM5 中尺度数值模式，2005 年实现了 GRAPES 模式本地化，为短期预报和精细化预报提供了丰富的预报产品。2006 年 5 月 22 日，气象多普勒雷达投入准业务运行，每 6 分钟获取一次多普勒雷达资料，深圳市多普勒雷达的建成使用，可以有效地监测、跟踪中尺度天气系统，为开展短时天气预报业务创造了条件，对提高监测预报台风、暴雨和强对流等灾害天气的能力发挥了重要作用。预报业务人员还总结研制了由天气图、卫星云图、雷达回波相结合的暴雨、热带气旋等预报方法，综合应用天气学、动力学、统计学等多种知识，短、中期天气预报技术也在逐渐完善中，数值预报及其解释应用作为超短时、短时、短期和中期天气预报的重要工具得到广泛的应用。2006 年初，市气象局开展了天气周报会制度，通过对过去一周天气的回顾、重点难点技术问题的分析总结、预报服务评价，提示下周关注的天气和服务重点，有效地预测和应对重大灾害性天气，及时解决业务运行中存在的问题，形成了以应对天气趋势变化为中心，监测网络、预报、服务、减灾等部门高效有序运作，总结、评估、宣传无缝隙的业务链条，使各项工作“顺天而动，应天而变”。2006 年 5 月 1 日开始，正式将每日发布的未来 4 天预报延长至 7 天，对政府和公众了解掌握未来一周天气变化、合理安排工作和生活具有重要意义。2007 年 7 月，推出精细至街道的气象灾害分区预警，预警信号由原来的全市统一发布一种信号，变成按照灾害性天气严重程度分区分街道进行分级发布。2008 年 4 月，开始发布“灰霾等级预报”，日常 24 小时的灰霾预报按照轻度、中度、重度划分等级。

2010 年被中国气象局列为全国四个大城市精细化预报服务试点之一，初步建成用于指导汛期防灾、城市积涝、地质灾害防御及大运会气象保障服务的大城市精细化服务平台。2010 年 5 月，将公益预报由 7 天预报延长至 10 天。2012 年 9 月 28 日，正式推出以 10 个行政区为发布单元的 24 小时分区天气预报，并每小时滚动更新一次未来 12 小时逐时气温、降雨预报，有效满足了特定行业、特定人群的特殊需求，受到了各方面的好评。同年，大城市精细化预报正式对公众发布。2014 年，在公众网推出每日天气解读栏目，由首席预报员每日详细分析实况和预报，为媒体和公众提供天气信息服务，获得社会各界的肯定。同年，推出精细至全市 57 个街道、未来 3 小时的降雨和气温预报，推出 10 个区域的雾霾分区显示，直观提醒市民周边是否有雾 / 霾。2016 年，台风路径预报从 3 天延长至 5 天，实现重要站点、港口的定点台风风雨预估。

二、预报技术发展

天气学分析预报技术至今仍是短期天气的主要预报方法之一，表现为天气学、动力学、统计学相结合。从 1958 年直至 20 世纪 70 年代末，宝安县气象站可利用的气象资料少，主要依靠单站要素和广东省气象台广播的天气形势分析，以统计分析为主、天气形势分析为辅，建立了台风、暴雨、低温、阴雨等灾害性天气的统计预报方法，这些方法在当时是比较行之有效的，一些方法现在仍是预报员的参考工具，其中 20 世纪 50 年代初开始绘制并使用的《单站气象要素时间剖面图》在短中期预报中起到了很好的参考作用。80 年代以后，气象资料逐渐增加，通过传真得到的天气图、数值预报产品和卫星云图等资料成为天气预报的有力工具，同时，全省气象工作者总结了多年来华南地区的天气气候规律，对低纬度天气环流和天气系统、热带天气分析方法、台风路径预报和前汛期暴雨预报方法做了全面的分析总结，形成了《广东省短期天气预报指导》，天气学分析预报方法达到了比较高的水平。90 年代初，从广东省气象局借聘来的陈林铫老师协助深圳市气象台预报科把使用多年的《单站气象要素时间剖面图》进行程序化和电脑化，提高了使用效率。90 年代以来，数值预报水平逐渐提高，北京 T213

模式数值预报、GRAPES 模式和日本、欧洲中心等的中、短期数值预报产品的解释应用逐渐成为短期天气预报的重要方法而得到广泛应用，建立了以数值预报为基础，综合应用各种气象信息和预报技术方法的现代天气预报业务技术路线。

2001 年，开发处理了欧洲中心、日本、北京 T213 等多种数值预报的显示系统。2002 年，开发了 D 文件显示系统，以图表的方式直观快捷地显示温度、湿度等气象要素的变化。2006 年，完成了热带气旋显示查询系统、基于 GIS 的气象服务平台、预报基础数据库、预警信号发布平台等系统。这些系统的广泛使用，极大地提高了预报员的工作效率。2007 年，市气象局自主开发的《基于 GIS 的气象信息综合显示和分区域预警发布系统》，引入地理信息系统，实现气象信息的综合显示、分析和提取，可以浏览、叠加显示雷达、自动站、闪电定位等实况信息，以及雷达定量测降雨、城市积涝等估测产品，也可同时显示未来 1 小时的定量降水估算、雷达回波外推预报产品。系统的建成为市气象局推进精细化预警服务奠定了一定的基础。

2010 年，临近预报决策支持平台（PONDS）、实时同化预报系统（HAPS）和精细化临近预报网格产品数据库开发完成并投入运行。2014 年，建立了雷达资料快速分析处理系统。基于高性能计算机采用三维变分同化技术，初步实现广东省地区雷达资料的快速处理和分析，提高预报员对当前时刻强风暴大气状态的准确把握能力。2015 年，研发突发性强雷暴天气的光流法外推方法，解决强度和形状快速变化的局地性雷暴的回波外推问题，对突发性强雷暴天气的短临预报预警能力提升了 7%，并经权威部门鉴定为国际先进。2017 年，研制的台风风雨综合影响指数，在“天鸽”等台风和暴雨预报中发挥了积极作用。2018 年研发基于人工智能短时融合预报，发展了门控循环单元神经网络（GRU）和生成对抗神经网络的雷达回波 0～2 小时智能预报算法，较传统方法有所提高，尤其是对飑线、台风螺旋云带的预报更准确。2019 年基于人工智能的短临预报技术较传统光流法 CSI 评分提升 8%。雷暴尺度集合预报系统预报分辨率提升至 3 千米，新增 7 种预报产品，为智能格点预报提供支撑。

三、预警信号发布

1994 年 6 月，深圳市人民政府以政府令颁布了《深圳经济特区防洪、防风规定》（市政府令第 27 号，厉有为签署），首次以政府规章的形式确定了以城市防灾为主要目的的暴雨、台风预警信号。经过 5 任市长签署和 4 次修改，由最初的台风、暴雨两种信号发展成今天的 12 种，形成五部深圳市气象灾害预警信号发布规定的深圳市人民政府令：1994 年 6 月第 27 号令、1996 年 9 月第 54 号令、2001 年 9 月第 103 号令、2006 年 5 月第 151 号令、2015 年 8 月第 275 号令。

表 3-1-3-1 五部深圳市人民政府令预警信号种类

市政府令第 27 号 预警信号种类	市政府令第 54 号 预警信号种类	市政府令第 103 号 预警信号种类	市政府令第 151 号 预警信号种类	市政府令第 275 号 预警信号种类
台风 （注意信号、强风信号、大风信号、大风增强信号、飓风信号）	台风 （1、2、3、4、5 号） （白、绿、黄、红、黑）	台风 （1、2、3、4、5 号）， （白、绿、黄、红、黑）	台风 （白、蓝、黄、橙、红）	台风 （白、蓝、黄、橙、红）
暴雨（黄、红、蓝）	暴雨（黄、红、蓝）	暴雨（黄、橙、红）	暴雨（黄、橙、红）	暴雨（黄、橙、红）
		高温（红）	高温（黄、橙、红）	高温（黄、橙、红）
		寒冷（黄、红、黑）	寒冷（黄、橙、红）	寒冷（黄、橙、红）
		大风（红）	大雾（黄、橙、红）	大雾（黄、橙、红）
		强雷电（红）	灰霾（黄）	灰霾（黄、橙、红）
			大风（蓝、黄、橙、红）	大风（蓝、黄、橙、红）
			冰雹（黄）	冰雹（黄）

续表

	第 54 号令 预警信号种类	第 103 号令 预警信号种类	第 151 号令 预警信号种类	第 275 号令 预警信号种类
			雷电（黄）	雷电（黄）
			干旱（黄）	干旱（黄）
			火险（黄）	火险（黄）
				地质灾害气象风险 （黄、橙、红）

深圳市最早发布的一份预警信号为 1994 年 7 月 22 日发布的暴雨红色预警信号，经历了 20 多年的历程，预警信号发布种类几乎涵盖了深圳可能发生的气象灾害及衍生灾害，预警的精细度越来越高。2007 年 7 月，按照“统一预报，分区预警，重点提示，对点广播”的原则，实施了以台风、暴雨、雷电为重点的气象灾害分区预警。根据灾害天气影响范围发布全市、分区预警信号；分区预警发布最小单元精细到街道办辖区（最小范围约 60 平方千米）。当只有部分分区或区域达到预警发布标准时，仅对这些区或区域发布预警信号；或在全市统一发布信号时，对受气象灾害影响危害更大的区或区域，加挂更高一级预警信号；同时对气象灾害易发区、敏感区向有关防灾部门进行重点提示；并根据实时监测资料和追踪识别系统推断，对将出现异常灾害天气的局部地方（街道）给予重点提示。分区预警信息除了通过现有的传播手段如电视台、电台、12121 电话查询、网站和订制手机短信用户发布外，还与中国移动深圳分公司合作，向发布了预警信息区域内的公众实行手机短信小区广播，免费将预警信息直接发到相应区域范围的市民手机上。2013 年推出了台风预警信号预发布服务，对涉及停课、停工的台风黄色、橙色和红色预警提前 2 小时告知，受到社会的普遍赞许。

崩塌、滑坡、泥石流是深圳市常见的地质灾害，为了做好地质灾害气象预警工作，积极与国土部门合作，并于 2005 年 7 月 18 日召开新闻通报会，双方签署了合作协议，正式启动地质灾害气象预警工作，并于 7 月 22 日首次发布了地质灾害气象预警。2012 年，联合市规划国土委推出以 10 个行政区为发布单元的地质灾害分区预警。2015 年，将地质灾害气象风险预警信号纳入《深圳市气象灾害预警信号发布规定》（市政府令第 275 号）。

四、大城市精细化预报

2012 年，根据中国气象局《现代天气业务发展指导意见》和预报与网络司、广东省气象局关于大城市精细化预报服务试点工作的指导意见，市气象局根据“统一预报、分区预警、重点提示、按需服务”的原则，建成以数据集成平台、短临预报系统、全球数值模式单点预报、气象灾害分区预警系统、热带气旋综合业务平台、霾与空气质量平台、精细化预报制作服务平台七大平台为核心的大城市精细化预报技术支撑体系，围绕重点时段、重要地段（路段）、重要灾害、重点行业、重点人群提供八类精细化预报服务产品，建立通过电台、电视台、微博、微信 APP、气象信息决策网等大城市精细化预报服务高效传播渠道。

2016 年，建立重大天气过程市、区联动会商机制，再造汛期 24 小时在线服务流程；建立微信服务机制，加密通报实况预警信息，防灾更具时效；优化点面结合、长短结合的气象风险预警服务格局。

为优化服务产品，提升服务品质，一是开展了库区精细化点对点服务；二是开展了城市内涝气象风险预警服务；三是发布了三大气象灾害风险区划；四是将重点防御区域纳入自动呼叫服务；五是推出了重要港口大风影响的定量预估服务；六是推出了社区 0～2 小时定点降雨预报服务。

为拓宽服务渠道，加快信息发布提速扩面，一是依托新媒体提升了服务有效性；二是增加了电视台预警生效区域图标服务；三是建成一体化的预警信息发布体系。

为强化科技支撑，提高预警预报精准度，一是依托深圳南方强天气重点实验室，联合广东省区域数值天气预报重点实验室，每年开展为期两个月的强对流天气春季实验；二是进行了资料同化和数值预报技术研发；三是研发了基于光流法的临近外推预报技术；四是气象科技的行业影响力不断提高；五是强对流天气预警质量明显提升。

五、应急预案和部门联动

2005年，根据《深圳市人民政府突发公共事件总体应急预案》要求，经市长办公会议研究决定，由市气象局负责牵头编制《深圳市气象灾害应急预案》(以下简称《预案》),《预案》于2005年6月完成编制。在短短一年的使用之后，于2006年10月由市政府办公厅、市应急指挥中心联合深圳市气象局进行了修编，并经深圳市人民政府批准，由市政府办公厅发文，于2006年11月13日正式实施。《预案》是在市领导的高度重视下，在市应急指挥中心的直接指导下完成的，是深圳市防御气象灾害的总体预案。《预案》的编制经过了起草、修订、征求意见、座谈、文稿修改、发文的过程，非常严谨。《预案》修改完成后，在短短的一周内就经5位市领导签署、发文。市领导和市应急指挥中心领导认为，该《预案》既突出了气象灾害可预测性的特点、完善了预警体系，又明确了部门联动、社会响应机制，针对深圳市自然灾害多发性和自然灾害管理中存在的问题，实施了有效的灾害防御和管理，重点突出、操作规范、文字简练、实用性强。

通过建立高效的部门联动机制，形成整体合力，提高对气象灾害事件发生发展全过程的综合管理和紧急处置能力，尽最大可能避免气象灾害造成恶劣影响和灾难性后果。通过气象灾害预警唤起公众风险意识，形成监测预警、信息编制、传播途径、防御指南、社会救助等社会响应的运行机制。市气象台发布气象灾害预警信号后，市、区各相关部门、街道办事处根据不同灾害性天气种类、预警等级，自动启动相应预案，采取联动措施。学校、社区、旅游景点、港口等重点场所应采取如停课、港口码头避险、停止户外作业等响应措施，有效避免和减缓灾害的影响。

20世纪90年代，受全球气候变暖影响，东江流域自然降水锐减，先后出现了6年严重旱灾，严重影响东江流域，特别是香港和珠三角洲地区的供水。为解决东江流域水资源短缺的问题，深圳与赣州、惠州、河源、东莞等共同组成东江流域气象灾害联防组织，于2005年1月18日在深圳召开首届东江流域灾害性天气联防会议，此后每年召开联防会议，交流气象灾害防御经验，共享气象科技研发成果。

2015年1月22日，“深圳市突发事件预警信息发布中心”正式成立，根据《深圳市突发事件预警信息发布管理办法》，由应急办牵头组织，市气象局承担突发事件预警信息发布体系的建设和运行维护工作。市突发事件预警信息发布中心与相关部门深入对接，建立全方位多手段的发布体系，实行标准化的信息管理与共享，建立智能高效的操作系统，保障突发事件预警信息发布的权威性、及时性、广泛性、实用性，解决突发预警信息发布中存在的发布时效低、权威性弱、资源浪费、沟通不畅等问题。

2015年4月21日，深圳市人民政府令第275号《深圳市气象灾害预警信号发布规定》颁布，同年修订《深圳市气象灾害应急预案》，进一步完善了高级别预警信号停工的防御措施，增加了地质灾害气象风险预警信号，细化了气象灾害应急中各职能部门的职责分工，全市预警联动灾种进一步扩大到12类，气象灾害应急预案与相关部门应急处置预案实现全面对接。

2016年，建立完善重大天气过程市、区联动会商机制，在重大天气过程来临时，通过视频会议系统与市、区三防和应急部门加密会商，开展“市三防”“天气预警”“气象－交警热线”等微信群滚动发布监测预报预警和答询的24小时在线服务，为市、区领导和防灾责任人第一时间掌握天气变化、及时组织防御提供准确气象信息。

2017年，通过责任、任务、人员、风险、探测站点等5张清单明确属地管理职责和联动联防事项，完善基于22类基础数据的应急“一张图”，形成智能化的、面向区级的气象灾害预警联动协同化平台，并向各区推广应用。

2018年，“一级预警、两级监管、四级联动、对点服务、社会响应”的气象灾害防御协同化管理系统全面覆盖深圳“10+1”个区，被中国气象局作为气象行业改革开放四十周年的展示成果。

2019 年，围绕城市运行精细管理和应急处置相关部门需求，与市应急管理局联合编制印发《深圳市主要气象灾害风险提示》，贯通气象预警与应急联动响应环节，明确各预警信号下分类风险提示及各街道台风暴雨致灾的临界阈值。

第二节　气候业务

一、早期气候业务

2007 年以前，市气象局没有专门从事气候业务的机构和专职人员，气候业务主要是气象资料的整编和加工处理，同时，应用统计学方法开展简单的月、季、年的短期气候预测和服务，预测产品比较单一。短期气候预测由市气象服务中心人员兼职制作，气候分析评估工作则根据需要由预警预报处人员兼职负责，气候变化相关的研究也涉及较少。

（一）气象资料的整编

气象资料的整编是气象资料工作的基本任务之一。气象观测获得的资料，在统一整编前，需要经过一系列的质量审核，严格把关。首先台站对所有记录进行审查，严格统计、核复和预审，然后经广东省气象局审核后才能归档。通过审核，纠正记录、报表中的错误，分析在观测工作中存在的问题，并及时改正，以保证气象资料的质量。

气象资料的整编，主要分日常性整编、阶段性整编和专业性整编。

日常性整编工作主要是将每天观测的气象数据按不同要素进行统计整编。编制《地面气象记录月（年）报表》，同时上报中央气象局和广东省气象局各 1 份。20 世纪 60 年代起，随着天气预报、服务的开展，逐渐对台风、暴雨、干旱、低温阴雨、低温霜冻、寒露风、龙舟水等主要灾害性天气资料进行整编，并逐年完成历、累年薄工作。

阶段性的整编工作根据普遍性需要和针对农业、工业、航空等部门的特殊需要，把气象记录分为基本项目和特殊项目两大部分进行整编。建站以来进行过 6 次阶段性整编工作。第一次阶段性整编在 1956 年，主要是根据上级要求，将 1952—1955 年期间的地面气象记录进行统计整编。第二次阶段性整编在 20 世纪 60 年代初，将 1952—1960 年的地面气象资料的年、月、旬平均值和极值等进行整编。第三次阶段性整编在 70 年代初，由广东省气象局统一组织，按照全国统一的整编规定将近 20 年资料分别对 33 个基本项目和 21 个特殊项目进行整编。第四次阶段性整编是在 80 年代初，将 1952—1980 年的地面基本气候资料进行整编，对公社气象哨的观测资料也进行了整编。第五次整编在 1998 年，对各种灾害性天气资料进行了整编。第六次整编在 2006 年，对 1971—2000 年资料进行气候月报 14 个主要气象要素进行了整编，同时整理了 10 年的自动气象站数据和 50 年灾情数据库。

专业性的整编工作是根据工农业生产、城市建设的需要而整编的。主要有宝安县耕作制改革、城市建设、机场建设、核电站建设等而整编的深圳市气候资料。

（二）气象资料的加工处理和气候评价

气象资料在投入服务前，均需要进行加工处理，其内容包括资料信息化和加工统计两部分工作。

资料信息化是按照中国气象局要求的统一格式、统一规定对气象资料进行信息化处理，有了信息化的资料，可以通过计算机很方便地读取所需要的有关气象要素，也有利于利用计算机进行高速统计整编工作。气象资料的加工统计工作，主要根据用户的具体需求，如气候分析评价、科研等方面的需要而进行。

在资料整编和加工处理的基础上，为满足社会公众对过去一段时间（一月或一年）气候状况及其影响情况的了解需求，并对未来一段时间的气候趋势进行重点提示和建议，同时为了落实广东省气象局相关业务要求，2005 年开始，市气象局开始制作气候影响评价产品，包括每月初制作上月气候影响评价和每年初制作上年气候影响评价，内容包括基本气候概况、主要气候事件及影响、气候对各行业的影响评价、未来气候趋势和对策建议。

（三）中期和短期气候预测技术的发展

中期天气预报主要指 3～10 天的天气预报。20 世纪 60—70 年代中期预报方法主要有气候统计法、相关点聚图法等，在春播、夏收夏种、寒露风、秋收冬种等农事关键季节发布 3～7 天天气趋势。80 年代以后综合运用天气分析方法和数理统计方法（如环流指数、天文因子、特征因子、相关分析、周期分析、曲线分析等）制作旬雨量、平均气温、极端气温的量级预报和降雨、冷空气、热带气旋等天气过程预报，80 年代后期以来，欧洲中心和日本的中期数值预报产品的解释应用和延伸预报在中期预报业务中得到广泛应用，统计预报与数值预报相结合而发展的统计－动力预报方法开始得到应用。90 年代初期，陈林铫老师根据深圳市气象台老预报员总结的中长期预报经验和方法编写了《天文周期、特征因子寻找、相关分析、周期分析》的中长期预报程序，有效地减轻了预报员的工作强度；2004 年，深圳市气象台组织人力把即将退休的老预报员的中长期预报方法、经验总结编写成《中长期气候预测业务系统》，为以后的中长期预报人员提供了参考，该方法获得 2006 年广东省气象局科技进步奖三等奖。

短期气候预测（长期预报）指月、季、年天气预报，被公认为是最困难和成功率最低的一种气象预报。由于长期天气过程的极端复杂性，致使到目前为止，还不能客观地对它做出符合实际的物理描述。深圳市开展短期气候预测（长期预报）业务的时间较早，早在 1959 年就开始制作长期天气预报，主要发布月和汛期天气预报，并根据政府及有关部门的需求，不定期提供年度或某一时段的专题天气预报。1983 年后主要发布季度预报，主要内容是平均气温、极端气温、总降水量、主要降水过程（降水集中期）和主要冷空气过程、热带气旋影响次数等，也包括前期气候分析及长期天气趋势预测分析。2005 年，深圳短期气候预测方面的工作已经包括月、季、汛期、年度气候趋势预测以及防御措施等内容，在 2007 年深圳市国家气候观象台（深圳市气候中心）成立前，主要由预报季度领班根据服务中心钟保粦高工的预测结论整理制作和发布，与《深圳市中长期天气预测（周报）》一起排期。在上个月的月末发布下月预报、每一季的第三个月的月底发布下季预报，另外在每年的 3 月和 11 月分别发布汛期预测和年度预测。短期气候预测的发布内容主要是气温和降水，另外，根据服务的需求，还会在不同季节和月份发布高温、热带气旋影响等灾害性天气的预测。

短期气候预测业务技术经历了经验统计分析、数理统计分析等阶段，正逐渐过渡到以动力与统计相结合的新阶段。20 世纪 60—70 年代，深圳市气象台广泛开展利用气象资料验证群众测天经验，采用点聚图法、相关分析等统计方法制作各类预报工具。80 年代以后，随着气象信息量的增加，逐步建立了相关、相似、环流指数、天文周期、特征因子等天气气候学方法。90 年代以后，随着数值预报技术的迅速发展，气候预测模式也迅速发展，并开始应用于短期气候预测的业务工作。深圳建立的中长期气候预测业务系统，成为短期气候预测的主要工具之一，并开始使用国家气候中心下发的月动力延伸模式产品以及欧洲中心等国外机构提供的气候预测产品，同时参考广东省气候中心、国家气候中心等预报结论，使深圳市气象台的短期气候预测准确率维持在一个较高的水平。

（四）气候分析评估

2004 年 3 月，市气象局首次向社会公众发布《深圳天气气候公报（2003 年）》，形成了公开发布年度大气气候公报的制度。2005—2006 年开展了深圳气候变化的研究工作，编制了首份《深圳气候变化及其影响》，于 2006 年 2 月报送市政府并转发到各职能部门参阅，得到相关部门的高度评价。2006 年，与武汉城市气象工程技术中心合作研制了《深圳新一代暴雨强度公式》，与市规划国土部门联合发布，提供给规划设计单位使用。2007 年，与北京市气候中心合作完成了《深圳城市总体规划修编（2006—2020）》专题研究之一“城市建设的气象影响评估”，被专家验收组认为其研究内容和研究成果对深圳规划工作具有很高的实用价值，达到了国内领先水平；同年，市气象局和市规划局还联合举办“气象·城市·人公众论坛”，邀请中国工程院李泽椿院士等知名气象学专家学者与深圳市民共同探讨气象、城市与人这一主题。针对日益严重的灰霾天气，2007 年还开展了灰霾及其影响和成因分析，6 月向市政府和相关部门提出减缓和控制灰霾天气的建议措施。为迎接 2011 年世界大学生夏季运动会在深圳召开，2007 年初市政府要求气象部门为大运会海上运动基地选址提出气象分析意见，利用 50 多年资料和现场观测数据，通过数值模拟等方法，4 月完成了《大运会海上基地选址气象分析报告》提交市政府。

二、2007 年后气候业务

随着城市社会经济的发展，政府决策部门、行业和社会公众对气候业务服务的需求也越来越大。2007 年 8 月，根据深圳市机构编制委员会《关于我市气象事业机构编制设置问题的批复》（深编〔2007〕65 号），同意成立深圳市国家气候观象台（加挂“深圳市气候中心”牌子），同时内设气候研究部，承担气候研究相关业务。2007 年 9 月 1 日气候研究部成立后，尽快实现了与预报处气候研究预测工作的交接，以此为契机，围绕城市防灾减灾和可持续发展，深圳气候业务在摸索中创新，逐渐走上了发展的快车道，取得了长足发展。气候分析的数据基础从单站拓展到高时空分辨率的全市区域气象观测站，并提出了实时气候监测的概念，业务产品从简单的气候影响评价、气候预测、年度气候公报拓展到年度热岛监测公报、季度灰霾监测报告等，并结合城市重大发展战略和区域气候、环境变化，开展了一系列卓有成效的研究和决策服务。取得的成绩主要包括建立了与天气一体化的气候监测业务、以风险为导向的气候预测服务和以城市为核心的生态气候研究。

（一）数据资料的整编和服务

2009 年，通过规范气候数据表的注释性文字，补齐基本站整点、日数据表中缺失的数据，人工核对所建数据集的正确性，完成了国家基本气象站历史数据查错补缺工作，并建立了国家基本气象站完善的 55 年的候、旬、月、季、年值数据集，内容包括气象要素、天气日数、十六方位风、灾害性天气等气候统计数据，极大地提高了气候研究及资料应用服务效率。2010 年，进一步完善并完成了深圳国家基本气象站 57 年和区域观测网 15 年数据集，为今后提供高质量气候和气象基础数据奠定了基础。

数据共享方面，2012 年以前主要是针对市（区）政府、职能部门、研究院所、事业单位提供人工服务，主要依托 2009 年开发的“气候查询系统”，能够实现基本气象站资料包括公历、农历、节日以及年、月、旬、候、日的多种日期组合、多要素组合的复杂查询和分析。据统计，2010 年共提供气候资料服务累计 21 宗共 10 万余组数据，涵盖 17 个部门。为进一步提高资料分析服务效率，减轻业务人员的重复劳动，2013 年，市气候中心开发了气候数据查询下载服务平台，通过市气象局门户网站对外服务，上线 3 个月查询量近 11050 次，下载量达 1051 次，是全年人工服务次数的 48 倍，并从全市 110 件民生实事中脱颖而出，被评为“市民口碑”十大金奖。2014 年，进一步拓展气候资料共享力度，增加了基本气象站资料的长度和区域气象站资料的站点数，总资料服务量较 2013 年明显增多，为社会各界方便快捷获取气象资料提供了极大便利。2015 年，围绕综合管理体制改革试点任务和信息惠民国家试点城市建设任务，构建大数据气象公共服务体系，发布《深圳市气象数据共享开放目录》，数据和产品通过“一网两平台”共享 50 个政府部门共 1710 种数据，向社会开放 19 类 75 种数据，平台上线 3 个月，总下载量达 1100 万条，查阅数据量 2600 万条，服务对象涵盖企业、个人、政府部门和科研院所，气象数据的使用率显著提高，数据价值得到更好体现。此外，2009 年，与南京信息工程大学合作完成了基于DEM模型的太阳能辐射评估项目，并建立了深圳市太阳能辐射评估系统，与南京大学合作完成了深圳风能资源的初步评估，给出了合理的10米、70米、150米高度风功率密度分布图，2010年，在已有基础上开发建立了“深圳市气候资源信息平台”，使得深圳气候中心初步具备了提供深圳太阳能和风能的细网格数据的服务能力。2013—2014年，与美国国家大气研究中心（NCAR）合作开展了探测资料再分析工作，搭建了四维同化系统历史数据集，并以此为基础开发了细网格气候信息公众网平台和移动互联网端，为相关规划设计机构开展城市通风设计、评估提供了重要工具。

（二）气候监测评估

2009年之前的年度气候公报，主要包括上年基本气候概况、主要天气气候事件概述、主要天气气候事件及其影响、气候影响评价和当年气候趋势展望五部分内容。2010年，通过《关于印发深圳市年度气候公报规范化管理暂行办法的通知》（深气字〔2010〕22号），将气候公报的发布流程和内容进一步规范化，要求1月1日00时之后第一时间发布年度气候公报正式稿（简要版）和年度气候特点新闻通稿，后因为数据审核等原因将时间要求放宽，但公报的内容结构基本固定下来，包括上年概述、气候特征、主要天气气候事件及其影响、气象要素概况、当年气候趋势展望和附录等内容。公报发布新闻通稿，并通过特区报专版、公众网、微博、微信等渠道发布，还装订成册发至全市各部门、各区、各大图书馆，并在市三防工作会等场合分发，成为气候宣传的一个重要载体。2009年，制定了《深圳市气候中心气候预测和评价业务规定（暂行）》，理顺了业务流程、产品的内容形式。

随着气候业务的深入，气候监测从常规的统计分析转向实时监测，开发了“深圳市实时气候监测平台”，建立了深圳逐日累积降水旱涝监测数据集，实现当年累积降水、气温、相对湿度以及风玫瑰图等主要气候要素的实时气候监测，特别是累积雨量的逐日查询和气候比较，能够实时掌握当年旱涝情况；基于对深圳高密度分钟级雨量数据挖掘，建立了深圳短历时强降水频次和雨量极值数据集，开发了“深圳市灾害性天气气候监测平台”，实现不同历时强降水频次、极值的实时监测和历史比较，为深圳强降水条件下内涝、地质灾害等风险评估提供决策支撑。针对台风、暴雨等灾害性天气服务的需要，从平台建设、业务制度两方面双管齐下，逐步建立了与天气一体化气候监测业务，在台风、暴雨等重大天气过程中承担监测值班，实时向领导和预报值班人员提供风雨实时统计评估信息，为全局灾害性天气服务提供了有力支撑。综合考虑气候监测业务的多种需求，市气候中心还开发了“气候服务决策支持平台”，能够自动形成监测信息并发送给相关人员，成为气候监测业务的重要辅助平台。2017年，暴雨年景指数和台风风雨综合影响指数上线服务，为定量化直观评价暴雨气候年景和台风风雨影响提供了决策支撑，其中台风风雨综合影响指数得到广东省气象局的肯定。

气候影响评价方面，经历了从早期提供简单的数据分析（如2008年的“大鹏半岛冬季和夏季气温概况”和2007年“深圳灰霾、能见度和空气质量初步分析报告”等），到全面综合的研究和对策建议（如2014—2015年的“深圳通用机场选址气候条件评估”、2016年的“大鹏半岛生态文明建设气候条件评估”和2017年的“坪山区气候环境评估”）的发展过程，为深圳市重大发展战略和建设项目提供了科学有益的参考，但由于观象台的纯公益属性，主要是为市委市政府重大战略规划和项目建设需求提供有限的服务。

（三）气候预测业务

在以往常规月、季、年预测的基础上，专题预测的范围由汛期、今冬明春等逐步拓展到春节花市，高考、中考，以及文博会、高交会、F1摩托艇大赛、国庆等多个活动和节日中。2009年4月，启动了月、季滚动预测业务，实现月预测逐旬、季预测逐月滚动发布，滚动月预测保留至今。2009年5月，预测内容由过去单一的要素平均值预测和提示两部分增加到包括主要天气过程预测、要素均值预测、异常气候信号、极端异常事件分析，相似年和历史灾害天气概率，以及分行业的重要提示等五部分，大大丰富了预测产品内容。近年来又增加了过去时段（月、季、年）的气候特点和概况的简单总结，月预测还增加了月内相关节气的概况分析，围绕防灾减灾需求，更加注重气候风险的提示。一方面预测重点针对主要灾害性天气过程的时段和量级，另一方面在风险提示上兼顾针对性和预测的不确定性，优先对最可能发生的灾害性天气给出提示建议，同时给出历史同期主要灾害性天气概率供参考。作为年度最重大的气候预测产品，汛期预测中持续推行风险预测的理念，将气候预测从单一的要素预测转化为风险和影响评估预测，取得了很好的效果。2016 年、2017 年均准确预测了汛期主要气候特点，提出的多项气候风险与实际情况基本符合，为在灾害性天气年景偏重的条件下气象灾害防御零死亡做出了贡献。

2009 年是气候预测平台建设起步年，研发了气候产品库和短期气候预测业务系统，并完成了国家气候中心的动力气候模式降尺度方法的本地化，为气候预测分析和产品文档的入库、上传、下载，以及预测的自动评分提供了支撑，规范了气候产品的制作，提高了工作效率。2011 年，通过引进欧洲中心 15 天、32 天集合预报，广州热带海洋气象研究所延伸期预测、动力相似预报以及支持向量机（SVM）月尺度气候预测等 5 项技术手段为核心的气候预测平台，大大拓展了短期气候预测和延伸期预报时效和能力，并成功预测大运会开闭幕天气。发布渠道方面，2009 年借助公众网改版之机，开辟了气候专栏发布气候预测等产品，随后又通过微博、微信等新媒体服务大众，气候预测由之前的仅做决策参考拓展到向社会公众发布，应用领域大大扩展，成为市民工作生活的一个重要信息参考。

（四）气候变化研究和生态气候服务

2008 年，制定了《深圳市国家气候观象台（市气候中心）应对气候变化，推进公共气象服务工作方案》，市气候中心应对气候变化工作开始有章可循。2009 年 11 月，举办了首届应对气候变化论坛，邀请气候、规划、卫生、生态等多行业专家，以“气候变化与人居环境”为主题展开讨论，专家们畅谈气候变化对各个领域的影响和应对建议，开启了深圳气象跨行业跨部门联合应对气候变化工作的新篇章。2011 年，在前期数据分析和数值模拟的基础上梳理数据，完成了《应重视气候变化对深圳的影响》决策报告，在市委政策研究室《决策参考》发表后，得到时任市长许勤的重视，并批示：“此份报告数据详尽，图表清晰，建议有益，请市应急办、发改委、大运执行局阅。”同年还在《决策参考》发表了另一篇决策报告《因地制宜 科学决策 合理利用深圳的太阳能风能》，由此打通了《决策参考》《气象信息专报》等直接向市委市政府和有关部门报送气候研究成果的服务渠道。从此气候变化和生态气象决策服务成果不断，包括 2015 年的《快速城市化对深圳气候的影响及启示》和《我市暴雨、大风孕灾环境特征及防御建议》（获许勤等多位市领导批示，以及荣获深圳市优秀党政信息），2016 年的《深圳强对流天气灾害风险分析及防范建议》《大鹏半岛近十余年气候变化及指示意义》和《“深圳蓝”奇迹背后的产业政策推动分析》，以及 2017 年的《东进战略热潮下关于坪山气候环境问题的冷思考》和《粤港澳大湾区气候风险及深圳应对策略》等，为市委市政府开展相关决策提供了有益参考。

2010 年，深圳市国家气候观象台会同深圳大学建筑与城市规划学院，启动了城市自然通风评估技术体系的研究工作，建立了包含各项技术细节和管理流程的深圳自然通风评估框架，并推动相关工作纳入 2012 年颁布的《深圳市城市更新单元规划编制技术规定（试行）》中，同时建立了覆盖深圳全市范围的 1 千米格距背景风场数据集并通过深圳市细网格气候信息平台免费发布，作为城市自然通风评估工作的基础数据支撑。截至 2017 年，全深圳总共已经有近 100 个项目进行了城市自然通风评估，为保障高密度建设的同时，城市气候环境品质仍然维持在可接受范围内起到了积极作用。

2011 年，市气候中心还搭建了《深圳气候变化研究工作简报》的气候研究成果推介平台，年内共编发工作简报 4 期，《大运会期间及 2011 年 1—8 月灰霾监测分析报告》获时任深圳市委书记王荣批示。此外，还开展了城市热岛和灰霾监测等方面的工作：2009 年完成深圳城市热岛分布情况的模拟分析，创新性地提出了人口密度加权平均热岛指数概念，提出节能减排、城市组团式发展及城市生态廊道建设等减轻城市热岛的具体应对措施，并自 2010 年开始逐年制作发布《城市热岛监测公报》，为园林城市建设提供数据支撑，2017 年结合深圳海绵城市建设需求，开发了海绵城市热岛监测页面，能够实现任一海绵城市建设片区城市热岛的持续跟踪监测；2010 年推出《灰霾监测报告》，逐季发布当年以来灰霾状况，并分析原因，2011 年开发了“霾与空气质量综合业务平台”（SHAPES），开展灰霾实时监测和服务，经过近几年的升级完善，监测产品不断丰富和优化，2014 年依托该平台开发的逐小时大气扩散气象条件、灰霾等实时监测等产品，如今仍是市气象局门户网站上重要的环境气象监测产品。

市气候中心还与深圳大学建筑与城市规划学院签署战略合作协议，以“共同推进深圳市绿色规划及应对气候变化工作”为目标，通过学术研究、项目合作、资料共享等方面的合作，实现相关领域的共研共用，并于 2012 年推动将包括微气候评估在内的“物理环境评估”工作纳入《深圳市城市更新单元规划编制技术规定》中。2015 年，联合市规划国土委修订发布了《深圳市暴雨强度公式及查算图表》，为深圳市排水管网设计提供了基础数据支撑，为改善深圳逢雨必涝的局面、保障城市安全运行奠定了基础。2016 年开展大鹏新区生态文明建设和海绵城市建设气候可行性论证和低碳生态城市建设策略研究工作，撰写的《大鹏半岛近十余年气候变化及指示意义》在市委政策研究室《决策参考》第 13 期（总第 463 期）上发表；与国家气候中心合作开展“气候变化背景下深圳市暴雨特征及应对策略”研究，提出了深圳海绵城市和气候适应型城市建设的对策建议。

2012 年参与编制了《深圳市城市更新单元规划编制技术规定（试行）》，并明确提出“对拆迁范围面积不小于 10 公顷的更新单元，应进行建筑物理环境专项研究，研究单元空间组织、建筑布局等对区域小气候的影响”。

2017 年，为贯彻落实市政府关于坪山、大鹏云轨旅游专线试验线规划建设的部署，市气象服务中心组织国内工程气象领域权威专家对坪山云轨旅游专线的建设和运营中的大风、雷电、暴雨等气象灾害风险进行了《坪山云轨旅游专线试验线一期工程气候可行性论证》，其采用的统计分析、数值模拟等方法均属国际一流水平，为坪山云轨旅游专线的细化设计、工程建设和后期安全运营具有指导意义。同年，开展了坪山区的气候环境现状评估，对坪山区未来可能出现的问题进行梳理分析，并在此基础上提出关于局地气候环境保护和调节的决策建议。《东进战略热潮下关于坪山气候环境问题的冷思考》在市委政策研究室《决策参考》发表，引起了有关领导和相关部门的高度重视。与国家气候中心合作开展了粤港澳大湾区气候风险评估，详细分析了大湾区气候变化事实、影响和未来风险，并提出了降低灾害风险、适应气候变化的对策建议，形成的《粤港澳大湾区气候风险及深圳应对策略》决策咨询报告在市委《内部参阅》发表，为深圳市合理规划湾区建设提供决策支持。针对臭氧逐渐成为深圳主要大气污染物的现状，研制了臭氧污染的综合气象条件成因表，完成了臭氧污染与气象条件相关关系的研究报告。结合全市海绵城市建设需要，开发了深圳城市热岛自动监测页面，实现 24 个海绵城市试点片区热岛强度的任选区域查询，为开展海绵城市建设热岛效应的监测和分析提供了平台支撑。

2018 年，为全市打赢污染防治攻坚战提供气象支持，建立了月尺度环境气象专报会商机制和业务流程，向分管副市长和环保部门逐月发送环境气象专报产品，提供未来一个月灰霾和臭氧污染气象条件形势分析，以及每月上旬各流域降水过程预报。并建立了臭氧污染气象条件监测指标，在此基础上开发了臭氧污染气象条件监测产品。

2019 年，围绕生态文明建设需求，组织落实《深圳市生态环境保护工作责任清单》《深圳市打好污染防治攻坚战三年行动方案（2018—2020 年）》《深圳市海绵城市建设工作领导小组办公室关于印发 2019 年深圳市海绵城市建设工作任务分工的通知》（深海绵办〔2019〕28 号）等有关要求，开展了以下几方面工作：（1）针对流域降水和河流断面水质的关系，开展茅洲河面源污染气象影响预评估，获得茅洲河流域降雨与河道水质污染关系，为治水提质提供气象支撑。（2）开展城市热岛和分区暴雨规律研究，对接海绵城市建设，针对光明新区凤凰城开展城市热岛分析评估，形成的《光明新区凤凰城区域城市热岛分析报告》，为深圳海绵城市试点验收提供了参考依据。同时开展分区暴雨规律研究，针对暴雨雨量、雨强和强降水频次等的分区规律进行分析，形成的《深圳分区暴雨规律研究》报告为深圳城市规划建设、生态园林城市建设、海绵城市建设提供可靠的气候支撑服务。（3）助力“深圳蓝”行动，强化环境气象条件分析支持，建立定量化环境气象综合指数，估算全年环境气象条件对 $PM_{2.5}$ 浓度变化的贡献率最高可达 10%，在排放源不变的情况下，环境气象综合条件最高可使 $PM_{2.5}$ 年均浓度增加 3 微克 / 立方米，不利气象条件则可以使全市 $PM_{2.5}$ 平均浓度增加约 5%，部分抵消了 $PM_{2.5}$ 的减排控制成效。研究成果已形成题为《建议结合气象条件加大重点时段防控 持续推进“深圳蓝”行动》报送市委市政府提供决策服务。（4）引进霾天气气象条件贡献率评价，提升大气环境保障能力。通过引进臭氧污染气象条件月预测产品和霾天气气象条件贡献率评价产品，完成 2000—2018 年近 9 年的深圳市全市范围内植被净初级生产力、植被覆盖度、植被生态质量指数产品的开发和显示，新产品的应用大大提升了大气环境气象保障能力。

第三节　大气探测

大气探测系统的建立经历了从无到有、从简单到复杂、从地面到高空的发展过程。1952 年建立宝安气象站时，只能靠简单的仪器和肉眼来观察天气的变化，经过 68 年的发展，目前大气探测系统已经成为包括国家基本气象站、气象卫星云图接收系统、天气雷达探测系统、闪电定位系统、区域气象观测站网、GPS 水汽观测系统和实景视频观测系统的立体气象观测系统，实现了探测综合化、信息化，在探测智能化领域开展了创新，在适度社会化领域做了尝试。

一、国家观测台站业务

（一）国家气候观象台

2019 年 1 月，深圳国家气候观象台入选中国气象局首批 24 个国家气候观象台名单，成为国家气候观象台，承担“珠江三角洲经济圈环境综合观测区”的气候多圈层观测任务，为珠三角经济圈和深圳市应对气候变化、服务生态文明建设和经济社会发展提供支撑。

国家气候观象台按照“国家级指导，省级管理，属地保障，团队运行”的原则，建设以研究型业务为重要特点、涵盖“一站加七址”的珠三角经济圈区域气候多圈层综合观测站；围绕深圳建设中国特色社会主义先行示范区对防灾减灾、生态文明建设和应对气候变化的需求，初步建成以华南沿海高密度城市精细化气候监测为主要特色的科学研究平台、开放合作平台和人才培养平台。以“一站多址”为建设思路，落实中国气象局国家气候观象台 7 项基本观测任务，推进 4 项拓展观测任务能力建设，建成符合国家标准、业务运行稳定、观测项目齐全、规范标准统一、数据质量达标的业务体系。

综合观测平台建设内容包括基本观测任务和拓展观测任务，基本观测任务共 7 项，包括地面基准气候观测、高空观测、近地层（海气）通量观测系统、基准辐射观测、地基遥感廓线、生态系统观测和大气成分观测系统；拓展观测任务共 4 项，包括海洋气象观测、城市冠层观测、空间天气观测和城市雷电灾害观测。2020 年 1 月 1 日起基本观测任务正式业务运行。

（二）深圳国家基本气象站

地面气象观测是气象工作的基础，它是对一定范围内的气象状况及其变化进行系统的、连续的观测和测定，为天气预报、气象情报、气候分析、科学研究、国民经济建设、航空航天建设、防灾减灾提供重要依据，是气象观测的重要组成部分，也是气象台站的基本业务之一。

深圳国家基本气象站按照国家统一标准，定时、定点开展气象要素观测，并与国内、国际实时交换观测数据。地面气象观测项目有：气压、气温、湿度、雨量、风向风速、日照、蒸发、浅层地温、深层地温、多下垫面地温、土壤湿度、近地层通量、土壤热通量、云状、云量、云高、能见度、雨滴谱、各种天气现象、酸雨（含酸碱度和电导率）辐射、（含总辐射、直接辐射、散射辐射、反射辐射、净辐射）等。

1. 国家基本气象站站址变迁和业务

新中国成立后于 1952 年建立珠江军分区宝安气象站。改革开放后，更名为深圳市气象台。深圳市气象台原属国家基本气象站，是国家广泛采集气候资料和向国内、国外提供气象情报的骨干站之一，它由中国气象局定点，24 小时值班，每小时进行一次天气观测，编发气象情报信息，其测站四周要求有较好的环境条件并受国家法律保护。2006 年 1 月 1 日，深圳国家基本气象站从罗湖区蔡屋围站搬迁至福田区竹子林站——福田区竹子林四路园博园内，经纬度：22° 33′ N，114° 00′ E，观测场海拔 63.0 米，气压表感应部分海拔 63.9 米，风速感应器距地高度 10.0 米。2007 年 1 月 1 日，根据中国气象局《关于印发业务技术体制改革配套方案的通知》（气发〔2006〕45 号）的文件要求，深圳国家基本气象站于 2006 年 12 月 31 日 20 时后按照国家气候观象台的业务要求开展观测工作，同时站名更改为“深圳国家气候观象台”。2009 年 1 月 1 日，根据中国气象局《关于进一步规范地面气象观测站名称的通知》（气发〔2008〕434 号）要求，停止使用“国家气候观象台”名称，站名改回“深圳国家基本气象站”。

深圳国家基本气象站业务内容：（1）温度、气压、湿度、降水量、风向和风速自动观测；（2）24 小时昼夜守班，自动观测项目 24 次定时观测；（3）人工观测项目，每天 02、05、08、11、14、17、20、23 时进行定时观测；（4）2013 年 7 月 1 日起取消地面 20 时自动与人工对比观测任务；（5）2016 年 1 月 1 日新型自动气象站正式投入使用，实现温度、气压、湿度、降水量、能见度、蒸发量、风向和风速自动观测；（6）2019 年 7 月 1 日实现温度、气压、湿度、降水量、能见度、蒸发量、风向和风速、降水天气现象、日照自动观测，业务上仅保留云量、云高及凝结类天气现象观测。

2. 地面气象观测技术规范沿革

地面气象观测业务在各个时期因技术规范、技术装备和技术要求的改变有较多的变化。

（1）时制沿革

1952—1953 年采用中原时（120° E），1954—1960 年 6 月采用平均太阳时，1960 年 7 月起采用北京时。地方平均太阳时与北京时的时差为 0 时 24 分。日照时数均用真太阳时。

（2）技术规范更替

1952—1953 年采用《气象测报简报》，1954—1960 年采用《气象观测暂行规定——地面部分》，1961—1979 年采用经历 3 次修订的《地面气象观测规范》，1980 年起采用经第 4 次修订的《地面气象观测规范》，2004 年起采用经再次修订的《地面气象观测规范》。

3. 地面天气报告的沿革

地面气象观测结果的编码报告共有 7 种。

（1）陆地测站地面天气报告

由中国气象局组织编发的定时地面天气实况报告，供全球气象台站等有关部门实时交换使用。深圳市气象台从 1953 年起每天 10 次、1954—2006 年每天 02、05、08、11、14、17、20、23 时 8 次观测，每天 02、05、08、11、14、17、20 时 7 次编发天气实况报。1982 年前采用 GD01 电码，1982 年 1 月起使用 GD01 Ⅱ电码。2007 年 1 月—2008 年 12 月，地面观测业务调整为 24 时次观测和 8 时次编报（02、05、08、11、14、17、20、23 时）；2013 年 10 月 16 日，按《地面气象观测改革调整业务规定（试行）》（气测函〔2013〕190 号）要求：基本气象站的云和能见度人工定时观测调整为每日 5 次（08、11、14、17、20 时），天气现象保持 08—20 时连续观测，夜间（20—08 时）天气现象应尽量判断，观测记录参照一般站规定执行；取消云状、云量观测；整天天气现象观测项目；新增自动能见度观测项目。根据《中国气象局综合观测司关于做好全国地面气象观测业务调整工作的通知》（气测函〔2013〕321 号）文件要求，从 2014 年 1 月 1 日起取消 08 时、12 时定时降水量的人工观测，相应记录以实时业务数据为准。根据《关于开展降水现象平行观测第二年工作和报送平行观测评估报告的通知》(粤气测函〔2018〕33号)要求，2018年9月1日起，降水现象以自动观测结果为正式观测记录。按照日照自动化平行观测规定，自2019年7月1日起，停止人工日照观测，光电式数字日照计正式投入业务运行。

(2)重要天气报

为天气预报和社会服务提供的突发性灾害性天气实况报告，采用不定时编发。本电报只供国内气象台使用，不参加世界气象情报交换。重要天气报从1983年11月1日开始正名，采用GD01 Ⅱ电码，在此之前称“灾害性天气实况报”“雨情报”等，电码也不同。深圳市气象台于1955年10月开始编发，1983年12月起增加向梧州市编发此报，1983年前曾向水文部门编发此报。2013年10月16日起夜间(20—08时)时段重要天气报告的编发参照一般站规定执行，保留冰雹、雷暴、龙卷重要天气报，取消大风、降水、雨凇、积雪等重要天气报。2019年4月30日20时起停止编发重要天气报，但台站保留最大冰雹的最大直径和平均重量的录入、上传功能。

(3)气象旬(月)报

由中国气象局组织每旬(月)编发1次的地面气象实况统计资料和农情资料报告，供全国气候分析、评价、农业气象研究和社会服务使用。气象旬(月)报从1977年6月1日至1982年12月31日统一使用HD01电码，1983年起使用HD02电码。2013年10月11日起不再编发气象旬(月)报。

(4)热带气旋加密观测报(简称台风报)

由国家气象中心或广东省组织的在热带气旋影响期间每小时编发一次补充地面气象天气报告，供热带气旋预报服务和研究使用。1957年7月20日至1979年2月17日曾向越南编发台风报，1981年起承担国家气象中心组织的台风业务试验编发报任务。台风报经历5次修改，1982年起使用与GD01 Ⅱ相似的报文格式。

(5)核电应急加密观测报

指广东省核电应急气象小组组织的为大亚湾核电站安全而编发的不定时气象保障情报，深圳市气象台及其所属6个自动气象站从1993年3月起承担此任务。

(6)航空天气报告和危险天气通报(简称航危报)

为航空航天气象保障提供的天气实况报告是每小时1次的航空报和不定时的危险报。本实况电报只供航空航天部门使用，不向其他系统(包括中国气象局系统)传递。深圳市气象台自1954年9月起编发该报，是全国较早承担此任务的台站之一，2000年起停止编发该报。

二、综合气象观测基地

(一)竹子林综合气象观测基地

该基地主要以深圳国家基本气象站(国家站网编号59493)为核心，是深圳区域长期、连续气候观测的代表站，作为全国气象站网骨干站点之一参与全球气象资料交换。2015年被广东省气象局评为新型气象台站，观测资料始于1952年。

该基地主要开展云、能、天、风、温、湿、压等14个国家基本气象站要素监测以及酸雨、辐射、大气成分、雨滴谱等环境气象和生态气象监测，在广东省率先全面实现观测自动化业务，观测业务质量连续多年位居全省前列。

该基地实行全天候24小时不间断业务运行，按照国家气象业务标准和规范，开展长时序并代表深圳区域天气气候特点的气象要素观测，为深圳市天气预警预报、气候评估与气候变化研究、气象服务等提供权威的观测数据支撑。

(二)西涌综合气象观测基地

该基地是集海洋生态气象、空间天气、天文观测与天文科普服务于一体的综合观测基地，是深圳市监测台风的前沿阵地，是我国三大空间天气观测基地之一，并挂牌中国科学院国家天文台深圳工作站，是深圳市两个海洋生态气象观测基地之一，又是全省、全市的科普教育基地。

该基地主要开展常规气象要素的海洋生态气象观测、基于全日面色球自动观测的空间天气观测以及以太阳活动为主、夜天文为辅的天文观测，建有国内第一个对流层（12 千米）风廓线雷达、基于国际基准辐射网（BSRN）标准的太阳辐射观测系统，与社会力量共建的全球最大目视双筒望远镜。

该基地重点研究海陆气相互作用下对深圳滨海城市的气候影响，通过海洋生态气象监测、垂直廓线监测，为台风、暴雨等灾害天气预警预报服务提供数据支撑，并为美丽大鹏提供实时的生态气象监测数据服务。该基地实现与国家空间天气监测预警中心包括 H-α 太阳全日面像数据在内的 9 个产品数据资源共享，为核电、电网输变电站、通信行业、航海导航等特殊行业提供空间天气服务。开展“互联网 + 天文”服务，自 2010 年建台以来每年接待市民科普参观超 2 万人次。

该基地于 2019 年完成 X 波段相控阵雷达建设，并于 2020 年 1 月 1 日开始系统试运行，参与珠三角城市群相控阵雷达观测组网。相控阵雷达除作为 S 波段天气雷达的有效补充发挥效能外，利用相控阵雷达，开展重点区域 X 波段天气雷达局域组网业务观测试验，用于监测强对流天气的初生和发展的雷达探测尝试。

（三）石岩综合气象观测基地

该基地是集地面观测、垂直观测、环境观测、雷电观测、生态观测等于一体且观测要素齐备的大型综合气象观测基地，是华南滨海超大城市边界层观测试验基地。

该基地主要开展基于边界层大气物理研究的气象梯度观测、基于大气污染预测及防控决策服务的三维立体环境观测、基于电气过流过压试验研究的雷电观测、基于国家基本站备份站的地面观测等业务和服务。基地内建有世界第二、亚洲第一高的桅杆结构气象梯度塔，高 356 米，以 13 个梯度层开展常规气象要素观测、16 个梯度层开展大气环境观测、7 个梯度层开展雷电观测、2 个梯度层开展通量观测、4 个梯度层开展天气实景观测等。该基地由于功能齐备、观测环境良好，特别是 356 米的气象梯度塔建成后，已吸引中国气象科学研究院、中国科学院大气物理研究所、南京大学、中山大学、香港理工大学等科研院所以及国内知名专家学者前来开展科学研究试验。

在业务服务上，该基地主要发挥了以下作用：

（1）气象公共安全服务。通过实时掌握大气边界层底部的结构和变化，改进短期和短时气象预报的准确性，提供更加精准的局地强阵风和强降水预警，为城市积涝、山洪地质灾害、强风灾害等气象公共安全提供服务。

（2）城市气候变化决策服务。实现气候要素的立体和长时间的持续跟踪，掌握大城市发展对气候变化的影响以及气候资源的评估，提供更加精确的气候变化决策和城市规划服务。

（3）雷电防御科学试验。实现对实际环境中的雷电全过程进行跟踪记录，深入掌握雷电机理及其对周边环境的影响，为雷电防护标准修订、致灾闪电的定位提供科学准确的数据支撑。

（4）大气污染预测及防控决策服务。实现大气环境的立体监控，分析大气环境与气象要素的关系，掌握大气污染的扩散规律，提供更加准确的大气污染预测及防控决策服务。

（5）气象及环保标准技术试验。为钢结构和高层建筑抗风、遥感仪器设备标定等提供科学数据支撑，促进相关学科研究的发展。

（四）龙岗综合气象观测基地

该基地原为深圳市人工影响天气基地，现成为深圳市大气探测科技成果转化中试基地，是深圳市气象科普实践教育基地之一。主要开展以大气成分、边界层风廓线、多下垫面观测、微波辐射等特种观测为核心的观测业务，开展培育新型探测技术、探测设备落地实践以及观测设备校准试验等工作。

基地建有国内领先的多下垫面观测系统，针对沥青、混凝土、沙地、灌木等16个不同下垫面温度进行实时监测，可为城市生态建设提供科学研究和决策服务。

（五）蔡屋围综合气象观测基地

该基地是深圳市城市气候观测基地，也是深圳市南方强天气实验室、深圳气象超算中心、“气象乐创”平台所在地，建站时间始于1952年。

该基地重点开展基于城市生态服务的超大城市冠层观测、基于人居环境服务的城市微气候观测等业务，基地内建设有生态气候、回南天、生物舒适度、风脉动等观测系统，为深圳高密度建成区生态建设、市民宜居生活提供实时在线监测服务。

（六）求雨坛雷达观测基地

求雨坛雷达观测基地位于宝安区航城街道凤凰山南麓的求雨坛。距离珠江口约6千米，是深圳国家天气雷达站所在地，是以新一代双偏振天气雷达和X波段相控阵雷达探测为核心的跟踪监测台风、暴雨、冰雹等灾害性天气的重要观测基地。

该基地建有国内最高水平的新一代双偏振天气雷达和X波段相控阵雷达，其中新一代S波段双偏振天气雷达建成后于2019年1月1日正式投入业务使用，是我国“新一代天气雷达网”的组网雷达，该雷达系统除具有可靠性高、稳定性强、探测范围广、全天候24小时不间断连续工作等优点外，探测分辨率也从原来单偏振雷达1000米提高到125米，可提供高精度双偏振和多普勒数据，能有效识别降水粒子相态和大小，精确估测降水量，区分降水类型和具有更加有效的飑线、冰雹等强天气识别能力。

此外，基地还建有国内先进的双偏振X波段有源相控阵天气雷达系统。该雷达采用极化技术和相控阵技术，探测分辨率（精度）为30米，除利用扫描速度更快、空间定位更准确的优势，与现有的新一代S波段双偏振天气雷达协同观测天气的变化外，该雷达还与周边地区的相控阵雷达组成高时空分辨率的相控阵双线偏振天气雷达监测网，实现对短时强暴雨、龙卷风和特大冰雹等生消快、尺度小、致灾性极强的强对流灾害性天气的24小时全天候监测和预警。

（七）细丫岛海洋气象观测基地

该基地是海洋生态气象观测基地，粤港澳大湾区气候变化观测站。开展常规气象观测、能见度、辐射、潮位等观测。围绕城市安全、气象灾害防御、气候变化和可持续发展的气象服务需求，开展海洋气象、海洋生态、海气相互作用、风暴潮、海水倒灌、大湾区气候变化等观测和科学研究试验。

三、区域自动气象观测站网

（一）重要节点概述

早期的区域气象观测始于1958年，在1958—1962年和1970—1979年，当时的宝安县每个公社先后建立了气象哨，开展了每天08时、14时、20时的人工地面气象观测工作。

改革开放以来，为适应深圳经济特区建设与发展的需要，深圳市气象台自行研制、组装自动气象站，自1990年开始，自动气象观测站就在不断的研究和实践中改进和完善。自行研制的Ⅰ型自动气象站，以PC-1500为数据采集器，配以电容式雨量计及风速、风向传感器组成，以无线通信方式联网，1990年建成了“深圳市三防雨量监测网”，网点有西丽、铁岗、罗田、甘坑、赤坳、石岩、清林径、三洲田8个水库及洪湖水闸和三防指挥部。1993年建成大亚湾核电事故应急系统气象自动监测网，监测的气象要素有雨量、风向、风速和温度四个要素，站点有岭下、坝岗、龙岐、大鹏、盐田、坪山、淡水、霞冲（惠阳）、平海（惠东）。Ⅱ型自动气象站是以自行开发的单片机作为数据采集器，该机型以面向社会服务为主，除在深圳市的学校、水库等单位安装外，还在珠海、广州、昆明等地安装使用。

Ⅲ型自动气象站的开发是与澳大利亚 DT 公司合作，主机采用 DT-50 数据采集器，采集的气象要素有雨量、风向、风速和温度四要素，组网方式采用市话有线通信联网（与中国气象科学研究院联合开发）。到 1997 年，在全市范围内逐步建成了 45 个自动气象站，组成区域气象观测网，每小时观测一次雨量、风向、风速和温度四个气象要素，数据传送方式主要采用市话有线通信的方式，实现采集、记录、传输、资料处理、显示自动化。2005 年底，对该区域气象自动监测站网进行改造和加密，数据传送方式改造为 GPRS 无线通信，自动监测资料由每小时一次加密到一分钟一次。

2006 年，开始建设新一代区域气象观测网，增加核心城区和天气敏感区观测站密度，新建了 60 多个区域气象观测站，开拓高山、海洋、生态等气象观测领域，在全市 16 个高山和离岸 200 多千米的海上石油平台流花站上建设了区域气象观测站。新一代区域气象观测网主要由芬兰 Vaisala 自动气象站组成，一分钟观测一次气象资料，主要观测要素增加到 6 个（增加了对气压和湿度的观测），部分站点可进行能见度、云高、辐射、土壤温湿度、土壤 pH、CO_2 等自动观测，数据传送方式主要采用 GPRS 无线通信，海上石油平台观测站采用北斗卫星通信。实现采集、记录、传输、资料处理、质量控制、存储、显示、服务自动化。资料经过实时质量控制后，进入深圳市气象局中心数据库，并同步到深圳市气象信息决策服务网、深圳市气象局公众服务网。2007 年，深圳持续加密建设陆上区域自动气象观测站网，站点数达到 102 个。

2009 年，位于深圳海拔最高峰梧桐山（海拔 943.7 米）主峰大梧桐高山自动气象站建成，并首次进行了信号技术升级改造，架设了增益天线。从此，该技术普遍用于信号较差的环境站点。同年，城市气候站开始布设，站点共有 27 个，分布于全市各区具有气候代表性地段。城市气候站可观测的气象要素有环境温度、环境湿度、露点温度、风速、风向、降水量、气压、太阳总辐射、能见度、地温（包括浅层、深层）、土壤湿度（包括浅层、深层）、土壤热通量（包括浅层、深层）、二氧化碳、太阳直接辐射、紫外辐射、净全辐射等 20 多项数据。2017 年，由市气象局建设并投入业务运行的站点已达 182 个，平均空间密度达到 3.4 千米 ×3.4 千米；在深汕特别合作区建设首个自动气象站，主要观测风速、风向、温度、雨量、湿度、气压和能见度等 7 个气象要素。截至 2019 年，全市已建成地面自动气象站 243 个，站网空间分辨率达到 3.1 千米 ×3.1 千米。

海洋气象观测站建设始于 2006 年，在距离深圳约 260 千米的南海上，建成首个海上石油平台流化站自动气象站，2011 年，在南海石油平台新增两个站点（陆丰平台、番禺平台），2019 年，在南海石油平台新增两个站点（恩平平台、西江 1 平台）。截至 2019 年 10 月底，已建成 5 个海上石油平台气象站，重点开展风、气压、浪高、海温等观测，5 个平台气象站均实现单站双备份模式，保障探测数据持续稳定。观测数据通过北斗卫星通信每分钟发送，数据实时上传广东省气象局和中国气象局，并实现香港、澳门共享。与广东省气象局的合作项目“中国气象局海洋气象保障工程一期”于 2019 年建设 9 个海上石油平台气象站，在南海前沿筑成一道严密的“防风墙”。同时，为进一步拓展近海海洋观测业务，开展潮位、海水温度和海水盐度观测，从 2018 年始开展了船载自动气象站和潮位站的建设。根据“平安海洋”和“智慧气象”系统项目子项目安排，截至 2019 年 12 月底，建成了 5 个船载自动气象站、9 个潮位站。2019 年，为提升海洋气象观测保障能力，加强海洋气象服务技术研究，开发了海洋气象观测业务平台，将现有的近海气象观测、远海气象观测以及陆地区域气象观测相结合，形成了陆海一体化观测业务。

（二）年度建设情况

1991 年，帮助华宝牧工商联合公司建立地面气象观测站 1 个，完成 10 个三要素自动气象站室内组装和中心值班室图像显示系统，成功研制水位自动观测系统，并在深圳水库进行了试验。

1992 年，在深圳市设置 10 个自动气象站，其中蛇口、观兰、南澳、沙头角和龙华等站投入运转，并为市农科中心果树所安装五要素自动气象站 1 个，为大亚湾核电站应急委员会建立 9 个自动气象站。

1993 年，大亚湾核电站建成应急气象站 7 个、环保系统站点 5 个。

1994 年，建成自动气象站共 17 个（其中本台下属 10 个、核电站应急系统 7 个），年运行时间大于 7200 小时。

2003 年，建设遥测自动气象站。遥测自动气象工程建设是中国大气探测自动化系统建设的重要组成部分，是专门为国家地面观测站配备的一种有线遥测方式的自动气象站。

2004 年，重新调整雷电监测仪的布点，修复了石岩梯度观测仪器，布设了长波辐射仪，修复了 3 个自动气象站，补齐了自动气象站网建设以来的观测数据，实施预报数据库和自动气象站资料分类整理数据库。

2005 年，深圳市政府同意划拨西涌穿鼻岩面积为 2 万平方米的区域作为市气象局东部气象综合探测基地，基地建设方案和通往基地道路设计方案及 16 个山头的自动站用地获批准。同时还批准了 1 万平方米海域作为海洋观测用海域。59 套新一代自动气象站和两台 LAP–3000 型风廓线仪完成了设备选型和招标订购；多普勒雷达完成安装，进入调试；竹子林基本站观测场于 2005 年 1 月 1 日投入对比观测使用。

2006 年，对原有 45 个自动气象站进行升级改造，实现了数据分钟实时显示，新购置的 99 套 Vaisala 自动气象站分布在 59 个站点（部分实现了双轨制），部分资料已经收集到中心站。12 月 25 日，在离海岸 200 多千米的海上石油平台流花站（东沙群岛附近）安装了第一个海上自动气象站，监测密度 6 分钟一次，通过卫星实时传回观测资料，提高深圳海洋气象灾害监测能力。地质灾害气象预警预报系统项目获得市政府批准，该系统建设包括 50 个雨量站的地质灾害气象监测站网、预警预报视频会商分系统和预警预报业务平台三大部分。

2007 年，区域气象站网共有设备 62 套，比 2006 年新增 17 套，更新了 45 套旧站点，包括 MAWS301 型气象站 48 套、WXT520 型气象站 14 套。设备的更新和新建采用了进口设备，有效提高了数据的准确度和设备的稳定性。

2008 年，区域气象站 134 个（含海上石油平台流花站），安装设备 140 套，站网平均密度特区内 2 千米、特区外 3～5 千米，是国内最密集的区域气象观测网。观测要素为雨量、气温、风向、风速、气压和湿度等，数据采集频率提升至每分钟采集和传输一次。其中 6 个站增加了能见度自动观测，2 个站增加了二氧化碳和辐射的自动观测，1 个站（竹子林）增加了云高自动观测，1 个站（松岗沙浦西泵站）增加了自动水位监测。

2009 年，共建有自动气象站 143 套，其中 MAWS301 型自动气象站 61 套、WP3103 型自动气象站 59 套、WXT520 型自动气象站 22 套、SHQI300 型自动气象站 1 套。同时在竹子林、石岩等 10 个站点安装了 10 套称重式雨量计。有 8 个能见度仪分布在各区及沿海重点港口码头。

2010 年，共建有自动气象站 147 套，其中 MAWS301 型自动气象站 62 套、WP3103 型自动气象站 60 套、WXT520 型自动气象站 25 套。竹子林、石岩等 10 个站点安装了 10 套称重式雨量计，有 8 个能见度仪。竹子林对比观测场、石岩基地和天文台基地各建设了一套 25 要素（2 米温度、2 米湿度、10 米温度、10 米湿度、2 米风向、2 米风速、10 米风向、10 米风速、降水量、气压、能见度、红外地表温度、10 厘米土壤热通量、20 厘米土壤热通量、向上长波净辐射、向下长波净辐射、向上短波净辐射、向下短波净辐射、5 厘米土壤温度、10 厘米土壤温度、20 厘米土壤温度、40 厘米土壤温度、20 厘米土壤湿度、40 厘米土壤湿度、二氧化碳）的自动气象站。10 月在 13–1 海上石油平台和 30–1 海上石油平台各安装了一套海洋自动气象站，共布有 3 个海上自动气象站。

2011 年，共建有自动气象站 147 套，其中 MAWS301 型自动气象站 61 套、WP3103 型自动气象站 60 套、WXT520 型自动气象站 26 套；11 套称重式雨量计，8 个能见度仪；3 个海上石油平台自动气象站，其中 13–1 和 30–1 平台已经试运行 1 年多时间，基本上每 5 分钟传一组数据回数据中心站。

2012 年，共建有自动气象站 149 套，其中 MAWS301 型自动气象站 62 套、WP3103 型自动气象站

59套、WXT520型自动气象站26套、MAWS420型自动气象站2套；11套称重式雨量计，8个能见度仪，3个海上自动气象站；2台移动应急观测车，车上安装了一套六要素的MAWS301型区域气象自动站，移动雷达车上安装了一套六要素WXT510型简易自动站，可在复杂的野外条件下实时开展现场天气检测预报服务工作。

2013年，共建有自动气象站146套，其中MAWS301型自动气象站65套、WP3103型自动气象站58套、WXT520型自动气象站23套；11套称重式雨量计，8个能见度仪，3个海上自动气象站，2台移动应急观测车。

2014年，共建有六要素和四要素的自动气象站120套，按照《深圳市区域气象观测站网管理细则》确定其中一级站4个、二级站60个、三级站50个、新建站点4个、临时站点2个，其中MAWS301型自动气象站68套、WP3103型自动气象站50套、WXT520型自动气象站2套；11套称重式雨量计，8个能见度仪，3个海上自动气象站，2台移动应急观测车。竹子林基地和石岩基地为10要素气象观测站。

2015年，共建有自动气象站163套，其中MAWS301型自动气象站116套、WP3103型自动气象站45套、WXT520型自动气象站2套。其中118套站点观测要素为温度、湿度、气压、风速、风向、雨量等6要素，有27套站点的观测要素为25要素，有36个能见度仪。

2016年，共有自动气象站168套，其中MAWS301型自动气象站121套、WP3103型自动气象站45套、WXT520型自动气象站2套。其中新建站点5个，为2个区域站和3个海洋石油平台。备份自动气象站3套，每1分钟传一组数据回数据中心站。其中123套站点观测要素为6要素，有27套站点为25要素，有36个能见度仪。

2017年，共有自动气象站201套，其中MAWS301型自动气象站123套、AWS310型自动气象站31套、WP3103型自动气象站45套、WXT520型自动气象站2套。其中新建站点33个（2套MAWS310型和31套AWS310型）。其中156套站点为6要素，有27套站点为25要素，有45个能见度仪。站点平均探测密度为3.4千米 ×3.4千米，覆盖全市各街道，以及易涝区、海岛海岸、港口和交通沿线。

2018年，共有自动气象站222套，其中MAWS301型自动气象站94套、AWS310型自动站79套、WP3103型自动气象站41套、DZZ1-2型自动气象站8套。其中新增站点33个（包括深汕特别合作区9个站点）。其中41套站为4要素、155套站点为6要素，有26套站点为25要素，有52个站点具备能见度要素。

2019年，共有自动气象站243套，其中MAWS301型自动气象站94套、AWS310型自动站88套、WP3103型自动气象站41套、DZZ1-2型自动气象站20套。其中新增站点21个（包括深汕特别合作区12个站点）。其中41套站为4要素、176套站点为6要素，有26套站点为25要素，有52个站点具备能见度要素。全市（含深汕区）区域自动气象站平均空间密度达到3.1千米 ×3.1千米。深汕合作区已建成21个自动气象站，空间分辨率达到5千米 ×5千米，街道落地站实现100%。覆盖全市各街道，以及易涝区、海岛海岸、港口和交通沿线。

四、气象雷达探测

深圳市的天气雷达探测业务始于1986年6月，用波长为3厘米的711型测雨雷达探测云天信息，可以探测出300千米范围内云的位置、强度和结构特点。1994年3月，更新为711B型数字雷达。由于城市的高速发展，天气雷达周围的障碍物越来越多，而且711B型数字雷达故障较多，20世纪90年代中期以后，深圳停止了天气雷达探测业务，主要利用深圳到广州的气象专线接收香港多普勒雷达资料和珠江三角洲雷达网的监测资料。

2002年，深圳市政府批复同意《深圳市防灾预警气象雷达项目建议书》，2003年，下达了政府投资计划，开始在福田区竹子林建设深圳新一代天气雷达。2006年1月19日，深圳市防灾预警气象雷达

（新一代多普勒天气雷达）开机，探测到第一张雷达图；3 月 1 日，开始 24 小时开机，进行调试运行；5 月 22 日，通过中国气象局监测网络司的现场验收，投入业务试运行，并加入中国气象局雷达观测网。该雷达为多普勒天气雷达（WSR-98D），应用多普勒雷达技术来获取距离、方位、反射率以及目标速度数据，利用气象算法对获得的基本天气数据进行处理后生成基本和导出的天气产品，可以探测出 460 千米范围内的降水量、风和风切变、龙卷风、中尺度气旋、雷暴、湍流、冰雹等天气信息。雷达监测资料实现采集、处理、传输、存储、显示、服务自动化，实时进入深圳市气象局中心数据库，并同步到深圳市气象信息决策服务网、深圳市气象局公众服务网。

2006 年 11 月，完成第一部 LAP-3000 风廓线雷达的安装调试，投入业务试运行。LAP-3000 风廓线雷达是一种脉冲式多普勒雷达，用于在晴空条件下探测地面以上 3 千米高度的地球大气数据，数据产品是水平风和垂直风的风速和风向，以及最高约 1.5 千米、随高度而变化的大气虚温。2007 年 5 月和 2011 年 6 月分别又建成机场和龙岗 LAP-3000 风廓线雷达，2012 年 3 月建成西涌 LAP-12000 并投入业务运行，可以探测从地面到 12000 米高空的风廓线。

2016 年 11 月，深圳新一代双偏振天气雷达项目开工建设，2018 年 3 月建成投入业务试运行。新一代双偏振天气雷达站址位于深圳市宝安区凤凰山南麓的求雨坛，距离珠江口约 6 千米，探测分辨率可达 125 米，探测范围 460 千米，成为深圳监测灾害性天气的“新天眼”。此外，新一代双偏振雷达数据还与民航气象台进行实时共享，更好地保障飞行安全。

五、特种气象观测

（一）闪电探测

1998 年，市气象局引进了中国科技大学研究开发的闪电定位系统，该系统可以全天候监测雷电发生的时间、次数等。2006 年 9 月，对闪电定位系统进行全面改造，探测数据实时进入市气象局中心数据库，在市气象信息决策服务网上实现图形显示，每 10 分钟自动上传至广东省气象局。2013 年，完成由维萨拉（Vaisala）公司研制的 TS8000 系列的闪电定位系统建设，并投入业务使用，该系统由 5 个高、低频子站组成，可以对雷暴云的云闪、地闪进行观测，并且能区分正负极性，这 5 个站点为：石岩、西涌、江门、佛冈和东莞。随后与广东省气象局及香港的闪电定位传感器实时联网，实现了 17 个子站进行全天候联网观测，探测范围包括广东、香港、澳门、广西、江西、福建、海南、台湾及南海部分地区，其中广东省、香港、澳门及部分周边地区为高精度探测范围，其探测效率大于 90%，探测误差小于 0.5 千米。2019 年 6 月深圳闪电定位系统进行升级，升级后能接收香港闪电定位传感器原始数据及闪电定位数据。

（二）多下垫面温度监测

1998 年，开始对多下垫面温度进行观测，主要针对柏油路面和水泥路面的温度进行观测，对于高速公路的行车安全有着重要的参考意义。2014 年，在龙岗综合气象观测基地建设了“多种下垫面红外遥感地温观测校准系统”，能同时对 25 种不同下垫面地表温度开展同步的直接观测和红外遥感观测，可对影响红外遥感的发射率参数进行修订，实现精确的红外遥感温度测量，对于红外遥感测量特别是卫星遥感测量的校准具有重要意义。同时可深入研究同一环境下不同下垫面的温度变化特征和规律以及对气象的反作用。

（三）太阳辐射、紫外线监测

2003 年，开始建设辐射监测系统，对太阳辐射和紫外线辐射进行监测，目的是研究太阳、地球表面和大气间辐射过程、能量转换规律以及各辐射量的时空分布，研究大气成分，如悬浮微粒、水汽、臭氧等的分布与变化规律，以满足太阳能的利用、环境科学、气象科学、空间技术、建筑、工业以及农林等部门对辐射资料的需求。

2009年，开始在西涌和石岩建立2个高精度太阳辐射观测站点，以世界气象组织、国际科学协会理事会和联合国教科文组织的政府间海洋学委员会等联合创办并组织实施的BSRN标准为导向进行太阳辐射观测站网建设，能够探测高精度的直接辐射、散射辐射、总辐射、反射辐射、大气长波辐射、地面长波辐射、紫外辐射、光合有效辐射等数据，同时还架设了1套国家一级辐射观测站使用的辐射观测仪器与之平行观测，作为评价辐射数据的参考。太阳辐射观测数据不仅对研究辐射中长期变化的规律具有直接的气候意义，而且通过对光学厚度辐射产品的研究，有助于分析了解深圳区域大气颗粒污染状况，还可对太阳能资源状况进行有效评估。这两个站点于2012年通过验收并投入业务运行。截至2019年12月，国家一级辐射观测站已完成对比观测并停止运行。

（四）酸雨自动监测

2003年，在罗湖区蔡屋围建设自动酸雨监测系统，对酸雨进行采样、监测，数据实时进入市气象局中心数据库。2019年10月，在深圳国家基本气象站安装TCY Ⅱ 1型酸雨自动观测系统，并开始业务试运行。

（五）CO_2观测

2006年，在福田区竹子林和宝安区石岩对CO_2进行自动观测，获取近地面层大气中CO_2气体的监测数据。

（六）GNSS/MET水汽监测

2005年6月，在福田区竹子林建成了第一个地基GNSS/MET水汽监测点，探测深圳市上空大气水汽含量的变化。2009年开始，先后在全市建设6套GNSS/MET观测系统，分别部署在西涌基地、大学城、石岩基地、细丫岛、细靓北和竹子林。探测设备型号为TRIMBLE NETR9，每小时1条记录。数据经采集器采集后，通过无线DTU传输至中心服务器，经采集软件接收后进行存储，同时，数据发送给数据处理服务器（Linux）进行数据解算、入库和上传。2018年7月，因国家基本气象站升级改造，拆除了竹子林GNSS/MET水汽监测站。

（七）激光雨滴谱仪

激光雨滴谱仪属于“深圳市气象灾害应急预警工程”二期子项目，分别建在竹子林、机场、西涌、南澳、龙岗、罗田水库6个点。设备型号为德国OTT公司的Parsivel–EF，能探测降水粒子的粒径和速度，输出尺度谱和速度谱，同时利用谱数据算出降水量、能见度、雷达反射率因子等气象要素，对进一步了解自然降水的物理过程、研究成雨机制、评估人工降雨的云水条件、检验效果以及数值模拟提供科学的依据有重要意义。利用激光雨滴谱仪探测得到的雷达反射率因子与降水强度拟合Z–I关系，对雷达估测降水进行修正、标校雷达观测以及短临预报的提高都有重要意义。项目于2010年完成交付使用。

（八）天气实景监测

2006年8月，开始实施实景视频工程，在蔡屋围气象局业务大楼、竹子林观测场、雷达机房、移动气象观测车上安装视频监控，分别实现有线和无线的视频网络传输，可实现网络观看、网络操控、360°全方位观看、定时计划录像、实时手动录像、侦测移动报警、多视频浏览、用户分级管理等多项功能。2017年，对实景视频系统进行了升级，将所有清晰度不足的视频设备更换为超高清视频采集设备，同时定制一款天气实景观测软件，把实景视频与天气数据采集结合起来，直观准确地判断深圳市各个方位的天气情况。截至2017年底，市气象局共建设视频设备50套，组成实景视频观测网。

（九）通量观测系统

为更好地探测下垫面和近地层大气的感热通量、潜热通量、水汽通量、二氧化碳通量等各种陆气相互作用的相关要素，研究各种不同下垫面的陆气相互交换过程，2009 年开始，市气象局陆续在全市范围内部署了多台通量观测系统。截至 2017 年底，市气象局共有 8 套通量观测系统，分别安装在龙岗基地（2 套）、蔡屋围基地（2 套）以及气象观测梯度塔（4 套），8 套系统均是以国家气象观测标准架设的通量气象观测平台。该技术以涡动相关理论为基础，依靠快速响应的超声风速仪、温度计和高精密的 CO_2–H_2O 分析仪实现相关要素的测量，是目前直接测量大气湍流运动的通用方法。龙岗和梯度塔仪器选用美国 Campbell Scientific Inc.（CSI）生产的涡动相关系统，蔡屋围站仪器选用的是美国 LI–COR 公司的气体分析仪配合美国 CSI 的超声风速仪构成涡动相关系统，两套系统均是目前国际上广泛使用的涡动观测系统。探测要素主要包括三维风速脉动数据、水汽通量、二氧化碳通量等，数据频次为 10 次 / 秒，所有数据经过采集器采集后，通过光纤接入上传至中心服务器，中心服务器使用接收程序进行数据的接收，然后由入库程序进行数据解析、处理和入库。

（十）回南天观测

回南天作为华南地区特有的一种天气现象，越来越困扰深圳市民的生活，因既有的标准和规范均无法准确地观测，为此，市气象局开创性地设计了回南天观测系统，于 2013 年 2 月建成，为回南天的预报和服务提供基础数据。

（十一）大气成分观测

2010 年 12 月，依托市政府投资项目《深圳市气象灾害应急预警工程》建成了 4 个大气成分站，分别在竹子林、西涌、龙岗和石岩。竹子林大气成分站仪器包括：黑碳仪、浊度计、颗粒物监测仪、气溶胶成分分析仪、微脉冲激光雷达、自动跟踪太阳光度计、O_3 分析仪、紫外线辐射计、VOCs 监测仪、气溶胶成分分析仪、SO_2 监测仪、NOx 监测仪和 CO 监测仪。西涌大气成分站仪器包括：黑碳仪、浊度计、颗粒物监测仪、气溶胶成分分析仪、自动跟踪太阳光度计、O_3 分析仪、紫外线辐射计、SO_2 监测仪、NOx 监测仪和 CO 监测仪。龙岗大气成分站仪器包括：黑碳仪、浊度计、颗粒物监测仪、O_3 分析仪、紫外线辐射计。石岩大气成分站仪器包括：黑碳仪、浊度计、颗粒物监测仪、O_3 分析仪、紫外线辐射计。

（十二）温室气体观测

2016 年 8 月，建成了温室气体观测体系，包含石岩站和西涌站，石岩站安装有 2 台 Picarro G2301 和 2 台 Picarro G5102–i 设备，可以观测 50 米、100 米、350 米高度的二氧化碳、甲烷、氧化亚氮气体浓度。西涌站安装 1 台 Picarro G2301 设备，可观测二氧化碳、甲烷等温室气体浓度，该系统可有效评估整个区域的温室气体状况，为深圳开展碳排放清单编制与碳源汇评估提供佐证手段，可为生态和环境评估、资源承载力评估及区域气候变化检测和评估提供支撑，为深圳市低碳城市建设、节能减排及应对气候变化等提供决策依据。

（十三）探空系统

自动探空系统是“深圳市气象灾害应急预警工程”一期子项目，于 2011 年建设完成。系统包括便携式全方位 UHF 天线、GPS 天线、地面检测设备（GC25）、无线电探空仪（Vaisala RS92–SGPD）和臭氧传感器（ECC6AB）。系统不但能探测大气对流层温、压、湿、风向、风速垂直廓线，还能探测臭氧垂直变化曲线，填补了深圳市无空基探测的空白，对研究大气层结构特征、预警预报、防灾减灾等都具有重要作用。目前每年定期进行探空业务释放工作，获得大气垂直廓线数据。目前自动探空系统平时存放于仓库，维保服务已经社会化，由专门的维保公司对整套设备进行常规维护和保养，每月定期对设备进行标校和清洁。整套系统操作简单、易于携带，可以满足全天候任意地点释放要求。

（十四）自然雷电观测

2016 年，基于深圳市石岩气象梯度观测塔建成了高塔自然雷电观测系统，开展了雷电高速摄像观测、垂直大气平均电场及磁场测量，完成了 13 次高塔雷电观测，其中 9 月 2 日该系统还录得一次 9 脉冲闪电，填补了深圳市雷电光学观测的空白。

2017 年初，在石岩气象梯度塔顶建成了自然雷电流直接测量系统，至此，高塔自然雷电观测系统具备了雷电的光、电、磁等全要素观测手段，成为了中国气象科学研究院申报的“中国气象局野外科学试验基地”的授牌高塔雷电观测站点。完成了 14 次高塔雷电观测，5 月 4 日首次测量到自然雷电流波形，其中首次回击电流达到 –110.4 千安培，继后回击电流达到 –87.72 千安培，雷电流参数特征与国际同类高塔观测相比具有明显的低纬度雷电特征。由此，我国成为继德国、瑞士、奥地利、加拿大、日本及巴西等之后有能力利用高塔开展自然雷电观测的国家之一。

（十五）气象梯度观测塔

建成于 2016 年，是目前亚洲第一、世界第二高的桅杆结构铁塔，集边界层气象垂直探测、大气环境监测、雷电防御科学研究、气象灾害天气实景观测于一体的综合观测和试验平台以及城市安全、低碳发展、共建共享、共研共用的科技创新平台。塔上建有气象梯度观测系统、温室气体立体监测系统、自然雷电观测及试验系统、环境空气质量立体监测系统、天气实景观测系统等。2019 年 2 月在梯度塔垂直气象观测系统基础上新建 13 层自动气象采集、超声风传感器、气压传感器、干湿球温度传感器系统，于 2019 年 10 月正式投入观测运行。在台风、暴雨等天气过程中，可以通过升级的要素观测值监测沿海地区天气尺度、次天气尺度以及中小尺度天气过程中的脉动气压、水汽通量和湍流运动，对进一步分析沿海重大天气过程中的中小尺度系统有关键作用。

表 3–3–5–1　气象梯度塔观测设备

设备名称	设备型号	数量	安装位置及介绍
温湿传感器	HMP155	13	共 13 层，分别安装在 10、20、40、50、80、100、150、160、200、250、300、320、350 米高度，在南向伸臂的中间位置安装
机械风速传感器	WA151	13	分别安装在 13 层，在南向伸臂安装
超声风传感器	WMT700	13	分别安装在 13 层，在南向伸臂的顶端安装
气压	PTB330	3	分别安装在 50、100、300 米高度的自动气象站 AWS430 的机箱内
能见度仪	PWD50	3	分别安装在 50、100、300 米高度，在南向伸臂的顶端安装
干、湿球温度传感器	HBW	13	共 13 层，分别安装在 10、20、40、50、80、100、150、160、200、250、300、320、350 米高度，在正东方位主柱位置安装
超声风传感器	WMT703	13	共 13 层，分别安装在 10、20、40、50、80、100、150、160、200、250、300、320、350 米高度，在北向伸臂的顶端安装
气压传感器	PTB330	13	共 13 层，分别安装在 10、20、40、50、80、100、150、160、200、250、300、320、350 米高度，安装在自动气象站 AWS430 机箱内
开路 CO_2/H_2O 分析仪 / 三维超声风	EC150/CS7500	4	分别安装在 10、40、160、320 米高度，在北向伸臂安装
辐射测量仪	CNR4	3	分别安装在 50、100、300 米高度，在南向伸臂安装
高清实景视频	SNC–RH16	3	分别安装在 100、300 和 350 米高度
自震观测	PCH1026	1	安装在 300 米层

续表

设备名称	设备型号	数量	安装位置及介绍
温室气体	Picarro	4	布设在50、100、350米高度上，梯度塔底部设置实验室放置设备，控制和标定整体体系，通过抽气来测量不同高度温室气体（CO_2/CH_4，N_2O）
空气质量立体监测		8	布设在16个内平台上，其中8个内平台（60、70、110、120、210、220、325、335米）为自动监测，8个内平台（30、90、140、180、240、280、310、345米）为人工采样。梯度塔底部设置移动实验室，用于地面环境空气质量自动监测、手工采集样品处理和分析、设备的标定及校准； 监测设备及系统包含有：SO_2紫外荧光分析仪、O_3紫外吸收分析仪、NO/NO_2/NO_X化学发光分析仪、$PM_{2.5}$自动监测仪、PM_{10}自动监测仪、颗粒物采样器、气体采样器、VOCs采样数码罐、GC/MS分析仪及在线VOCs、多气体动态校准设备、区域空气质量多模式集合预报系统、中心数据处理软件、数据采集及传输装置

六、气象卫星监测

气象卫星监测作为一种大范围、全天候、直观的高科技手段在天气监测中得到广泛应用。在20世纪80年代中后期，气象台开始利用气象图片传真机接收气象卫星云图，该云图虽只有黑白两种颜色，但对台风、冷空气、大范围降雨等天气系统的监测仍起着很大的作用。20世纪90年代初期，随着计算机的发展，以微型计算机为基础的小型卫星云图接收系统也相继得到发展和应用，该系统通过碟型天线直接接收日本GMS-4气象卫星每小时一次的气象卫星云图，该云图从原来没有灰度级提高到16个灰度级，可以较好地反映云层的分布情况。20世纪90年代中期，引进了国家卫星气象中心开发的大型卫星云图接收系统接收日本的GMS-5气象卫星，该系统增加了可见光、红外、水汽通量三个通道，可以在同一时次提供三种类型的气象卫星云图，更加准确地反映天空云层的结构和变化，同时还引进了另一套卫星云图接收系统作为备份系统。为了市政府领导能及时、直观地了解天气的演变，气象台还在市政府总值班室安装了一套卫星云图接收系统。

2003年12月，市气象局引进了中国华云技术开发公司开发的风云-2B（FY-2B）地球同步气象卫星的接收装置，接收可见光、红外、水汽通道的卫星云图。2005年初，卫星云图的接收升级到了风云-2C（FY-2C）地球同步气象卫星的数据接收。极轨卫星资料方面，国家卫星气象中心通过通信卫星转发FY-D、N-12、N-16、N-17四颗极轨卫星资料，市气象局自2001年起接收，至2004年结束，期间积累了大量的原始资料。2005年起，市气象局通过VPN接收广州卫星地面站的资料，除了接收原有的资料外，还增加了EOS/MODIS卫星数据的接收。

2008年在竹子林气象塔侧边安装了静止气象卫星接收系统3套，分别用于接收我国风云-2D（FY-2D），风云-2E（FY-2E）以及日本MTSAT静止气象卫星的实时云图资料。

2011年10月在竹子林气象塔侧边安装中国气象局卫星接收系统（CMACast）一套，与2008年安装的静止气象卫星形成备份，用于接收中国风云系列任意一颗静止气象卫星（如FY-2D、FY-2E等）数字资料。

2014年6月通过卫星接收系统（CMACast）接收FY-2G、FY-3C等卫星资料。

2016年12月在竹子林气象塔侧边完成日本“葵花8号”气象卫星接收处理系统的建设，该卫星的观测频率每10分钟一次，延迟约20分钟，开放14个通道，具有1个可见光、3个近红外和10个红外通道，通过应用该资料提高了台风暴雨的监测精度。

2018年3月完成我国“风云四号”卫星接收系统建设，该卫星观测频率每10分钟一次，延迟约15分钟。风云四号产品要素丰富，对提高台风观测精细度、数值预报精准度、强对流天气的监测力等监测预报能力具有重要作用。

2019年，在市气象局石岩基地新建了一套中国气象局卫星接收系统（CMACast），与竹子林CMACast形成互备，提升了风云二号、风云四号等卫星数据接收的稳定性。

第四节 信息网络

气象信息通信网络担负着收发各类气象信息、数据处理、信息安全、视频会商等任务。伴随着电子通信技术的发展，气象信息通信网络也发生了翻天覆地的变化。深圳特区建立以前，宝安县气象站的气象通信以接收为主，收集各地的实时天气资料，包括近地面的各种天气现象、气象要素以及高空各层的气象资料。20 世纪 50—60 年代以无线莫尔斯手抄接收方式，接收广播电台播发的天气情报。70 年代后期，先后开展了无线电传报和无线传真天气图接收业务。80 年代初，建立了甚高频电话辅助通信网。90 年代初，开始建设计算机网络、卫星通信系统，由此拉开了气象通信现代化建设的序幕。2010—2011 年已形成贯通深圳 – 广州 – 北京 – 香港气象部门的 MSTP 专线，深圳市内各气象基地之间裸光纤互联，实际计算峰值 27.4 Tflops、总容量为 116 TB 的第一代高性能计算机建成使用。截至 2019 年，深圳到广州的 MPLS VPN 线路带宽从 1000 Mbps 升级到 2000 Mbps，深圳与北京的 MSTP 专线带宽从 6 Mbps 提升至 100 Mbps，并建成了实际计算峰值 484 Tflops、可用容量为 879 TB 的新一代高性能计算机，为快速处理海量气象信息、提高气象业务服务效能奠定了坚实基础。

一、气象通信历史

（一）莫尔斯通信

莫尔斯通信是新中国成立初期我国唯一的气象通信手段，通报速率极低，每分钟只能抄收 100 多个或传递 20 组左右的电码。直至 20 世纪 70 年代初，莫尔斯无线短波通信仍为气象通信的主要手段。

（二）电传通信

无线电传移频广播从 20 世纪 70 年代初在气象部门兴起，这种传输方式比莫尔斯通信有了较大的发展，从手工操作过渡到机械操作，大大减轻了报务员的劳动强度，在传输速率方面相当于莫尔斯手抄报的 3 倍以上。

市气象台在 1980 年配备了移频接收设备，用 50 波特的工作速率，以接收汉口和北京的移频广播为主，兼收太原莫尔斯广播。

（三）传真通信

1981 年 1 月 1 日，市气象台开始使用 711 无线传真收片机，接收长沙台广播的各种气象图表，由于质量较差，接收很不正常。1985 年 1 月 1 日，增收北京 08 时高空分析图，24 小时、48 小时雨量预报图，20 时高空的形势预报图和日本东京 02 时地面图、08 时海浪图。1985 年 5 月，增加 CZ80 传真。

（四）甚高频通信

1983 年 9 月，开始使用 10 瓦对讲机。1985 年 1 月，开始使用 25 瓦甚高频电话与邻近气象台站进行天气预报会商及灾害性天气联防。

二、计算机网络通信

1985 年 12 月，引进第一台 IBM 计算机，1986 年购进一台长城 0520CH 微机，随后进行了计算机互联和远程点对点通信业务。1989 年 5 月，建成了市气象台微机局域网络——LinkLan，它以一台 ACRO386 作为服务器主机，有 7 台 SUPER-PC/XT 微机终端。此系统的正式运行标志着网络通信阶段的开始。

1990 年 3 月，开通广深微波气象专线，有一报一话载波设备连通广州区域气象中心的计算机系统，以 9600 bps 的通信速率自动定时接收 FDCOM 图表广播或经 DECnet 共享 VAX6220 超级小型计算机的系统资源进行数据交换或作为其远程仿真终端，75 bps 的报路连接广州区域气象中心的 PDP11/44 通信计算机进行报文传输。4 月，市气象台计算机局域网升级为 NOVELL 10 Mbps 以太网，并有机地与广深专线系统结合成广域通信网，网内有 15 台计算机。1994 年，采用多路复用技术对广深气象通信系统进行改造，报路速度提升到 2400 bps。1995 年 10 月，改造升级为交换 100 Mbps 快速以太网，网内计算机有 70 多台，并可开展家庭办公业务。1997 年 4 月，建成了以 VSAT 卫星通信为主、地面通信为辅的计算机广域网络系统和话音系统。1998 年 12 月，增设 DDN 数字专线与广州区域气象中心进行 X.25 分组交换通信。

1998 年至 2003 年间，经过多次设备增补升级，气象通信网的规模进一步扩大，局域网逐步划分为核心业务子网、办公子网、服务子网、广域接入子网、远程接入子网等子网络。2002 年，开通广深 10 Mbps 宽带专线（MPLS VPN）。2003 年，接入党政机关内网，开通电子公文交换应用。2004 年 3 月，增加安全防护设备，对局域网不同子网进行分级保护；4 月，开通市党政机关外网；12 月，建设了深圳气象系统首个基于 Oracle 数据库的核心数据库应用系统。2005 年 1 月，开通市党政机关内网“公务员之窗”网站应用；3 月，通过气象卫星通信系统（PES），开通中国气象部门 Lotus Noets 公文交换系统；5 月，完成 0755121 气象灾害预警短信群发系统开发任务，首期用户达 2000 余人，开通竹子林观测场 2 Mbps SDH 专线；6 月，对局域网核心交换层进行升级改造，核心交换机升级至华为 S6502，具有更高的背板交换带宽，更强大的网络交换控制能力，更丰富的网络接口；核心业务子网升级至全千兆交换；7 月，开通市应急指挥视频会议系统；8 月，开通省市远程视频会商系统应用；9 月，开通与市应急指挥中心直接互连的应急通信光纤网络；12 月，开通竹子林气象塔 13 楼机房到蔡屋围基地的 2 Mbps SDH 专线。2006 年 4 月，通过市党政机关外网开通了深圳市气象决策服务网；升级局域网安全防护设备；12 月，开通石岩观测基地 2 Mbps SDH 专线。2008 年 1 月，开通广深电信 MPLS VPN 10 Mbps 专线，与盈通 MPLS VPN 线路形成主备，主要承载和省气象局的高清视频会商；4 月，开通竹子林气象塔至国通大厦的 121 短信专线，连接移动网关发送短 121 短信；6 月，对局域网核心交换层进行升级改造，核心交换机升级为思科 C4948，具有更高的背板交换能力，性能更加稳定。2009 年 1 月，开通全市闪电定位数据回传竹子林的电信 MPLS VPN 专线，包括蛇口、坑梓镇、南澳、松岗、小梅沙 5 条 2 Mbps MPLS VPN，回传竹子林 10 Mbps；7 月，开通移动 GPRS 自动站 10 Mbps 专线，全市自动站信息开始传回市气象局。

2010 年 1 月，开通竹子林－广东省气象局－香港的电信 4 Mbps MSTP 专线；6 月，开通移动 GPRS 自动站 2 Mbps 备用专线以及移动决策短信专线。2010 年 11 月至 2011 年 2 月，蔡屋围高性能机房改造，高性能计算机设备安装、搬迁。2011 年 4 月，开始租用电信的 4 条基地互联裸光纤，分别是竹子林气象塔至石岩基地、竹子林气象塔至蔡屋围基地、蔡屋围基地至龙岗基地、龙岗基地至西涌基地，1 条石岩基地至龙岗基地的 10 Mbps MSTP 专线；7 月，开通中国气象局 6 Mbps MSTP 专线；8 月，互联网发布线路升级为 25 Mbps；11 月，开通西涌天文台 10 Mbps IP 城域网上网专线，通过路由器配置 IPsec VPN 与竹子林路由器互联，作为西涌基地的一条备份线路。

2012 年 5 月，广深电信 MPLS VPN 专线从 10 Mbps 提升至 30 Mbps。6 月，对业务核心层交换机进行升级改造，核心交换机由单台思科 C4948 升级为 2 台思科 C6509 做虚拟化，同时数据中心汇聚和接入进行升级，升级为 2 台思科 N5K 做汇聚，8 台思科 N2K 做接入，汇聚万兆上联核心，局气象数据中心进入万兆互联时代。7 月，在蔡屋围基地（罗湖区解放路广场北街 13 号气象局大厦 1 楼机房）新增 1 条传真备用专线，呼出路数为 30 路，开通号码数为 20 个；原竹子林气象塔至蔡屋围基地的 10 Mbps MSTP 线路迁移至市超算中心；新增深圳市气象服务中心至深圳市海洋与渔业环境监测站的 2 Mbps MSTP 专线。8 月，新增机场航管站到竹子林气象塔的盈通 5 Mbps MPLS VPN 专线，机场风廓线数据开始传回局里。11 月，将广深盈通 10 Mbps 专线（MPLS VPN）带宽升级为 100 Mbps、盈通 4 兆城域网专线带宽升级为 10 Mbps，并从蔡屋围基地迁移到竹子林气象塔 13 楼机房。12 月，开通市气象局直连香港天文台的6兆数字电路，跟香港天文台的业务切换到这条直连线路，另外经过省气象局再到香港的一条线路作为备用。

2013年9月，互联网发布线路从25 Mbps升级为50 Mbps；2013年1月至2014年1月，新增1条竹子林气象塔至联通高科机房的80 Mbps SDH主线路和1条蔡屋围基地至联通高科机房的80 Mbps SDH备线路，为联通版都市天气APP服务。2015年2月，盈通城域网专线带宽从10 Mbps提升为20 Mbps，为社区网和决策服务外网提供服务；4月，竹子林气象塔至市超算中心的专线从10 Mbps升级为20 Mbps，一天传输30多GB的HAPS资料。2016年1月，办公网络升级改造，将原来的三层架构改为二层，同时上联办公核心带宽升级为万兆，减少办公终端到业务的层级，让办公终端访问业务系统更加高效。

2017年4月，通过新一代雷达项目新建重点业务保障网络，将数据中心网络架构由三层调整为二层，核心升级为华为CE12804，背板交换能力大幅提升，接口更加丰富，业务接入由华为CE5855 40 G上联核心替换原来的N5K+N2K 10 G上联核心的模式，数据中心迈入40 G互联时代；5月，升级对外服务区域（DMZ区），防火墙由单机升级为双机热备，将网络层级减少为二层，将访问控制和地址转换集中在一台防火墙上，优化策略，对外服务效率提升30%；7月，开通突发事件预警短信3家运营商（移动、联通、电信）主备共6条短信专线，其中竹子林气象塔3条主线路，蔡屋围高性能机房3条备线路；11月，广深盈通专线（MPLS VPN）带宽从100 Mbps提升为1 Gbps，为广东省气象数据（深圳）备份中心提供带宽保障；12月，开通新一代雷达基地（求雨坛）到竹子林气象塔的裸光纤，双偏振雷达数据可以直接上传到省气象局。

2019年9月，通过气象通信线路优化升级，将深港MSTP专线带宽从6 Mbps提升至20 Mbps。2019年10月，通过智慧气象服务系统工程项目，实现核心骨干网络、网络资源集约化管理平台和高速互联互通网络。使用大二层组网，实现云平台内的虚拟机跨网关横向漂移；应用SDN、FCOE等技术，以满足气象局云平台对于网络融合的要求；业务上线时间由原先的平均30天，缩短到分钟级别，大幅提升业务上线效率。建成全网网络资源集约化管理平台。网络自动化部署和智能运维，实现分钟级业务上线和故障定位，通过硬件资源的虚拟化，提高网络设备利用率和运维效率，将硬件利用率从5%～15%提高到高达60%～80%。通过网络自动化部署和智能运维，故障发现时间由原来的3分钟缩短到3秒钟，故障处理时间由原来的1小时缩减到20分钟以内，大大减少故障的发现和处理时间。将气象塔到广州黄庄的MPLS VPN线路主用线路带宽从1000 Mbps升级到2000 Mbps、备用线路带宽从100 Mbps升级到1000 Mbps；与国家局MSTP专线带宽从6 Mbps提升至100 Mbps，满足全国气象产品深圳本地化应用；气象云互联专线100 Mbps；市超算中心专线带宽从10 Mbps提升到200 Mbps。2019年10月，卫星接收系统（CMACast）在石岩基地建立备份站，实现了全国气象数据卫星接收的热备份，增强了数据接收的稳定性。

三、信息服务系统

1997年3月，“121”天气预报电话答询系统正式开通使用。2004年8月，进行了升级改造，服务线路由120路增加到240路。2005年1月，升位为“12121”。2006年8月，在普通话版本的基础上推出了粤语及英语气象播报，除深圳本地天气预报信息外，还增加了7天预报、交通专题预报、省内主要城市天气预报、国内主要城市天气预报、气象生活指数、地质灾害预警、气象知识等市民较为喜欢的气象服务。2001年，与广东省气象局合作开展天气预报短信服务业务，向移动手机用户提供天气预报短信。2004年6月，与深圳电信公司联合开发“121”固话语音服务，向固定电话用户提供气象信息。2005年1月，与深圳市联通公司合作，向联通手机用户提供天气预报短信。截至2006年底，各种短信用户由最初的11万人增加到100多万人。

1997年3月，深圳市气象局公众网（www.121.com.cn）在互联网上正式向公众开放。2006年8月，对公众网进行了改版改造，实时提供分布在全市的气象监测数据、市气象局发布的各种天气预报产品及气象预警信息。2006 年 3 月，深圳市气象信息决策网开通，直接为市区两级应急、三防、海事、民防等 19 个防灾应急指挥部门服务，提供分布在全市的详细气象监测数据、气象信息快报、台风警报等各类信息，以及最快半小时一次的台风加密定位信息和 2000 多个城市的天气预报等。

1998 年 5 月，第一代气象预警信息分发服务系统开发成功。2003 年底，开始研发新一代预警信息分发系统，2004 年 1 月，预警信息传真系统投入业务运行，实现电脑无纸化自动通过 20 对线路同时分发预警传真信息。2005 年 7 月，预警信息短信通报系统投入业务运行，预警信息短信发送能力最高达 200 条 / 秒，直接向政府各级部门、公安边防、教育系统等几千名防灾责任人提供气象预警短信息。

2011 年 6 月，Hyper-V 虚拟化系统上线投入生产，为第 26 届世界大学生运动会提供了有力的气象保障。2012 年 4 月，引入 IBM DS5300 存储，IBM X3850X5 服务器组建 Oracle RAC 集群，提高了业务数据库的处理能力。2014 年 11 月，上线 IBM V7000 存储、IBM P740 小型机，用于数据库建设。同步数据时间从几十秒提高到 5 秒内。2015 年 3 月，引进微云桌面虚拟化系统，共虚拟了 40 台业务终端电脑，并同步延伸到市委市政府值班室及三防、应急等部门共享共用，相比同等体量的物理电脑节省功率 8.4 千瓦，每年节省 7.3 万度电。2016 年 7 月，对系统及设备梳理，淘汰性能低下设备 40 台。2017 年建成 VMWare 服务器虚拟化系统并上线运行，共虚拟了 105 台业务应用服务器，部署运行了数据采集处理、预报和服务等关键业务系统，不仅提升了业务效率，相比同等体量的物理服务器节省功率 45 千瓦，每年节省 39.4 万度电。另将 IBM V7000 存储升级扩容，为风云 4 号、葵花 8 号产品提供高效的存储空间。

2018 年 4 月预警传真发布系统采用高可用部署，实现传真文件自动发送，传真系统实现同时发送支持 60 路，极大提高了信息发布的效率。单次预警传真（120 份）发送时间由原来 15 分钟缩短至 3 分钟内。2019 年预警短信发布系统进行了升级改造，对短信接收用户进行了清理，原有 27000 个用户精简为 11000 个，提升了短信发布效率，降低了短信费用支出。

四、高性能计算机

（一）第一代高性能计算机及应用

2011 年 7 月中旬，市气象局高性能计算机集群建成（以下简称“蔡屋围超算”），设备位于蔡屋围市气象局老办公楼一楼 HPC 机房，采用刀片式服务器架构，共计 190 台曙光 TC2600 型号刀片服务器，其中 170 台为计算节点，每台计算刀片配置四颗 64 位直连架构低功耗 CPU，主频 2.1 GHz，每颗 CPU 核数 6 个，共计 24 核，64 GB 内存，64 GB SSD 系统硬盘；20 台登录管理及 IO 节点；共计两套曙光 parastor100 光纤存储，分别为 data01（13 TB）和 data02（103 TB），总容量为 116 TB。所有刀片服务器配置单向 20 Gbps 的 Infiniband 高速互连网，线速无阻塞，配有千兆网卡，用于管理和监控集群网络。配有曙光商业版 gridview2.0 监控管理系统，包含 PBS 作业调度管理系统。集群理论计算峰值为 34 Tflops。Linpack 实测性能为 27.4 Tflops，计算效率约为 80%。7 月底开始试运行 HAPS 实时同化预报系统业务。截至 2011 年底，共计新增 8 个高性能用户。

2012—2013 年，共有 PONDS（短时临近预报）系统、数值预报综合平台、GRAPS 9 千米、NCAR 变分四维实时同化系统等业务系统陆续在高性能计算机上运行。2014—2018 年，逐 6 分钟雷达同步分析系统（2014 年）、1 千米快速循环同化（2015 年）、极端天气多模式集合预报系统（2016 年）、与美国 NCAR 合作的 RUPPS 24 小时预报业务（2017 年）、双偏振雷达数据处理（2017 年）、三维实况数据质控和三维实况大气网格数据业务（2018 年）等先后上线运行，为满足业务需求，高性能计算机的存储也不断扩充，至第二代高性能计算机建成前，蔡屋围超算存储总容量扩充为 310 TB，已使用 250 TB，计算节点只有几个备用空闲节点，其他计算节点均已按业务划分。

主要运行的业务有:(1)PONDS临近预报决策平台相关业务程序：包括多普勒雷达及双偏振雷达基数据处理及图形产品生成、深圳/广东/泛华南及全国范围的自动站实况监测图形产品生成、HAPS数据处理及产品生成、雷暴尺度数值预报数据处理/图形产品生成及对比评分数据生成，以及部分其他模式或同化数据的解析等（使用40个计算节点）。(2)数值预报综合平台相关程序：包含EC、JMA、GRAPES、NHM和HAPS数据处理及图形产品生成，包括深圳/广东/泛华南及全国范围预报产品，单点数据的提取，模式检验产品生成；深圳/广东/泛华南及全国范围自动站实况监测图形产品生成等（使用18个计算节点）。(3)HAPS实时同化预报系统：HAPS 4千米、12千米，预报未来72小时（共计使用34个计算机节点）。(4)逐6分钟雷达同步分析系统：SZ 1千米，WRF 9千米（共计24个计算节点）。(5)NCAR变分四维同化预报系统：包含CFDDA实时数值模式系统；Radar QPE-生成实时的雷达定量降水估测；深圳地区1千米同化系统——GWRUPPS/GWSZ3H/GWRUNC；三维精细化网格数据子系统相关业务等（共计42个计算节点）。(6)观象台与NCAR合作项目，三维实况数据质控和三维实况大气网格数据业务开始在高性能计算机上调试运行。

（二）第二代高性能计算机及应用

2018年4月底，石岩高性能计算机（以下简称“石岩超算”）项目启动建设，11月底，石岩超算开始业务试运行测试，主要测试业务有HAPS 9千米集合预报，逐6分钟雷达同步分析系统。FDDA变分四维实时同化系统开始上线测试。2018年12月底，石岩超算项目通过验收。

石岩超算位于市气象局石岩基地综合楼一楼超算机房，采用刀片式服务器架构为主，共计260台曙光CX50-G30双路液冷刀片服务器（2CPU，每CPU 16核，主频2.6 GHz，192 GB内存，240 GB×2 SSD系统盘）；2台曙光I620-G30双路管理服务器（2CPU，每CPU 16核，主频2.6 GHz，192 GB内存，240 GB×2 SSD系统盘），4台登录服务器，与管理服务器配置一致；3台曙光i980-G20 8路服务器（8 CPU，每CPU 18核，主频2.1 GHz，内存2 TB，2×600 GB SAS系统盘）；6台曙光i840-G25四路服务器（4 CPU，每CPU 16核，主频2.1 GHz，内存1 TB，2×600 GB SAS系统盘），配置了一套曙光parastor300高速并行存储，裸容量为1247 TB，实际可用容量为879 TB。所有服务器配置单向100 Gbps的Infiniband高速互联网，线速无阻塞，配有千兆网卡，用于管理和监控集群网络。配有曙光商业版gridview4.0监控管理系统，包含slurm作业调度管理系统。集群理论计算峰值为720 Tflops。Linpack实测性能为484 Tflops。

2019年1月，HAPS集合预报系统9千米、3千米和FDDA变分四维实时同化系统升级版开始移植在石岩超算试运行。2019年2月，PONDS相关业务开始在石岩超算进行试运行测试。2019年4月，HAPS 1千米开始在石岩超算上线测试，4月底开始定时运行。2019年5月，逐6分钟升级版业务在石岩超算上线运行。PONDS陆续移植了双偏振雷达全系列产品到石岩超算试运行。蔡屋围超算变分四维实时同化系统全部移植到石岩超算运行，停止了蔡屋围超算相关业务。

五、气象数据

市气象局的中心数据库除了存储自建的各类探测仪器设备获取的气象及相关数据，更多的数据来自于中国气象局、广东省气象局及周边气象台站，包括卫星和雷达数据、地面和高空各类气象探测数据、数值预报产品等，还有来自于香港天文台及深圳市相关部门的共享数据。同时，市气象局也积极开展气象数据的开放共享工作。

（一）气象行业数据

2009年5月,开始存储市气象局从欧洲中心购买的数值预报细网格产品数据（数据精度为0.125°×0.125°）。为做好2011年在深圳举办的世界大学生运动会气象保障服务，分别从2010年5月和2011年3月起，从省气象局获取泛华南雷达基数据和自动站分钟数据。2015年先后从省气象局获取日本模式预报数据、风云-2E 卫星云图、风云-2D 卫星云图、珠海双偏振雷达基数据等。2016 年 3 月又获取了广州、韶关、阳江、佛山、清远共 5 个地区的双偏振雷达基数据。2016 年 9 月从中国气象局获取每 10 分钟一次的“葵花 8 号”卫星数据。2017 年 12 月，从中国气象局公共气象服务中心获取了全国 3000 多个、全球 6000 多个城市的未来 15 天天气预报、格点预报、天气指数等 8 种数据，同时欧洲中心购买的数值预报产品精度由原来的 0.125° × 0.125° 提升为 0.1° × 0.1° 。

（二）共享数据

2009 年 7 月，开始与香港天文台交换数据，获取了香港闪电定位、自动气象站等数据。2011 年 6 月，增加了香港横澜岛分钟风速数据、香港风廓线仪、香港潮汐观测站、香港地面站、香港新高空探测 5 种数据。2011 年 7 月，又增加了香港 9 天天气预报、香港预警信号等数据。

2009 年开始与市人居环境委交换数据，获取了全市环境监测和预报等数据。2017 年 6 月，共享了石岩梯度塔环境观测数据。

（三）气象数据开放共享

2015 年，市气象局发布《深圳市气象数据共享开放目录》，并建立了深圳气象数据网，向社会开放 19 类 75 种数据。2017 年 5 月共有 55 种气象数据共享到市政务资源中心。2018 年，发布“智创气象数据应用共享平台”，推出汇集中国气象局 9 类实时数据的数据共享服务，划定数据使用空间范围并对接公有云，为社会提供个性化服务产品。至 2019 年 12 月，在深圳市政务信息资源共享平台上，市气象局提供了 9 类数据编目共 135 种数据开放共享。

（四）数据管理

2018 年 9 月，完成了广东省气象数据（深圳）备份中心一期建设，制定了《广东省气象数据（深圳）备份中心管理规定》，实现了全省气象数据实时同步，对重要气象数据进行了异地活备份，提供了部分历史产品在线服务。2018 年 10 月制定了《深圳市气象局气象数据使用指南》，对数据使用行为进行了指导和规范，进一步提升数据安全。同时，利用 Cassandra 数据库技术，解决了百万级海量小文件检索与展示的问题，实现了近 10 年的雷达拼图在线访问功能。2019 年 9 月，完成阿里大数据平台建设，将自动气象站、雷达等 180 个气象产品存入了大数据平台，提供接口可为各个业务系统调用，增强了数据的安全性。

六、视频会商

2007 年 10 月，完成市气象局地市级标清视频会议系统建设，实现了国、省、地三级标清视频互通。

2011 年 3 月，在第 26 届世界大学生运动会期间，实现天气视频会商系统直联中央气象台，中央气象台通过专线直连大运会主场馆、海上运动基地与市气象局大运会气象服务中心进行远程天气视频会商。

2014 年 11 月，根据广东省气象高清视频会商会议系统建设要求，完成市气象局地市级别的视频会商建设，实现国、省、地三级高清视频会商互通。

2019 年 5 月，根据深圳市应急平台体系建设参考标准，完成市气象局应急平台 - 视频会商系统化升级改造，在原有高清视频会商会议基础上，实现视频交换融合平台和视频会议调度能力，整合国、省、市三级天气会商视频流和多媒体数据，提升深圳市应急会商决策效率。

七、信息安全

2011 年 4 月 6 日，召开市气象局信息安全工作启动会议，正式开展信息安全工作，并成立市气象局信息安全小组，作为信息安全工作领导机构。5 月 20 日，发布《深圳市气象局 2011 年信息安全检查工作方案》，是气象局发布的第一个信息安全工作方案。6 月 20 日，发布《深圳市气象局信息系统信息发布审批制度》，是气象局发布的第一个信息系统信息管理制度。7 月 22 日，发布《深圳市气象局大运会期间信息安全事件应急预案》，是气象局发布的第一个信息安全事件应急预案。

2012 年 10 月 17 日，对门户网站、决策服务网、OA 系统、短信群发平台、行政审批系统、数据中心系统正式在深圳市公安局进行保护等级定级备案，安全级别定位二级。11 月，进行门户网站非法入侵应急演练，是市气象局第一次信息安全事件应急演练。12 月 1 日，开展了第一次信息安全专业培训。

2013 年 6 月 7 日，信息安全工作纳入市气象局年度内部绩效考核的组成部分。

2015 年 8 月 19 日，印发《深圳市气象局信息安全管理制度》。

2016 年 10 月 25 日，印发《深圳市气象局计算机终端统一防病毒检测方案》，对全局计算机终端的防病毒工作进行统一部署。11 月 20 日，印发《深圳市气象局网络与信息安全应急预案》和《深圳市气象局门户网站网络与信息安全突发事件应急处置专项预案》，是市气象局发布的第一个网络整体和信息系统专项应急预案。11 月 25 日，完成行政审批系统的数字证书使用改造，市民可通过数字证书进行全流程无纸化办理审批事项。

2017 年 2 月 15 日，制定发布了《深圳市气象局微博微信审核发布制度》，对微博、微信的信息审核发布制定了规范。4 月 13 日，正式印发《关于明确深圳市气象局重要信息系统责任人的通知》，对各重要信息系统的责任人进行了责任明确。9 月 28 日，正式印发《政府投资项目手册》，其中对政府投资项目的信息安全、建设和运维等制定了规划。11 月 2 日，对遥测站数据显示系统正式在深圳市公安局进行安全等级保护定级备案，是第一个实现数据库全库加密的等级保护二级系统。

2018 年 9 月 26 日，组织开展了第一次网络与信息安全应急实战盲演，不限定特别范围和时间，检验系统的日常应急防护能力，加强各部门及各岗位之间的联合应急机制和应急监督考核机制。10 月 16 日，制定了《深圳市气象局用户信息保护制度》，对用户信息的收集告知、同意确认、加密传输、加密存储、合规使用等方面加强管理。

2019 年 12 月 26 日，电子政务内网电子公文交换系统通过市保密局机密级分级保护测评，首个涉密信息系统正式投入使用。2019 年，在深圳市信息安全联合检查和网络安全应急演练评比中，分别获得市政府部门第一名。

第五节　防雷减灾

一、雷暴雷灾

深圳市地处亚热带，依山面海，地理气候有利于雷暴生成，属于多雷地区。据市气象台 2013—2017 年观测，深圳地区年平均雷暴日为 108 天，最多 116 天，最少 93 天；一年四季各月均有雷暴出现，最多的月份为 5—9 月，8 月的雷暴日为全年之首，最多有 27 天。深圳地区的雷暴，主要发生在西风带中的锋面、低槽系统、副热带高压边缘、热带气旋前的飑线、夏季局地的热力对流等天气条件下。

从 67 年雷暴日数分析，深圳市雷暴日天数变化不大，但是雷电灾害造成的经济损失和人员伤亡事故在 20 世纪 90 年代后期到 21 世纪 10 年代初达到高峰，00 年代雷灾事故居高不下，具有发生频次多、范围广、危害严重、社会影响大的特点。深圳地区雷灾大致是伤害人畜、击毁建筑、破坏电力和电信设备等状况。据不完全统计，从 20 世纪 60 年代至 2006 年，深圳市被雷电击死的有 63 人，击伤的有 54 人，直接经济损失上千万元。其中，1974 年 6 月 30 日 16 时左右，蛇口出现大雷暴，击死 1 人，击伤 32 人；1987 年 10 月 8 日 15 时 45—50 分，球形雷电进入观兰王屋村老碉楼内，造成在楼内休息的工人 4 死 3 伤；1992 年 8 月 27 日，盐田九经口炸山工程由于雷电感应导致炸药发生早爆事故，造成 15 人遇难，是深圳市雷电灾害伤亡最惨烈的事例。雷电击毁建筑，破坏电力与电信系统、计算机网络等现象每年均不同程度地发生。2000 年以后，由于现代通信及信息产业高速发展，深圳市有 90% 以上雷击事例为电子通信设备和计算机系统及其建筑物。

2007—2019 年的年均雷灾次数仍与 2006 年之前相近，为 15 次左右，但年度雷灾次数差异较大，2007 年最多为 52 次，最少为 2008 年 3 次。而雷灾的直接经济损失比 2006 年之前下降了 33%，雷灾造成的死亡和伤亡人数也从每年平均 3.2 人和 2.7 人下降至 0.38 人和 0.75 人，表明防雷减灾工作取得明显成效。从雷灾的发生区域分析看，相对较多的是深圳的西部和中部，在汛期的 4—9 月各月都有雷灾发生。

表 3-5-1-1　深圳市 20 世纪 60 年代后雷电灾情状况表

年份	雷灾次数	经济损失（万元）	人员伤亡（人数）	
			受伤	死亡
1966	1			1
1969	1			1
1973	1			12
1974	1		32	1
1975	5		3	4
1987	1		3	4
1992	5			15
1994	4	40		
1995	2			1
1996		0.6		
1997	19	232		
1998	33	358.5		
1999	25	56	8	4
2000	13	117	1	1
2001	12	20	1	1
2002	11	16		
2003	25	401	1	3
2004	22	25		2
2005	43	142	2	10
2006	75	360.9	3	3
2007	52	558.8	3	2
2008	22	105.12	2	
2009	16	159.35		
2010	19	24.85		1
2011	5	44.2		
2012	10	67.6575	3	2
2013	5	34.3		
2014	7	18.827		
2015	15	65.2464		
2016	6	13.5		
2017	8	47	1	
2018	3	28		
2019	25	112.6		

二、雷电防护

（一）深圳市防雷设施检测所

深圳市防雷设施检测所（以下简称市防雷所）于1990年成立，属市气象局管辖，负责全市防雷设施检测，是全市防雷设施检测、安全监督、技术指导的权威机构。1991年7月开始工作，1993年通过省技术监督局计量认证，1998年通过省技术监督局计量认证复审。市防雷所引进国内外先进的检测仪器，实现了办公自动化、检测数据计算机化、管理规范化。市防雷所人员素质、技术装备、规范管理等方面都位于广东省一流水平。

（二）深圳市气象公共安全技术支持中心

2016年1月，在向广东省气象局、市财委等部门沟通的基础上，市气象局向市编办提交了《深圳市气象局关于深圳市气象服务中心机构编制有关事项的请示》，申请将该中心由财政核拨补助转为财政核拨事业单位。2016年8月，市编办批复了服务中心机构和编制事项：深圳市气象服务中心（市防雷中心）的经费由财政核拨补助调整为财政核拨，加挂的“深圳市防雷中心”牌子更名为“深圳市气象公共安全技术支持中心”，相应职能由“防雷检测等收费服务”优化调整为“承担防雷安全排查、行业专项雷电预警服务、雷电灾害风险评估与区划、防雷产品质量监督技术支持等工作”。

（三）防雷减灾工作

市防雷所建所初期，由于种种原因，以委托方式进行技术服务，防雷工作发展缓慢，难以适应特区建设需要。1997年《广东省气象管理规定》（以下简称《规定》）颁布实施，防雷工作走向法制化管理道路。在落实《规定》中，市气象局领导及时将深圳市防雷工作的有关问题及发展规划向市政府进行详细的汇报，得到市政府高度重视，1998年专此发文《关于加强我市防雷设施安全管理工作的通知》（以下简称《通知》），明确规定市气象局是深圳市防雷工作的政府主管部门，市防雷所负责全市防雷设施检测和技术服务，同时还对全市防雷工作做了具体规定。在《规定》和《通知》的指导下，市防雷工作及时走向法制化道路。1998年，市气象局依据《规定》和《通知》，全面开展防雷工作的依法管理、加强监督、技术指导，取得长足的发展。市防雷所在检测和技术服务方面取得了前所未有的好成绩，服务领域已扩展到市安全生产重点防护单位、油（气）库站、炸药库、金融证券、计算机网络、通信设施、高新技术产业等，取得了广泛的社会和经济效益。

1999年3月2日，广东省政府颁布《广东省防御雷电灾害管理规定》。3月12日，市防雷所与市公安局计算机安全监察处进行协商，商定共同开展对全市计算机网络系统的防雷安全设施建设的检查工作，并联合发文《关于切实做好我市计算机网络防雷工作的通知》。7月15日，市气象局与市贸发局联合发文《关于开展对我市旅游景点防雷安全工作检查的通知》，对全市14处旅游景点进行了防雷设施检测。7月27日，联合举办金融、证券行业防雷技术培训班，培训人数多达224人，同时对银行、证券交易相关网点进行检测。

2000年2月，在南山区人大有关部门领导的启发和提议下，起草了《深圳经济特区防御雷电灾害管理规定》议案，在市人大会议期间，通过32名人大代表联名向大会提出，受到与会代表和社会的广泛关注，产生了积极的社会效益。8月10日，市防雷所与市公安局三处联合发文《关于加强爆破防雷安全的通知》，明确规定防雷设施检测合格证制度，作为发放年度许可证的条件之一，对深圳市多个爆破施工单位、石矿场、爆破器材仓库进行防雷检测，并纳入定期检测范围。9月，市防雷所与消防局防火科联合下发《关于加强石化行业防雷安全的紧急通知》，明确规定石化系统的有关油气站（库）等的防雷设施定期检测是办理年审的重要依据之一。11月6日，市气象局与深圳市住宅局联合发文《关于举办深圳市物业管理防雷技术与标准培训班的通知》，并联合举办甲级物业管理公司和部分乙级物业管理公司的第一期物业防雷设施安全建设与技术培训班，有130家单位派人参加培训。12月，对深圳市物业管理公司管辖下的60幢高层建筑物进行安全检测，开始了成规模对高层建筑物进行检测的历史。

2001年5月，成立防雷检测部，独立运作，进一步理顺了工作关系，为防雷检测事业发展奠定了基础。7月，由市防雷所组织举办珠江三角洲地区防雷技术新规范学习班，对《建筑物防雷设计规范》（GB 50057—94；2000年版）进行全面学习。11月，举办了深圳市首届防雷技术培训班，全市45家防雷工程公司的100多名技术人员参加了培训学习。

2002年6月，与深圳市燃气集团合作举办燃气场站防雷防静电技术培训班，普及防雷技术知识，加强社会安全，参加培训的75人经考核全部合格，颁发了结业证书。7月，市防雷所组织召开了防雷工作合作单位和受检单位联系会，到会28家单位，约50人参加，为进一步开展防雷检测工作和防雷安全管理工作奠定了基础。

2004年3月，在全市范围内开展对学校、医院、住宅等场所的防雷检测。

2005年2月，获广东省质量技术监督局颁发的“计量认证合格证书”。4月，根据中国气象局发布的第10号令和第11号令，在全市范围开展新建建筑物防雷检测工作。5月，获深圳市团市委颁发的“青年文明号”荣誉称号。

2006年，防雷业务技术服务共2980宗，同比2005年增加665宗，提高28.7%%。其中：防雷装置检测服务共2541宗（定期检测1606宗，改建、扩建防雷装置检测240宗，新建建筑物防雷装置分段检测技术服务695宗）；检测技术服务方案161宗；防雷装置设计技术评价266宗；雷电灾害事故技术调查与分析11宗；雷击风险评估1宗。

2007年，防雷安全技术服务共3618宗，同比2006年增加638宗，增长21.4%。其中：防雷装置检测服务共2912宗（定期检测1789宗，改建、扩建防雷装置检测428宗，新建建筑物防雷装置跟踪检测技术服务695宗）；防雷现场勘察检测方案353宗；防雷装置设计技术评价335宗；雷电灾害事故技术调查与分析16宗；大型雷击风险评估方案2宗。

2008年，防雷装置检测共3338宗，同比2007年增加426宗，提高14.6%。其中：防雷装置定期检测1986宗，比2007年增长197宗，提高11.0%（第一类防雷建筑物55宗，占2.8%，第二类防雷建筑物1235宗，占62.2%，第三类防雷建筑物696宗，占35.0%）；改建、扩建防雷装置检测562宗；新建建筑物防雷装置跟踪检测790宗，检测服务量逐年提高。

2009年，共完成防雷装置检测3183宗，同比2008年减少155宗，降低4.6%。其中：防雷装置定期检测1868宗（第一类防雷建筑物60宗，占3.2%，第二类防雷建筑物1147宗，占61.4%，第三类防雷建筑物661宗，占35.4%）；改建、扩建防雷装置检测540宗；新建建筑物防雷装置跟踪检测775宗。

2010年，全年共完成防雷装置检测3216宗，同比2009年增加33宗，提高1.0%。其中：防雷装置定期检测2071宗（第一类防雷建筑物43宗，占2.1%，第二类防雷建筑物1268宗，占61.2%，第三类防雷建筑物760宗，占36.7%）；改建、扩建防雷装置检测438宗；新建建筑物防雷装置跟踪检测707宗。

2011年，共完成防雷装置检测3588宗，同比2010年增加372宗，提高10.0%。其中：防雷装置定期检测2484宗（第一类防雷建筑物22宗，占0.9%，第二类防雷建筑物2022宗，占81.4%，第三类防雷建筑物440宗，占17.7%）；改建、扩建防雷装置检测354宗；新建建筑物防雷装置跟踪检测750宗。2011年，深圳在城市改造和产业升级过程中，对部分第一类防雷建筑物进行了搬迁，造成其检测量同比2010年减少21宗。

2012年，共完成防雷装置检测4169宗，同比2011年增加581宗，提高16.2%。其中：防雷装置定期检测2529宗（第一类防雷建筑物21宗，占0.9%，第二类防雷建筑物1984宗，占78.4%，第三类防雷建筑物524宗，占20.7%）；改建、扩建防雷装置检测290宗；新建建筑物防雷装置跟踪检测

1350宗。

2013年，共完成防雷装置检测4275宗，同比2012年增加106宗，提高0.2%。其中：防雷装置定期检测2385宗（第一类防雷建筑物19宗，占0.8%，第二类防雷建筑物1899宗，占79.6%，第三类防雷建筑物467宗，占19.6%）；改建、扩建防雷装置检测312宗；新建建筑物防雷装置跟踪检测1587宗。

2014年，共完成防雷装置检测4821宗，同比2013年增加546宗，提高11.3%。其中：防雷装置定期检测2701宗（第一类防雷建筑物17宗，占0.6%，第二类防雷建筑物2166宗，占80.2%，第三类防雷建筑物518宗，占19.2%）；改建、扩建防雷装置检测312宗；新建建筑物防雷装置跟踪检测2124宗。

2015年，共完成各类防雷装置检测5182宗，同比2014年增加361宗，提高7.4%。其中：防雷装置定期检测2630宗（第一类防雷建筑物12宗，占0.5%，第二类防雷建筑物2056宗，占78.1%，第三类防雷建筑物562宗，占21.4%）；改建、扩建防雷工程检测218宗；新建建筑物防雷工程跟踪检测2334宗。

表3-5-2-1　1997—2015年防雷检测统计表

年份	总宗数（次数）	危化场所宗数（次数）	危化场所占总数比例（%）
1997—1998	82		
1999	202	76	37.6
2000	372	285	76.6
2001	397	279	70.2
2002	699	663	94.8
2003	463	424	91.6
2004	1447	1181	81.6
2005	1729	1294	74.8
2006	2541	1143	45.0
2007	3618	1231	34.0
2008	3338	1356	40.6
2009	3183	1207	37.9
2010	3216	1317	41.0
2011	3588	1276	35.6
2012	4169	1329	31.9
2013	4275	1380	32.3
2014	4821	1512	31.4
2015	5182	1563	30.2

2016年，深圳市共有重点场所（易燃易爆、危化）702处，其所在区域的地闪密度平均大于11次/（平方千米·年），属于强雷区，影响面较大，特别是宝安、光明、龙华等的重点场所处于高风险之中，雷电灾害防御形势严峻。这类场所的隐患主要集中表现为电涌保护器失效，可能导致雷击引发火灾及爆炸，造成人员伤亡和重大经济损失；其次是一些单位雷电灾害防御的预案缺失，人员防雷安全意识淡薄，定期检查不力，当雷电发生时，不及时联动防御。2016年，市气象局、市安监局、市经贸信息委等共同开展了全市安全生产联合执法专项行动，对查出的重大隐患场所（3个）、一般隐患场所（202个）进行了跟踪督查，督促其完成隐患整改工作，确保全市重点（易燃易爆、危化）场所未出现雷电安全责任事故。

2017 年，雷电活动较往年呈现“次数偏少，密度偏低；影响时间长，雷电流平均值偏大”的特征。全年共记录到地闪 8761 次，较上年减少 60.86%。全年共收到雷电灾害事故报告 8 宗，均为一般雷电灾害等级，雷灾导致直接经济损失 47 万元、间接经济损失 20 万元，其中 1 人受伤。落实建设工程防雷许可职权移交，出台《深圳市关于贯彻落实国务院优化建设工程防雷许可决定的实施意见》。许可事项进驻省、市办事大厅，实现行政许可全流程 100% 网上办理、提前办结率 100%。试点 30 个重点单位防雷在线监管模式，查处安全隐患单位 88 家，整改完成率达 97% 以上。

2018 年，雷灾事故相比往年较少，全年共收到雷电灾害事故报告 3 宗，根据现场勘查，均为一般雷电灾害等级，雷灾导致直接经济损失 28 万元，无人员死亡，仅造成部分设备损坏。防雷两项审批纳入“深圳 90”改革，办理时限缩减 50%。对 505 家重点单位开展雷电隐患排查，开展“双随机”执法检查 18 家，发现隐患单位 52 家，整改完成率 100%，行政处罚 4 宗。

2019 年，雷灾事故相比往年较多，全年共收到雷电灾害事故报告 25 宗，均为一般雷电灾害等级，雷灾导致直接经济损失 112.6 万元，无人员死亡，造成部分设备损坏。完善 419 家“双随机”抽查对象名录库，对 40 家重点单位开展“双随机”执法检查，督促 22 家隐患单位落实隐患闭环整改，完成率 100%。

第六节　人工影响天气

干旱是深圳市常见的灾害性天气之一。虽然深圳地区雨量充沛、雨季时间长，但由于季风气候影响，各个季节均可出现干旱，对工农业生产和人民生活造成严重影响。因此，做好抗旱服务成为气象部门为社会做贡献的一项重要工作，而人工影响天气（人工增雨、人工消雨、人工防霜等）（以下简称人影）服务则发挥了关键作用。深圳市人影工作自 1977 年开始，气象部门先后开展多次人工增雨工作，稳定了全市的生产和生活秩序。

1977 年 4 月 22 日至 5 月 29 日、9 月 6—28 日，宝安县气象站共组织了 12 人次的人工催化增雨工作，对防旱抗旱起到一定作用。同年冬天，宝安县气象站试制人工防霜烟幕弹，为以后开展人工防霜提供了条件。

1988 年，深圳市气候异常，春夏连旱，旱情严重。同年 6 月 23—30 日，深圳市实施人工（高炮）增雨作业，市气象台配合全市的抗旱斗争，派出 4 名专业人员参加人工高炮降水现场气象保障指挥。

1990 年 9 月 25 日至 10 月 10 日，深圳市实施飞机人工增雨作业，市气象台成立了人工增雨服务小组，到机场进行现场服务。

1991 年，全市发生严重干旱。同年 7 月 16 日，深圳市政府决定实施人工增雨，市气象台积极配合，并提供了雷达探测资料和预报服务，分别向市人工增雨指挥部和 4 个炮位派出气象人员进行现场服务。人工增雨过程从 7 月 16 日至 9 月 13 日历时 3 个月。据市人工降雨指挥部统计，铁岗、石岩、西沥等 8 个与人工增雨有关的重点水库降水量达 398～516 毫米，净增库容 2903 万立方米。

1998 年 9 月至 1999 年 7 月，深圳市降水连续偏少，出现了严重干旱，宝安、龙岗曾一度出现较严重的供水紧张局面。从 1999 年 4 月 25 日至 5 月 20 日，深圳市共实施 25 天的人工增雨作业，累计飞行 17 架次，飞行时间 30 小时，总投资约 125 万元。市气象局在机场临时建立微机气象信息和预警指挥系统，配合人工增雨作业气象保障。经过人工增雨作业，全市各地降雨量在增雨作业期间的 25 天中平均达到 124 毫米，部分站点雨量在 140 毫米以上，相当于 2505 万立方米水量。据不完全统计，水库库容增加 502 万立方米以上，屯梓河、观澜河、茅洲河的流量明显提高。

1999 年，在深圳市举办的首届中国国际高新技术成果交易会（以下简称高交会）和国庆 50 周年的气象保障中，市气象局实施人工消雨（云）试验，保障了高交会开幕式和国庆庆典的顺利进行；并加强与新闻媒体的配合协作，为人工影响天气服务进行追踪报道。

2001年10月至2002年6月，深圳市降水量比历史同期偏少44%，出现严重干旱。从2002年8月25日至9月25日，市气象局联合市三防办组织实施了飞机人工增雨作业。

2004年10月，深圳市政府召开抗旱协调会，首次明确人影作为经常性工作开展，安排专项业务资金，明确将人影经费列入市气象局的部门年度财政预算。同年入秋以后，全市降水量少，出现旱情严重、水情紧急的局面。面对严峻的抗旱形势，市气象局抓住一切有利时机实施人工增雨作业，在全市范围内勘察选定9个火箭作业点和8个碘化银地面发生器作业点。为确保人工增雨作业的地面和空域安全，市气象局召集民航深圳航管站、珠海进近管制中心等飞行管制部门召开人工增雨作业论证会，与民航部门协调、配合，制定了安全保障制度和应急事故处置措施。此外还加强人工影响天气作业队伍的建设，到青海、新疆、北京等人影强省（区、市）和中国气象局大气探测综合试验基地考察学习先进经验，选派技术骨干参加了由中国气象局举办的全国气象部门人影岗位培训班和由广东省人影办、广东省气象局培训中心举办的广东省第一期人影岗位培训班。组织全局36名作业人员和管理人员参加作业人员资格上岗培训考试，均取得了作业上岗证。

2005年，市气象局按照《人工影响天气管理条例》《人工影响天气安全管理规定》等法律法规以及省气象局下发的人工影响天气管理文件，结合本市实际，制定了《深圳市地面人工增雨作业点及作业空域申报规定（试行）》《深圳市火箭人工增雨作业设备管理规定（试行）》《深圳市人工影响天气工作安全责任制规定（试行）》《深圳市人工增雨作业事故处理预案（试行）》《深圳市火箭人工增雨作业操作规程（试行）》《深圳市气象局突发公共事件人工影响天气应急预案（试行）》等管理规章制度。人影管理人员和作业人员经过培训和严格考核，均取得了由中国气象局颁发的《岗位培训合格证》和广东省气象局颁发的《人工影响天气作业上岗证》。深圳市政府相关部门负责人到市气象局调研，会议研究同意将人影发展规划纳入《深圳市国民经济和社会发展“十一五”规划》，在份量上适当增加，内容上有所体现，人工影响天气经费列入年度部门预算。同年1—2月，市气象局组织实施地面碘化银发生器增雨作业；3—5月，实施飞机人工增雨作业；6月，实施火箭增雨作业。全年飞机作业累计11架次，飞行时间25小时，播撒发烟管催化剂176支；火箭作业2次，共发射火箭弹8枚。编写5期《人工影响天气简报》。全市范围内增加1950万立方米以上水量，提高了土壤含水率。飞机作业惠及周边东江流域地区，提高了东江流量，东江水源工程直接受益。市气象局在增雨作业前后联系多家报刊和电视台对人工增雨作业进行宣传报道，组织了两次记者座谈会，通报作业情况，交换意见，合力做好作业新闻报道。《特区报》《商报》《晶报》《晚报》《南方都市报》《南方日报》《法制报》等报刊共发表近30篇人工增雨新闻，深圳电视台《第一现场》共播报3次专访新闻，《新闻频道》播报2次，收到了良好的社会宣传效果。

2005年10月中旬至2006年3月中旬，深圳市累积降水量仅为61毫米，较历史同期偏少约76%。为保障全市生产、生活用水，市气象局从2006年3月下旬至4月底共组织实施了4次火箭增雨作业，清林径水库库区降水量达100多毫米，水位明显提高，库容比由增雨前的15%上升到23%。为缓解供水紧张局面，市气象局从2006年8月11日至10月16日，在全市范围内开展为期2个月的飞机增雨作业，累计飞行14架次，其中试飞1次、科学试验2次，播撒发烟管催化剂180支，作业飞行约25小时。经过实施作业，9月降水量达到361.4毫米，比历年同期偏多约52%。作业期间报社记者随同到现场采访，《深圳晚报》《深圳商报》《南方都市报》《晶报》等多家新闻媒体进行了大幅报道，起到了良好的社会宣传效果。全年两种作业方式累计增加雨水2500万立方米以上，部分水库的库容比达到80%以上，依赖自然降水的龙岗区清林径水库更是上升到94%，对缓解供水紧张问题起到了积极作用。人工增雨作业增加的雨水直接浇灌全市生态景观树木、花草，改善了生态环境，减少了城市绿化用水量，同时雨水也冲刷和清除空中漂浮的污染物，净化了空气，减轻了污染，取得了较好的社会、经济和生态效益。市气象局在全面总结“十五”期间全市人影工作的基础上，编制了人影“十一五”规划。经过近一年的建设，初步建成集资料自动采集、存储、处理、分析、决策、指挥、事后评估等于一体的新一代人影作业指挥系统，并在同年的飞机增雨作业中提高了作业指挥效率和作业效果。同时加强人影基础设施建设力度，新增机载碘化银播撒系统 1 套、车载卫星定位仪 3 部、航空卫星定位仪 1 部、6 kVA UPS 电源 1 台、数字电台通信系统 2 套等。健全了作业安全生产责任制度，完善作业规范和操作规程，组织指挥和作业人员定期或不定期地进行安全知识培训和技术操练，提高操作技能。市气象局还利用“世界气象日”和《深圳商报》气象专版等多种渠道和形式，宣传人影科学基础知识，增进了市民对人影科学的了解和支持，社会影响逐步扩大。

2007 年 9 月以后，深圳市降水量明显减少，根据可能出现秋冬春连旱的中长期天气预测，10 月向市政府上报《关于秋冬明春实施火箭人工增雨作业的请示》获批准。10 月 24 日，在宝安松岗罗田水库成功发射 4 枚火箭弹，全市普降小雨，局部中雨，对改善生态环境和空气质量起到了明显作用。同时，对人影作业系统进行升级改造，引进了移动气象雷达指挥平台，装备先进的海事卫星通信系统、可视会商系统、视频监控系统、自动气象观测系统等，大大增强了作业指挥能力。

2009 年，市气象局与市三防部门建立人影工作联动协作机制，于 2—3 月和 11—12 月分别组织实施了 4 次火箭人工增雨作业，3 月 17 日—5 月 18 日，组织实施了飞机人工增雨作业，在深圳及东江流域的 3.3 万平方千米范围内共开展飞行作业 13 架次，累计飞行约 28 小时，播撒催化剂 260 支。作业区域内均普降中到大雨，部分地区大到暴雨，增加近 1.3 亿立方米水量，直接经济效益约 6500 万元，有效缓解了干旱形势，增加了各大水库蓄水量，社会、经济和生态效益明显。同时，修改制定了包括作业组织实施、操作规程、装备安全管理、空域申报、安全责任制和事故处理预案等在内的《深圳市人工影响局部天气工作实施方案》，使人影工作更加制度化、规范化。

2010 年，与市三防、航管部门的抗旱联动机制进一步完善，组织飞机增雨作业达 17 架次之多。据市三防办统计，全市范围水库增加蓄水 4806.8 万立方米，增加蓄水效益达千万元以上。

2012 年 3 月和 2013 年 3 月，市气象局会同市三防办并协调珠海中航通用航空公司，分别召开年度深圳市地面、飞机人工增雨航空管制保障协调会议，签订了深圳市地面人工增雨作业航空管制保障协议书和会议纪要，根据需要和天气时机，适时开展人工增雨作业。

2014—2019 年未开展人工影响天气作业。

第七节　天文业务

深圳市天文台（以下简称“天文台”）位于深圳市大鹏新区南澳街道西涌，占地 2.97 万平方米，主要建筑有天文楼、气象楼、综合楼等。天文台是政府投资建设、全体市民共享的民生工程，是国内第一个天文与气象相结合、科普与业务相结合、现场观测与网络观测相结合的综合观测系统。

2004 年，深圳市第三届人大第六次会议上，人大代表提出“关于建立天文观测站的建议”，市政府将提案交由市气象局承办。2010 年 4 月，天文台基建设施工程竣工。2010 年 9 月 10 日，深圳市天文台正式启用，并由深圳市国家气候观象台负责运行管理。2011 年 5 月，天文台被授予“深圳市科普教育基地”称号，2012 年又分别入选全国科普教育基地和广东省科普教育基地。2012 年 5 月 20 日，“中国科学院国家天文台深圳工作站”在天文台挂牌。天文台原称“西涌天文台”，2015 年，市政府正式命名为“深圳市天文台”。

一、天文台职责

天文业务主要开展以太阳为主的太阳活动空间天气监测，以分析大气温室气体以及痕量气体为目的的地基高光谱大气观测、测光以及成像为主的夜天文观测。并作为“中国科学院国家天文台深圳工作站”承担天文联合观测等任务；同时，全日面色球观测加入国家卫星气象中心空间天气监测业务体系，承担太阳活动观测研究；此外，还作为全国、广东省以及深圳市的科普教育基地，承担天文科普任务。

二、天文观测

（一）夜间天文观测

2010年9月，天文台建成启用60厘米反射式光学望远镜用于夜间观测。60厘米反射式光学望远镜搭配高灵敏度半导体制冷CCD传感器，能够探测到19等暗星，并且具有自动巡天、高精度指向跟踪等高技术性能，可用于开展深空天体成像观测以及恒星测光观测。2019年9月，因业务升级改造，60厘米反射式光学望远镜被拆除。

2019年完成双通道光学望远镜建设，主通道为80厘米口径的反射式光学望远镜，不仅支持CCD成像与测光观测，同时还具备目视观测能力，可目视观测月球、大行星以及一些深空天体（星云、星系和星团），也可使用家用相机进行个性化拍摄。与智能天文观测平台互联，具备客户端远程申请、控制和观测功能。副通道为30厘米口径的动态星空监测望远镜，主要用于巡天观测，具备不小于9平方度的超大视场，同时可快速机动地执行伽马射线暴和超新星等突发天文事件的联合观测。

（二）太阳活动观测和空间天气监测

空间天气是指瞬时或短时间内太阳表面、太阳风、磁层、电离层和热层的状态。恶劣的空间天气可引起卫星运行、通信、导航以及电站输送网络的崩溃，造成社会各方面的经济损失。空间天气是天文学与气象学的共同研究对象，是天文与气象研究的结合点。

太阳活动是空间天气的驱动源，太阳活动观测是空间天气领域最基础、最重要的工作之一。天文台的太阳活动望远镜配有光球和色球成像系统，利用白光和H-α 波段监测太阳表面活动变化，对太阳黑子、日珥、暗条和耀斑等太阳表面活动进行实时监测。

2017年1月，天文台H-α 全日面太阳活动观测业务正式纳入国家卫星气象中心空间天气监测业务体系，承担常规的太阳色球层监测任务，并开展太阳表面活动观测和演化研究。

2018—2019年，完成了“智能多通道天文观测服务系统”项目建设，其中“三通道太阳望远镜”专门用于太阳活动观测和空间天气监测。三通道太阳望远镜通过H-α（656.28纳米）、CaII-K（393.37纳米）和白光通道同步观测太阳光球层和色球层的太阳活动现象，进行跟踪观测。综合三个通道对太阳黑子、光斑、谱斑、日珥、暗条和耀斑等活动情况有较完整的观测，为空间环境监测和预报提供观测基础。

（三）太阳光谱观测

天文台配置的三台傅里叶光谱仪，与高精度太阳跟踪器协同工作，可以同时对可见光、近红外和中红外太阳光谱进行扫描，获得高精度太阳吸收光谱数据，用于反演大气中痕量气体和温室气体的柱总量。

三、天文科普

天文台除承担天文观测业务，同时还负责深圳市的天文科普工作。作为深圳市唯一一个以天文为主题的国家、省、市科普教育基地，由于科普工作突出，天文台于2017年被深圳市科协评为“深圳市十佳科普教育基地”。此外，作为中国科学院科学普及委员会成员单位，还积极与国内各天文台合作开展联合科普活动，取得显著成效。

（一）设备配置

天文台全园区均为天文科普场所，室内使用面积超过500平方米，有天文科普厅、科普多功能厅、天文圆顶等固定面向公众的科普场所，为了进一步提升现场的科普功能，2018年天文台启动了“气象天文科普智慧园区”大改造项目，项目对现有的天文台园区进行升级改造，打造了一个具备互动科普、天文科研、气象探测、对外交流等多功能的天文台新园区。改造项目新建有多媒体展示及互动的天文科普展厅，展厅内包含日食与月食原理演示、一年四季与天文的关系说明、宇宙年展示、太阳系运行模型、八大行星介绍等，参观者在科普展厅内还可以参与天文与气象知识的问答互动，体验星座猜猜猜游戏及了解星座知识，体验自己在不同星球上的体重，学习各个类型的望远镜结构知识及体验望远镜操作。

天文台天文科普文化氛围浓厚，位于天文楼的天文历史浮雕墙，对嫦娥奔月、后羿射日、天文望远镜发明、神舟五号飞船升天等古今中外著名的天文神话及世界天文的发展历程，以浮雕的形式生动展示；天文台还依据地利，沿途布置设计了天文知识展板，充分提升了园区科普氛围。

天文台科普展教资源丰富。为提升基地的科普品质，天文台注重对科普展示资源的长时间积累，制成天文科普影视作品1部——《宇宙之光》（Light of the Universe）、天文科普PPT资料2套和天文科普宣传片1部，以及包括月全食、日环食、二十四节气等在内的主题科普展板10套。

（二）科普活动

科普活动形式主要分为常规性日常科普与阶段性主题科普。常规性日常科普主要是天文台自2011年3月起设立的公众开放日及团体预约参观。公众开放日是面向个人的参观形式，为方便市民参观，公众开放日通常选择在周末举办，市民通过深圳市气象局“气象与天文科普宣教平台”进入天文台网上预约系统填写相应资料即可预约参观。截至2019年底，公众开放日已开展133次，参观人次超13000人次；团体预约参观是对公众开放日的补充，可参观时段覆盖工作日及周末，使天文台的年可参观日数超过300天，截至2019年底，天文台已接受团体预约参观1121批次，参观人次超过50000人次。

天文台每年会根据不同的天象，配合“全国科普日”及“科技活动周”等开展各式主题的阶段性主题科普活动，截至2019年底已开展“日环食”“月全食”“金星凌日”以及天文摄影展等各类天文科普活动70余次，活动发放科普资料超8万册，受众超15万人。

天文台重视学校及社区的科普教育，主动开展天文科普进校园、进社区活动。如2018年天文台主动进校园、进社区，开展“火星冲日”主题天文科普活动。先后在深圳市8所中小学、3处社区开展火星天文科普活动共11场次，同时还远赴海南省三亚市天涯高峰中学开展了1场“天文科技扶贫——探索火星”活动。该系列活动共展出火星主题展板30块，发放天文星座图2000份、天文观测活动星图1600个，指导学生完成八大行星组装模型300个，得到了深圳市各区教育局、社区工作站、中小学以及海南省三亚市天涯区民政和民族宗教事务局、天涯区教育科技局的广泛好评，各机构及《深圳晚报》等媒体进行了宣传报道。

天文台注重科普经验的总结与推广。通过报纸、电视、电台、网站、微博、微信等渠道广泛推广及宣传天文科普活动经验，截至2019年底，共发表相关宣传报道280余篇次。同时，作为中国科学院科学普及委员会成员单位，连续在委员会工作会议上做经验交流和工作总结报告；作为省、市两级科普教育基地，连续在全国及广东省科普年会上做经验推广与交流；并且还经常与深圳市天文学会就深圳市的天文科普活动进行经验交流，精准把握本地天文爱好者的需求。

天文台还在科普活动形式上努力创新，结合“互联网+”开展网上天象直播科普活动。自2014年开始与百度公司合作首次在互联网上进行天象直播活动以来，截至2019年底，已进行互联网天象直播活动11次。互联网天象直播具有直观可视、随时随地观看等优势，而且还能对非本地发生的天象通过互联网直播展现给本地的天文爱好者。比如 2016 年天文台即派工作人员远赴印度尼西亚以及我国新疆塔什库尔干塔吉克自治县，分别为深圳市民带来了“日全食”及“水星凌日”天象的网上直播，两次直播受众超过 300 万人。2018 年、2019 年天文台再接再厉，针对这两年的重要天象提前部署，联合国家天文台、上海天文台、紫金山天文台等 6 家天文台，通过新华网、央视新闻、光明网、腾讯视频等多家网站视频平台推出“火星大冲及月全食”直播和“日偏食”直播，为广大天文爱好者带来了震撼的天象直播体验，直播在线观看人数超过 3000 万。

第四章　气象服务

气象服务包括为政府决策提供的重大灾害天气服务、重大专题气象服务、应急气象保障服务，还包括气象影视、微博、微信客户端、手机短信、12121应急气象服务电话、公众网站、台风网、电台连线、报纸等公众气象服务，以及供水、供电、供气、交通运输等生命线行业气象服务、各类专题气象服务等。

第一节　决策气象服务

根据决策气象服务的需求，逐步形成短、中、长期预警预报预测预估相结合，定期（日、周、月、季度、汛期、年度）和不定期（预警信号、信息快报）相结合的决策气象服务体系。服务产品从简单粗糙向精细化发展，服务渠道从最初的纸质、电话、短信等逐步过渡到网站、微信等实时在线的不间断服务。

一、重大灾害天气服务

每年的台风、暴雨、强雷电等灾害性天气对深圳社会经济的安全生产运行和生命财产安全危害较大，因此为政府相关部门做好决策气象服务是气象服务工作的重中之重。2006年市气象局就制定发布了要求相关政府部门根据预警信号进行部门联动的《深圳市气象灾害应急预案》，制定了市气象局内部的气象灾害应急响应预案，并联合市、区应急部门组建了全市气象灾害防御责任人，根据气象预警信号等级和防灾责任人的需求，第一时间将气象灾害预警和气象信息快报等信息发送给各级防灾责任人，确保快速启动灾害防御工作。灾害性天气期间，市气象局领导亲自组织业务人员加强灾害性天气的监测、会商与服务，以保证防灾抗灾服务快速、准确、有效。2015年《深圳市气象灾害应急预案》修改版再次发布，进一步完善了气象灾害联动的相关事项。同时，气象灾害内部应急响应预案也在实践中进一步完善，与市三防指挥部的防风防洪预案进行无缝衔接，具体规定了不同预警信号等级各级人员的岗位职责。例如，在近35年影响深圳最严重的2018年超强台风“山竹”服务过程中，市气象局领导和首席预报员轮流到市三防指挥部值守，为市政府领导提供直接的决策气象分析，在全市各部门的有效联动下，实现了“山竹”台风防御零死亡的佳绩。重大灾害性天气决策服务已成为政府组织防灾减灾的好参谋，增强了各级政府防灾抗灾和宏观指挥、协调社会各行业生产等能力。

二、重大专题气象服务

改革开放以来，各级政府主持举办重大社会活动和各种法定节假日都牵动着社会各个层面，需要各行各业齐心协力、积极服务来保证顺利开展。对此，气象部门始终主动、积极开展气象保障服务。每年的工作计划中都将当年的春运、春节、五一、高考、中考、中秋、国庆、元旦、高交会、两会等常规专题气象服务的组织策划、服务产品设计、服务形式和手段、服务总结等相关工作具体落实到位。同时有些年份中也增加了不少临时的专题气象服务，如国庆升旗仪式、园博会、文博会、奥运冠军抵深活动、大运会考察团来深、领导出行活动等，对每一次专题服务，力争做到严密跟踪、提早策划、准确预报、及时服务、事后总结。

2007年以来，每年除了常规的春运、春节、高考、中考、高交会、文博会等常规专题服务外，较重大的专题气象服务还有：2007年，先后为“七一”香港回归十周年深圳庆典活动、全市电力负荷测试、第三届国际数字城市建设技术研讨暨博览会、F1摩托艇世锦赛等重要活动提供定时定点精细化预报服务；2008年，先后为北京奥运会及残奥会火炬传递、“5·12”汶川地震、F1摩托艇世锦赛等提供定点定时精细化预报服务；2009年，为石岩水库治污工程、F1摩托艇世锦赛进行专题预报服务；2010年，完成党代会和两会、大运会倒计时晚会、心连心艺术团演出、特区30周年、军地联合实兵演习、第八届世界大学生射箭锦标赛、第四届中国杯帆船赛预报服务；2011年，为在深圳举行的第26届世界大学生运动会开展了系列精细化气象服务，包括大运会火炬接力传递、开闭幕式、赛事举办等，据不完全统计，2011年8月1—23日累计发布各类场馆天气预警149次，提供大运会气象服务信息68万条，服务3000多万人次，各场馆依据天气预报调整户外赛事和活动4场次，实现大运会期间气象安全生产责任零事故，大运会期间公众对天气预报和气象服务的满意率为93%；2012年，开展了市运会、龙舟水等专题气象服务；2015年，为“云端”号空天飞行器发射进行专题服务；2016年，开展了双创周、龙岗国际低碳会议、北理莫斯科大学奠基、“12·20”特别重大滑坡事故、深圳马拉松等气象专题服务；2017年，为第19届国际植物学大会、中俄人文合作委员会第十八次会议专题保障、香港回归20周年庆典提供专题气象服务；2018年，为中国共产党与世界政党高层对话会专题会议、全国互联网企业党建工作会等30多项重大活动提供气象保障服务；2019年为深圳市庆祝新中国成立70周年系列活动、中国质量（深圳）大会等30多项重大活动提供气象保障服务。

三、应急气象保障服务

2005年，市气象局制定了《深圳市突发公共事件应急救援气象保障服务方案》，在各种应急救援气象保障服务演习的基础上，针对存在的问题和薄弱环节进一步修订，并于2006年5月15日印发执行。方案具体规定了各部门的职责，应急工作流程，现场监测与预报服务，上、下游协调与联防，资料整理归档，培训与演习，应急响应具体人员A、B角名单，预报服务产品和重大事项报送模版等事项，使应急工作做到反应迅速、操作性强。有了有效的操作流程之后，应对各种突发事件的能力不断提高。例如：2006年5月31日“亚平”轮船在深圳市蛇口水域发生液化气泄露事故，在接到电话后即时启动了突发事件应急气象保障服务预案，20分钟内向应急指挥中心和海上搜救中心发出了第一份气象专题报告，并即时派出应急移动观测车，赴距事故发生地最近距离的凯丰码头进行现场气象观测，每隔1～3小时向应急指挥中心和海上搜救中心发出专题气象服务报告，共发出专题气象服务29份；2006年的“派比安”台风影响期间，渔民遭遇大风大浪事件也得到加密应急服务；2008年四川汶川地震灾区天气预报专题；2008—2009年抗震救灾对口支援陇南专题气象服务；2011年日本核辐射事件服务；2015—2016年光明工业区山体滑坡服务；2017年内伶仃岛海上搜救服务、下坪填埋场救援服务；2018年“7·3”福永码头运沙船救援；2019年内伶仃船只搁浅救援、七星湾海上救援、罗湖区公寓楼沉降倾斜事故处理。

四、气象决策服务渠道

2006年之前为政府的决策气象服务主要以纸质传真、电话为主，为给政府决策部门提供快捷丰富的气象信息，市气象局于2006年1月下旬成立了科技攻关组，开发了“深圳市气象信息决策服务网”，直接为市区两级应急、三防、海事、民防等19个防灾应急指挥部门服务，提供包括雷达、卫星、全市自动气象站等气象监测数据、气象信息快报、预警预报、台风加密定位及2000多个城市的天气预报等。系统投入应用后，深受防灾部门的欢迎。据统计，仅在2006年防御台风“派比安”的过程中，应急、三防、海事、民防灾决策机构通过该系统调取气象预警信息达1053人次，在深圳市的防灾应急保障中发挥了重要作用，受到了市领导和各级防灾部门的高度评价。针对市区防灾应急部门夜晚等特殊时段值守力量薄弱和基层防灾机构信息不畅问题，2014 年研发了恶劣天气呼叫系统，以短信和自动电话呼叫强制提醒各级防灾责任人，扫除了基层防灾盲区，得到时任广东省副省长邓海光的肯定，并在全省推广应用。依托于互联网和云计算技术，2016 年建立了面向市委市政府总值班室、市应急办、市三防等防灾关键部门的“决策服务云”，提供针对性的气象信息产品，并形成以基层（区、街道、社区）防灾责任人为主的 1600 多人短信服务圈，以各区三防、应急、交警等重点防灾部门责任人为主的 200 多人微信实时在线服务圈，以各级三防值班人员为主的恶劣天气电话自动呼叫的 200 余人电话服务圈，决策气象服务效能得到全面提升。2017 年进一步建立了重大天气过程市、区联动会商机制，在重大天气过程来临时，通过视频会议系统与市、区三防和应急部门加密会商，创建“市三防”“天气预警”和“气象 – 交警热线”等微信群滚动更新发布监测预报预警情况并解答咨询，让一线防灾人员第一时间掌握天气变化和组织防御，形成 24 小时在线、带班领导靠前服务机制，直接为市、区领导和防灾责任人提供滚动服务。

第二节　公众气象服务

市气象局除了不断丰富气象服务内容，近年来还着重增强气象信息的传播效率，结合传统媒体和新兴媒体的优势，延续保留了传统的电视、手机短信、12121 电话等特色，推陈出新了电视的“整点播报”、电台专家连线等公众喜闻乐见的传播手段，又不断推出“两微一端”等年轻群体更喜爱的灵活互动的移动端接收方式，逐步形成了深圳天气微信、微博、APP、微网页、电视节目、电台连线、滚动字幕、报纸、12121 电话、手机气象短信、机顶盒、大屏幕、新媒体平台等十多种各有特色的信息传播渠道，以满足公众日益增长的气象服务信息需求，信息覆盖面不断扩大，让“最后一公里”气象信息传输变得更顺畅。

一、气象影视

市气象服务中心成立之前，气象影视业务由市气象台通讯科兼管。市气象服务中心成立后，影视部便成为其下属部门，成立时有 5 人。

1999 年 11 月 18 日，市气象台独立制作的《天气预报》节目在深圳电视台经济频道播出。

2000 年 10 月，在第三届“华风杯”气象影视节目观摩评比中获得地市级综合类节目一等奖和主持人二等奖。

2004 年 10 月，在第五届“华风杯”气象影视节目观摩评比中获得副省级城市综合类节目一等奖。

2005 年 1 月 1 日，市气象服务中心与深圳市边界广告信息技术有限公司合作在边界公司“E 视乐”楼宇发布系统中滚动播出《都市天气》，节目每天在 60 多栋写字楼电梯口屏幕滚动播出 15 次。合作一年半后，边界公司被分众传媒（中国）控股有限公司收购，合作节目于 2006 年 6 月 30 日终止。8 月 4 日，在天威视讯对有线电视网络进行数字化改造过程中，市气象服务中心与天威合作在数字频道中开辟气象信息服务，观众按 684 可互动点播《气象情报》了解气象信息。8 月 5 日，市气象服务中心与广电集团都市频道合作，在《第一现场》节目中开辟《都市新气象》节目，时长 2 分钟，每晚 21 时 40 分播出，节目专业、权威，收视率在同时段列首位。

2006 年 3 月 6 日，市气象服务中心根据深圳电视台移动电视频道的特点，开辟预报类节目《移动气象》，日播型 3 分钟的《移动气象》为服务市民宣传气象提供了新的平台，每天滚动播出 6 次，在地铁 1 号线与 3000 多辆公交车终端屏幕上可以观看，播出后获得移动频道和观众的好评。6 月 7 日，6 分钟的气象科普节目《气象百科》在移动频道正式开播，旨在宣传气象知识，增强市民防灾减灾意识，提高人民生活水平，移动气象节目服务于工薪人群和外地游客，与传统气象影视节目形成了立体覆盖，为影视业务尝试了新的合作方式。8 月 1 日，《第一现场》每日直播连线正式开播，由预警预报处值班预报员解读每日天气，传播气象与防灾减灾知识，是深圳电视台收视率最高的节目，该节目持续至 2011 年 6 月结束。

2007 年 11 月 1 日，市气象局整体搬迁到气象塔新址办公，位于竹子林气象塔的数字化气象影视制作中心正式启用。专业的设备设施能满足每天 10 套有主持人节目、20 套无主持人节目的制作，直通广电集团的光纤可与各本地频道进行连线直播，快速传播天气预报信息。

2008 年，与深圳新闻网合作，为《视听深圳》栏目专门制作《都市新气象》，重点播报实况数据、生活指数、分区预警和地质灾害预警。

2009 年 8 月 5 日，在天威数字电视《万花筒》栏目推出中国气象频道。10 月，在第七届全国电视气象影视节目观摩评比中，天气预报类节目获全国副省级综合二等奖、主持艺术二等奖。全省电视气象节目观摩评比获特别奖。

2010 年 5 月，双讯道电视卫星直播车完成投入业务运行，成为市气象局传输通信速度最强大的通信卫星系统。2010 年，完成中国气象频道本地节目插播和制作系统建设。中国气象频道落地深圳后，市气象局拥有了气象服务的自主平台，提升了气象影视服务的能力，于 2010 年配套建设本地节目插播系统，实现每小时 1 次的深圳本地化气象节目插播，使之成为深圳市气象灾害预警信号的发布平台、政府防灾应急处置的指挥平台和公众防灾措施的指导平台，为 2011 年第 26 届深圳大运会服务。完成“十一五”规划深圳市气象灾害应急预警工程一期——气象影视制作系统的建设，系统含直播传输系统和媒资管理系统，满足影视气象服务对户外连线直播的要求，以及日益丰富的气象影视资料的采集管理应用要求。

2011 年 3 月，与财经频道开播气象直播连线，全天分两个时段进行天气预报节目直播。

2012 年，打造微视频网络节目。通过优酷、腾讯视频等平台播出，通过微博、微信、APP 推广。

2016 年 2 月，深圳市编办同时调整深圳市气象服务中心机构及编制，深圳市气象服务中心加挂“深圳市气象公共安全技术支持中心”，并调整了相应的职责任务，其中关于影视方面职责为：承担气象影视和多媒体天气预报节目管理、采编制作、承担气象防灾减灾科普宣传工作发布。5 月，搭建了新媒体快播平台，实现直播，在灾害天气来临时可以更快、更好地将信息传递给广大市民。

2017 年 6 月，首次联合深圳广电集团试点“整点播报”，台风暴雨过程开展的整点播报覆盖所有本地电视频道，从台风“苗柏”到“帕卡”，根据风雨影响过程开展整点电视连线 80 余档，取得了明显的防灾减灾效益，获得市民、领导的好评。8 月，实现灾害天气网络直播服务常规化，台风“天鸽”网络直播最高同时在线人数突破 220 万，天气直播同步分流各网络新媒体，成为重要传播渠道。台风“天鸽”直播也成为新浪全国政务微博“年度爆款博文最高阅读量”。

2018 年，与广电集团建立连续整点权威滚动播报机制，第一时间发布深圳市重大灾害事件预警，重大灾害天气的防御工作效果明显，深圳电视气象节目总收视率达到 2.5%（位列广电节目收视率排行第 3），覆盖人群 2000 万人。

2019 年 8 月 1 日，联合深圳广电集团开播全国首档卫视级中英双语防灾减灾气象天文科普日播类节目《谈天说地》，以喜闻乐见、简明易懂、深入浅出、专家解读、群众参与等方式，运用多媒体互动的方式，按照不同季节选取气象、天文、地理为主的题材，应用气象科技业务成果，多种形式解读气象、天文、地理等自然现象及防灾减灾知识，提升市民对大自然的认知和防灾减灾应对能力。月平均收视率均超过 10%，单期最高收视率 26.1%，各新媒体渠道点击量已超过 8000 万人次，获第二届全国智慧气象创新大赛三等奖、深圳市政务创新传播奖，被南方科技大学引进用于防灾教学。

2019 年，影视节目获得 2019 年全国气象影视业务竞赛服务类三等奖、最佳气象节目主持人单项奖。

二、门户网站

市气象局门户网站网址为 http://weather.sz.gov.cn/，集合了各类气象服务、信息公开、政务服务、互动交流等信息。门户网站于 2006 年 5 月开始改版，8 月 2 日正式面向公众推出。改版后的栏目设置、网页布局、网站功能和服务项目重新布局，栏目和信息的条理性、层次感和规范性得到体现。新版网站增加了新功能，例如：台风定位精确到每小时一次，深圳市预警信息实时显示，任意查询全市自动站气温、风向风速、降雨 10 分钟数据，全国 2000 多个县级以上城市预报查询，广东省预警显示及闪电定位显示等；新版网站突出政务公开、表格下载、在线投诉等办事功能，实用性强、运行稳定，气象论坛人气更活跃。

为顺应政府门户网站发展趋势，适应不断提高的信息安全标准，同时应对网站信息不断增长带来的信息臃肿和数据陈旧等情况，2015 年 10 月开始进行了再次改版，2017 年 3 月 27 日正式面向公众推出，改版后的公众网采用了新的技术架构设计，消除了数据臃肿，提升了网站运行的稳定性和安全性，栏目内容调整为信息公开、网上办事、公众参与三大政务服务功能，围绕本部门业务特点，提供预警服务、预报服务、防灾减灾、气象监测、气候服务、专项服务、科普服务共七大板块，涵盖多个方面公共气象服务信息发布和重要气象数据查询功能。网站首页包括微信、微博、APP 手机移动客户端、繁体及英文版、数据开放、各服务子站入口等。改版后网站内容更加清晰、严谨，为公众提供了更加全面实用的气象服务。

三、台风网

深圳台风网于 2014 年 9 月上线，为公众提供西北太平洋热带气旋实况监测信息、历史资料查询、数值预报产品、科普等热带气旋相关的资讯。2017 年 1 月，深圳台风网全新改版，着重改进网站逻辑设计及使用中的用户交互体验，并增加了与深圳天气官方微博实时链接的“天气直播”板块。经过近 5 年的努力，深圳台风网得到了深圳市民的广泛认可，并逐渐受到社会公众的关注。目前深圳台风网年浏览量超过 2400 万次，年访客数超过 1000 万人次，用户不仅遍及粤港澳等珠三角地区、闽湘赣等华南地区，更有新疆、西藏等内陆地区及日本等国外地区的用户。

四、两微一端

伴随着移动互联网技术的发展，市气象局不断开拓新的气象服务渠道，深圳天气“两微一端”（微博、微信、APP）是 21 世纪 10 年代以来最重要的新媒体气象服务渠道，不仅深受网友喜爱，也获得了多个奖项。2017 年深圳天气“两微一端”获得中国气象局首届气象服务创新大赛三等奖。2018 年 9 月超强台风“山竹”期间，新媒体矩阵服务量超过 10 亿人次，创下新纪录，2019 年深圳天气“两微一端”获深圳年度优秀政务新媒体。此外，近年还推出了抖音、微视频等新的服务渠道。

（一）微博

2010 年 10 月，“深圳天气”新浪官方微博正式注册。2013 年 12 月，“深圳天气”新浪微博粉丝数突破 50 万；2015 年 2 月，“深圳天气”微博粉丝数突破 100 万；截至 2017 年，“深圳天气”微博共创建 4 次千万超级话题，其中 2016 年 6 月的“台风妮妲影响深圳”话题最大阅读数达 1.4 亿；2018 年 4 月，“深圳天气”微博粉丝数达 162 万；2019 年，“深圳天气”官方微博全年微博发布 8000 余条，阅读总数超 15.3 亿次，粉丝数达 195 万。

“深圳天气”微博将传统“高大上”的气象预报转化为喜闻乐见、通俗易懂“接地气”的语言传递给市民，保证了气象信息发布的权威性，也增添了趣味性。凭借互联网高效传播方式，结合通俗易懂的图文解释，配以亲民诙谐的风格，迅速成为服务频次最高、科普宣传最佳渠道，被网友誉为最接地气、最有温度的公共服务产品。自 2012 年以来，“深圳天气”微博已连续 7 年被评为气象行业十大政务微博，连续 4 年获得全国气象行业政务微博排名第一。

（二）微信

“深圳天气”微信服务公众号于2013年投入使用，在灾害性天气（如台风、暴雨等）过程中，是公众获取最新、最及时的最有效渠道之一，截至2017年底，“深圳天气”微信公众号的关注用户数近82万。“深圳天气”微信的服务产品涵盖了交通出行、旅游、潮汐、日出日落和节日服务等众多生活天气信息，用户可以通过办事指南、业务咨询、信息公开等功能，了解办事的相关流程、政务信息，还可以进行咨询或提出宝贵意见。2018年，新增春运天气、家校预警定制、健康气象、珠三角天气板块和“小象气象”小程序，总阅读量超1000万次，接口调用次数超2.57亿次。2019年，“深圳天气”微信服务公众号全新升级，整合服务产品，优化产品质量，提升操作便利性，新增二十四节气等板块，粉丝数达173.9万。

（三）APP

2012年12月，智能手机客户端软件“深圳天气”开始在APP商店运行并发布测试版，2013年1月对外发布正式版，正式版软件在当时是一种全新的气象信息发布渠道，结合移动定位技术，为公众提供所处位置的气象信息，同时提供快速、边界的推送功能，及时推送所在位置的突发性气象提醒信息。2014年6月，客户端进行全面升级，具有较强的互动性和产品多元化，除常规气象产品，还有专业气象服务产品，如“台风路径、卫星雷达图”，个性化服务如“分区预警信息、阵风服务”。2016年4月，进行全新界面升级改版；2016年6月，客户端在首页开启网络直播功能。2017年，台风“天鸽”“玛娃”等视频直播通过客户端总观看人数近30万人次。APP上线以来，总下载量1800万次，2017年客户端下载量157万次，点击次数16.53亿，用户累计下载数达840万，累计使用次数36.27亿，日常天气过程日均活跃数在75万～85万，2017年全年最高单日下载量达14.9万次，已经成为深圳市突发事件预警信息发布绿色通道之一。2018年，新增智能问答、首页弹窗功能，提供无障碍便民服务，累计点击数117亿次，总下载量440万次（“苹果商店”天气类软件排名前三），超强台风“山竹”期间首页推送台风定位和预警信息日均点击8000万次，获“优秀无障碍便民服务奖”，入选工信部《中国信息无障碍实践白皮书》。2019年，开发英文版客户端，便于外籍人士及时掌握信息，并实现3千米范围内基于机场和景点气象信息的智能推送，日活跃用户超百万，总下载量487.1万次，累计点击数107.5亿次，累计使用数17亿次。

（四）抖音

2018年，“深圳天气”官方抖音号正式注册，累计粉丝数40.9万，台风“山竹”期间制作爆款短视频4条（单条点击量过千万），点击数和影响力在全国气象系统排名第一，荣获“2018年深圳十大优质政务抖音号”和“2018全国最具影响力民生抖音号”，《台风“山竹”距离深圳约546公里》荣获“2018年度全国最佳政务抖音短视频”。

2019年针对“上下学”气象预警信息难以及时获取的问题，落实市政府民生实事，依托“i深圳”、深圳天气“两微一端”、抖音等渠道推出“预警铃”服务，为全市2985个中小学精准对点发布上下学风险提示。

（五）微视频

2012年，微视频网络节目在优酷、新浪、腾讯视频等网络平台播出，通过简短、精良的视频制作手法预报天气信息，符合当下网络生态文化的发展趋势，取得了不错的反响。2016年，开始联合“来画”动画公司推出“来画天气”微视频栏目，通过动画的形式制作气象知识科普视频。

五、手机短信

从2001年起，广东省移动通信公司与广东省气象局在全国率先开展气象短信服务业务。2002年8

月，深圳气象短信业务正式启动，初期定制用户10万户，同时，也向全网免费发送高级别台风暴雨短信服务。2004年1月，深圳市气象服务中心与中国移动通信有限公司深圳分公司合作开展友情天气短信服务。2005年1月1日，与深圳联通公司就开展手机气象短信业务达成合作，正式向近30万联通手机用户提供每天气象短信服务及点播服务。2006年9月，深圳手机气象短信首次突破100万条，年发送手机气象短信达3.5亿条。截至2010年底，气象手机短信用户数达250万。随着近年来气象服务手段的扩充及信息化程度的提高，使用传统手机短信接收天气信息的大量用户转向其他更灵活的气象服务手段，导致用户数大量减少，截至2017年底，用户数减少到50万。

2017年，突发预警信息发布平台与深圳市三大通讯运营商数据平台直连互通，免除运营商内部审批流转环节，显著提升全网预警信息发布效率：信息峰值发布速率由之前的2200条/秒提升到5000条/秒，发布时间缩短至2小时左右，预警信息发布可精准至街道，全面覆盖深圳市民和外地来深漫游用户，超过2200万人次。设立预警信息全网短信发布工作应急保障人员，实现紧急情况下全网发布快速响应，全网短信的发布启动平均低于10分钟。随着2017年8月深圳移动省外漫游用户权限的开通，预警信息漫游用户覆盖率已达到95%以上，预警信息覆盖面进一步扩大。2017年全网发布预警信息已累计覆盖1.05亿人次来深漫游用户。创新应用微区域网格大数据智能分析技术，实现面向公众的手机全网预警短信以街道为最小单元精准分区发布。基于用户位置信息实时分析处理，手机用户信息动态更新频率达20分钟一次，完善和优化了分区预警发布的精准度。

六、12121电话

1997年3月，“121”天气预报电话答询系统正式开通使用。2004年10月，完成“121”系统的扩容改造工作，由原来的120路中继线扩充到180路，遇重大灾害性天气时，可增拨60路语音线路。2005年1月1日，“121”特服电话统一升位为“12121”。2005年8月，完成了对语音信箱设置整改和完善工作，增加了“12121”系统的稳定性，改造升级后，在普通话版本的基础上推出了粤语及英语气象播报，增加了七天预报、交通专题预报、省内主要城市天气预报、国内主要城市天气预报、气象生活指数、地质灾害预警、气象知识等。2013年，根据省气象部门的统一部署，结合深圳本地实际需求，深圳“12121”电话系统再次升级，成为深圳“12121”应急气象电话，并新增突发事件报平安留言、突发事件预警信息、突发事件防御指引、应急知识宣传等服务功能。免费为公众提供天气预报信息服务，服务能力达到360线，增加扩展冗余至720线；优化语音合成技术，增加语音识别功能，实现简单人机对话功能。2017年，“12121”应急气象电话全年拨打量42万人次，多年来总查询量达350万人次。

七、电台直播

2008年，市气象服务中心与深圳广播电台合作，推出天气专家连线节目，通过深圳本地电台89.8新闻频率、94.2深圳私家车广播、97.1音乐频率、105.7南粤之声和106.2交通频率5个电台频率，在日常生产生活中，为广大市民朋友送去了最新的气象信息和资讯，每天连线时长达12分钟，全年日常连线次数达1802次。在灾害性天气影响时段及时启动加密连线，实时播出突发事件预警信息、天气监测预警预报信息等。

八、报纸

在深圳市各大报纸开辟气象专栏或专版，每天向公众提供未来七天天气预报、空气质量预报、气象生活指数预报、日出日落潮汐等气象信息以及与气象相关的提示或提醒，并在《深圳特区报》《晶报》《深圳晚报》上提供气象专家天气分析和解读，当重大天气、转折性天气来临时，由各报纸通迅员提供重大天气预测及防灾提引等信息。

九、气象科普

市气象局历来重视气象科普工作，从过去印刷气象科普知识小册子、宣传画、讲座等，到利用各种服务渠道开展气象科普宣传，再到2008年开始的“公众开放日”活动，从每月团体、个人预约现场参观气象台，发展到目前线上线下相结合的气象科普，得到公众普遍赞扬。2018年，通过线下活动和线上互动相结合的形式开展气象科普工作，完成年度预期服务500万人次目标。形成以“公众开放日”活动为品牌，以“深圳气象小博士讲堂”为代表的科普进校园、进社区服务机制，“公众开放日”纳入网上办事大厅，预约“秒级”办理，共开展活动270余次，得到广大市民尤其是中小学生及家长好评。上线集国、省、市8大类700多个科普资源的智慧气象天文宣教平台，为市民提供线上科普服务，形成与线下三个科普基地互动融合的线上气象科普服务阵地。与市妇联开展气象儿童友好教育基地国际宣传，并在新加坡联合国儿童友好大会作为深圳共建实例进行宣传。获“2018年度全国优秀气象科普教育基地”“中国气象学会第十届全国气象科普工作先进集体”“百佳市民满意项目”，“深圳气象小博士讲堂”入选中国科协2018年优秀科普案例，成为深圳市STEM教育联盟单位。

2019年3月23日，扩建升级后的“深圳市气象与天文科普厅”正式投入使用，室内科普展厅面积由300平方米扩大至600平方米，共开展各类科普活动170余场，“儿童气象议事厅”活动入选“全国科普教育基地2019年优秀科普活动案例汇编”，气象讲座进校园科普活动获“2019年广东省‘全国科普日’优秀活动”，被授予“深圳市科技志愿者科普教育分队”旗帜。

第三节　专业专项服务

一、航空气象服务

航空服务是气象服务的重要内容。1954年12月，宝安县气象站开始编发航空天气报告。为航空航天气象提供保障的是每小时1次的航空报和不定时的危险报，该天气实况报告电报只供航空航天部门使用，不向其他系统（包括中国气象局系统）传递。市气象台自1954年9月起编发该报，是全国较早承担此任务的台站之一，2000年起停止编发该报。

创建于1983年8月的深圳直升机场气象台负责全公司的气象业务。业务范围主要是以海上石油钻井平台为主，预报本场的航站预报和至平台的航路预报。另外，还为其他公司的转场飞机和陆地作业飞行提供天气预报和航路预报，预报时间为：0009、0312、0615、1918、1221、2106共6个时次连续不间断的天气预报和航路预报。

深圳直升机场气象台还负责向公司内的湛江坡头直升机场、东方直升机场、天津塘沽直升机场以及上海舟山基地等的相关业务通报，如遇有台风、雷暴等危险天气，以及对飞行有影响的天气，深圳直升机场气象台均用电话或传真的形式通报以上相关机场和单位。

民航深圳航务管理站气象台为配合深圳宝安机场的建设于1991年3月组建，当时为民航深圳航务管理站气象科，属民航深圳航务管理站直接领导，业务技术受民航中南地区管理局气象处的指导，每天保障宝安国际机场飞机的起、降、飞行，保障架次从开始的几架次到2006年的几百架次。

2017年，深圳市政府将“航空出行服务”纳入“民生实事”工作中，市气象局承担“航空出行气象服务系统”的建设工作，为公众航空出行提供气象服务。通过与中国民用航空深圳空中交通管理站气象台开展合作，实现了航空报文气象信息的实时共享，为公众的航空出行提供全面的气象信息服务。“航空出行气象服务系统”可以展示全国范围主要机场的日常天气和实时性天气实况以及珠三角范围灾害性天气（强雷暴、台风、低能见度）预报信息，用户可直观了解到所关注机场受强雷暴、大风和低能见度影响情况及影响程度。

二、道路交通服务

市气象局的交通专题天气预报从2006年9月28日正式开始，制作内容为国道105、107、205、206、324、325和广深高速、深汕高速、广湛高速、京珠高速等广东省内路段的天气预报，预报时段逐渐由24小时延伸到96小时，以图形方式显示。为市民提供专业化的道路天气预报。服务对象主要是深圳市内罗湖和盐田长途汽车站，通过电子显示屏滚动显示，为市民出行提供参考。

21世纪10年代后，逐渐扩展到提供泛华南交通干线和广东省内主要交通干线雨量实况与预报图、冰冻天气实况与预报、长途线路天气预报，深化春运气象服务内容。日提供气象数据量超过90 MB，深圳各长途汽车客运站、市交委信息中心均能访问到最新气象服务信息，道路气象服务信息范围扩展到了深圳周边地区、省份。

三、轨道交通服务

深圳首条地铁于2004年12月开通，市气象服务中心即启动轨道交通的气象服务工作，早期的气象服务以发送预警短信为主，2006年3月新开辟的预报类节目《移动气象》在地铁1号线终端屏幕上播出，每次播出3分钟，每天滚动播出6次。2011年1月起，精细化的大风警报系统投入运行，正式开展地铁3号线高架线气象保障服务。随着多条地铁线路的开通，进一步研制了城市轨道交通运营气象保障服务系统，提供大风、暴雨、台风、高温达到设定阈值自动警报、短时临近预报及10天短中期预报、台风预报等专项服务。开展对地铁轨道交通高架段和地面、地下易涝段进行全天候定点互动服务，已为所有开通的1、2、3、4、5、7、9、11号线和龙华轻轨开展服务，总长达300千米。

2019年，“深圳地铁专项服务系统”成为地铁运营集团安全运营重要保障，年处理预警、警报信息16093条，并实现实时将气象灾害预警信息通过地铁车站媒体资源进行发布和传播，服务覆盖了深圳地铁集团所管辖的9条所有在营运线路、站点、列车上的LED显示屏和电视显示屏。

四、港口码头服务

港口码头的气象服务始于20世纪80年代，利用气象无线专用频道建立的天气警报系统对港口码头进行预报警报的广播。90年代后，“12121”气象电话和短信的兴起，对港口码头的服务手段也随之发生了变化，2002年起港口码头服务主要依靠短信、传真和电话方式。2015年，开始了智能化气象服务尝试，开发研制了针对西部港区的“招商局国际气象服务系统”，将对港口最敏感的阵风、强降雨、雷暴等强天气告警服务，融入港口的“调度、中控”终端，通过指标的研判和个性化设置，提供声光、个性化报警，通过短信、邮件、电话语音外呼、网页形式提供定时定量的大风、降雨、雷电预警服务并关联不同等级的应急预案，提供后台港口管理功能，服务对象主要包括蛇口集装箱码头等7家公司。2016年3月开始正式运行，系统的应用及气象服务减少了恶劣天气给港口带来的影响，有效保障船舶通航、港口设施及各类作业和人员的安全，被港区誉为港口码头气象保障服务领域的先锋，2016年8月升级改造为“招商局港口天气预警系统”。2018年，全年智能处理气象灾害预警提示300多次，为招商局港口减少损失数千万元，获得中国气象局、广东省气象局领导和招商局集团的充分肯定，并将服务模式向全省、全国和全球招商港口推广，被广东省气象局评选为“优秀特色气象服务创新工作”。2019年，服务系统和模式被广东省气象局在湛江港进行异地示范推广。

五、环境健康服务

2007年6月，市卫生局和市气象局联合制定《深圳市卫生局、市气象局应对气象条件引发公共安全问题的合作机制》，拉开了健康气象服务序幕。2007年，市气象服务中心与市疾控中心联合，相继开展了“高温中暑气象等级预报”“CO中毒气象等级预报”；2008年夏季，推出“紫外线气象等级预报”

等。目前健康生活指数已增加至9个，包括流感指数、腹泻指数、高温热浪健康风险指数、霉变指数、穿衣指数、旅游指数、舒适度指数等，发布渠道也从单一的网站扩展到电台、电视台、微信、APP等。

2007年12月底，市卫生局、市环保局、市气象局联合制定了《深圳市"空气污染与疾病监测点"工作方案》，共同开展空气污染与疾病监测示范项目，每年定期召开项目联席会议，持续为监测并改善市民生活环境及健康状况服务。2007—2008年，与中国地质大学（武汉）合作，基于疾控中心近10年的流感病例的监测，开展了"流感发生与气象条件的关系研究"，总结出了深圳市流感暴发的基本规律和与气象因子的关联度，为流感暴发期的疾控服务打下基础。为推进流感气象服务的业务化，2014年，与长三角环境气象预报预警中心合作，增加流感疫情中流感病毒分离情况分析，基于天气环境场建立了一个新的流感预测模型和服务系统，进行对未来24小时的流感风险等级预测，通过市气象局公众网发布，提醒市民依据风险高低采取防御措施，减少患病风险。每当有季节性疾病大事件发生时，邀请疾控中心的专家与气象主播一起看天气、聊健康。2014年9月，在"登革热"肆虐期间，制作了"气候与登革热"为主题的微视频，该视频在主流视频网站以及"深圳天气"微博都得到了广泛的点击，并得到"中国天气"等微博的转发。2016年12月至2017年2月，制作了《暖冬背景下如何加强流行病的防控》的微视频，向市民详细解读了流感、感染性腹泻和水痘等的风险和防御关键。2018年对健康气象服务系统进行了升级改造，服务产品更加人性化，对人群（成年人、老人、孩童）、时段（早、中、晚）进行了细分，并可以查询到未来7天的指数变化趋势。

六、建筑施工服务

深圳每年在建工地数多达2000余个，因外来务工人员多，施工各阶段都与气象条件息息相关，极易受到气象灾害的影响，是气象灾害防御的薄弱区和重点防范区。2017年，与市住房和建设局合作开展气象灾害直通施工工地服务，列为当年的重点工作开展。2017年3月21日，市气象局与市住房和建设局召开座谈会，就信息共享、信息发送、人员培训等达成共识。2017年6月，由市气象服务中心编制完成了《在建工地气象服务指南》和《在建工地恶劣天气呼叫标准》。同月，在市安监站的配合下，收集了市属在建工程项目的清单，通过短信、微信等第一时间将监测到的和预计可能有影响的灾害天气信息直接发送到市属工程项目的776名相关人员手中，灾害天气预警信息第一时间直通至全市的市、区两级2000多个施工工地。2017年4—6月，完成了对500多家施工工地基层人员的气象防灾减灾知识培训，指导施工人员认识气象灾害风险，掌握信息获取渠道，提前做好灾害的防御准备，确保实现重大灾害天气下无人员伤亡的安全目标。

七、清洁能源服务

为了研究气象条件、朝向、地理环境等对光伏发电系统效率的影响，2012年开始，在深圳的石岩基地，建设了一套多朝向（120个）太阳辐照与光伏发电效率测量系统，与气象设备同步采集数据，检测和分析不同气象条件下光伏组件朝向对系统发电效率的影响，考核该系统的各项功能、性能及长期运行可靠性，积累多朝向太阳能资源数据，同时设计并开发了一套相应的数据处理系统和实验平台，对深圳地区光伏发电系统的瞬时特性和中长期特性进行了研究，为深圳市太阳能资源利用气象条件和辐射预报理论模型的研究提供了数据支持。

八、农业气象服务

深圳的农业气象服务主要在建立特区之前，为农服务是气象部门重要的职责之一。建立特区后，气象服务重点转移到为特区经济社会建设服务，为农服务比重越来越小。农业气象服务主要包括农业气象观测、农业气象情报、农业气象预报、农业气象区划等。

（一）农业气象观测与预报

1958—1978 年宝安县气象站开展了农业气象观测，主要对水稻、番薯、甘蔗、花生等物候观测和农田小气候观测，并广泛调查水、旱、风、冻、虫、病灾害对当地农业生产的影响，研究当地农业气候规律，提供农业气候分析和农业气候情报服务。由于业务结构的调整，1979 年后停止了农业气象观测。

2006 年市气象局根据中国气象局业务发展的要求，结合深圳创建生态园林城市的目标，积极筹建生态和农业气象业务。为了提高监测能力，2006 年 11 月，购进两套多要素生态监测系统，除常规要素监测外，还包括太阳辐射、光合有效辐射、日照、土壤温湿度、土壤 pH、叶面湿度、植物生长测量仪等。

从 1959 年开始，宝安县气象站开展了农业气象预报工作，结合重要农事季节开展春播期天气预报、寒露风天气预报、节气天气预报、龙舟水预报、病虫害防治天气预报、夏收夏种、秋收冬种等天气预报。1980 年以后，逐渐以常规的旬、月、季等天气预报代替了农业气象预报。

（二）农业气象情报

为适应当时农业生产的需要，1959 年开始编制宝安县农业气象旬报和不定时的农业气象情况报告，内容包括一旬天气气候、农事活动天气、灾害性天气强度、灾害情况以及历史气候分析，特别是对旱情、雨情、风情结合农业生产造成影响进行评价。2006 年 7 月，与深圳市农技推广中心、深圳市西丽果场合作开展“灾害性天气与果树生长、储运等相关性分析及应对措施研究”，通过该研究，逐步建立果树生长各个阶段不利气象条件预警指标，建立农业气象灾害预警预报应急服务系统，指导农业生产者及时采取有效措施降低自然灾害造成的损失，服务效果显著，经西丽果场评价，由于天气气候原因影响，2006 年全市其他果场全部减产，其他地区预计大都减产，而西丽果场应用气象科技成果，产量未受到明显影响。

（三）农业气候区划

深圳曾组织了四次农业气候调查与区划，首次在 20 世纪 60 年代中期，完成了大量的资料整理与调查。第二次在 70 年代中期，配合耕作制的改革，完成耕作制的气候分析，特别是秋冬与冬春气象条件的分析。第三次在 70 年代后期，再次组织较大规模的农业气候调查，完成《宝安县农业气候调查报告》。第四次是在 1984 年，完成县级农业气候调查与区划，编写了《深圳市农业气候资源与区划报告》，对深圳的农业气候资源、灾害性天气进行了较详细的分析，并按类型区划，提出了各区域农业生产开发利用建议。

九、气象资料服务

气象资料服务是《中华人民共和国气象法》赋予气象部门的职责之一，其服务对象是社会团体、个人、企事业单位等。主要分两部分：一是为因气象因素引起的保险索赔、经济纠纷提供气象灾害公证；二是为开展气候可行性论证、气候环境评价、气候变化应对、气象科学研究等提供气象资料咨询服务。气象资料服务人员按照《气象资料服务规范》要求，调取深圳市国家气候观象台收集并存档的各种气象观（探）测记录，或对这些记录进行统计、加工整理成一定格式的文档资料，并加盖服务专用章提供给客户，所提供的资料具有一定的法律效用。

2007—2017 年，依据《中华人民共和国气象法》《气象资料共享管理办法》，以及广东省气象局下发的《关于免费提供非商业性公众个人财产损失气象保险证明的通知》及《中国气象局办公室关于减免保险理赔气象灾害证明服务费的通知》精神，对《气象资料服务规范》进行了多次修订，历经收费服务到 2012 年下半年的对个人开具气象证明免费、2013 年对所有企事业单位提供免费气象证明服务，再到 2017 年气象资料服务全免费。2018 年，为贯彻落实《深圳市人民政府办公厅关于印发深圳市推广“秒批”模式工作方案的通知》（深府办〔2018〕22 号）要求，进一步简化气象资料申请审批流程，市民只需要在网上提交相关材料，不再需要到现场提交纸质材料，审批完成后气象材料证明结果可通过邮政快递送达，实现了全流程“不见面审批”网上办理，服务更加便民。2019 年，共计向社会各企事业单位、个人提供气象资料（气象证明）服务 497 单。

十、其他专项服务

（一）气象服务标准化试点项目示范性推广服务

2011 年，以国家级气象服务标准化试点项目为契机，围绕决策服务、公众服务、专业服务的社会需求，开展试点参与单位遴选工作，重点关注城市安全、城市运行生命线和支柱产业、重点行业等几个层面，最终确定市应急管理办公室（城市安全）、市建筑工程质量安全监督站（城市安全）、市地铁三号线有限公司（城市生命线）、中石化深圳分公司（城市安全）、盐田国际集装箱有限公司（支柱产业）、中国人保深圳分公司（支柱产业）、深圳东部华侨城有限公司（重点行业）7 家单位参与试点。在 2011 年 4 月启动会上，项目承担单位深圳市气象服务中心与各试点参与单位签订了协议，建立了试点沟通联系机制，通过建立“挂一块牌子、贴一副标示、建一套系统、印一套用户手册”的服务模式，实现了与试点单位和重点行业用户在服务渠道、服务需求、服务实施、服务互动等方面的顺畅沟通和对接。

（二）坪山云轨旅游专线气象灾害风险评估

2017 年 9 月，为贯彻落实市政府关于坪山、大鹏云轨旅游专线试验线规划建设的部署，做好专线建设的气象保障服务，组织国内工程气象领域权威专家对坪山云轨旅游专线的建设和运营中的大风、雷电、暴雨等气象灾害风险进行了“坪山云轨旅游专线试验线一期工程气候可行性论证”。此次论证为国内首次开展的针对城市轨道交通项目的全面气象灾害风险评估与论证工作，其采用的统计分析、数值模拟等方法均属国际一流水平，研究成果有利于更好地开展坪山云轨旅游专线的细化设计、工程建设和后期安全运营，对坪山重大民生工程的安全建设和运营具有重要意义。

第四节　气象有偿服务

一、气象有偿服务进程

气象服务还包括专业有偿服务，促进社会主义商品经济的发展，以提高气象服务的总体效益。专业有偿服务是气象服务的重要改革。国务院办公厅于 1985 年发文批准全国气象部门开展有偿专业服务业务。从 1981 年开始，在广东省开展气象专业有偿服务试点，1984 年深圳开展气象专业有偿服务。服务范围包括为工业、农业、林业、商业、种养业、保险业、城建、交通运输、水利电力（核电）、港口码头、外贸储运、旅游及文化体育等行业单位和个人提供各种专业专项服务。

2010 年以后，根据政府部门公共服务的改革要求，气象公共服务内容越来越精细，手段越来越多样化，气象数据逐渐开放共享，气象专业有偿服务量进一步减少，市气象服务中心仅针对港口、地铁等涉及城市生命线的重点企业进行少量的有偿服务。

2015 年，事业单位进一步实施改革，深圳市气象服务中心由公益二类转为公益一类服务机构，市气象服务中心机构编制经费形式由财政核拨补助调整为财政核拨，专业气象服务转型向保障城市安全、民生宜居、生态文明建设等重点领域发展，气象服务全部实施公益服务。

二、气象有偿服务内容

（1）天气信息服务。为用户提供短期、短时预报的天气警报系统发展得比较好是在 1990 年前后。当时，除特区内的用户外，还有宝安、龙岗的 18 个区镇政府、水务部门及个体户。后来，随着特区各项建设的迅速发展，气象无线专用频道受到严重干扰，无线广播收听受到影响，由于地型或周围环境的改变，许多单位收听不到广播，加上气象台本身预报内容、范围不太适应用户的要求，以及“12121”气象预报信息的无偿使用，使天气警报系统用户严重萎缩，虽然之后推出气象信息的电脑终端服务，但情况并没有明显改善。

手机的使用和普及解决了短期、短时预报的及时传递，使原来几乎只有单位使用的短期、短时天气预报迅速普及到个人。2002 年 8 月，深圳气象短信业务正式启动，经过初期发展，定制用户数达 10 万。截至 2006 年底，气象手机用户已达 108 万，鼎盛时期短信用户达 200 多万。

（2）气候服务。在中、长期（旬、季天气预报及专题预报）有偿服务方面，在服务内容上不断改进以适应用户的需要，在服务形式上改变了单一的邮寄方法，增加了电话询问、电话传真及电子邮件等更为快捷的方式，增加了预报服务的及时性，受到用户的欢迎，用户较为稳定，服务范围更扩展到商贸及服装、饮料生产等部门。

三、气象资料服务单位

深圳市的气候资料与相关气象咨询服务，1983 年至 2001 年 6 月，由市气象服务公司负责；1983 年以前和 2001 年 7 月至 2004 年 1 月，由市气象台（站）负责；2004 年 1 月以后划归市气象服务中心负责。市气象服务中心根据各级气象主管部门关于气象资料使用规定的精神，针对资料咨询服务中存在的问题，重新理顺了各类气象资料服务办法，制定了市气象服务中心气象资料使用办法，出台了新的《深圳市气象服务中心气象资料服务规定》，并于 2006 年 7 月开始严格按新办法开展资料服务；工作窗口也同时移到市气象局服务大厅，统一标准，便利服务，从而使气象资料服务走向规范化。

第五节　气象服务试点与创新

一、列为中国气象局公共气象服务试点

2008 年，深圳市气象局（台）被中国气象局列为公共气象服务试点单位。2009 年，被广东省气象局列为公共气象服务试点单位。2009 年 8 月，中国气象局在安徽合肥召开公共气象服务试点经验交流会，深圳市气象局副局长王延青带队参加了试点经验交流并在会上代表深圳市气象局进行发言。深圳市气象局的试点经验和取得的主要成果有：一是以大运气象保障服务项目建设为契机，全力推进公共气象服务能力建设；二是以实施综合配套改革工作为抓手，探索推进公共气象服务机制建设。

深圳市气象局以公共气象服务试点为抓手，大力推进公共气象服务体制机制改革，通过改革来促进公共气象服务的大发展。当时，深圳市气象服务体制机制面临的大的改革背景为：一是市气象局归口市人居环境委员会联系。“委”“局”“办”均为市政府工作部门，对市政府负责。“局”工作中涉及政策、规划、标准等重大决策制定及重要工作部署，须经相应的“委”审核同意；接受“委”的指导、监督；“局”的主要领导兼任“委”的副主任并任“委”的党委（组）成员；二是依照《深圳市法制政府建设指标体系》开展相关工作：①行政审批、行政执法、行政服务等事项再次审定公布，并纳入政府电子监察网络接受绩效考核；②行政许可、政府信息公开和行政处罚已分别纳入政府绩效考核，其结果定期向社会公布。以行政服务为例：市政府将从 15 项内容审核并公布行政服务事项，内容包括服务内容、依据、对象、提供的数量和方式、提交的材料、申请表格、申请受理机关、决定机关、服务

程序、内部流程、服务时限、服务证件及有效期限、服务的法律效力、收费、投诉和法律救济；三是作为参照公务员制度管理的局（台）合一单位，被列入首批公务员分类改革，局公务员系列分为综合类公务员和专业技术类公务员，过渡后实行分类管理；四是事业单位已完成职员聘任制改革，即将开展分类改革；五是以事定费聘用人员，并由政府核定和督察。如何按照改革的目标，结合现行气象业务与服务的实际，将改革任务有效地在气象行业得到推进和落实，从而在这轮综合改革中进一步做大做强气象事业是深圳公共气象服务试点提出来的重大课题。深圳市气象局的试点经验还提出了：一是气象作为社会公益服务事业，明确了气象防灾减灾工作维护城市公共安全的作用和作为政府公共服务的组成部分；二是明确了相关职责：（1）规定了各级政府对气象工作具有组织和协调的责任；（2）明确相关职能部门与运营保障部门落实气象工作的具体职责；（3）明确了气象主管机构的职责；（4）气象行业管理的内容——拟定发展规划和地方行业规范、探测项目管理和资料交汇管理、使用气象资料管理、业务指导监督等；（5）气象信息共享方式——政府信息共享平台（政府内网，不面向社会）；（6）发展气象信息产业和商业气象服务。这些试点经验引起了中国气象局领导和相关专家的高度重视，为国家公共气象服务的发展方向和发展思路提供了借鉴和启示。

二、列为中国气象局大城市精细化预报服务试点

2010 年，深圳市气象局被中国气象局列为大城市精细化预报服务试点单位。深圳大城市精细化预报服务试点围绕全面推进气象现代化建设，落实惠民实事，坚持“引进、吸收、集成、创新”，紧密结合深圳气象防灾减灾和城市精细化气象服务需求，继续强化科技创新，提供针对性更强、更具个性化、更为精细化、质量更高、内容更丰富的气象服务和产品，让城市的建设和发展建立在更加理性和科学基础之上。

通过大城市精细化试点，取得了以下重大成果：一是新增加了地质灾害气象风险预警、空气质量指数预报和预警、积涝风险预报、多要素精细化南澳海域气象监测与风浪预报产品、台风暴雨防御指引、高级别（黄色、橙色和红色）台风预警预发布等六类产品，拓展了“深圳天气”官方微信、深圳台风网、LED 屏和交通诱导屏发布相关信息、社会电子显示屏与车载电视等发布高级别台风暴雨信号及防御指引、数字城管平台、升级决策服务网、扩容“12121”、提速预警短信发布等八大服务渠道。二是气象防灾减灾综合能力得到明显提升，实施对防灾责任人和信息员队伍进行动态管理，进一步强化了社区单元气象防灾减灾能力示范建设，普查评估了社区气象灾害风险，编制了“防御明白卡”，在全市 236 个社区实现了每个街道都至少有一个社区开展了社区暴雨灾害风险评估和“防御明白卡”制作的全覆盖，经推广应用“防御明白卡”的社区近年来均未发生重大气象灾害，防灾效果显著，深受社区欢迎。三是气象科技创新能力得到显著提升，制定了《深圳市气象科技创新行动计划（2013—2015）》，并邀请市人大科技代表小组、市科技创新委调研解决高性能计算资源保障、气象科技项目和人才培养问题；与美国俄克拉何马大学风暴分析预报中心共建风暴分析预测中心深圳研究基地，推动先进的短临预报、资料同化、数值预报研究成果在预报业务的成功转化应用；与奥地利气象局达成气象科技合作交流意向并将签订合作框架协议；依托高性能计算机，完成逐时同化预报系统的集合预报模式的试运行，引进美国强风暴实验室的短临系统 WDSS–II，并制定高性能计算机运行服务规则和应急预案；利用市气象局的卡尔曼滤波、高性能机并行算法等关键技术改进中国气象局“SWAN”项目，雷达拼图产品生成耗时由 10 分钟锐减至 10 秒钟；参与了广东省数值天气预报重点实验室建设，完成精细化 EC、JMA、HAPS、NHM 等多家模式、多要素的定量检验和业务化运行，研发基于多模式的大城市精细化时间滞后集合预报产品。这些试点经验为国家大城市气象预报服务的精细化发展、防灾减灾服务的协同化发展提供了宝贵经验。

三、列为国家标准化管理委员会国家级气象服务标准化试点项目

2010 年 8 月 19 日，国家标准化管理委员会发布的《关于增补国家级服务业标准化试点项目的通

知》（国标委服务〔2010〕57 号）中，正式将深圳市气象服务标准化试点项目列为国家级服务业标准化试点项目，市气象局为保证单位，市气象服务中心为承担单位。试点以来，市气象服务中心紧紧围绕国家标准化管理委员会（简称国标委）、中国气象局试点有关要求和项目主要任务，在国标委、中国气象局、省质监局、省气象局指导下，在市市场监督管理局和市气象局的鼎力支持和帮助下，深圳市气象服务标准化试点项目得以顺利开展，2014 年 11 月以 97.2 的高分通过了上级主管部门组织的验收评估。

深圳市气象服务标准化试点项目是以深圳市气象服务中心开展的业务为基础，构建了“政府引导、企业为主、中介支撑、社会参与”的气象服务工作新模式，建立了以气象服务通用基础标准体系、气象服务保障体系、气象服务提供体系为主要架构的气象服务标准化工作新平台。

主要做法：一是强化统筹，确保气象服务标准化建设有力；二是强化培训，创新机制；三是强化管理，优化流程；四是加强沟通，做好遴选；五是学习先进典型。

主要成果：一是建立国内首套气象服务标准体系。二是制定先进的气象服务标准。按体系建设完成了 146 个标准文件的编制工作，根据服务需求提出待制定和正在制定的行业、地方标准 8 项。试点以来，中心参加了 4 个国家标准的制定，已发布 1 个；主持制定了 5 个气象行业标准，其中已完成 3 个，正在编制中的 2 个；主持 8 个地方标准的制定，其中已完成 5 个，正在编制或送审中的有 3 个。另有《深圳旅游气象指数等级》《深圳市轨道交通灾害性天气防御服务规范》2 个地方标准，弥补了本地相关服务标准的空缺。三是加强标准管理，创新了服务方式。四是同时纳入的 ISO 非经济效益评估试点（中国深圳）评估结果为良好，ISO 非经济效益评估试点成果成果获 ISO 证书认定。五是培养了人才，提高了员工综合服务能力，形成了“人人懂标准、人人学标准、人人编标准、人人用标准”的良好氛围。

主要经验：一是与社会研究、咨询机构合作滚动式开展；二是与遴选试点单位、企业深入互动式开展；三是围绕重点工作，点面结合切入式开展；四是着力培训与宣贯，以点带面拓展式开展。

主要工作成效：一是经验管理实现了向标准化管理的转变；二是预报服务实现了向科学化服务的转变；三是信息服务实现了向高质量服务的转变；四是应急服务实现了向“末梢”服务的转变；五是防雷服务实现了向两套体系融合的转变；六是技术服务实现了向经济社会效益的转变；七是大胆创新，实现了气象服务整体效能的提升。

试点项目验收后，国家级深圳市气象服务标准化试点成果经验被中国气象局政策法规司在全国气象部门进行推广应用，对全国气象行业服务的标准化发展、规范化发展、高质量发展起到非常大的推进作用。

第五章　气象行业管理

在1997年之前，市气象部门主要以气象业务服务为主，随着社会经济发展需求和气象业务扩展，1997年之后赋予了气象部门一定的行政管理职能。气象行业管理包括行政审批、非行政许可、行政处罚、气象灾害防御管理、防雷管理、气球管理等。

第一节　行业管理历程

1997年9月，市气象台信息综合科更名为“行业管理科”，同时加挂“市防雷设施检测所”。其主要职能是：负责本区域内防雷设施的定期检测；承担当地防雷设施工程的竣工验收；负责全市防雷工作的业务技术和咨询服务；承担本市雷电灾害事故的调查、鉴定；承担专业气象服务的对外开拓、气象信息咨询服务，负责对政府有关部门及专业用户发布中长期天气预报和服务。

2003年，深圳市政府明确市气象局的气象行政执法主体资格，为市气象局履行政府管理职能奠定了基础。

2004年，深圳市政府明确市气象局的行政管理职能。市气象局重新调整和理顺业务处室的管理职能，将监测减灾处更名为“气象减灾处”，以对外气象管理为主，加强业务统筹，突出气象行业管理职能。主要负责组织实施市气象局施放气球、防雷装置等气象行政许可的日常工作；负责全市气象行政执法和施放气球管理，监管全市区域内的气象活动；负责全市气象行业资源调查、信息共享、气象设备技术标准贯彻执行；负责全市防雷管理及安全生产工作。同年，市气象局起草《气象信息发布与传播工作约定》，明确对气象信息刊播管理的行政职权。

2005年，市气象局依法实施行业管理，完善行政执法制度，加大行政执法力度，气象行政执法处罚实现“零”的突破。加强执法队伍建设，加大执法培训力度，提高执法水平。

2006年，市气象局行业管理工作面逐步拓宽。同年3月底，开始在全市范围内开展气象资源普查和气象服务需求调研，先后走访民航、海洋、水文、水务、农林、环保、港口、交通等38家单位的气象服务状况，初步摸清全市气象资源拥有状况、可利用程度等基本情况。市气象局先后开展2次规范使用气象资料专题调研，上门走访海事、交通、环保、规划、发改、政府投资项目评审中心、环境咨询服务中心和环科所等31家单位，规范建设、环评等项目使用气象资料的行为。推进气象资源信息共享，先后到21家单位调研，与深圳市海事局、民航气象台、深圳市三防办、仙湖植物园、西丽果场5家单位签订了数据交换共享协议，制定《深圳市气象资料共享管理办法（试行）》，从制度上规范气象资料共享工作。完善行政执法制度、执法程序文书及执法责任制，刚柔结合、文明执法，拓宽执法领域，全年行政执法100宗。开展了防雷、施放气球安全生产专项执法检查，共查处32家违法违规单位，累计发出《责令限期安全整改通知书》22份、《责令停止违法行为通知书》8份。

2011年，市气象局依照国务院《气象灾害防御条例》，与建设管理部门合作将防雷竣工验收纳入新建建筑物竣工验收的前置条件，这对防雷企业开拓市场、扩大业务起到了重要作用。

2012年，市气象局进一步规范行政审批和行政服务流程，将防雷企业资质管理、从业人员资格管理、行政审批、防雷检测和行业安全管理进行了统一整合，精简了企业办事流程，提高了办事效率。截至2012年底，深圳市的防雷企业已达60余家，有26家持有防雷工程专业资质证书，其中有3家持有双甲资质。

2016 年 10 月，市气象服务中心在蔡屋围气象基地召开了“行业专项雷电预警戒备系统”推介会，向纳入政府监管的 701 个易燃易爆重点场所推广系统的使用，提高防雷在线管理功能。

2017 年 11 月，按照《深圳市气象局办公室关于印发深圳市气象局 2017 年度重大行政决策事项目录的通知》（深气办字〔2017〕17 号）的要求，市气象局组织召开了重大行政决策事项暨制定地方标准《深圳市雷电防护安全要求及检测规范第 3 部分：油（气）站（库）》专家咨询会，以提高防雷技术标准，加强防雷管理。

2018 年，认真贯彻落实国家、省、市“放管服”的工作要求，继续推进“一门一网式”改革，结合“互联网 + 政务服务”，不断创新审批制度，优化审批业务流程，推进 24 小时“即来即办”，审批事项“即来即办”率达 75%。大胆探索智能政务服务，实现了气象科普活动的“秒批”办理。

2019 年，根据政府机构改革和深化“放管服”改革的要求，梳理机构改革后气象部门的行政职权，并对标省行政权力事项通用目录，结合本市实际，编制了深圳市气象行政审批权责清单、行政权力和公共服务事项，权责清单由最初的 86 项精简至 44 项。同时配合 2019 年重点城市网上政务服务能力第三方调查评估迎检工作，通过政务信息共享、网络核验等方式对现有的 11 项依申请事项进行全面梳理，对各项业务材料做了大幅度精简，累计共删减 35 项材料。

第二节　行政审批

2004 年，市气象局依照《国务院对确需保留的行政审批项目设定行政许可的决定》，经深圳市政府批准，明确了市气象局具有对升放无人驾驶自由气球、施放系留气球单位的资质认定和防雷工程专业设计（施工）资质的初评资格，开始实施施放无人驾驶自由气球作业、施放系留气球作业、施放气球单位资质、防雷装置设计审核和竣工验收等行政许可。

2005 年，市气象局气象行政审批正式开始，严格按照《行政许可法》规定办理行政许可，明确内部审批流程和具体要求，落实责任，制定了《深圳气象局行政许可实施办法》，经深圳市政府常务会议审议通过，正式实施。实施办法包括防雷装置竣工验收、防雷装置设计审核、施放气球单位资质等 5 项行政审批。同年 2 月正式启动施放气球审批，5 月正式启动防雷审批。全年累计办理气象行政许可 276 项，其中施放气球单位资质 3 项、施放系留气球活动 2 项、防雷装置设计审核 226 项、防雷装置竣工验收 45 项。在全市 32 家行政许可绩效排名中稳居前 10 名，其中 8 月名列第 5。

2006 年，市气象局落实中国气象局、广东省气象局关于行政许可进驻服务大厅的要求。同年 2 月 15 日，经深圳市政府批准进驻市民中心服务大厅，实现集中统一规范办理。进驻后行政许可工作呈现出新局面，通过采取严把技术审查关、执法检查督促等积极有效措施，审批业务量大幅度上升，全年累计办理气象行政许可 769 项。其中，施放气球单位资质年检 1 项、施放系留气球活动 7 项、防雷装置设计审核 520 项、防雷装置竣工验收 241 项。电子监察综合绩效考评在行政服务大厅 40 多家进驻单位中一直保持在第 10 名左右，局窗口工作人员共收到表扬和感谢信 5 封、锦旗 3 面。电子政务建设取得进展，政务公开力度加大，初步建成行政审批系统，实现网上申报和网上审批，审批状态可在网上实时查询，审批效率和透明度得到提高。

2007 年，市气象局进驻行政服务大厅以来，认真履行气象法律、法规赋予的行政管理职责，以“便民、高效、廉洁、规范”为宗旨，加强气象窗口软硬件建设，不断完善“一站式”服务功能，提高办事效率，提升服务水平，较好地展示了气象审批窗口为民服务的新形象。全年未收到一次投诉，服务满意率达 100%。行政绩效电子监察未扣过一次分，每月排名均保持在前 10 名，提前办结率达 100%。收到服务对象送来锦旗 2 面、表扬信 5 封。

2008 年，市气象局行政许可工作按照贯彻落实科学发展观的要求，不断加强内部管理，优化办事程序，创新服务手段，办事效率和服务水平有了新的提高，窗口工作多次受到市气象局领导、市大厅管理办的表扬。截至 12 月 10 日，共办结各类许可业务 1173 宗，比 2007 年全年增长 20.7%，窗口业务提前办结率达 100%，保持投诉率为零，服务满意度测评中“申请人 100% 满意”。行政绩效电子监察未扣过一次分，每月排名均保持在 10 名左右。窗口建设民主评价、服务态度综合评价均受到了市大厅管理办的通报表扬，并先后收到申请单位送来锦旗 2 面、表扬信 3 封。

2009 年，市气象局窗口在市行政服务大厅管理办的指导下，紧紧围绕“服务年”活动主题，不断加强内部管理，优化办事程序，创新服务手段，办事效率和服务水平有了新的提高，窗口工作多次受到市气象局党组、市大厅管理办的表扬。全年共办结各类许可业务 1323 宗，比 2008 年增长 3.5%，业务提前办结率 100%，投诉率为零。行政绩效电子监察未扣过一次分，每月排名均保持在 10 名左右。在大厅管理办组织的季度窗口单位综合量化考核中，1—3 季度市气象局的考核成绩均为优秀，连续三次获得满分并列第一。在工作人员着装、窗口建设民主评价、咨询电话接听等抽查中，考评结果均为优秀，并先后收到申请单位送来锦旗 1 面、表扬信 7 封。

2010 年，市气象局窗口在市行政服务大厅管理办的指导下，紧紧围绕“热情主动、便民高效、依法行政、公正廉洁”的服务宗旨，进一步加强内部管理，优化办事程序，创新服务模式，充分利用大厅政务平台，加强与相关部门的协调配合，不断提高办事效率和服务水平。全年共办结各类审批业务 1119 宗，提前办结率达到 100%，投诉为零。在窗口单位季度综合量化考核中，前三季度加分 53 分。工作人员着装、窗口建设民主评价、咨询电话接听等抽查的考评结果均为前三名，并先后收到申请单位送来牌匾 1 块、表扬信 5 封。

2011 年，市气象局窗口在市气象局领导的高度重视和市行政服务大厅管理办的关心支持下，坚持以科学发展观为指导，积极推进依法行政，严格按照大厅管理办《关于进一步提升市行政服务大厅服务品质的主要工作和任务分工一览表》的要求，进一步增强服务意识，加强自身建设，不断改进思想作风和工作作风，进一步提高了气象行政审批办事效率和服务水平。业务提前办结率 70% 以上，投诉率为零。在窗口单位季度综合量化考核中，前三季度加分 60 分。工作人员着装、窗口建设民主评价、咨询电话接听等抽查的考评结果均为前三名，并先后收到申请单位送来牌匾 1 块、锦旗 2 面、表扬信 4 封。

2012 年，市气象局窗口进一步提升服务质量，全年共办件 1130 宗，业务提前办结率达 94.42%，投诉率为零。在窗口单位季度综合量化考核中，前三季度加分 35 分。工作人员着装、窗口建设民主评价、咨询电话接听等抽查的考评结果均为前三名，并先后收到申请单位送来的牌匾 3 块、锦旗 4 面、表扬信 8 封。全年无超期办结、两头受理及投诉事件发生。

2013 年，本着提升服务质量的宗旨，市气象局窗口严格按照提升服务品质活动的要求与服务对策来完成本年度的行政审批工作。全年总办件量为 1215 宗，业务提前办结率 96.30%，投诉率为零。在窗口单位季度综合量化考核中，四季度共加分 50 分。工作人员着装、窗口建设民主评价、咨询电话接听等抽查的考评结果均为较好，并先后收到申请单位送来锦旗 8 面、表扬信 18 封。全年无超期办结、两头受理及投诉事件发生。

2014 年，市气象局在市民中心业务窗口共有七项行政许可、非行政许可及服务事项在大厅受理，其中主要受理的业务有：防雷装置设计审核、防雷装置竣工验收。全年窗口受理行政许可事项 1404 宗，与上年同期（1215 宗）相比增加了 15.55%，全部在规定期限内办结，无一件超时，提前办结率达 97.29%，即来即办件占 2.8%。其中网上申办业务量达 728 件，上网办理率达 51.88%。未发生有效投诉；局窗口共接听、办理各类咨询电话约 4 万余个，提供延时服务近百个小时。积极为地铁、T3 航站楼、保障性住房、三星电子等 40 多个高新技术产业项目、重点工程提供了上门、延时服务，受到市领导的肯定。

2015 年，市气象局在市民中心业务窗口共有七项行政许可、非行政许可及服务事项在大厅受理，其中主要受理的业务有：防雷装置设计审核、防雷装置竣工验收。全年窗口受理行政许可事项 1205 件，与上年同期（件）相比略少，全部在规定期限内办结，无一件超时，提前办结率达 99%，即来即办件占 3.23%。其中网上申办业务量达 1205 件，网上全流程办理率达 100%，网上办结率 100%。未发生有效投诉；局窗口共接听、办理各类咨询电话约 4 万余个，提供延时服务近 76.3 小时。

2016 年，市气象局在市民中心业务窗口共有七项行政许可、非行政许可及服务事项（重要气象设施建设项目审查、涉外气象活动备案已取消），其中主要受理的业务有防雷装置设计审核、防雷装置竣工验收两项。全年窗口受理行政许可事项 1393 件，与上年同期（件）相比略增，全部在规定期限内办结，无一件超时，提前办结率达 99%，其中网上申办业务量达 1393 件，网上全流程办理率达 100%，网上办结率 100%。未发生有效投诉；局窗口共接听、办理各类咨询电话约 5000 余个，提供延时服务近 130 小时。

2017 年，在市行政服务大厅管理办的指导下，市气象局气象服务窗口认真落实国务院和上级主管部门“放管服”改革的要求，紧密结合深圳市防雷减灾工作改革和施放气球管理的实际，积极推动利民便民创新服务，优化气象行政许可流程，提高行政许可审批效率，提高窗口服务品质，打造了“一门一网式”服务窗口和“互联网 + 政务服务”行政许可平台，在提升气象行政许可服务方面取得了明显的成效。全年窗口共办理防雷装置行政许可 751 宗，其中防雷装置设计审核 402 宗、防雷装置竣工验收 349 宗，提前办结率 100%，收到办事单位（人员）感谢信 1 封、锦旗 4 面。

2018 年，市气象局气象服务窗口始终坚持以习近平新时代中国特色社会主义思想为指导，认真落实国务院和上级主管部门“放管服”改革的要求，紧密结合深圳市防雷减灾工作改革和施放气球管理的实际，大力推进气象行政审批制度改革，努力打造“互联网 + 政务服务”，全面实现业务“一门一网式”窗口服务，不断优化气象行政许可流程，压缩审批事项的办理时限，进一步提高行政许可审批效率。2018 年我局行政审批窗口共受理业务 648 件，与 2017 年同期 751 件相比减少 103 件。网上办理率和提前办结率均达 100%，收到办事单位锦旗 1 面。

2019 年，市气象局气象服务窗口紧密结合深圳市气象政务服务工作的实际，大力推进气象行政审批制度改革，加强“数字政府”建设，网上政务能力进一步提升，不断创新和优化气象行政许可流程，压缩审批事项的办理时限，提高行政许可审批效率。市气象局行政审批窗口共受理业务 1112 件，与 2018 年同期 648 件相比增加 464 件，同期相比上升 71.6%。所有办件全部在承诺时限内完成，网上办理率和提前办结率达 100%。无一超时，无有效投诉，业务办理运行质量优良。

第三节　非行政许可

2006 年，市气象局履行法律赋予的职责，依法推进非行政许可的实施，开始开展非行政许可相关工作，拟定《非行政许可实施办法》和各项非行政许可的具体内部操作流程，按照《深圳市非行政许可审批和登记若干规定》的要求，依法确定气象资料审查、气候可行性论证、重要气象设施建设技术审查、气象观测仪器和专用技术装备等非行政许可事项。

2010 年，根据市法制办《关于尽快报送修订后的非行政许可事项实施办法的函》要求，市气象局非行政许可事项在机构改革后由原来的四项减少为两项，具体保留了“重要气象设施建设项目审查”和“对无法避免危害气象探测环境的新建、扩建、改建建设工程出具意见”，另两项“气象资料使用审查”和“涉外气象活动备案”转为一般服务事项。

2011 年，根据市政府《深圳市市级行政审批事项调整目录》（深圳市政府令第 230 号）对市气象局审批项目的调整和市法制办的工作安排，依照有关法律、法规，气象减灾处对行政许可和非行政许可审批事项的实施办法进行了修改，并报送市政府审定后印发。

2014 年，根据市编办《关于清理非行政许可审批事项的通知》，市气象局的非行政许可事项“对无法避免危害气象探测环境的新建、扩建、改建建设工程出具意见”列为其他事项，并从行政职权中清理。

2015 年，根据市编办《关于我市取消非行政许可审批事项补充征求部分部门意见的函》的要求，市气象局对取消非行政许可审批事项“对无法避免危害气象探测环境的新建、扩建、改建建设工程出具意见”无意见，同意取消市气象局的非行政许可审批事项。

第四节　行政处罚

2015 年 3 月 27 日，行政执法人员对金奥幕墙装饰工程（深圳）有限公司提供伪造的《防雷装置验收意见书》案进行立案调查，2015 年 4 月 20 日对金奥幕墙装饰工程（深圳）有限公司作出处 75000 元罚款的行政处罚决定。

2017 年 8 月 28 日，行政执法人员对北京雨田众合防雷设施检测有限责任公司广东分公司无资质从事防雷装置检测案进行立案调查。10 年 18 日，对北京雨田众合防雷设施检测有限责任公司广东分公司作出处 70000 元罚款的行政处罚决定。

2017 年 10 月 13 日，行政执法人员对深圳市气象服务有限公司无资质从事雷电防护装置检测案件进行立案调查，2017 年 11 月 13 日，对深圳市气象服务有限公司作出处 80000 元罚款、没收违法所得雷电防护装置检测费 12000 元的行政处罚决定。

2017 年 11 月 17 日，行政执法人员对深圳市政安电气防火检测有限公司无资质从事防雷装置检测案立案调查。

2018 年 2 月 8 日，行政执法人员对深圳市品安电气消防安全检测有限公司无资质从事防雷装置检测案立案调查。2018 年 7 月 24 日，对深圳市品安电气消防安全检测有限公司作出处 50000 元罚款、没收违法所得防雷检测费 8550 元的行政处罚决定。

2018 年 3 月 9 日，对深圳市政安电气防火检测有限公司作出处 90000 元罚款、没收违法所得防雷检测费 21360 元的行政处罚决定。

2018 年 6 月 4 日，行政执法人员对深圳市安素消防检测有限公司无资质从事防雷装置检测案立案调查。

2018 年 7 月 2 日，行政执法人员对北京达安防雷设施检测有限公司涉嫌在雷电防护装置检测中弄虚作假案立案调查。12 月 21 日，对北京达安防雷设施检测有限公司作出处 50000 元罚款、没收违法所得防雷检测费 6000 元的行政处罚决定。

2018 年 10 月 16 日，行政执法检查人员对河北德创检测服务有限公司深圳分公司向监督机构隐瞒有关情况、拒绝提供反映其活动情况的真实材料等违法行为立案调查。12 月 27 日，对河北德创检测服务有限公司深圳分公司作出处警告的行政处罚决定。

2019 年 3 月 15 日，对深圳市安素消防检测有限公司无资质从事防雷装置检测案作出处 60000 元罚款、没收违法所得雷电防护装置检测费 12704 元的行政处罚决定。

第五节　气象灾害防御管理

1996 年，市气象台根据用户需求，向城建、仓储、港口码头等行业展开了用户需求专项调查和提供资料咨询服务。

1998 年，市气象台针对气象工作以往宣传上不足、手段上单一的现象，采取有效措施和《深圳特区报》《深圳商报》《深圳晚报》《深星时报》、深圳电视台、深圳有线电视台、深圳广播电台等多家宣传媒体建立了协作关系。不同的媒体以不同的方式宣传气象，先后在电视台《今日视点》栏目播出气象专题，在特区报、商报、晚报上撰文谈气象与社会、气象与人、气象与环境，收到了良好的社会效果。

1999 年 5 月，全国“安全生产周”活动期间，市气象台在市安委会及教育、卫生部门的支持和配合下，宣传气象防灾、防雷设施安全的重要性，先后在市属、区属 11 所中学、7 所医院进行了防雷设施安全检查，在罗湖区桂圆中学、福田区福田中学开设了《暴雨、台风预警信号系统》的科普讲座，同时配合有线电视台《生活画中画》栏目、无线电视台《今日视点》栏目进行专访介绍，并组织了 4 篇科普性文章在《深圳商报》“健康栏目”刊登配合宣传。同年 5 月 9 日，协同深圳市安委会等数十家单位在深圳大剧院门口设点宣传，取得了积极的社会效益。

2000 年，市气象局结合“3·23 世界气象日”主题进行广泛宣传，三天接待市民 2500 余人。与保险公司合作印制 15 万份《雷电、暴雨、台风预警信号》宣传手册，并设计印制了 5000 份精美宣传卡片发放到中小学生手中，以及在“安全生产周”活动中派发。

2001 年 5 月，市气象局组织准备详尽的宣传资料，编制有关气象防灾减灾的知识问答题，参加了全市统一开展的“安全生产周”活动。

2002 年，《深圳市气象灾害预警信号发布规定》正式批准实施，市气象局加强气象宣传和科普教育，树立全民科学防灾意识。同年 3 月，市气象局和教育部门联合发文到市属中小学，各区教育局专门就“深圳市防灾预警信号”的宣传落实做了布置，还通过教育部门向全市中小学派发了印有《深圳市气象灾害预警信号发布规定》的明信片、宣传手册、广告画近 10 万份，通过其他途径向社会派发了宣传手册、广告画 6000 多份。

2003 年，市气象局编制了《气象法律法规文件汇编》，开展了“3·23 世界气象日”开放日活动，向中小学生发送宣传手册 2 万份，印制了台风“杜鹃”气象服务画册，发放到市民手中。

2004 年，市气象局修订《气象灾害预警应急预案》，理清预警信号发布程序，建立并完善预警通报平台，突出重点服务人员，加强预警监视，保证预警信息传播的有效性。此外，改变过去单调且不易理解的旧版天气图标，开发了一套新的图标，于同年 11 月，在媒体上刊登并征集社会意见，市民反映热烈，《南方都市报》等媒体进行了跟踪报道。市气象局加强部门联合开展防灾服务，与市三防、环保局开展资料信息交换工作，初步实现防灾信息共享；与市交通、国土等部门联合开展气象灾害联动预警工作。同年，全国“安全生产月”活动期间，市气象局举办防雷知识问答有奖竞猜活动，向社会发放了《深圳市气象灾害预警信号发布规定》《深圳市气象灾害预警信号知识手册》《雷电灾害的防范》等宣传材料 4000 多份。市气象局还组建了气象志愿者队伍，组织气象志愿者开展气象科普工作，并为各自单位和生活小区做好气象灾害预警信号的传播以及气象灾情收集工作。面向社会首次发布了《2003 年度深圳天气公报》，收集、汇总了 2003 年深圳市雷电灾害情况资料。

2005 年，市气象局依据中国气象局新颁布的《突发气象灾害预警信号发布试行办法》，修订了原《深圳市气象灾害预警信号发布规定》，形成了基本与全国气象灾害预警信号相统一、与深圳市突发事件应急预案相配套的深圳气象灾害预警信号系统。同年 8 月 16 日，市政府批准《深圳市气象灾害应急预案》，明确气象灾害预警信号在灾害防御中的先导作用，建立防御气象灾害的部门联动和社会响应机制。此外还制定了《深圳市突发公共事件应急救援气象保障服务方案》，建立了突发公共事件应急气象服务体系，并进行了一次突发公共事件应急气象服务演练，逐步建立起“召之即来，来之能战”的突发公共事件应急气象服务队伍。市气象局加强部门沟通与合作，先后走访深圳市三防、国土房产局、民政局、卫生局、机场气象台、核电站、盐田港等相关单位，与报业集团、广电集团、120 医疗急救中心、机场地面指挥中心等建立信息互换机制，实现灾情信息互联互通，资源共享；与市应急指挥中心、罗湖区三防办、建设局等 12 家单位协作，初步建立电话、短信、传真等沟通方式。市气象局还开通报灾热线，设置短信报灾平台，公布报灾热线和报灾办法，实现灾情收集互动，扩大灾情收集面，初步形成报灾热线、志愿者、记者、报灾短信平台等为主的灾情收集调查网络，鼓励气象志愿者和记者利用双向互动通报平台进行报灾，实施有奖报灾并奖励了一批报灾先进市民和记者。全年针对不同灾害共进行了 8 次灾情调查，收集了 223 条灾情信息，其中市民和气象志愿者报灾 80 条。同时利用“3·23 世界气象日”，加强气象科普宣传工作，收集整理了 71 条气象防灾减灾提示和防御建议在报纸上刊登，并制作了宣传手册发放给气象志愿者和广大市民。同年 6 月 12 日，在开展的全国“安全生产月”活动中，向社会发放宣传资料 4230 份。

2006 年，市气象局拓展气象防灾减灾服务领域，与市（区）应急指挥中心、交警、渔政、海事、民政等部门合作建立灾情信息互换机制，实现部门间灾情信息互通，全年共收到有关单位通报的灾情信息达 360 多条。同年 5 月 9 日，深圳市政府颁布实施《关于修改〈深圳市气象灾害预警信号发布规定〉的决定》，市气象局落实《深圳市突发公共事件总体应急预案》和新的《深圳市气象灾害预警信号发布规定》，与深圳市应急指挥中心、市法制办联合，协调相关部门在市民中心召开宣贯会议，增强部门联动协作机制，构建气象防灾减灾合作平台。市气象局还建立了专门的应急气象服务响应机制，制定了《深圳市突发公共事件应急救援气象保障服务方案》等多部预案，积极参与应急演练和应急服务工作。先后参加龙岗区大鹏华侨中学的突发性事件应急演练、龙岗区政府防台风应急救援演练、“5·31”亚平号液化石油气船泄漏应急抢险、台风“派比安”影响期间畲吓湾渔民救援和高交会气象服务保障等应急气象服务工作，气象在突发公共事件和防灾应急中的作用逐渐得到社会认可和肯定。组织气象志愿者进宝安桃源居社区参加“3·23 世界气象日”活动，与教育、应急、三防部门沟通协调，实现气象灾害防御知识宣传进社区、进学校、进企业、进工地，提高市民自我防护能力。全年累计向全市中小学、幼儿园、街道社区、气象灾害重点防护单位等发放《气象防灾指引》10 万份、《深圳市气象灾害预警信号发布规定》2 万份、《气象灾害防御（挂图）》5000 份以及雷电灾害等预防资料 1.2 万份。市气象局加快气象灾害普查与影响评估工作，与深港档案寄存中心有限公司合作，深入三防、水务、国土、交通、民政、电力、建筑、报社、图书馆等部门收集深圳市历年气象灾害资料，合计整理 7 万多字，收集各类灾情图片 150 多张，编辑《1952—2006 年深圳市气象灾情大事纪》。同年 8 月，成立灾情调研小组，先后走访市（区）三防、应急指挥中心、国土、民政、城管、地方志编纂办公室、各区街道办等部门，对全市气象灾情进行普查统计，建立气象灾情数据库和气象灾情收集、管理业务系统，实现灾情信息与气象要素数据、预报内容的关联查询。

2007 年，围绕落实《气象灾害应急预案》，市气象局组织人员分别到卫生、公安、交通、城管、工贸、教育、旅游、农林渔业、民政、水务（三防）、建设、劳动保障以及六个区相关部门（应急指挥、三防、城管、建设、民政、科技信息等）进行广泛调研，为推出分区预警服务产品、建立部门联动社会响应机制做好准备。贯彻落实省气象局《关于加强防雷安全生产工作的通知》精神，认真研究解决防雷资质、资格管理，以及防雷资质挂靠和新建建筑物防雷检测业务改进等问题，规范和引导防雷市场。与市大工业区管委会联合发布《关于加强大工业区气象灾害防御和防雷减灾管理的通知》，完成 10 家单位防雷设施抽检工作。

2008 年，市气象局积极推动防灾应急部门之间的横向联动联防，取得良好防灾效果。在应对冰冻雨雪灾害天气的过程中，为减少寒冷天气时因市民使用燃气设备不当或燃气设备不符合安全标准等因素引起一氧化碳中毒事件的发生，联合市卫生局、市建设局于年初开始对公众发布一氧化碳中毒气象等级预报。与市疾病预防控制中心、市环境监测站共同推出了“紫外线气象等级预报”，启动了“流感发生与气象条件的关系研究”项目。在每次气象灾害预警信号发布或升级之前，市气象局都提前电话或视频通报市三防办、海事部门等重要防灾部门，同时将预警短信及时发送至全市防灾决策管理人员处，2008 年预警通报平台人员从 5000 人增加到 10000 人；服务人员每小时将最新台风定位信息传真到海事部门、港口等重要防灾前线，观测人员每小时将最新天气实况信息发送到市三防指挥部决策人员处；关键阶段，市气象局领导主动向市领导、三防指挥部报告预警预报及天气实况信息，预报专家主动与市三防办开展视频会商，通报最新预警预报内容及天气实况信息，各区三防也不断电话咨询雨情和降雨发展趋势。据不完全统计，上半年接听各级三防和应急部门电话达700余人次、公众电话6300余人次。市政府各部门及时联动防灾，一旦有关预警信号发布，民政部门第一时间自动开放避险场所。根据市气象局的台风信号，海事部门及时组织港口、码头防台工作和船只的避险工作。全年共与全市19个部门就社会公共安全和气象防灾减灾工作进行互动合作，有效推动了社会防灾部门的横向联动联防，防灾减灾效果日益显著。

2009年，市气象局以南头街道办为试点，以暴雨灾害评估为突破口，综合分析评价南头街道12个社区暴雨灾害的易发性、危险性和易损性等方面，制作出“社区暴雨灾害风险及防御明白卡”，为基层社区和局相关处室（单位）开展相应服务提供参考。在暴雨、台风等灾害性天气影响期间，对暴雨洪涝临界值进行检验，从科学性、准确性和实用性上进行优化完善。另外，在拓展基层气象防灾减灾知识培训和宣传方面，进一步联合城管、建设、国土、市物管协会等部门对全市建设工地、建筑企业的项目经理、监理工程师、安全员、物业管理人员和城管基层环卫、执法人员进行培训，共举办19场培训，涉及6000余人，基层部门普遍反映较好，表示“内容切合实际、生动活泼、通俗易懂，通过学习，防御气象灾害能力有所提高，既知道是什么、为什么，又懂得怎么做”；在全市20个气象灾害易发及人口密集社区投放宣传栏进行普及；在重点学校进行气象灾害防御知识宣传，制作“中小学生气象灾害防御宣传光碟”动画，便于中小学生学以致用。通过培训和宣传，基层人员基本掌握了防灾避险自救要领，对构建群测群防体系起到了积极的推动作用，促使基层部门迅速联动和市民自觉响应的防灾减灾机制有效建立起来。7月，正面袭击深圳、横穿全市的最强台风“莫拉菲”未给深圳市造成人员伤亡，直接经济损失仅为1500万元。在灾情收集、调查和上报工作的规范化方面，加强与各部门、区、街道办的防灾互动，重大灾害性天气过程时，结合预警预报信息积极指导基层部门关注防御重点，全年累计提示120余次，共收集灾情信息500多条，经指导的部门均未出现重大灾情。同时，结合工作实际制定了《深圳市气象灾害调查鉴定实施方案》，进一步规范气象灾情调查鉴定工作。全年共向中国气象局和省气象局上报灾情月（年）报、雷灾分析报告及重大灾情直报共30余次，均未出现任何差错。

2010年，市气象局在全市3个社区开展城市积涝预报试点工作，与市三防办联合发文在全市推广“社区暴雨灾害风险及防御明白卡”，已在南山、龙岗约137个社区推广使用，在台风暴雨影响严重的易涝地区开展灾情信息调研，为各社区防御积涝灾害提供针对性服务。逐步完善灾情数据库，提升精细化预报服务能力。另外，市气象局联合市三防办深入重点低洼易涝区、重要码头等基层实地调研，提高服务针对性。同时，重大天气过程指定专人通过多种手段为防灾部门通报重点防御时段和地点等全过程提供的贴身决策服务。

2011年，气象防灾减灾服务工作成效突出，高质量完成大运会、春运、春节、文博会、高交会、轨道交通等近30项重大专题气象保障服务。气象灾害防御实现“点对点”精细服务，实现全市范围预报和重点区域预报服务相结合。根据市三防办关于加强基层防灾要求，在深圳布吉的细靓片区等重点地段开展“点对点”的精细化气象服务，提前1～3小时预估全市各易涝点的强降雨和积涝区域。与市规划国土委共同开发的分区地质灾害预报预警平台开始投入试用，实现以街道办为最小单元的地质灾害精细化分区预警，在大运会和汛期防灾服务过程中发挥积极作用，得到各部门的肯定。

2012年，市气象局气象防灾减灾体系更加完善。一是健全以预警信号为先导的政府主导、部门联动、社会响应机制。认真落实省、市领导批示精神，学习借鉴香港经验，协办编制《深圳市台风暴雨防御指引》，全面细化了部门联动机制尤其是公众防御指引，有效整合了各方面力量，强化了公众防灾主体的响应能力；与市教育部门联合发文要求学校直接依据预警信号自行停课，不另发通知，减少环节，切实发挥气象预警“发令枪”作用。二是建立突发事件预警发布体系。认真落实《广东省人民政府关于进一步加强突发事件预警信息发布工作的意见》（粤府〔2011〕130号）、《广东省人民政府办公厅印发广东省突发事件预警信息发布管理办法》（粤府办〔2012〕77号），与市应急部门拟定并报市政府出台《深圳市突发事件预警信息发布管理暂行办法》，依托气象预警通报信息发布平台完善突发事件预警信息发布系统建设，在"2012年深圳地铁综合演练"中得到检验并受到市领导肯定。三是构建预警信息快速发布与传播的"绿色通道"。协调广电部门保障高级别预警信息在重点时段的加密播出，与市应急部门推动利用城市主干道、机场和港口等区域大型LED电子显示屏刊播预警信息，以及完成"12121"向应急气象电话的转换；以落实全省气象工作会议精神为契机，明确下一年汛期前广电部门完成气象频道开路播出工作，市经贸信息部门协调各电讯营运商建立预警信息快速发布的"绿色通道"。四是强化基层气象防灾减灾指导和服务。开展市法治惠民实事工程和市政府民生实事——"基层气象防灾减灾'三个一'服务"，完成全市以街道为单位（57个）的气象灾害风险评估、"防御明白卡"编制和防灾培训（5000人次）；发文要求各区明确街道、社区气象防灾责任人和气象信息员的职责以及工作机制，实现预警信息快速直达基层并有效应用和防灾互动。

2013年，市气象局会同应急、三防部门编制出台《深圳市台风暴雨灾害防御规定》《深圳市台风暴雨灾害公众防御指引》，对各部门联动措施和公众防御指引进行全面细化。出台《深圳市台风暴雨预警信息发布若干规定》及5个配套实施细则，规范发布台风暴雨预警信息的样本和频次，确保及时、准确、权威。《深圳市台风暴雨灾害公众防御指引》被誉为"国内第一个公民版的台风暴雨防御预案"，多渠道宣贯实施发挥了积极防灾减灾作用。开展气象灾害公共安全评估并纳入《深圳市公共安全白皮书》，进一步强化了气象在城市公共安全体系中的地位和作用。全市2000多名基层防灾责任人纳入预警信息发布平台统一动态管理，研发恶劣天气电话呼叫系统，实现各级防灾责任人均能第一时间获取气象信息并应用，同时开展分层级培训，使其熟练使用气象产品，提高联动效率。深化以社区为单元的气象灾害风险评估，联合宝安区政府进行全面推广，完成236个社区暴雨风险评估和"防御明白卡"编制应用，实现每个街道至少一个社区的覆盖。

2014年，气象防灾减灾示范试点建设范围扩大至10个社区，实现每个区都有气象减灾示范社区。对照"双七有"标准加强试点社区气象信息显示终端建设，建立针对性的气象灾害应急预案和信息对接响应机制，让社区拥有自己的气象台，居民在"家门口"享受到贴心气象服务。将试点社区气象防灾责任人纳入气象灾害预警信息发布平台进行统一动态管理，确保预警信息第一时间直通基层防灾人员。研发恶劣天气呼叫系统，以短信和自动电话呼叫强制提醒各级防灾责任人，解决夜晚等特殊时段值守力量薄弱和基层防灾机构信息不畅问题，扫除基层防灾盲区，得到广东省副省长邓海光肯定并在全省推广应用。

2015年，市气象局健全了城市四级气象灾害防御协同化管理机制。一是结合深圳当前气象防灾减灾新形势和精细化服务需求，修订《深圳市气象灾害预警信号发布规定》和《深圳市气象灾害应急预案》并实现二者的无缝衔接，进一步完善了高级别预警信号停工的防御措施，增加了地质灾害气象风险预警信号，细化了气象灾害应急中各职能部门的职责分工，全市预警联动灾种进一步扩大到11类，气象灾害应急预案与相关部门应急处置预案实现全面对接。二是创新"互联网+气象灾害预警联动"模式，建成以龙华新区为试点的气象灾害防御协同化管理平台并在全市推广应用，将气象灾害预警预报、气象灾害监测信息与各区、街道和社区三级防灾责任人信息及应急预案机制进行有效整合对接，实现预案自动启动和灾前预防、灾中联动、灾后评估的在线操作模式。试点地区未遭受重大气象灾害损失。三是明确了深圳市69个重点防御区域（单位），针对性强化全市重点防御区域和单位的信息服务，根据天气情况及时提供积涝短信提示、突发强降雨天气自动电话呼叫等服务，防灾效益明显。

2016年，市气象局落实《广东省气象灾害防御条例》相关规定，发布全市台风、暴雨、雷电风险区划和重点防御区域、单位，提供针对性服务并加强监督检查。召开全市气象灾害联动联防工作会议，明晰区、街道防灾责任人的工作职责和流程，开展培训使其掌握，应用最新气象服务产品。建立重大天气过程市、区联动会商机制，区级气象灾害防御协同工作平台正式投入运行，实现气象信息快速发送、应急响应签到、灾害跟踪处理等全程在线办理，打造了“互联网 +”气象灾害预警联动服务模式。

2017 年，气象防灾“双平台”凸显智能化。通过责任、任务、人员、风险、探测站点等 5 张清单明确属地管理职责和联动联防事项，新增 7 种数据，完善融合 22 类基础数据的应急“一张图”；市气象局领导带队逐一调研、专业人员靠前服务、气象灾害预警联动协同化平台全面推广三管齐下，打造智能化线上区级气象台，做实基层气象防灾服务，获中国气象局主要领导肯定，并要求在行业推广。

2018 年，在各政府公报、主要网站及新媒体上对《深圳市气象灾害应急预案》进行了宣贯，进一步完善气象防灾减灾联动协同机制；依托气象灾害预警联动协同化平台，预警信号和应急响应关联启动，指挥指令一键发送，各类信息实时汇总，有效提高防灾工作效率；汛期向各区派驻专业气象服务人员，现场开展天气解读、风险评估和防灾指导，帮助基层提高防灾应对能力；组织气象相关社会组织团体参与气象灾害防御管理，深圳市气象减灾学会为“10+1”个区培训防灾责任人 6000 余名，深圳市防雷协会开展雷电灾害防御技术培训指导 10 场次 875 人次，培训授课专家 13 人，深圳市华夏应对气候变化技术促进中心以民生微实事项目“居民防台风知识宣教活动”形式进社区为市民提供台风相关防御指引宣讲；与住建、旅游、海事、海洋、水务等 12 个行业管理部门共建气象安全防御责任体系，确定各行业监督重点单位，指导重点单位气象灾害防御标准化建设。

2019 年，制定《深圳市主要气象灾害风险提示》并联合市应急局共同印发，有效提升城市气象防灾减灾和气象公共服务能力；编制《深圳市基层气象灾害防御能力建设指南》，有力推动基层气象灾害防御工作；面向“8+1”个区派驻气象服务人员，从基础设施、业务体系、工作机制、人员队伍等方面夯实气象防灾能力；联合市应急管理局组织各区政府、市教育局、市规划和自然资源局等 13 个部门开展全市气象灾害应急演练，演练以深圳市遭遇短时强降水、雷暴和短时大风等强对流天气为背景，致灾影响包括地铁运营中断、市政道路严重淹水、道路上多棵大树倒伏、海钓船只因故障被困 4 个应急场景进行实地演练，参加演练人员多，期间共出动救援人员 760 人次，出动救援装备和车辆出动达 110 台次；协助市相关部门落实完成“4・11”短时极端强降雨引发灾害事故、福田“7・8”较大坍塌事故、龙岗“8・9”较大火灾事故、罗湖“8・28”楼房沉降事件等相关调查工作。

第六节　防雷管理

深圳市地处亚热带，依山面海，地理气候有利于雷暴生成发展，属于多雷地区。全市年平均雷暴日为 69 天，最多 103 天，最少 47 天，最初雷电日 1 月 16 日，最终雷电日 12 月 20 日，雷电多发期在每年的 5—9 月。雷电伤害人畜、击毁建筑、破坏电力与电信系统、计算机网络等的情况每年均有不同程度发生。防雷工作是气象部门的基本业务之一，做好防雷减灾服务也是气象部门的重要工作。

1990 年，市气象台筹建防雷设施检测所。7 月 11 日，深圳市机构编制领导小组办公室批准深圳市气象台成立深圳市防雷设施检测所（以下简称市防雷所），任务是负责全市防雷设施的检测工作。

1991 年 9 月，市防雷所防雷工作正式开展对外服务，主要以委托方式服务。

1992 年，共检测 9 个单位，帮助设计 5 个单位。

1993 年 6 月，经过省、市技术监督局评审合格，取得国家产品质量检验机构“计量认证”合格证书，是深圳市唯一一家具有防雷检测的法定机构。

1994 年，在危险品仓库和高层建筑的安全检测做了新的尝试，解决了深云石场等几个单位的炸药库防雷技术难题。

1996 年，防雷检测业务不断发展，已从单纯的检测发展到设计、施工、验收、发证等一条龙服务。

1997 年，《广东省气象管理规定》颁布实施，使深圳市气象局防雷工作走向了法制化管理道路。

1998 年，市气象局先后协同公安、消防、安委会等部门对全市危险品仓库进行了安全检查和防雷设施改造。结合“安全生产月”活动对全市部分重点企业油气库、金融、证券等计算机网络系统进行了防雷安全检查，配合电视台进行跟踪报道。同年 5 月 21 日，深圳市政府发布《关于加强我市防雷设施安全管理工作的通知》，明确市气象局是全市防雷设施安全建设和管理的主管单位，市防雷设施检测所的职责是“负责全市防雷设施的安全检测和技术服务的管理权限和工作职责。同年 11 月中旬，深圳市气象局通过省、市技术监督局计量认证复审。1998 年，市防雷所在检测和技术服务领域已扩展到市安全生产重点防护单位、油（气）库站、炸药库、金融证券、计算机网络、通讯设施、高新技术产业等，取得了广泛的社会和经济效益。

1999 年 3 月 2 日，省政府颁布《广东省防御雷电灾害管理规定》，深圳市防雷管理工作有法可依。同年 5 月，全国“安全生产周”活动期间，市防雷所在深圳市安委会及教育、卫生部门的支持和配合下，对市属、区属 11 所中学和 7 所医院进行了防雷设施安全检查。

2000 年，市气象局防雷工作结合客观实际，采取技术协作的灵活方式，先后从梅州、汕头、韶关等市气象局借调技术骨干 15 人，以解决社会急需和人员不足的矛盾。在深圳市公安消防部门的配合下突击完成了对全市石化系统、危险品仓库等重要单位的防雷检测，还与深圳市住宅局联合举办了住宅物业管理防雷减灾技术培训班。

2001 年下半年，市防雷所组织开展了深圳市防雷工作安全大检查。

2002 年，市气象局会同深圳市燃气集团合作开办了“防雷培训班”，协助深圳市 16 家专业防雷公司申报相应资质资格。

2003 年，市防雷所取得广东省防雷工程设计、施工资质证（乙级）。市气象局联合有关部门，组织了两次防雷大检查。同年 11 月 19 日，深圳市政府副市长卓钦锐率领市建设、规划、国土、城管、环保、水务等有关部门到深圳市气象局调研，形成《市政府办公会议纪要》，就建筑物防雷设计审核和竣工验收管理问题提出解决方案：明确市气象部门对建筑物防雷设计审核、竣工验收等的管理职责，在具体管理手段上，可委托规划国土部门在施工图审核环节、建设部门在施工监督和工程验收环节审核把关。市气象部门可根据需要组织对重点工程项目的防雷设计、防雷设施施工进行抽查、抽检，并将抽查、抽检结果向市规划国土和建设局通报，作为对相关单位资质管理的依据。

2004 年，市气象局加强防雷减灾管理，在《市政府公报》《深圳特区报》《深圳商报》等报上刊发了《关于做好防御雷电灾害工作有关事项的通告》。同年 6 月、9 月，两次对全市易燃易爆危险化学品场所及重点企业、学校、医院、专业防雷工程公司等 60 家单位组织开展防雷减灾专项安全检查和工作调研，对 11 家防雷检测不合格的单位发出整改通知书。同时与市卫生局、教育局、住宅局、旅游局、体育局、档案局等单位联合发文，实现行业整体性纳入防雷年检计划，防雷检测的覆盖面扩大，全年增加 3000 多个受检单位。落实《市政府办公会议纪要》，开展建筑物防雷设计审核工作，与市规划局、市国土资源局联合发文《关于建筑工程防雷设计审查工作的补充通知》，编制《深圳市建筑物防雷设计审核细则》。同年 4 月 28 日，组织全市勘察设计单位电气专业 200 多人进行了防雷设计专项审查工作，宣传、贯彻《深圳市建筑物防雷设计审核细则》及防雷技术辅导；5 月 1 日，正式启动防雷设计专项审查工作，每季度组织一次对 6 家施工图设计文件审查机构抽查，实现了全市防雷设计专项审查工作“零”的突破。加强对防雷公司的监管，全年组织对未获资质公司违规设计（施工）检查了 3 次，并指导未获资质的单位申请资质。

2005 年 1 月，市气象局牵头成立“深圳市防雷协会”，深圳市防雷协会涵盖了涉及防雷工作方方面面的企业和个人。同年建立了防雷协会网站，推进专业防雷设计施工安全标准化的落实。按照市政府办公厅《关于加强学校安全工作全面排查安全隐患的通知》要求，致函深圳市教育局加强合作，做好全市学校灾害性突发事件应急训练和防雷装置安全隐患排查。结合深圳市实情实行防雷技术评价和审批分离，技术环节由 7 家防雷装置设计技术评价单位负责，气象部门重点抓行政审批。实施防雷装置设计审核和竣工验收等行政许可，组织全市7家防雷装置设计技术评价机构开展技术评价工作，发文《关于防雷装置设计技术评价工作有关事项的通知》。落实省防雷减灾办公室《关于开展防雷工程专业资质整顿年活动的通知》文件精神，于6月10日召集全市各有关单位66位负责人召开专题会议，安排全市防雷工程专业资质管理、防雷安全隐患情况、防雷标准化等工作。受理15家防雷工程专业公司丙级施工或设计资质申请，严格按照程序审查资料和现场核查，组织评审会初审，规范建立初审资料档案，按时上报。加强防雷执法力度，同年1月、4月和10月组织了3次防雷减灾专项安全检查，对华安液化石油气有限公司、清水河气库、市万科房地产有限公司等28家单位的石油库、气库、新建工程的防雷装置进行专项安全检查，对深圳市宏冠华电子有限公司伪造防雷工程专业施工资质证行为给予警告，并处1万元罚款。

2006年，市政府办公室发出《关于贯彻落实国务院办公厅进一步做好防雷减灾工作的通知》。市防雷所与市安监局联合发文《转发省气象局、安监局关于加强防雷安全工作的通知》，齐抓共管防雷安全生产。按照市安委会的统一部署，开展全市危险化学品生产企业防雷安全专项整治工作，制定《危险化学品生产企业防雷安全专项整治工作实施方案》，摸清全市589家危险化学品生产企业和经营企业的情况，对全市166家危险化学品生产企业的防雷装置进行全面检测，对拒不接受检测的4家单位发出《责令限期安全整改通知书》，责令限期申报检测。同年，市气象局组织市防雷所和深圳市鹏程安全事务有限公司对全市防雷重点区域和重点预防单位进行全面普查，摸清了本市雷电灾害情况，划出防雷重点区域，总结分析了全市雷电密度分布及季节特征和雷电灾害的影响特点，组织开展对防雷重点区域城市建设规划、重大建设项目、危险化学品等建设项目雷击风险评估工作，制定了《深圳市雷击风险评估管理试行办法》。全年防雷执法24宗，防雷安全生产专项执法检查查处15家。

2007年，根据《关于加强大工业区气象灾害防御和防雷减灾管理的通知》（深工管委〔2007〕184号）要求，防雷中心积极开展龙岗大工业区防雷装置安全抽查检测工作，组织各服务点检测人员，分五个检测突击小组，在大工业区管理委员会支持下，用一天时间，完成大工业区管理委员会提供的10家企业的防雷抽查检测工作。根据《关于开展学校防雷装置安全抽查工作的通知》（深教〔2007〕343号）要求，深圳市防雷中心就如何开展学校防雷装置检测进行了充分调研，通过周密部署、有效组织，在市、区教育部门支持下，各学校对本次抽查检测工作非常重视，安排专人跟踪协调，确保了抽检工作顺利进行。截至2007年10月21日，全部完成市教育局提供的55所学校（市区20所、宝安区20所、龙岗区15所）的防雷抽查检测工作。

2008年，根据《关于加强学校防雷安全工作的通知》（粤防雷办〔2007〕3号）、《关于进一步加强中小学校气象灾害防御工作的通知》（粤气〔2007〕202号）的指示精神，对全市240所（市区165所、宝安区48所、龙岗区27所）中小学进行第一阶段防雷检测，对已检测学校督促其进行整改，截至2008年底，完成防雷装置设计技术评价150所，已完成整改50所，其余学校正在整改中。对240所中小学防雷检测情况分析，学校综合防雷措施包括防直击雷措施、防雷电感应和防雷电波侵入措施均存在不同程度的安全隐患，本次检测共发出《防雷隐患整改通知书》240份。为保证局气象业务系统的安全运行，2008年汛期前，防雷中心专门安排技术骨干对气象基地、自动气象站、风廓线仪、地质灾害站等286宗防雷装置进行专项检测（其中定期检测51宗、防雷整改工程检测235宗），并积极配合局系统防雷安全隐患专项整改工作，全部整改项目于6月底前顺利完成，经受了当年的雷击考验，未发生雷击事故，保证了气象业务系统安全度汛。

2009年，为20余个防雷重点用户提供专项服务，其中包括大运会场馆、水务集团、大亚湾核电站、东部华侨城、燃气集团、公交场站、高速公路、深圳机场、广东LNG、地铁公司、富士康集团等。11月，召开“防雷重点客户座谈会”，加强了与服务单位之间的沟通合作。在防雷技术培训与科普宣传方面，利用电视、报纸、网站等媒体宣传形式进行防雷科普知识的宣传，印制大量《防雷安全科普手册》及音像资料向广大服务用户和市民发放，为社会提供多种形式的防雷宣传，起到较好的效果。面向教育、交通、水务、核电、旅游、危化企业、学校、建筑设计单位和质检站，开展针对行业特点的防雷科普知识培训和技术研讨，共举办30多次培训讲座，接受培训人数达6000余人。另外，市气象局主编了《防雷装置设计、施工及安装常见疑难问题解答汇编》，并面向专业防雷公司和建筑设计单位开展防雷疑难问题专题培训。

2010年，全年共完成300家中小学校防雷安全检测工作任务，编制了《中小学校雷击风险分析报告》。在此基础上，为有效指导全市学校防雷安全管理，完成深圳经济特区技术规范《雷电防护安全与检测规范 第2部分 学校》的编制。另外，为保证气象业务系统的安全运行，汛期前及时开展气象系统防雷安全年度检测，完成石岩、竹子林、蔡屋围、机场等几大气象基地和130个自动气象站的防雷检测，确保系统运行安全。对于石岩风廓线疑似雷击事件进行了科学分析，提出问题所在。西涌天文台落成以后，于9月遭受较大雷电灾害，中心先后派出5批技术人员到现场调查指导整改。另一方面，受水务集团委托，根据对水厂、污水处理厂、水库等实地深入调查，邀请水务专家现场指导，在查阅大量技术资料基础上，完成《水务集团防雷装置技术条件研究》编写。目前，项目成果逐渐应用到水务系统的防雷技术改造之中，发挥较大效益。2010年3月，与富士康科技集团签署气象综合减灾框架协议，组织技术人员对富士康集团进行深入调研，在气候资料、日常气象预报、灾害天气预警信息基础上，为其提供气象灾害防范安全指导，并对集团相关技术人员进行了气象和防雷知识的培训，提高人员的风险管理意识，完成112余栋厂房和宿舍的防雷检测，为企业安全生产和产品国际认证提供保障。另外，针对东部华侨城服务需求，多次组织技术人员赴东部华侨城进行防雷技术服务现场勘查，编制了《东部华侨城景区气象灾害风险评估与安全工程项目建议书》。同年，根据市政府轨道交通建设管理要求，成立轨道交通防雷专项服务小组，聘请北京、上海、广州知名防雷专家参与此项目的技术咨询及重点问题研讨，编制完成《深圳地铁防雷技术服务指南》，对地铁建设和运营管理提供指导和服务。9—11月，顺利完成地铁1、2、3号线初期工程40座车站、车辆段、主变电站的防雷装置综合检测和专项服务工作。

2011年，按照市政府《深圳市城市轨道交通工程政府验收管理办法》，市气象局与市轨道交通建设办公室联合发出《关于做好城市轨道交通工程项目防雷安全工作的通知》，自2010年9月至2011年6月，集中开展地铁线路的防雷检测和安全评估工作，完成了1、2、3、4、5号共120余千米地铁线，包括103个站点、3个停车场、5个车辆段、5个主变电站以及北站枢纽的防雷安全检测。另外，按照市委办公室《关于开展第26届世界大学生夏季运动会安全生产突发事件风险隐患排查的通知》要求，市气象局下发《关于开展场馆防雷安全隐患排查的通知》（深气函〔2011〕87号），2011年6月前，完成了42个大运场馆的防雷安全隐患排查，形成评估报告报大组委落实整改。同时，对提供大运新能源服务的57个汽车充电站、汽车加气站以及市政穿衣带帽工程、大运餐饮供应项目等进行雷电灾害风险隐患评估和防雷整改技术指导服务。

2012年，按照市政府《深圳市城市轨道交通工程政府验收管理办法》和《关于启动我市轨道交通4号线续建工程竣工验收工作的请示及市领导批示》的要求，对深圳地铁3号线和4号线进行了年度检测，其中3号线共30个站、2个主变电站、1个停车场、1个车辆段，4号线共10个站、1个车辆段、1个主变电站。

2013年，完成了深圳轨道交通1、2、3、4、5号线的防雷装置竣工验收检测，其中108个车站、9个主变电站、6个车辆段。另外，新增加HAEFELY组合波冲击发生器，改造10/350微秒冲击电流发生器及配套电源等设备，目前实验室拥有国内外先进的检测仪器共50台（套），可对外开展低压配电系统电涌保护器（SPD）中电气性能试验、机械性能试验、环境试验和安全试验等19个项目；电信和信号网络的电涌保护器（SPD）中电气性能试验、机械性能试验、环境试验和信号传输特性试验等19个项目，在原有业务上新增加了11个测试项目。全年对外测试服务150余宗，其中信号类40宗、电源类72宗、研发类8宗、元器件13宗、整机5宗和其他类12宗，涉及行业有防雷产品生产企业、通信企业、电子元器件企业及研究机构等，为企业及研究机构提出专业的技术意见和建议。业务拓展到珠三角甚至杭州、湖南等，南方电网广东电力研究院对招标的40余种产品进行测试。

2014年，实验室对外开展防雷产品及相关产品检测服务，并出具检测报告共计182份，其中电源类96个型号、信号类60个型号、元器件15个型号以及其他相关产品11个型号。实验室本年度新增交、直流热定试验仪装置、误码率测试仪、HAEFELY Psurge30.2冲击发生器4台（套），现拥有各类检测仪器共57台（套），可进行防雷产品等电气特性试验、机械性能试验、安全性能试验和电信及信号网络试验的测试。10月通过广东省质量技术监督局“中国计量认证”（CMA）资质评审，新增加机械强度、耐非正常热和耐热、介电强度、检测MOV压敏待机电流及标称压敏电压试验等5项试验能力。为广东省电力科学研究院、深圳地铁三号线投资有限公司、深圳市质量技术监督评鉴事务所和艾默生网络能源有限公司等科研机构、防雷产品行业、通信行业、电子元器件行业提供测试服务。

2015年6月起，开展对防雷产品质量监督检测工作，主要对低压配电系统电源电涌保护器的标识和标志、确定电压保护水平和热稳定试验三个测试项目进行监督。完成质量监督检测36宗，其中合格26宗、不符合要求10宗，检测合格率72.2%。

2016年1月，在向广东省气象局、市财委等部门沟通的基础上，市气象局向市编办提交了《深圳市气象局关于深圳市气象服务中心机构编制有关事项的请示》，申请将该中心由财政核拨补助转为财政核拨事业单位。8月，市编办批复了服务中心机构和编制事项：深圳市气象服务中心（市防雷中心）的经费形式由财政核拨补助调整为财政核拨，加挂的“深圳市防雷中心”牌子更名为“深圳市气象公共安全技术支持中心”，相应职能由“防雷检测等收费服务”优化调整为“承担防雷安全排查、行业专项雷电预警服务、雷电灾害风险评估与区划、防雷产品质量监督技术支持等工作”。

2017年，为贯彻落实市政府常务会议和《深圳市人民政府关于贯彻落实国务院优化建设工程防雷许可决定的实施意见》（深府〔2017〕58号）的要求，6月29日下午，市气象局组织召开深圳市防雷安全管理联席会第一次会议。市安全监管局、市住房建设局、市经贸信息委等13家联席会议成员单位的分管领导和联络员参加会议。会上，市气象局与市交通运输委、市住房建设局、市水务局、深圳供电局、深圳市通信管理局完成了建设工程防雷许可工作的移交。从2017年7月1日起，市气象局不再受理房屋建筑工程和市政基础设施工程防雷装置设计审核及其相应的竣工验收许可申请，不再承担交通运输、水务、电力、通信等专业建设工程防雷设计审核、竣工验收行政许可和监管工作，由各承接部门优化整合各自专业建设工程防雷许可，并向社会公布实施。同时，会议还就审定《深圳市防雷安全联席会议制度（征求意见稿）》等重大问题交换了意见，并于后期进一步探讨具体联动工作细节。

2018年，优化升级气象安全监察平台，安装300多套防雷装置在线监测仪，将全市各行业重点监管单位的基本信息、隐患排查、企业自查、执法检查等情况统一纳入信息化管理。推进雷电灾害防御技术培训指导工作的实施，培训场次为10场。配合“云巴”重大项目建设，编制《雷电防护安全要求及检测 第4部分 胶轮有轨电车系统》防雷标准。进一步完善日常监管、隐患排查、执法检查、行政处罚等措施和流程，建立安全生产监管的长效机制。年度统计应排查910宗，共出动2730人次。发放《深圳市气象局气象公共安全责任主体告知书》910份，企业签订《深圳市气象局气象公共安全生产承诺书》910份。对龙岗区、龙华区、光明区、坪山区、宝安区和大鹏新区6个区的203家粉尘重点场所开展防雷隐患排查。对想入库的20家防雷检测机构开展相关检查，对505家企业“双随机一公开”执法检查4次。通过公众号推送防雷科普和《广东省气象灾害防御重点单位气象安全管理办法》的解读等宣传推文，加强了对有限空间安全生产的宣传力度，同时在各协会等进行了推广和宣贯。在全国气象部门行政执法案卷评查工作中，市气象局关于“北京雨田众合防雷设施有限责任公司广东分公司无资质从事防雷装置检测案”被中国气象局评为优秀处罚案卷。对从事雷电防护装置检测的违法违规行为立案查处4宗，罚款金额19万元，没收非法所得3.59万元。2018年执法数量和质量上都走在全省前列，有三次在全省会议上做经验交流。

2019 年根据防雷安全生产管理工作实际需求，围绕服务专业技术水平、安全生产主体责任、法治社会宣传组织 15 场次培训，覆盖防雷从业人员、防雷企业和广大市民近 4000 人受益。针对 397 家气象灾害防御重点单位，累计共完成 997 宗气象灾害防御重点单位及场所的气象安全排查工作，并与重点单位签订告知书及承诺书。同时将安全排查信息录入气象安全管理监察平台，建立防雷安全排查企业台账；对排查中未落实整改的企业，通过现场复查、电话问询等方式督促整改，并将存在的隐患向其主管部门进行通报。组织对在深圳从事防雷检测的 28 家单位进行了专项现场检查。共计发现不符合项 137 个，23 家单位限期整改。依托气象安全管理监察平台，构建气象安全监管信息在线监测、在线监管和在线服务“一张网”。

第七节　施放气球管理

2004 年，施放气球管理开始成为气象部门的行政许可业务，市气象局制定《深圳市施放气球行政许可实施办法》《深圳市施放气球行政许可办事指南》和《深圳市气象局施放气球审批工作细则》，成立施放气球单位资质评审委员会，规范开展审批工作。调整完善气象行政执法队伍，推动行政执法队伍的建设，制定气象行政执法文书，明确执法程序，规范行政执法行为。通过民航中南地区空管局确定了全市施放气球许可区域和禁放区域，并通过媒体告知广大市民；与民航中南地区空管局中南管制室、民航珠海进近管制中心、民航深圳航管站召开施放气球审批协调会，明确了审批的流程、方法及建立四家单位之间空飘气球事故互相通报机制。市气象局与相关部门、媒体密切合作，宣传《通用航空管制条例》《施放气球管理方法》，向社会公布施放气球活动的规范和要求。市气象局对行政区域内施放气球作业人员、施放气球单位、施放作业申请以及施放气球活动进行管理和监督，对施放气球作业人员实行资格管理，举办《施放气球资格证》考试，共有 30 人办理了《施放气球资格证》。全年处理了 6 起在深圳市上空出现的空飘气球事件，依法查处 52 起违法施放气球活动。

2005 年，市气象局通过“世界气象日”“安全生产月”、电视台和气象志愿者等多种渠道广泛宣传气球管理法律法规，建立了全市 26 家气体生产企业和 987 家涉及礼仪策划业务企业的管理信息库；与市工商局加强部门联动、共同监管，建立户外气球广告前置审批和查处违规施放气球信息互通制度；与市城管局和六区城管办建立合作关系，直接向举办庆典活动的单位和个人进行宣传，共发放宣传资料 6400 份；与广州、惠州和东莞等市气象局合作联防联治，实行跨区域监管。定期或不定期组织施放气球执法检查，重点对禁放区域违规施放气球、无资质单位施放气球活动进行严厉查处。同年 1 月、4 月和 10 月组织 3 次施放气球专项安全检查，1—11 月，累计立案查处 5 家礼仪公司违规施放气球行为，共发出行政处罚决定书 5 份，其中给予东方彩虹、天华礼仪 2 家礼仪公司违法施放气球活动给予警告并处罚款 5000 元，现场查处了 32 起违规施放气球活动，当场责令停止违法行为。通过多种方式进行宣传，禁放区域内 42 家主要施放场地的管理单位和部门按照法律法规放弃以往的施放气球庆典方式，改用其他庆典方式，取得了明显效果。全年共处理了 3 起空飘气球事件。

2006 年，市气象局加大施放气球综合管理力度，注重部门联动、综合管理，提高监管效率。协调市安委办发文《关于加强我市施放气球安全管理工作的通知》，并落实相关工作要求，建立紧急、重大情况及时报告工作制度。从源头抓起，重点监管禁放区域及施放气球频繁的“重灾区”，先后走访市体育馆、大芬油画村等 78 家单位，上门宣传管理法规，增强施放气球行业自律性。在广东省率先推广使用系留气球快速放气装置，率先组织开展施放气球单位资质年审。定期组织施放气球执法检查，在 1 月、6 月和 12 月，分别组织开展 3 次施放气球安全专项检查工作，全年气球行政执法 75 宗、立案查处违法施放气球活动 2 宗，给予 2 家单位警告并处 6000 元罚款，共处理了 3 起空飘气球事件，及时消除了安全隐患。

2007 年，针对禁放区域内违法施放气球和未经批准违章施放气球行为，开展气球执法 64 宗，摘除违法施放气球 252 个。

2008 年，开展气球执法 52 宗，摘除违法施放气球 216 个。

2009 年，开展气球执法 47 宗，摘除违法施放气球 202 个。

2010 年，依托数字城管信息平台，针对禁放区域内违法施放气球和未经批准违章施放气球行为，开展气球执法 43 宗，摘除违法施放气球 170 个。

2011 年，开展气球执法 37 宗，摘除违法施放气球 155 个。

2012 年，开展气球执法 35 宗，摘除违法施放气球 139 个。

2013 年，开展气球执法 33 宗，摘除违法施放气球 155 个。

2014 年，开展气球执法 30 宗，摘除违法施放气球 125 个。

2015 年，开展气球执法 28 宗，摘除违法施放气球 117 个。

2016 年，开展气球执法 25 宗，摘除违法施放气球 115 个。

2017 年，依托深圳市数字化城市管理平台，加强违规施放气球执法监管。处置违法施放气球和未经批准违章施放气球行为，开展违规施放气球信息采集和现场法律知识宣贯，全年开展 13 次现场采集和宣传，处置违规施放气球 5 宗，摘除非法施放气球 23 个，对全部案件进行了有效处置，按期处置率均为 100%。

2018 年，全年开展 5 次现场采集和宣传，处置违规施放气球 4 宗，开具违法通知书 3 份，摘除非法施放气球 20 个，按期处置率均为 100%。

2019 年，全年未接到深圳市数字化城市管理平台转办的案件。同时，非法施放气球处置纳入深圳市标准化指导性技术文件《数字化城市管理》第 2 部分信息采集规范——宣传广告和第 4 部分处置和结案规范——宣传广告，明确信息采集的一般规定、操作流程和要求过程中的注意事项，以及案件处置和结案的过程管理。

第六章 气象科技与培训交流

气象事业是科技型、基础性社会公益事业，深圳气象事业发展的每一次进步都得益于科技创新的推动。从20世纪80年代、90年代自动气象观测仪器的研制，到21世纪集约化、智能化业务系统的研制应用；从2005年组建第一个市气象局科技攻关小组，到2014年创建“深圳南方强天气研究重点实验室”，再到联合国内外高校、科研院所、高新企业等社会力量形成的气象科技主力军，通过引进、消化、吸收、集成、再创新，形成了科研－业务－服务的良性循环，深圳气象科技自主创新能力和核心技术水平得到明显提升。

第一节 气象科技

一、科研组织

长期以来，深圳市无独立的气象科研机构，气象部门工作人员主要从事气象业务和服务等实际业务。尽管如此，市气象局仍积极鼓励技术人员围绕业务发展和特区经济建设需要，拓宽科技项目申报渠道，争取并承担科研和技术开发项目。技术人员为了提高各项业务服务能力，积极地开展各类气象科技研究和科研成果应用推广。

20世纪60—70年代，以组织参加省里会战或地区预报改革研究会战来实施预定的预报课题研究；70年代中后期，参加华南各省（区）联合组织的“华南前汛期暴雨实验”，这期间宝安县气象站参与对沿海大风以及影响台风的天气系统进行了共同研究；80年代以后，随着数值天气预报的发展及其显示出来的预报能力，在省气象局的指导下，深入进行MOS、PPM方法的研究与应用；1986年，开始引入人工智能自动化系统，研制了“要素定量预报自动化系统”，可以做旬、月降水、温度等要素预报，研制的PC-1500台风路径预报程序，被评为省气象局软件三等奖。90年代后期，着重开展数值预报产品解释应用的技术研究。1998年，参加国家级的科学试验“华南暴雨试验”和国际性科学试验“南海季风试验”这两个课题，圆满完成了试验规定的各项工作内容。

进入21世纪，新技术、新方法日新月异，气象科技也迎来了快速发展机遇。2005年，市气象局成立了气象科学技术委员会，发挥三个方面的作用：一是项目评审，技术把关；二是承担科研课题；三是以老带新的传帮带作用。同时，市气象局还成立了科技攻关小组，针对业务服务的重点、难点，开展科技攻关。另外，积极开展局校合作，先后与南京信息工程大学、深圳职业技术学院、湖北省经济管理干部学院等建立局校合作关系，开展项目研究，培养人才，提高研究水平。

21世纪10年代，市气象局先后与美国国家大气研究中心、美国俄克拉何马大学（OU）风暴分析预报中心、香港天文台、国家卫星气象中心、广州热带海洋气象研究所、中国科学院深圳先进技术研究院、中山大学、南方科技大学等多家科研机构、高校建立合作关系，着力将最先进的气象科技成果落地深圳应用，提升气象科技水平和服务质量。2014年12月，“深圳南方强天气研究重点实验室”获批立项，2017年，市气象局成立了预警预报、风险预警、城市气候服务、大数据研究、智能探测、安全气象技术6个科技创新团队，共有11个创新小组，针对业务各方向开展科技创新，并从中发掘和培养一批创新型、管理型和具有国际视野的复合型人才。

直至 2019 年 12 月，粤港澳大湾区气象监测预警预报中心（深圳气象创新研究院）落地深圳运行，深圳有了第一个侧重于气象科研的独立机构。

二、科技研发

1999 年以前，深圳的气象科技工作相对比较零散，2000 年之后，气象科技管理逐渐趋于规范，科技研发项目越来越多，支撑着深圳的气象业务服务进入快速发展的轨道。

1999 年，研发的“SHQI-300 自动气象站”通过了中国气象局的设计定型。“SHQI-300 自动气象站”站网系统成为当时全国唯一通过中国气象局业务验收的站网。“深圳市暴雨台风预警系统”（9501 工程）获中国气象局组织的由专家院士组成的评审团验收评审通过，并取得了两项全国第一和三项技术全国领先，获得了深圳市科技进步奖二等奖、广东省气象部门科技进步奖一等奖、广东省科技进步奖三等奖。

2001 年，完成“预报在线”设计和研制，集成了各种预报制度、气象资料查询、信号规定、台风命名、自动气象站资料显示等模块。

2002 年，开发太阳紫外线指数显示系统；“深圳市暴雨台风预警技术开发研究”获广东省科技进步奖三等奖；获中国气象局主办的“第四届全国电视气象节目观摩评比”综合类二等奖。

2003 年，先后与广东省气候中心合作研制了“深圳地区面雨量分析估测系统”，该系统结合深圳地区自动气象站资料和雷达图像资料对面雨量进行分析估测，可以提供精细的雨量分布估测。与武汉城市气象工程技术中心合作研究城市暴雨强度公式计算，通过对各类暴雨强度极值的计算，为深圳城市规划部门建设和管理提供科学依据。

2004 年，与中国环境科学研究院合作参与“深圳市大气污染控制规划研究”，该项目旨在提高对深圳天气气候演变与大气污染之间的关系的认识，以及天气型和气象要素、大气污染浓度的相关关系认识，增强空气质量预测预报能力；还与中国气象科学研究院和广州热带海洋气象研究所合作，进行了 GRAPES 数值预报模式和 MM5 模式本地化业务试运行。

2005 年，WMO 大气科学委员会热带气象研究工作组会议在深圳举办，15 个国家和地区的专家和顶尖科学家出席会议，为市气象局科技人员创造了参与国际会议的条件。市气象局技术人员应邀参加了香港“晴天行动”国际学术交流会，参加全国新一代天气雷达技术交流会、“泛珠三角”气象研讨会以及深圳科协学术交流会等活动，促进了科研能力和学术水平的提高。

2006 年，获得省气象局科技指导课题两项，即“深圳市气象局中心数据库的开发应用”“深圳高温天气气候特征分析与预报方法研究”。有两项科技开发成果——“中长期预报系统”和“气象预警传真分发系统”获得省气象局成果应用三等奖，一项科研成果——“深圳市暴雨强度公式”通过了中国气象局科技司组织的成果鉴定，成果总体达到了国内先进、部分国际领先水平。

2007 年，获批“气象预警小区广播系统”等厅局级科研项目 6 项。气象预警小区广播系统是市气象局与中国移动通信公司合作为市民免费播发气象预警的又一重要途径。它可以将气象预警信息快速发送给可能发生气象灾害的区域，让更多市民能第一时间接收到气象预警，提前做好防御灾害的准备。

2008 年，获批“深圳市海洋气象精细化预报系统”等厅局级科研项目 3 项。年内还开展了“深圳市新一代暴雨强度公式”的推广应用工作，市建筑工务署、市建筑研究设计总院有限公司已将“新一代暴雨强度公式”研究成果应用到大运会中心和各比赛场馆、深圳证卷交易大厦的设计之中，根据应用中设计人员反馈的意见，重新修订了暴雨强度公式参数计算 1～20 分钟暴雨强度，完善暴雨强度公式应用手册，并去函规划局拟联合进一步推广应用，该项目获本年度广东省气象科技成果应用奖三等奖。

2009 年，获批“台风外围环流影响下的深圳市重度灰霾研究”等厅局级科研项目 3 项。获得发明专利 1 项——“基于边界识别追踪技术的雷暴云团的临近预报方法和系统”，本发明专利是利用模式识别技术进行云团边界识别、拓扑处理，建立云团生命时序与族谱关系，可较好地识别和外推预报雷暴云团。

同年，为了做好大运气象保障工作，坚持引进和自主研究相结合，既要考虑能够满足大运会气象保障的服务需要，又要满足长远有利于提升深圳市气象服务能力的需求，走出了一条“引进－集成－吸收”的发展道路，为精细化城市气象服务、大运会气象服务提供了坚实的科技支撑。注册软件著作权6项。

2010年，科技创新能力不断提升，获批科研项目8项，其中省部级合作项目1项、厅局级5项、市级2项。通过建立台风、暴雨、强对流、大运、系统和气候技术六大科技团队，完善科技探讨机制等措施，促进研究型业务深入发展，联合国内外先进科研机构在“三个系统、一个格点产品、两项试验”方面取得突破进展，大幅提升临近预报能力和短时预报时效。“监测业务平台”项目荣获广东省农业技术推广奖三等奖，进行科技成果鉴定2项，注册软件著作权4项。

2011年，获批科研项目4项，其中厅局级2项、市级2项。通过不断提升科技创新能力，实现了气象预警预报服务的系统化、集约化、高效化，基本具备了针对各易涝区域发布重点提示、按街道办发布气象灾害预警和地质灾害分区预警、按主要交通干线提供1千米级气象服务信息等能力。自主研发的“基于互联网的深圳市多级气象服务平台”获得广东省气象科技成果应用奖三等奖。

2012年，获批科研项目8项，其中省部级2项、厅局级6项。落实《深圳市气象局与香港天文台数值天气预报技术长期合作协议》，依托粤港气象专线和市气象局至超算中心专线，建立香港天文台访问超算中心，港方已在超算中心调试数值预报模式。港方的NHM数值预报模式资料正常传输到市气象局，并投入使用。其中利用卡尔曼滤波最优插值法建立动态QPE和QPF订正技术，大幅提升精细化数值模式的准确性与稳定性。自主研发的“气象灾害分区预警和雷暴追踪系统”获评广东省气象科技成果应用奖一等奖，进行科技成果鉴定1项，注册软件著作权8项。

2013年，获批科研项目5项，包括：与深圳大学合作申报国家自然科学基金1项、省部级1项、厅局级1项、市级2项；“世界大学生运动会气象保障指标研究”获得广东省气象科技成果应用奖一等奖；进行科技成果鉴定2项，注册软件著作权5项。

2014年，获批厅局级科研项目1项。市气象局创建“深圳南方强天气研究重点实验室”，推动气象科技可持续发展；联合国内外多家科研业务单位开展强对流、暴雨预报技术的“春季试验”；改进飑线与冰雹的短临预报算法，在冰雹预警中发挥重要作用，取得了较好的服务和防灾效果。同时，瞄准现代化业务体系，聚焦预报预警精准率，改进实时同化预报系统和雷暴尺度集合预报系统，开展雷达和自动站等观测资料的同化研究，模式分辨率由4千米精细到2千米，“气象灾害分区预警和雷暴追踪系统研究与应用”项目获广东省科学技术奖三等奖，“基于移动互联网的气象服务系统”获得广东省气象科技成果应用奖二等奖。进行科技成果鉴定1项，注册软件著作权7项。

2015年，深圳市气象局获批科研项目13项。其中1项为以市气象局为依托单位申请的国家自然科学基金项目，实现多年来市气象局国家级科技项目零的突破；省部级项目3项，厅局级8项，市级1项。与中国科学院深圳先进技术研究院合作开展数值天气预报实用技术研发，在台风的风雨预估、多模式对比检验等方面有效提升了深圳和珠三角地区灾害性天气的监测、预报和服务水平。发展了一种全新的对流临近预报外推算法——“光流法”技术，解决强度和形状快速变化的局地性雷暴的回波外推问题，对突发性强雷暴天气的短临预报预警能力提升了7%，该成果通过权威部门认定为国际先进，“一种强对流天气的临近预报方法及系统”获发明专利，“深圳市应急气象保障系统”获广东省农业技术推广奖二等奖，“深圳市精细化气象预报业务系统”获广东省气象科技成果应用奖一等奖。注册软件著作权8项。

2016年，获批科研项目8项。包括：国家科技部的重点研发计划1项，合作申请国家自然科学基金1项，省部级2项，厅局级4项。依托“深圳南方强天气研究重点实验室”，联合广东省区域数值天气预报重点实验室、美国俄克拉何马大学风暴分析预报中心等，开展强对流天气春季试验，当年第二季度短时大风预警准确率由上年同期的56%提高至61%，提前量由17分钟提至29分钟，强雷电预警提前量由上年17分钟提至27分钟；推出高级别台风暴雨预警概率预报，台风路径预报从3天延长至5天；首次与NCAR合作的逐小时更新1千米分辨精细化数值预报系统已投入试运行，建立了雷达资料快速分析处理系统，开展冰雹、雷电、雷雨大风等强对流分类预报应用研究和台风引起的深圳近海极大风的定量预报研究，推出库区降雨预报和城市内涝风险预警。注册软件著作权 9 项。

2017 年，获批科研项目 8 项，包括：合作国家自然科学基金 1 项，省部级 1 项，厅局级 2 项，市级 4 项。基于双偏振雷达资料研发了高时空分辨率的降水产品，提高了强降雨 QPE 的精准度；采用模糊逻辑和物理量阈值算法建立了基于双偏振雷达的相态识别系统，研究冰雹识别算法，实现了冰雹等不同相态产品的自动分类识别和追踪业务应用；利用分布式 Cassandra 数据库和金字塔切片模型技术，实现葵花 8 号高分辨率卫星海量数据快速处理，形成高性能、高清晰可缩放图像，为灾害性天气预警预报提供支撑。

2018 年，获批科研项目 4 项，包括：合作国家科技部重点研发计划 1 项，厅局级 3 项。“基于智能预报大数据技术应用”双偏振雷达处理时间由原来的 5 分钟缩短至 3 分钟左右，实现了雷达数据传输的零延时、海量雷达切片秒级检索、近 10 年雷达数据通过短时临近积极决策系统（PONDS）查询等功能，为预报员分析历史过程提供了便利。获国家实用新型专利 1 项，完成自主创新科技成果鉴定 1 项，注册软件著作权 19 项。

2019 年，获批科研项目 5 项，包括：合作国家科技部重点研发计划 1 项，省部级 2 项（其中合作 1 项），厅局级 2 项。基于人工智能的短临预报技术较传统光流法 CSI 评分提升 8%；雷暴集合预报系统预报分辨率提升至 3 千米。通过国家重点研发计划“珠三角高密度城市局地污染过程的边界层热 – 动力机制研究”项目，基本厘清了珠三角地区颗粒物污染的基本空间分布格局，明确了灰霾天气变迁与产业结构关系，对于局地颗粒物重污染事件的统计特征及背景气象条件、典型污染事件的物理化学特征有了更深入的认识，同时指出高密度城市的热—动力作用是局地污染形成的重要原因。该项目研究成果已经在市生态局的大气环境质量提升中得到应用。获得国家发明专利 2 项、中国气象局科技成果登记 2 项，注册软件著作权 4 项。

三、主要成果

根据国家、省、市有关科研成果评奖管理办法，深圳市气象科技成果的申报评奖主要途径是广东省气象局及深圳市科学技术委员会，其中 2009—2019 年市气象局为市政府组成部门，作为公务员身份的人员不能申请深圳市科技项目支持和申报科技奖励，在一定程度上影响了科技成果的数量。据不完全统计，1986—2019 年，气象系统获各级、各类科技成果奖励共 26 项（详见表 6–1–3–1），被评为优秀论文（报告）共 36 篇（详见表 6–1–3–2），发表论文 386 篇（见附录三）。

近 10 年来，深圳气象科技的核心技术与成效主要表现在：一是以引进美国实时同化预报技术和雷暴尺度集合预报技术为代表集成的预报系统，实现了深圳分区分街道的 12 小时逐时自动滚动预报；二是以引进香港、北京、广州、武汉等短时临近预报技术成果为代表，促进了深圳短时临近雷暴追踪技术的创新，暴雨预警准确率提升至 82%，气象灾害预警提前量从 22 分钟提高到 45 分钟；三是以引进国家数值天气预报中心以及欧洲、日本、美国精细化数值预报产品，结合释用技术，实现了逐日滚动预报从 7 天延长至 10 天，台风路径预报偏差缩小至 80 千米；四是以引进奥运会、亚运会智能预报技术为基础，结合自主创新的雷暴识别追踪、统计回归模型订正等技术，重构具备云团识别、预警提示、快速制作、一键发布、应急联动等一体化的智能预警服务流程；五是以城市气候灾害风险评估技术为核心，实现了点面结合、长短结合的天气 – 气候灾害风险实时跟踪评估与预测服务。

表 6–1–3–1　1986—2019 年市气象局科技成果奖励和发明专利一览表

序号	年份	项目（论文）名称	授奖（专利）部门	等级	获奖单位、人员
1	1986	PC–1500 台风路径预报程序	广东省气象局	广东省科学技术进步奖三等奖	深圳市气象台
2	1989	电容式遥测雨量计	国家	专利	郭世浩、蒲广亮 等
3	1995	测风装置	国家	专利	钱肇淇、郭世浩、毛云庆

续表

序号	年份	项目（论文）名称	授奖（专利）部门	等级	获奖单位、人员
4	1997	轻便测风仪	国家	专利	钱肇淇、郭世浩
5	2000	深圳市中尺度自动气象站网系统	广东省人民政府	广东省科学技术进步奖三等奖	周新、蒲广亮 等
6	2000	SHQI-300 型自动气象站	广东省人民政府	深圳市科学技术进步奖二等奖	周新、蒲广亮 等
7	2000	深圳市气象台预警信息显示系统	广东省气象局	广东省气象局气象科技进步奖三等奖	兰红平、李新硕 等
8	2001	深圳市暴雨台风预警技术开发研究	广东省人民政府	广东省科学技术进步奖三等奖	毛夏、何溪澄 等
9	2002	深圳市气象灾害预警的研究	深圳市人民政府	深圳市科学技术进步奖三等奖	毛夏、肖永彪 等
10	2006	中长期气候预测业务系统	广东省气象局	广东省气象科技成果应用三等奖	张小丽、顾宗华、钟保粦 等
11	2006	深圳市气象局预警信息分发系统	广东省气象局	广东省气象科技成果应用三等奖	梁碧玲、何宇华 等
12	2008	深圳新一代暴雨强度公式研制与应用	广东省气象局	广东省气象科技成果应用三等奖	张小丽、陈正洪、王明洁 等
13	2009	基于移动互联网的应急指挥信息平台	广东省人民政府	广东省科学技术奖三等奖	毛夏 等
14	2010	基于边界识别追踪技术的雷暴云团的临近预报方法和系统	国家知识产权局	专利	兰红平、孙向明、梁碧玲 等
15	2010	深圳市气象综合监测业务平台	广东省农业技术推广奖评审委员会	广东省农业技术推广奖三等奖	江崟、谭明艳、庄红波 等
16	2011	基于互联网的深圳市多级气象服务平台	广东省气象局	广东省气象科学技术成果应用奖三等奖	李程、陈训来、兰红平 等
17	2012	气象灾害分区预警和雷暴追踪系统	广东省气象局	广东省气象科学技术成果应用奖一等奖	兰红平、陈训来、张小丽 等
18	2013	世界大学生运动会气象保障指标研究	广东省气象局	广东省气象科学技术成果应用奖一等奖	张蕾、王明洁、李辉 等
19	2014	基于移动互联网的气象服务系统	广东省气象局	广东省气象科学技术成果应用奖二等奖	刘东华、兰红平、曹春燕 等
20	2014	气象灾害分区预警和雷暴追踪系统研究与应用	广东省人民政府	广东省科学技术奖三等奖	兰红平、陈训来、孙向明 等
21	2015	深圳市应急气象保障系统	广东省农业技术推广奖评审委员会	广东省农业技术推广奖二等奖	曹春燕、刘东华、李程 等
22	2015	深圳市精细化气象预报业务系统	广东省气象局	广东省气象科技成果应用奖一等奖	陈训来、兰红平、曹春燕 等
23	2015	一种强对流天气的临近预报方法及系统	国家知识产权局	专利	曹春燕、陈元昭、张文海 等
24	2017	一种雷电信息监测及处理设备	国家知识产权局	专利	邱宗旭、蔡然、刘敦训 等
25	2019	一种雷电监测预警及戒备服务系统及预警方法	国家知识产权局	专利	邱宗旭、蔡然、刘敦训 等
26	2019	突发事件预警信息的短信发送装置、发布装置及系统	国家知识产权局	专利	陈训来、蔡伟源、徐婷

表 6-1-3-2 市气象局获得优秀论文（报告）一览表

年份	论文名称	授奖单位	授奖名称	作者
1996	《6・19 暴雨数字红外云图的分析》	广东省气象学会	优秀论文	孙晓玲 等
1998	《1998 年 6 月 9 日深圳暴雨的中尺度分析》	广东省气象学会	优秀论文	江崟
1999	《应用雷达自动站动态拟合方法定量估测“5・24 特大暴雨”降水分析》	广东省气象学会	优秀论文	张蕾
2000	《用红外云图估测小区域雨强及其在短时预报中的应用》	中国气象局预测减灾司	优秀论文	兰红平 等
	《浅析深圳首场隆冬暴雨》	广东省气象学会	优秀论文	孙晓玲
2001	《应用 6.7 μm 水汽图像分析一次特大暴雨的大气环境特征》	广东省气象局	优秀论文	江崟 等
	《一次暴雨过程的多普勒天气雷达径向速度场分析》	广东省气象学会	优秀论文	曹春燕
2003	《一个地图边界提取的递归算法》	广东省气象学会	优秀论文	孙向明
	《一次局地强风暴过程 γ 尺度特征分析》	中国气象局预测减灾司	优秀论文	张蕾
2004	《不同下垫面不同地点的高温特征及信号发布》	广东省气象局	优秀论文	张小丽 等
2005	《厄尔尼诺、拉尼娜年的拟合》	广东省气象局	优秀论文	钟保粦
2006	《教育行业气象服务作用及效益调查评估报告》	中国气象局政策法规司	调研报告优秀三等奖	冯静
2006	《深圳夏季高温天气气候特征与形势分析》	广东省气象局	优秀论文	曹春燕 等
	《基于 ArcCIS 的地面落雷密度格网化方法》	中国气象局雷电防护管理办公室	“中光杯”优秀论文	李程 等
	《遥感 GPS 倾斜路径信号构筑水汽时空分布图》	北京气象学会	2006 年中青年优秀论文二等奖	毛辉
	《论电视天气预报节目的内容与风格》	气象影视与广播技术委员会	2006 年学术交流会二等奖	章勇鹏
2008	《卫星通信在自动气象站数据传输中的应用》	广东省气象学会	第七届全省青年气象学术研讨会优秀论文奖	王小勇 等
2008	《一次夏季冰雹天气过程分析》	广东省气象学会	第七届全省青年气象学术研讨会优秀论文奖	陈元昭 等
2009	《准双周振荡对华南春季降水的影响》	广东省气象局	2009 年度优秀论文	贺佳佳 等
2009	《0907 号热带风暴“天鹅”暴雨数值模拟研究》	广东省气象局	2009 年度优秀论文	陈训来 等
2009	《大运场馆雷击风险隐患分析》		中国“爱劳杯”优秀防雷技术论文	杨悦新 等
2010	《短时临近预报系统在广东一次强对流天气过程的检验分析》	广东省气象局	2010 年度优秀论文	陈元昭 等
2012	《新一代自动气象站数据通讯传输 DTU 研究与应用》	中国气象学会大气探测与仪器委员会	第二届全国气象观测技术经验交流会 优秀论文	郑涛 等
2014	《微博在短临天气预报服务中的作用浅析》	中国气象学会	优秀论文	陈申鹏 等
	《深圳降水资料信息挖掘及在气候服务中的应用》	广东省气象学会	优秀论文	李磊 等
	《基于风雨影响评估需要的深圳热带气旋数据库系统》	广东省气象学会	优秀论文	郑群峰 等
2015	《短时强降水临近预报相对准确率的探讨》	广东省气象学会	优秀论文	张蕾 等
2016	《深圳沿海地区阵风系数的特征》	广东省气象学会	优秀论文	魏晓琳 等
2017	《深圳风廓线雷达与气象梯度塔对风速观测的对比分析》	广东省气象学会	优秀论文	罗红艳 等
	《基于模糊逻辑的双偏振多普勒雷达地物杂波抑制方法的初步应用》	广东省气象学会	优秀论文	宗蓉 等
	《深圳市“互联网 +”公共气象服务发展瓶颈与改进策略》	中国气象局学会气象软科学委员会	会议学术交流三等奖	王延青 等
	《深化科普创新，助理惠民科普新常态》	中国气象学会	年会优秀报告	章勇鹏 等

续表

年份	论文名称	授奖单位	授奖名称	作者
2018	《深港气象现代化发展特征分析与启示》	中国气象学会	气象软科学年会二等奖	孙石阳 等
2019	《华东地区暖季低层 γ 中尺度涡旋的特征研究》	广东省气象学会	年会优秀论文	唐滢 等
	《气象科普多元参与儿童友好城市建设的探讨》	广东省气象学会	年会优秀论文	孙通 等
	《粤港澳大湾区超大城市气象高质量发展特征分析与启示》	中国气象学会	气象软科学年会二等奖	王延青 等

第二节 合作交流

随着深圳气象事业的发展，市气象局积极加强与国内外气象研究机构的交流与合作，围绕发展需求，引进先进成果，推进深化合作。

一、国际合作交流

1992 年，接待伊朗气象代表团等外宾三批共 96 人。

1993 年，联合国世界气象组织国家会员的 20 位国家气象局局长访问市气象局。

1995 年，越南水文气象局 Ngvyen Thi Tan Thanh 博士访问市气象局。

1997 年，越南农业气象代表团一行 3 人访问市气象局。

1998 年，以阮德语为团长的越南气象水文代表团一行 7 人访问市气象局。

1999 年，接待来自俄罗斯、越南的外事气象代表团。

2004 年，组织部分中层干部和高工参加市人事局组织的涉外培训，赴日本学习气象灾害的防御体系。

2005 年，WMO 大气科学委员会热带气象研究工作组会议在深圳举办，15 个国家和地区的专家及顶尖科学家出席会议；市气象局领导带队赴南美气象部门交流；派员参加省气象局组织的赴法国气象部门进行高温天气预报技术和服务交流。

2006 年，7 批外事计划获得市外事部门批准。第一批 1 人随市应急指挥中心参加赴美国培训学习；有 4 批共 20 人分别参加了在肯尼亚举办的世界气象组织国际学术会议、芬兰维萨拉自动气象站培训、美国风廓线雷达培训以及赴俄罗斯和匈牙利气象部门进行交流等；另有 2 批为分别派员参加中国气象局组团的赴法国防雷技术专业培训、参加省气象局组团的赴法国防雷技术专业培训等。

2007 年，市气象局组团赴西班牙参加 WMO 国际研讨会“安全可持续发展的人居生活——气象服务、气候服务、水务的社会经济效益”；派业务骨干赴匈牙利、捷克参加气象中尺度预报模式及气象灾害预警发布表现新思维培训班；派员参加中国气象局组织的赴德国参加未来气候变化及气象政策应对培训。

2008 年，2 批学习考察计划获得市外事部门的批准。一批是市气象局领导带队赴南非、肯尼亚参加人工影响天气作业技术应用学习培训；另一批赴德国、英国学习城市交通气象保障服务工作。另外，芬兰 Vaisala 气象测量技术有限公司首席科学官、美国气象学会主席 Walter Dabberdt 博士等气象专家一行 10 人到市气象局访问交流。

2009 年，3 批学习考察计划获得市外事部门的批准。第 1 批是赴希腊、西班牙学习当地大型国际赛事气象保障的先进经验；第 2 批是赴美国风暴预报中心和加拿大国家气象部门学习关于中小尺度天气过程的跟踪监测的新技术和新方法；第 3 批是赴德国、英国学习城市交通气象保障服务工作。

2010 年，4 批培训交流计划获得市外事部门的批准。一批是派员参加中国气象局组团赴日本参加数值天气预报培训；另外两批是分别赴芬兰、美国参加维萨拉设备技术维护培训。此外，还派员到美国参加第 5 届国际计算风工程大会。

2011 年，市气象局领导赴新加坡参加气候变化和可持续能源管理培训；市气象局组团前往西班牙学习举办大型国际赛事的丰富经验，为 2011 年夏季在深圳举办的世界大学生运动会气象服务取经。

2012 年，4 批培训计划获得市外事部门的批准。第 1 批是派技术骨干赴美国俄克拉何马大学风暴分析预报中心（CAPS）参加雷达资料同化技术、三维变分技术等培训；第 2 批是赴美国参加数据同化系统和气候服务技术培训；第 3 批是派技术骨干到爱尔兰参加第八届国际城市气候研讨会；第 4 批是市气象局领导带队赴美国与美国俄克拉何马大学风暴分析预报中心签署长期合作框架协议，同时访问美国国家大气研究中心（NCAR）、加拿大气象局气象研究部。同年，芬兰维萨拉公司研发人员、产品经理访问市气象局，就综合气象观测系统及数据质量控制等课题进行交流与探讨。

2013 年，4 批培训交流计划获得市外事部门的批准。第 1 批是派业务骨干赴美国俄克拉何马大学风暴分析预报中心培训，学习实时同化预报系统（HAPS）模式原理、检验、敏感性试验和实时分析；第 2 批是派员赴斯洛文尼亚和德国，参加细颗粒物监测技术和气溶胶成分分析技术培训；第 3 批是市气象局领导带队赴奥地利、德国气象部门，就数值天气预报、气象卫星产品研发应用、强天气预报方法、气象探测质量控制等方面开展交流；第 4 批是派员赴法国、瑞士参加雷电灾害防御实验设备的技术培训。同年，美国强风暴实验室（NSSL）高级科学家部吉东博士访问市气象局，以雷达资料同化及其在 NSSL 的应用为题进行授课；美国俄克拉何马大学风暴分析预报中心主任薛明访问市气象局，商讨进一步合作研究事项。

2014 年，7 批培训交流计划获得市外事部门的批准。第 1 批是派科技人员赴新加坡参加气象服务标准化试点项目 ISO 效益评估研讨会；第 2 批是派科技人员赴葡萄牙、法国参加第三届国际水利与环境工程学会欧洲大会；第 3 批是市气象局领导带队赴美国科罗拉多州博尔德美国国家大气研究中心访问交流，学习新一代的基于高分辨率实时四维同化数值天气模式（NCAR-SZMB RTFDDA）和天气雷达反演降水产品技术；第 4 批是派科技人员赴德国参加第 6 届国际计算风工程大会，并做题为“三维山体激发背风波 CFD 模拟研究”的口头报告；第 5 批是派预报技术人员赴美国俄克拉何马大学风暴分析预报中心学习培训，学习对卫星、自动站等多种高时空分辨率的稠密观测资料的融合和同化应用等技术能力；第 6 批是派员赴新加坡参加“气候变化适应策略”课程培训；第 7 批是市气象局领导赴美国参加市委组织部组织的都市计划培训班。

2015 年，3 批培训交流计划获得市外事部门的批准。第 1 批是派预报人员赴美国俄克拉何马大学风暴分析预报中心参加集中技术培训；第 2 批是市气象局领导带队赴欧洲雷丁中期天气预报中心、爱尔兰国立高威大学学习最新的气象业务技术；第 3 批是派专业技术人员赴英国伯明翰维萨拉公司参加集中培训。同年，芬兰维萨拉公司全球总裁吉尔·福森和中国区总裁贝利·苏力威一行来市气象局访问交流。美国俄克拉何马大学风暴分析预报中心主任薛明教授访问市气象局，做了题为《珠江三角洲对流降水气候统计以及集合资料同化的一些新进展》的报告。

2016 年，4 批培训交流计划获得市外事部门的批准。第 1 批是派技术人员赴美国俄克拉何马大学风暴分析预报中心参加 ARPS 模式应用技术交流培训；第 2 批是派技术人员赴美国国家大气研究中心参加技术培训，学习城市道路积水、城市轨通、城市地质灾害等多领域数据融合技术和分灾种气象灾害影响预报与风险预警技术等；第 3 批是广东省气象局和深圳市气象局组团赴斯里兰卡开展“一带一路”港口气象服务调研考察工作；第 4 批是市气象局领导带队赴芬兰、德国学习先进的地面气象观测技术和天文望远镜观测技术。同年，美国国家海洋和大气管理局（NOAA）资料变分同化专家到市气象局访问，就强天气的预警预报、三维变分数据同化等问题开展技术交流。美国国家大气研究中心（NCAR）专家访问市气象局，开展气象探测资料的处理及应用的专题培训；美国国家大气研究中心博士团到市气象局进行短临预报、城市大气环境等访问交流。

2017年，5批培训交流计划获得市外事部门的批准。第1批是派技术人员前往德国哥德堡应用科技大学、Peissenberg Tower、HBM高速采集设备生产公司学习德国高塔雷电观测的先进技术和HBM高速采集测试技术；第2批是赴美国俄克拉何马大学学习双偏振雷达质量控制技术、双偏振雷达联网观测及双偏振雷达数据在预报中的应用；第3批是市气象局领导带队赴澳大利亚气象局学习智能格点预报业务系统；赴新加坡参加第26届CIKM国际会议，促进深度学习等新技术在气象智能预报中的应用；第4批是派技术人员赴荷兰参加太阳辐射观测系统培训；第5批是派员赴新加坡参加第26届信息与知识管理国际会议。同年，邀请美国俄克拉何马大学教授访问市气象局，为技术人员开展强对流天气预报和双偏振雷达应用技术培训。美国国家海洋和大气管理局负责卫星和信息服务的副助理局长马克·佩斯率众多国际专家组成的气象代表团到市气象局进行访问交流。

2018年，3批培训交流计划获得市外事部门的批准。第1批是派员赴美国NCAR开展交流学习，学习NCAR在气象数据融合、质量控制、资料同化、精细化服务等方面的技术和经验；第2批是派员赴加拿大气象局开展强降水预报技术交流，学习加拿大国际知名雷暴短时临近系统CARDS、降水预报系统MAPLE等预报技术及应用；第3批是市气象局领导带队赴瑞士世界气象组织（WMO）学习智能预报发展研究计划，商讨将深圳列为智能短临预报技术发展和应用的试点城市。

2019年，2批培训交流计划获得市外事部门的批准。第1批是派员赴德国开展专项数值模式预报产品技术应用交流，学习德国数值预报模式研发和应用机制；第2批是赴以色列耶路撒冷希伯来大学开展技术交流，学习借鉴国际卫星遥感资料应用的先进技术，探讨合作交流机制。

二、港、澳、台合作交流

1995年，以台湾大学大气科学系陈泰然教授为领队的台湾气象界一行11人访问市气象局；香港天文台署理副台长林超英等4人访问市气象局。

1996年，第一届粤港澳气象业务工作会议在深圳召开。

1997年，香港天文台李本滢一行6人访问市气象局。

1999年，市气象局承办了粤港澳中尺度天气研讨会。

2001年，组织6人赴香港和台湾进行气象业务考察交流。

2004年，组织科级干部分批到香港天文台培训学习。

2005年，市气象局技术人员应邀参加香港"晴天行动"国际学术交流会。

2010年，派员到香港参加数字城市群建设和管理学术研讨会；2批人员分别参加市人事部门组织的赴香港"公务员分类改革专题"培训。

2011年，市气象局与香港天文台签订数值天气预报技术长期合作协议，利用国家超算深圳中心的计算资源，开展深港中尺度分析及预报技术合作；香港天文台台长一行访问市气象局，双方就预警通报机制、气象数据共享、预报技术、系统开发、人员互访及培训等方面进行了讨论；2批分别参加市人事部门组织的赴香港"公务员分类改革专题""政务服务体系建设研究"培训。

2012年，香港天文台专业技术人员访问市气象局，就中尺度数值预报和实时同化预报技术合作进行交流；市气象局派2名预报员到香港天文台预报跟班学习，另派5批共7人分别赴香港参加"公务员分类改革专题""公共危机管理及媒体应对"培训，到香港理工大学雷电实验室调研。

2013年，市气象局派2名预报员到香港天文台预报跟班学习。

2014年，应台湾嘉义市天文协会的邀请，市气象局领导带队赴台湾大学大气科学系、中央大学天文研究所、鹿林天文台、嘉义市天文协会等地进行天文与气象业务交流；市气象局派6名技术人员到香港天文台跟班学习。

2015年，市气象局组团赴台湾高雄市、台湾大学等地，与有关单位、大学、企业进行交流，学习天文与气象服务、防灾服务协作与气象科普宣传方面的先进经验；派技术人员赴台湾参加台湾大学举办的海峡两岸台风暴雨研讨会；派技术人员赴香港天文台参加世界气象组织“志愿合作计划”举办的“降雨临近预报”工作坊；派4名业务骨干赴香港天文台跟班培训交流。

2016年，深圳市气象减灾学会派员赴台湾参加台湾大学大气科学系举办的“2016海峡两岸气象合作台风暴雨气象学术研讨会”；市气象局领导带队赴香港参加世界气象组织/世界天气研究项目第四届临近和短时预报国际学术会议；派技术人员赴香港参加第八届粤港澳可持续发展研讨会。市气象服务中心组团赴香港天文台学习气象影视业务。

2017年，市气象局领导带队赴香港天文台和澳门气象局，调研粤港澳大湾区气象发展合作机制，商讨粤港澳大湾区气象发展规划的制定，交流学习最新的气象预报服务成果；派员赴香港参加第31届粤港澳气象科技研讨会暨第22届气象业务合作会议。

2018年，香港天文台分别派2批专家访问市气象局，就深港双偏振雷达数据交换、对比实验以及多地协同雷达扫描、智能短临预报合作等事宜进行交流；市气象局邀请香港天文台出席“第三届中国南方强天气学术研讨会”，港方专家介绍了雷达和卫星临近预报技术的新进展；应香港天文台邀请，市气象局派员赴香港参加了其举办的“小涡旋临近预报系统”工作坊。

2019年，市气象局领导带队赴香港参加了第24届粤港澳气象业务合作会议，会议明确了推动“粤港澳大湾区气象监测预警预报中心”建设、世界气象组织“大城市智慧气象服务共同体”示范项目等10余项深港合作事项；由广东省气象台、香港天文台和深圳市气象局组建工作组，建立协同观测业务机制：一是深圳竹子林和香港大老山雷达错时观测，大老山雷达按照业务规定正常运行，竹子林雷达比规定提前3分钟观测，两个雷达数据按时间拼接，形成3分钟一次体扫观测；二是香港大帽山雷达在有降水过程的时段，只做0°仰角扫描，得到1分钟一次观测数据；2019年汛期选择典型天气过程开展了组网协同观测试验，获取了台风、飑线等高影响天气系统的精细风场。香港天文台向深圳市气象局传输港方的珠三角闪电仪原始数据，开展融合定位应用。

三、国内合作交流

1992年，接待前来参观考察的国内气象部门人员80多批共765人。

1993年，广东省核电应急会议在深圳市气象台召开。

1994年，深圳城市气象预警系统论证审定会在深圳市召开，中国气象局局长邹竞蒙、广东省政府副秘书长游宁丰、深圳市副市长李广镇等到会。

1997年，深圳市防雷设施检测所与中国人民保险公司深圳公司联合召开“深圳市首届气象（防雷）防灾减灾研讨会”。研讨会邀请市人大、市政府办公厅、市三防指挥部、市安委办等市政府单位24家、用户单位20家、气象部门11家参加，共有近100人出席。

1998年，接待中国气象局、广东省气象局和全国各省（区、市）气象部门人员来访600多人次。

1999年，接待中国气象局领导及各职能司、28个省（区、市）气象部门人员来访690多人次。

2000年，接待中国气象局、全国各省（区、市）气象局及同行来访近百批，达360多人次，接待来自全市各行业、各阶层的市民参观，达2500多人次。

2001年，全国热带气象科学讨论会在深圳举行，到会专家学者有100多人。12月邀请了中国工程院院士陈联寿来市气象局为业务人员做学术报告，讲授了热带气旋的前沿科学问题。

2002年，接待25个省（区、市）气象部门人员来访80多批次约600人，接待来参观的中小学生和市民约1900人次。

2003年，市领导率市建设局、规划与国土资源局、城管办、环境保护局、水务局等市政府有关部门负责同志到市气象局调研，研究协调了气象与各部门之间的合作或协作关系。年内接待中小学生到气象台参观2000多人次，社会团体参观60多批。

2004年，邀请国内外知名专家、博士共十余人次到市气象局授课指导。

2005 年，市气象局技术人员分别参加全国新一代天气雷达技术交流会、“泛珠三角”气象研讨会以及深圳科协学术交流会等活动。

2006 年，在深圳召开了东江流域天气联防会议、广东三特区气象局长联席会议、计划单列市气象局长联席会议等。共接待了来自 25 省（区、市）气象部门和科研院校来访 64 批共 636 人次。

2007 年，邀请了著名气候学家、我国气候变化专家委员会副主任、中国工程院院士丁一汇在深圳市委理论学习中心组举行的（扩大）学习会上做“气候变化及其影响”的专题辅导报告，市委、市人大常委会、市政府、市政协、市纪委领导同志，各区、市直有关部门负责人共 95 位同志出席了学习会。

2008 年，市气象局与市政府相关部门和单位的合作交流全面展开，与水务部门建成横岗污水厂气象水文监测站，与深圳海关合作建立第一个海岛气象观测站——三门岛自动气象观测站，与南山区绿委办合作建成大南山森林自动气象站；与民航深圳空管站签订气象数据交换共享协议，完成机场风廓线及自动气象站安装；与城管部门合作将全市施放气球案件纳入“数字城管”平台，实现施放气球的网格化管理；与工商部门合作开展广告企业经营资质的联合监控；与市广电集团、报业集团建立行政执法典型案例媒体曝光和宣传工作机制。与中国科学院深圳先进技术研究院、深港产学研基地达成合作意向书；与南京大学合作，建立深圳近海及南海中北部海域风浪数值预报业务系统；与广州中心气象台合作，建立适合深圳地区的地质灾害等级预报方法；与中山大学合作，开发应急救援污染扩散监测预警系统；与南京信息工程大学合作，开展太阳辐射能源评估工作；与深圳大学城北京大学研究生院建立信息共享机制，实时交换气象资料和环境监测资料；与广东移动深圳分公司签订战略合作框架协议，在服务与信息化建设领域、信息与合作成果推广领域进行合作开发；与深港产学研基地签订合作意向书，共同开展海洋气象服务研究。

2009 年，在中国气象局、广东省气象局支持下，开展与周边省气象部门的合作，积极推进深莞惠、深港澳气象区域合作进程；先后引进了广州中心气象台短时临近预报系统并进行集成开发，与北京城市气象研究所等合作开发，提高对台风、暴雨、强对流等恶劣天气的预报水平；市国家气候观象台与深圳大学建筑与城市规划学院签署了以“共同推进深圳市绿色规划与应对气候变化工作”为目标的战略合作协议。与南京信息工程大学签订局校合作协议。

2010 年，加强与市、区三防部门的协作，与市三防办联合发文在全市推广“社区暴雨灾害风险及防御明白卡”，在南山、龙岗约 137 个社区使用，在汛期服务中发挥了积极作用，使用社区均未发生重大气象灾害损失；派员参加气象系统各类技术研讨会。

2011 年，第 26 届世界大学生夏季运动会于 8 月 12—23 日在深圳市举行，为做好大运会气象保障服务工作，中国气象局成立了大运会气象保障服务工作领导小组，组织国家级气象业务单位、相关省（区、市）气象局，并协调香港、澳门气象部门等各方面力量全力支持深圳开展气象服务前期筹备和赛事服务工作；为确保大运会开、闭幕式顺利举行，先后 10 次组织深圳市气象局与中央气象台，广东、广西、海南省（区）气象局及香港天文台等单位的专家共同会商大运会开、闭幕式天气；中国工程院院士陈联寿与中央气象台、广东省气象台气象专家亲临现场共同为大运会开、闭幕式天气把脉；共有 37 名具有奥运、亚运气象服务经验的中央气象台、广东省气象台及周边市气象台的预报专家加入了大运会气象服务团队；大运会后，中国气象局组织全国各省会城市和计划单列市气象部门来深学习大运会气象服务经验和深圳精细化预报模式；第八届全国气象台长会议在深圳举行。

2012 年，按照中国气象局关于“推介大城市精细化预报服务深圳模式”的要求，80 多批来自全国各省（区、市）气象部门人员来市气象局交流。

2013 年，与市规划部门合作，将气象设施和气象探测环境保护纳入规划部门“规划一张图”业务审批系统；与深圳联通签署《推动智慧气象建设全面合作协议》，开展智能化气象服务合作。

2014 年，发挥市、区、街道、社区四级合力，开展气象防灾减灾示范区和社区建设；与市城管局、法制办等有关部门通力合作，继续加大行政执法力度，严厉打击各类气象违法行为；建立多部门联合科普宣传机制，深入街道、社区、学校、企业、工地开展气象防灾减灾培训；联合国内外多家科研业务单位开展强对流、暴雨预报技术的“春季试验”。

2015 年，与中国科学院深圳先进技术研究院合作，开展数值天气预报释用技术的研发；与天威视讯股份有限公司合作，在全市广电机顶盒智能、双向等平台发布气象预警预报信息。

2016 年，与中国气象科学研究院签订强天气监测预报能力创新发展合作协议，联合开展观测试验研究、短临预报技术研究等；与国家卫星气象中心签订推进卫星遥感技术应用合作协议，共同开展高密度气象卫星资料应用试点研究，研发卫星气象服务特色产品；与国家气象中心签订大城市气象精细化预报服务技术合作协议，联合开展台风海洋预报技术、强天气预警预报方法研究；与国家气候中心签订推进大城市气候业务服务现代化合作协议，共同研究深圳城市气候与气象灾害变化规律，评估气候变化对城市规划建设及相关行业的影响；与中国联合网络通信有限公司深圳市分公司签订业务合作框架协议，推进气象预警信息服务 – 移动互联网领域合作；与阿里云计算有限公司签订战略合作协议，共同推进气象预报智能化工作。

2017 年，与深圳市腾讯计算机系统有限公司签订战略合作框架协议，围绕“互联网 + 气象”，推进气象服务业务信息化、个性化；与哈尔滨工业大学（深圳）签订战略合作框架协议，在基于气象大数据的模型存储、设计和创新服务产品应用方面展开深入合作；联合阿里举办了“2017 CIKM”（信息与知识管理）国际会议——基于人工智能的“短时定量降水预测”挑战赛，吸引了清华大学、中国科学院等 1395 个国内外知名研究机构和高科技企业参加，前三名优秀算法纳入市气象局短时临近预报系统进行业务试验。

2018 年，联合哈尔滨工业大学（深圳）开展基于人工智能的预报技术研发；继续联合阿里及香港天文台举办全球气象 AI 挑战赛，吸引国内外 1739 个团队参加。

2019 年，中国气象科学研究院院长端义宏一行到市气象局调研，就联合开展高影响天气观测试验、机理研究以及预报技术研发等事项进行交流，双方签署合作备忘录。

四、主要合作单位

进入 21 世纪 10 年代，大数据、人工智能等高新科技的迅猛发展对传统气象基础业务带来巨大挑战，市气象局以创新的思想、共享的理念，与国内外多家气象行业机构、高校、院所等十多家单位，围绕技术研发引进、集成再创新等开展长期合作（表 6–2–4–1）。为更好地“跳出气象看气象”，积极吸引社会力量共同参与科技创新，实现气象与新技术、新业态、新产品的深度融合。与腾讯、阿里等 3 家企业建立战略合作伙伴关系，深圳市雅玛科技有限公司等 20 多家高新技术企业已成为研发气象核心技术、支撑气象精细化业务服务的重要力量（表 6–2–4–2）。

表 6–2–4–1　市气象局科技创新合作单位及主要合作项目表

合作单位		主要合作项目及内容
国外机构	美国国家大气科学研究中心（NCAR）	建立了高分辨率、精细化数值天气预报系统（RUPPS）和洪涝预报系统（RUFFS），并投入业务应用中
	美国俄克拉何马大学风暴分析预报中心（CAPS）	建立了中尺度和雷暴尺度集合预报系统、雷达资料实时同化系统（HAPS）和新一代气象雷达资料实时同化预报系统，并实现业务运行
境外机构	香港天文台（HKO）	在国家超算中心深圳中心建立超高分辨率的天气预报模式系统，开展实验高分辨率模式产品及应用；联合举办“精细化数值天气预报及数据同化技术研讨会”

续表

合作单位		主要合作项目及内容
国家/省级气象部门机构	国家气象中心	共同研究沿海站点的历史观测资料和对模式预报进行分析修正，得到深圳东部 4 个沿海站点的 84 小时海雾预报产品和东西部沿海 11 个站点的 84 小时极大风预报产品。引进国家气象中心强天气中心监测平台
	国家气候中心	开展深圳市暴雨气候变化特征和粤港澳大湾区气候风险评估研究
	国家卫星气象中心	建立了高分辨率卫星资料传输通道，实现了风云系列静止卫星和葵花八号卫星数据实时共享；实现卫星天气应用平台（SWAP）落地和业务应用
	中国气象科学研究院	联合开展观测试验研究、短临预报技术研究
	中国气象局广州热带海洋气象研究所	开展基于中尺度数值模式的华南暖区降雨预报能力的研究，促进数值天气预报模式的业务化
	广东省气象台	引进省气象台 SWIFT、SWAN 等短时临近预报系统和产品
高校及地方科研机构	中国科学院深圳先进技术研究院	开展了“回南天”预警预报研究、台风致灾机理及预报模型研究等，利用大数据挖掘方法，建立了台风强风及暴雨的精细化预报模型
	哈尔滨工业大学（深圳）	建立基于大数据的智能短时临近预报系统，研发短时强降水智能预报技术、强对流天气智能识别技术
	南京信息工程大学	分析和处理电场仪历史数据和雷达资料，开发风廓线雷达二次产品软件，建立雷达产品参数与闪电活动之间的相关性，提高雷电预报能力
	中山大学	在区域气候生态环境与可持续发展方面开展研究
	香港中文大学（深圳）	开展基于大数据和人工智能核心技术的智慧气象服务及防灾减灾研究
	南方科技大学	研发基于大数据和 AI 技术的智慧城市综合环境气象监测与预报

表 6-2-4-2 市气象局合作的主要高新技术企业一览表

合作类型	企业名称	合作内容
战略合作	深圳市腾讯计算机系统有限公司	在基于地理位置数据信息的精准气象服务、云计算及大数据平台建设等方面展开合作
	阿里巴巴深圳分公司	构建气象服务公有云，提升气象数据快速采集、处理、分析的效率；基于阿里云机器学习和人工智能技术，探讨以海量数据为基础的定点定量降水预报新方法
	深圳联通	为突发事件分区预警短信发布平台提供技术支撑和服务；提供精细化的物联网数据采集、数据分析等服务
合作企业	深圳移动	应用微区域网格大数据智能分析技术，实时分析用户位置信息，实现了突发事件预警信息发布全网预警短信发布精确至街道
	深圳电信	为突发事件分区预警短信发布平台提供技术支撑和服务
	深圳华成峰实业有限公司	合作开发深圳市气象服务信息实时在线显示系统并维护
	深圳市傲冠软件股份有限公司	负责各基地机房、通信网络和服务器、虚拟化系统、视频会商等设备及系统进行维护
	深圳市昆特科技有限公司	提供气象设备的维护服务，协助开展对外科普活动，完成气象基地的新设备和仪器的安装调试等工作
	广州数鹏通技术有限公司	开发和维护应急决策指挥辅助平台
	深圳市蓝德信诺科技有限公司	开发和维护办公自动化系统，为常规大型遥感基地综合保障管理和辅助系统提供服务
	深圳市憨山科技有限公司	维护雷电流测量设备、高速摄像系统、雷电临近电磁测量系统
	京华信息科技股份有限公司	办公系统维护

续表

合作类型	企业名称	合作内容
研发企业	深圳市雅玛科技有限公司	开发和维护分区预警、分区预报、PONDS、热带气旋业务平台、恶劣天气呼叫系统等多个日常业务平台；协助建设气象灾害四级联动协同化平台填补了区级气象决策服务的空白
	深圳市银河系软件开发有限公司	开发突发事件预警信息发布平台、风廓线综合显示平台、梯度塔产品显示系统等多个日常业务系统平台
	深圳市缘力胜科技有限公司	开发综合数值预报平台和智能预报业务关系平台；开发和推广深圳天气 APP
	深圳市千百炼科技有限公司	建立和维护突发事件预警发布中心网站、决策网、社区网、门户网站等多个业务网站及系统
	深圳市神农信息技术有限公司	维护全局的数据库及其数据内容；开发和维护数据采集处理软件、数据共享和同步软件
	深圳市气象服务有限公司	雷达技术实验室人工模拟雷电测试、技术报告编制和协助安全管理。自动气象站运行维护
	深圳市双盟科技有限公司	开发综合气象监测系统等

第三节　人员培训

深圳市气象局作为计划单列市气象局，没有设立培训中心，在教育培训方面依托高等院校和各级培训中心资源。20 世纪 50 年代至 1980 年，职工培训的重点是专业培训，以选派人员参加省气象局举办的各类、各期业务培训班为主，市气象局组织指导、传授为辅。培训项目有天气预报、气象报务、气象填图、气象观测、仪器检修、农业气象、业务规范及站长培训等，培训时长短的 1 个月左右，长的达 6～8 个月，都是针对人员业务素质一时跟不上业务开展的针对性和实用性强的培训，使参加培训的职工很快适应工作，并在工作岗位上发挥骨干作用。

1980—1999 年，职工培训转为文化补习、学历教育与专业培训相兼进行。着重对部分业务人员进行文化补习，既有市气象局自行办班补课，也有委托省气象学校。选派人员，鼓励职工通过文化考试参加中专、大专的脱产学习，提倡以函授方式参加学历教育。在坚持搞好文化补习、学历教育的同时，市气象局继续派人参加广东省气象局和中国气象局举办的现代气象科技、现代化新技术、计算机技术、人工智能化、现代化管理及人事、财务等专业培训，还自行办班进行针对性的学习、提高。例如，1985 年举办了 PC-1500 计算机培训班，对预报、观测业务人员进行训练。

2000 年以后，市气象局在实施科技兴气象、拓展领域、人才强局三大战略中，在贯彻中国气象事业发展战略中，进一步重视和加强了气象教育培训工作。加大在职学历教育力度，提高人才队伍学历层次。自 2000 年起陆续选送干部参加在职博士、硕士研究生学习，参加在读博士、硕士及大本、大专有 11 人，参加各类培训、学习班、接受再教育的达 51 人次。2002 年，市气象局 42 名干部职工中参加在职学历教育的达 16 人，参加各种形式考试、考核、测评的有 6 人，参加市各级各类学习的 11 人次，接受继续教育的 25 人次。2003 年，市气象局先后从黑龙江、湖北、内蒙古等省（区）引进了一批技术骨干，全局 95% 以上人员参加深圳市各种类型的在职培训和学习。2004 年，全国气象系统 NOTES 培训班和全国防雷论坛在深圳举行，直接增加了学习交流的机会。与深圳职业技术学院、湖北省经济管理干部学院、南京信息工程大学分别建立局校合作，开展项目研究，培养人才。市气象局提倡大专、本科在职学历教育就近院校学习，或参加函授、业余大学学习。市气象局鼓励在职人员积极参加中国气象局培训中心（今中国气象局气象干部培训学院）、省气象局培训中心以及市委党校、行政学院举办的对口业务岗位培训，如天气预报、新一代天气雷达、人工增雨、防雷、计算机、财会等技术应用培训和气象基础知识培训等。近年来每年都有接近上百人次参加各类培训班。特别是 2005 年以后，在业务增加、人员紧张的情况下，仍尽量安排人员参加中国气象局培训中心举办的业务培训班和网络远程教育。

市气象局坚持“人才是第一资源”的理念，坚持实施人才强局战略，建立大预报服务平台，对全局系统的天气气候专业技术人员轮岗锻炼机制，通过挂职锻炼、轮岗交流等形式进行多岗位锻炼。建立“实验室 + 双基地”（中国气象局广东省区域数值天气预报重点实验室深圳研究基地、美国俄克拉何马大学风暴分析预报中心深圳研究基地）的开放式科技创新平台，并通过与国内外高校、科研机构的科技项目合作，建立人才培训机制。2017 年，市气象局参加各类培训班达到 900 余人次。2018 年，出台《深圳市气象局党组关于精准培养气象人才的实施意见》，按照“缺什么、补什么”的原则，对气象管理人才、气象专业高级人才、青年英才、技能型人才 4 类人才建立精准培养计划，有针对性地进行培养和交流。

教育培训促进了人员素质的提高，人员学历、职称结构得到改善，也促进了业务、服务和科研工作开展。截至 2019 年底，市气象局在职职工中，有博士学历 10 人，硕士学历 40 人，本科及以上学历共 143 人，占全部人员比例的 91%；高级以上专业技术职称人员 43 人，其中正研级专业技术职称人员 3 人。2000—2019 年在职人员教育培训情况见表 6–3–1。

表 6–3–1　2000—2019 年在职人员教育培训统计表

序号	统计项目	党政干部				专业技术人员	总计
		地厅级	处级	科级及以下	小计		
1	2000 年实际培训人次					21	21
2	2001 年实际培训人次					21	21
3	2002 年实际培训人次					39	39
4	2003 年实际培训人次			43	43	10	53
5	2004 年实际培训人次		10	145	155	18	173
6	2005 年实际培训人次	1	9	69	79	12	91
7	2006 年实际培训人次	1	6	119	126	20	146
8	2007 年实际培训人次	1	7	165	173	47	220
9	2008 年实际培训人次	1	9	184	194	75	269
10	2009 年实际培训人次	1	9	207	217	98	315
11	2010 年实际培训人次	1	8	221	230	107	337
12	2011 年实际培训人次	1	9	295	305	113	418
13	2012 年实际培训人次	1	10	303	314	154	468
14	2013 年实际培训人次	1	12	344	357	194	551
15	2014 年实际培训人次	1	17	364	382	207	589
16	2015 年实际培训人次	1	15	395	411	221	632
17	2016 年实际培训人次	1	19	453	473	245	718
18	2017 年实际培训人次	1	22	596	619	294	913
19	2018 年实际培训人次	1	22	450	473	240	713
20	2019 年实际培训人次	2	26	480	508	280	788
总　计		16	210	4833	5059	2416	10031

第七章　气候特征和气候资源

深圳市地处亚热带气候区，雨量丰沛、阳光充足、长夏短冬、四季长青，拥有丰富、优越的自然气候资源。

第一节　四季划分及各季气候特征

深圳位于北回归线以南，经纬度为 113°43′～114°38′E，22°24′～22°52′N，地处广东省南部、珠江口东岸，东临大亚湾和大鹏湾，西临珠江口和伶仃洋，南边深圳河与香港相连，北部与东莞、惠州两城市接壤。辽阔海域连接南海及太平洋。属亚热带季风气候，用天文角度划分中原地区四季的方法，即以 3—5 月为春季、6—8 月为夏季、9—11 月为秋季、12 月至翌年 2 月为冬季的划分并不符合深圳市的长夏短冬特点。

以气候寒暖为具体指标的气候学季节划分法能够较好地反映深圳的气候状况。按气候学划分标准：以 5 天滑动平均气温稳定>10 ℃为冬季结束、春季开始，稳定>22 ℃为春季结束、夏季开始，≤ 22 ℃为夏季结束、秋季开始，≤ 10 ℃为秋季结束、冬季开始。按该标准划分，深圳市约 60% 的年份有短暂的冬季。以有冬季的年份统计春、秋、冬三季，按 1981—2010 年 30 年的资料统计各季平均状况（极值按历史记录统计），可得出深圳市各季的大致情况（表 7-1-1）。

表 7-1-1　深圳市各季的入季时间及各季平均天数、气温、雨量统计表

项　目		春季	夏季	秋季	冬季
入季时间	1981—2010 年平均	2 月 6 日	4 月 21 日	11 月 3 日	1 月 13 日
	最早	12 月 21 日	3 月 27 日	9 月 28 日	11 月 29 日
	最迟	3 月 6 日	5 月 23 日	11 月 22 日	2 月 28 日
平均季长（天）		76	196	69	24
各季平均气温（℃）		18.2	27.6	18.2	14.8
各季平均雨量（毫米）		275.4	1562.5	66.0	27.7

注：表中季长采用每年当季长度根据计算时段计算多年平均，而非平均结束日期和开始日期相减。季平均气温、平均雨量等均采用当季数据经多年平均而得。文中的季平均数据无特别说明，均按气候学规定取 1981—2010 年的 30 年气候平均。

深圳的气候深受季风的影响，夏季多受季风低压、热带气旋影响，盛行偏东南风，高温多雨；其余季节多受冷高压脊控制，盛行东北季风，天气较为干燥。

一、春季（2 月 6 日—4 月 20 日）

春季影响深圳的冷空气势力开始减弱，多受变性高压脊、静止锋、低槽等天气系统控制。春天天气多变，常出现“乍暖乍冷”的天气。初春仍有较强的冷空气影响，少数年份在 2 月下旬仍可出现寒潮天气。

春季降温的同时，多数是伴着阴雨天气。春季也是日照最少的季节，2—4 月，在低温阴雨严重的年份，月日照时数仅有 30 多个小时（1959 年 2 月、1992 年 3 月和 1984 年 4 月）。与春季低温阴雨相联系的是回南潮湿天气，常出现在春季后期低温阴雨之后，其气候特征表现为温度高、湿度大，有时相对湿度持续在 100%。出现回南天气的同时，在沿海和内河河面常伴有大雾。

春天是冬、春环流交替的季节，天气过程复杂，变化迅速，有所谓“春天孩儿脸，一天变三变”之说。春天中小尺度天气系统活跃，常出现强对流天气。

春季雨水较少，多数年份会出现不同程度的干旱。

二、夏季（4 月 21 日—11 月 2 日）

夏季为西南季风的盛行期，高层副热带西风逐渐为热带东风所取代，并稳定控制。随着南支西风急流的北撤，前汛期降水结束。这时期西北太平洋和南海多热带气旋活动，是热带气旋影响或袭击的盛期。夏季在副热带高压的稳定控制下，常出现炎热天气，是极端最高气温出现的时期。但由于海风的调节，深圳市的极端最高气温仅有 38.7 ℃（1980 年 7 月），一般年份的极端最高气温在 35～37 ℃。9—10 月北方冷空气势力加强，中等强度的冷空气可对深圳市造成影响。有的年份在 9 月下旬至 10 月上旬可出现危害农作物的寒露风天气。

4—6 月是深圳市的前汛期，受锋面低槽、西南季风等影响，雨水迅速增加，多暴雨天气。5 月开始就可能受到热带气旋（台风）的严重影响。7—9 月是深圳的后汛期，主要受热带气旋（台风）的影响。7—9 月平均有 3～4 个热带气旋（台风）、东风波影响深圳。从平均状况而言，夏季雨量占年雨量的 80.7%。夏天的降水地区差异很大，容易出现局地性的洪涝灾害和短时雷雨大风天气。由于下垫面受热不均和地形作用等原因，夏天容易出现局地性的界线分明的雷阵雨天气，因而有“夏雨隔牛背”之说法。

深圳的雨季一般结束于 9 月中、下旬。9—10 月深圳市容易出现干旱。

三、秋季（11 月 3 日至翌年 1 月 12 日）

秋季是夏冬过渡季节。副热带高压迅速撤离，地面上锋面的候平均位置已过南岭，冷高压迅速南下并控制广东，气温迅速下降。

秋季是深圳的少雨干旱时期，多秋高气爽的晴好天气。由于雨水少，蒸发大，因而秋旱容易发生且发展迅速，深圳几乎每年都有不同程度的秋旱发生。

在 11 月，平均 7 年中有 1 个热带气旋（台风）影响深圳。秋台虽然数量较少，但往往影响较为严重。

秋季多冷空气影响，少数年份会出现寒潮天气。

四、冬季（1 月 13 日—2 月 5 日）

冬季是北方冷高压的鼎盛时期，冬季风势力强大，高层为强盛的副热带西风稳定控制。地面上锋面位置迅速南移，华南地区常受强冷高压脊控制。因此，深圳冬季经常处于干冷气流的控制之下，气温达全年最低，降水稀少。

冬季是深圳市最冷的季节，约 70% 的年份深圳都会出现短暂的冬季。冬季虽然平均仅有 24 天，但影响深圳的寒潮大半出现在这一段时间。在有冬季的年份里，最短的寒冷天气仅维持几天，最长的可断断续续维持 3 个多月（1987 年 11 月 29 日—1988 年 3 月 5 日）。冬季雨水稀少，大多数年份都会出现秋冬连旱。

第二节　气候资源

一、太阳能资源

（一）太阳辐射量

深圳市太阳辐射量丰富，年太阳辐射量为 4913 兆焦耳 / 米 ^{2}。一年中，以 7 月为最多、2 月最少，太阳辐射的年变化曲线呈单峰型。与广东省其他地区相比，深圳市的年太阳辐射量属于较多的地区，而且偏多部分分布在总量较多的 5—10 月（表 7–2–1–1）。

表 7–2–1–1　各月太阳总辐射量（兆焦耳 / 米 ^{2}）

月份	1	2	3	4	5	6	7	8	9	10	11	12
辐射量	326.9	274.7	322.5	389.0	462.9	487.8	541.2	477.2	442.1	446.9	354.7	386.7

（二）日照时数

如表 7–2–1–2 所示，深圳市年日照时数平均为 1837.6 小时，日照时数最多为 7 月（215.6 小时），最少是 2 月（仅有 92.4 小时）；年日照百分率 42%，下半年日照百分率较高，均大于 45%，上半年在 26%～41%，最低是 3 月，为 26%。从日照时数年际变化看，20 世纪 80 年代以后与以前相比，年日照时数明显减少，1980 年以前年平均日照时数为 2203.9 小时，1980 年以后只有 1890.7 小时，相差 313.2 小时。

表 7–2–1–2　各月平均日照时数（小时）和日照百分率（%）

月份	1	2	3	4	5	6	7	8	9	10	11	12	全年
日照时数	138.7	92.4	94.9	104.6	146.4	160.3	215.6	182.5	169.9	189.6	175.8	166.9	1837.6
日照百分率	41	29	26	28	36	40	52	46	46	53	53	50	42

二、热量资源

（一）年平均气温

深圳多年平均气温为 23.0 ℃，受地形影响，气温在地域分布总体上西部高于东部地区，地势平坦地区气温相对较高，山区温度相对较低，并随着海拔增加而降低。1990 年以来，随着全球变暖和深圳市城市化发展，气温呈现增高趋势。2009—2019 年深圳年平均气温分布如图 7–2–2–1 所示。

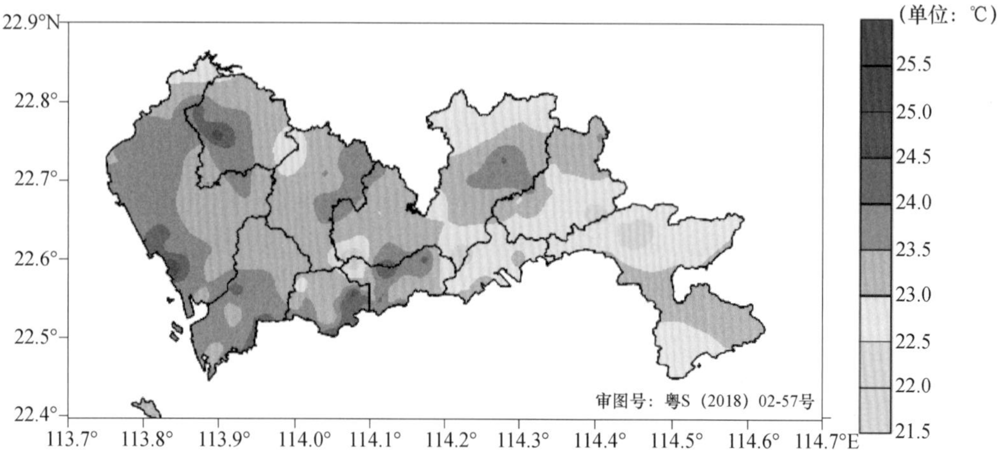

图 7–2–2–1　深圳年平均气温空间分布图（2009—2019 年）

（二）月平均气温

一年中，以 1 月平均气温最低，为 15.4 ℃，7 月平均气温最高，达 28.9 ℃。建立经济特区以后，深圳市城市建设速度加快，气温随之显著增高，1987 年以后的平均气温比 1987 年以前提高 1.2 ℃，增幅超过 1.1 ℃的月份是 1 月、2 月、9 月、10 月、11 月、12 月，其中 2 月和 11 月增幅最大，达到 1.8 ℃，而 3—7 月气温变化相对较小（表 7-2-2-1）。

表 7-2-2-1　月平均气温表

单位：℃

月份	1	2	3	4	5	6	7	8	9	10	11	12	年
1980—2010 年	15.4	16.3	19.0	22.7	26.0	28.0	28.9	28.7	27.7	25.3	21.2	17.0	23.0
1953—1986 年	14.1	14.9	18.3	22.2	25.6	27.3	28.2	27.8	26.7	23.9	19.8	15.8	22.1
1987—2019 年	15.7	16.7	19.3	23.0	26.2	28.2	29.0	28.8	27.9	25.4	21.6	17.3	23.3

（三）气温日较差

气温日较差是一日中最高气温与最低气温的差值。深圳年平均日较差为 6.9 ℃，秋、冬季日较差大于春、夏季。各月中，平均日较差最大的是 12 月，最小的是 6 月。日较差极端最大值为 19.5 ℃，出现在 1963 年 1 月 18 日（表 7-2-2-2）。

表 7-2-2-2　各月气温日较差平均值和极端最大值表

月份	1	2	3	4	5	6	7	8	9	10	11	12	年
平均值（℃）	7.9	7.0	6.7	6.3	6.2	5.8	6.4	6.4	6.6	7.3	7.8	8.2	6.9
极端最大值（℃）	19.5	17.7	17.2	17.5	13.1	12.9	12.0	12.9	13.5	15.2	16.1	18.3	19.5
出现日期（年－月－日）	1963–1–18	1963–2–1	1963–3–1	1969–4–9	1984–5–8	1988–6–3	1971–7–16	1984–8–15	1966–9–26	1959–10–10	1958–11–3	1973–12–31	1963–1–18

（四）极端最低、最高气温

极端最低、最高气温对工农业生产以及人们的身体健康都有较大的影响。按照广东省气象低温标准，日最低气温≤ 5 ℃为低温，深圳出现低温的时间主要集中在 1 月，2 月、12 月次之，3 月、11 月只有个别年份出现低温。历年中，极端最低气温为 0.2 ℃，出现在 1957 年 2 月 11 日（表 7-2-2-3）。

深圳历年极端最高气温为 38.7 ℃，出现在 1980 年 7 月 10 日。高温天气主要集中在 7—8 月，以 7 月为最多。日最高气温≥ 35 ℃的日数在 5—10 月均会出现，年平均 2.9 天，7 月出现几率最大，年平均为 1.2 天，而月最多高温日数出现在 8 月，达 7 天（表 7-2-2-4）。

表 7-2-2-3　各月极端最低气温和低温日数

月份		1	2	3	4	5	6	7	8	9	10	11	12	年
极端最低气温（℃）		0.9	0.2	3.4	8.7	14.8	19.0	20.0	21.1	16.9	9.3	4.9	1.7	0.2
出现日期（年－月－日）		1955–1–12	1957–2–11	1986–3–1	1969–4–5	1981–5–4	1964–6–6	1971–7–16	1971–8–16	1966–9–26	1978–10–30	1975–11–24	1975–12–14	1957–2–11
低温日数（天）	合计	87	56	3								1	35	182
	平均	1.3	0.9	0								0	0.5	2.7
	最多	12	8	2								1	12	13

表 7-2-2-4　各月极端最高气温和高温日数

月		1	2	3	4	5	6	7	8	9	10	11	12	年
极端最高气温（℃）		29.1	30.3	32.0	34.0	35.8	36.9	38.7	37.1	36.9	35.2	33.1	29.8	38.7
出现日期（年－月－日）		1998–1-8	2009–2-25	1962–3-15	2002–4-23	1976–5-26	2004–6-30	1980–7-10	1999–8-20	1990–9-1	2005–10-2	1996–11-1	2001–12-4	1980–8-10
高温日数（天）	合计					3	19	82	69	17	1			191
	平均					0	0.3	1.3	1.0	0.3	0			2.9
	最多					1	5	6	7	3	1			10

三、水资源

（一）降水量及其时空分布

如图 7-2-3-1 所示，深圳市年平均降水量为 1935.8 毫米，降水量年际变化很大，最多的年份达 2747 毫米（2001 年），最少的年份只有 912.5 毫米（1963 年）。降水量在时间和空间上的分布也极度不均衡，地域分布为自东向西减少，其中东南部的大鹏半岛年平均雨量可达 2200 毫米以上，西北部地区只有 1500 多毫米（图 7-2-3-2）。如图 7-2-3-3 所示，全年 86% 左右的雨量出现在 4—9 月（汛期），其中 48% 分布在 7—9 月（后汛期），平均雨量达 928.1 毫米，降雨主要由台风、热带辐合带、热带低压等热带天气系统造成；4—6 月（前汛期）平均雨量为 737.9 毫米，降雨主要由冷空气和热带暖湿气流共同作用造成。一年中各月雨量变化呈双峰型，最多为 8 月，平均达 354.4 毫米；其次是 6 月，平均达 346.5 毫米；最少是 1 月，只有 26.4 毫米；次少是 12 月，只有 26.9 毫米（表 7-2-3-1）。历年中雨量最多的月份是 2008 年 6 月，达 1395.3 毫米；而无雨量记录的月份分别是 1979 年 10 月、1994 年 11 月、1996 年月 12 月、2014 年 1 月、2017 年 12 月。

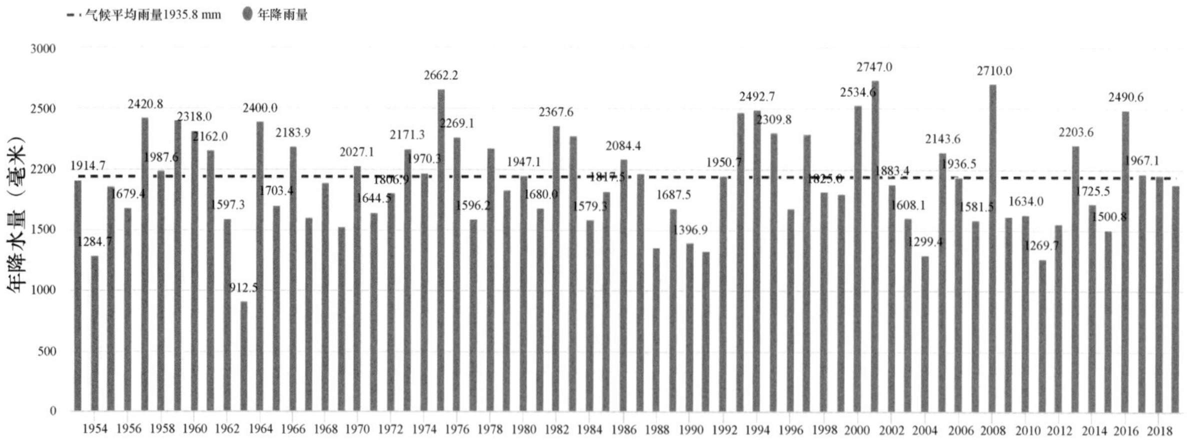

图 7-2-3-1　1953—2019 年深圳市年降水量分布

表 7-2-3-1　深圳市各月平均及年降水量情况　　单位：毫米

月份	1	2	3	4	5	6	7	8	9	10	11	12	年
降水量	26.4	47.9	69.9	154.3	237.1	346.5	319.7	354.4	254.0	63.3	35.4	26.9	1935.8

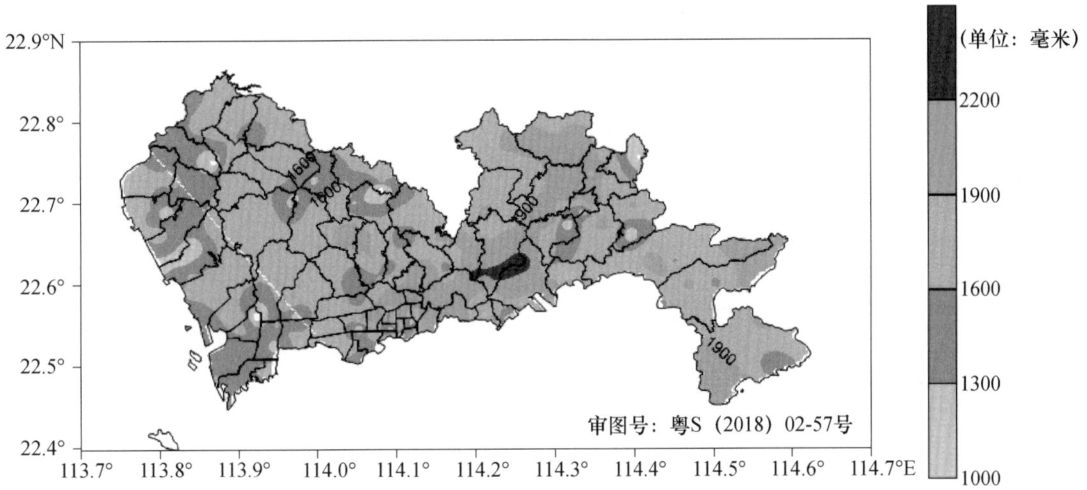

图 7-2-3-2　2009—2019 年深圳年降水量空间分布

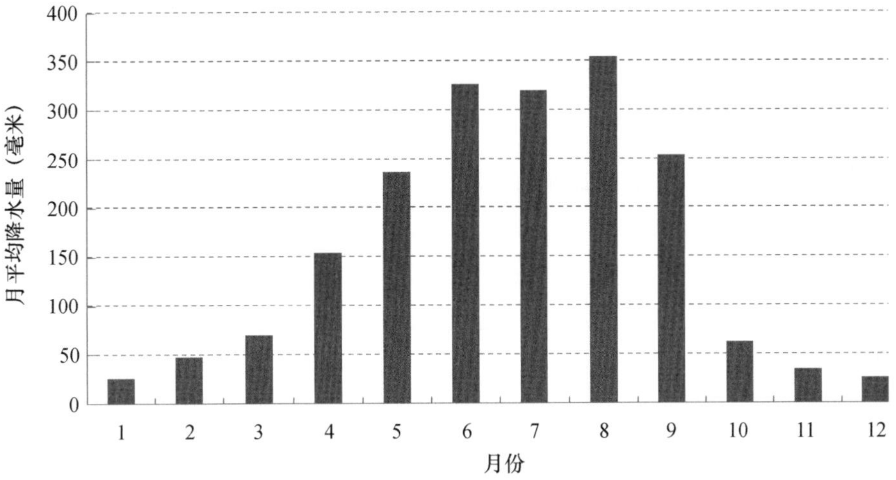

图 7-2-3-3　深圳市各月平均降水量分布

（二）降水日数

为了衡量降雨的多少，气象上把 24 小时（20 时至次日 20 时）降雨总量划分为小雨、中雨、大雨、暴雨和特大暴雨等降水量级（表 7-2-3-2），并把日降雨总量≥ 0.1 毫米时定义为“降水日”。

深圳年平均降水日数为 134 天，最多的年份 184 天，最少的年份也有 105 天。小雨占总降水日数的 68%，中雨占 16%，大雨占 10%，暴雨以上降水日数年平均 9.2 天。降水日数与降水量一样，主要集中在汛期，4—9 月平均降水日数为 93.2 天，以后汛期为最多（48 天）；第四季度最少，平均只有 15.5 天。

表 7-2-3-2　雨量等级表　　　　单位：毫米

雨量等级	12 小时降水总量	24 小时降水总量
毛毛雨、小雨、阵雨	＜5.0	0.1～9.9
小雨 - 中雨	3.0～9.9	5.0～16.9
中雨	5.0～14.9	10.0～24.9
中雨 - 大雨	10.0～22.9	17.0～37.9
大雨	15.0～29.9	25.0～49.9

续表

雨量等级	12 小时降水总量	24 小时降水总量
大雨－暴雨	23.0～49.9	38.0～74.9
暴雨	30.0～69.9	50.0～99.9
暴雨－大暴雨	50.0～104.9	75.0～174.9
大暴雨	70.0～139.9	100.0～249.9
大暴雨－特大暴雨	105.0～169.9	175.0～299.9
特大暴雨	≥ 140.0	≥ 250.0

四、风能资源

深圳市各地风能分布差异很大，其中以沿海地区和山区的风能较为丰富。

（一）风向、风速

为了衡量风力的大小，气象上大都采用蒲氏风力等级表（表 7-2-4-1）。

表 7-2-4-1　蒲氏风力等级表

风力等级	相当风速		浪高（米）	
	米 / 秒	浬 / 小时	一般	最高
0	0～0.2	<1	—	—
1	0.3～1.5	1～3	0.1	0.1
2	1.6～3.3	4～6	0.2	0.3
3	3.4～5.4	7～10	0.6	1.0
4	5.5～7.9	11～16	1.0	1.5
5	8.0～10.7	17～21	2.0	2.5
6	10.8～13.8	22～27	3.0	4.0
7	13.9～17.1	28～33	4.0	5.5
8	17.2～20.7	34～40	5.5	7.5
9	20.8～24.4	41～47	7.0	10.0
10	24.5～28.4	48～55	9.0	12.5
11	28.5～32.6	56～62	11.5	16.0
12	32.7～36.9	63～72	14.0	—
13	37.0—41.4	73～80		
14	41.5～46.1	81～90		
15	46.2～50.9	91～99		
16	51.0—56.0	100～108		
17	56.1～61.2	109～119		
18	61.3～66.5	120～129		
19	66.6—72.2	130—140		
20	72.3—77.9	141—151		

注：1 浬＝ 1.853 千米。

蒲氏风力等级表原来仅有 0～12 级。因实际需要，以后的气象工作者按 0～12 级的变化规律续补上 13～20 级。

地面气象观测所取得的风向和风速是指离地面 10 米高度的风向和风速，在不同的地方、不同的高度上测得的数据是不相同的。市气象台测风地点变化不大，但测风高度由建站时离地面 10 米的标准高度，迁至 2 楼顶离地面 12.5 米处（1983 年 1 月 1 日），以后又迁至 9 楼顶离地面 38.3 米处（1986 年 10 月 1 日），对风速是有一定影响的。由于城市建设的迅速发展，1990 年以后深圳市气象台（蔡屋围）逐渐被周围的高楼所包围，观测环境迅速恶化，观测到的风向、风速的代表性也越来越差。因此在使用风向、风速时要注意这一变化。

深圳市年平均风速为 2.7 米 / 秒。第四季度平均风速最大，各月平均风速可达 2.9～3.0 米 / 秒；第一季度次之，为 2.8～2.9 米 / 秒；盛夏平均风速最小，其中 8 月只有 2.2 米 / 秒。年主导风向为东北风，次多风向为偏东风。各季节盛行风随季节交替变化，9 月至翌年 2 月盛行东北风，其中 10 月至翌年 1 月频率可达 20% 以上；3—5 月盛行偏东风，其中 4 月频率超 20%；7—8 月盛行西南风（表 7–2–4–2）。

表 7–2–4–2　1953—2019 年深圳市各年各月平均风速、主导风及频率表

月份			1	2	3	4	5	6	7	8	9	10	11	12	年均
平均风速（米 / 秒）	多年平均		2.8	2.9	2.8	2.7	2.5	2.4	2.4	2.2	2.5	2.9	3.0	2.9	2.7
	1953—1990 年		3.0	3.1	3.0	2.8	2.5	2.3	2.1	2.1	2.3	2.8	3.0	2.9	2.7
	1991—2019 年		2.6	2.5	2.5	2.4	2.3	2.3	2.3	2.1	2.3	2.5	2.6	2.6	2.4
主导风	多年平均	风向	NE	NE	E	E	E	SW	SW	SW	NE	NE	NE	NE	NE
		频率（%）	22.7	19.4	18.6	21.0	18.1	13.8	16.8	10.7	18.3	22.7	28.0	30.9	22.7
		风速（米 / 秒）	2.9	2.9	2.9	2.9	2.8	2.9	2.9	2.6	2.9	3.2	3.2	3.0	2.8
	1953—1990 年	风向	NNE	NNE	ESE	ESE	ESE	ESE	SW	E	NNE	NNE	NNE	NNE	ESE
		频率（%）	23.6	21.2	26.8	28.8	23.0	14.9	11.3	10.9	13.1	21.5	28.0	26.4	16.2
		风速（米 / 秒）	3.7	3.7	3.5	3.4	3.2	2.8	3.2	3.1	2.9	3.5	3.8	3.8	3.1
	1991—2019 年	风向	NE	NE	NE	E	E	SW	SW	SW	NE	NE	NE	NE	NE
		频率（%）	24.8	22.1	18.4	15.7	14.8	18.9	18.7	14.2	19.6	24.5	29.4	31.7	24.8
		风速（米 / 秒）	2.6	2.6	2.6	2.3	2.3	3.0	2.8	2.6	2.6	2.8	2.7	2.7	2.6

（二）大风日数与风极值

大风是指平均风力大于或等于 6 级（≥ 10.8 米 / 秒）的风。深圳年平均大风日数有 5.5 天，8 月出现最多，年平均为 1.0 天，1—4 月出现几率最小，均小于 0.3 天（表 7–2–4–3）。历年中，深圳市国家基本气象站记录到的平均最大风速为 34 米 / 秒，阵风超过 40 米 / 秒。

表 7–2–4–3　深圳市各月及年平均大风日数表

月份	1	2	3	4	5	6	7	8	9	10	11	12	年均
日数（天）	0.2	0.18	0.23	0.22	0.31	0.49	0.92	1.0	0.68	0.43	0.49	0.31	5.5

第八章 主要灾害性天气

第一节 热带气旋

热带气旋是一股强烈旋转的大气涡旋，能带来大风、暴雨和风暴潮，给人民生命财产安全造成严重威胁。中国是世界上受热带气旋影响最严重的国家之一。据统计，一年中发生在西北太平洋和南海的热带气旋，有 30% 左右影响中国。7—9 月是热带气旋活动最频繁的季节，几乎每月都有 1～2 个在我国沿海地区登陆。广东又是中国受热带气旋影响、登陆最多的省份，平均占影响、登陆中国热带气旋的 66% 和 44%，登录广东台风数量是登陆福建台风数量的 2 倍多，是登陆广西台风数量的 6 倍多。深圳地处珠江口，面临南海，每年均受到不同程度的热带气旋影响，是影响深圳市最大的灾害性天气。

一、强度划分

热带气旋出现在不同的海区有不同的名称。如表 8-1-1-1 所示，根据热带气旋中心附近最大风力，西北太平洋地区（包括中国、日本等国）分别称为热带低压、热带风暴、强热带风暴、台风、强台风、超强台风（其中强台风、超强台风的分级为 2006 年增加的）。大西洋和东北太平洋地区称为热带低压、热带风暴、飓风。而阿拉伯海及孟加拉湾地区，则称为热带扰动、气旋性风暴。

表 8-1-1-1 热带气旋强度等级划分标准表

热带气旋（台风）名称	英文符号	等级标准	相当风速		浪高（米）	
			米 / 秒	浬 / 小时	一般	最高
热带低压	TD	6～7 级	10.8～17.1	22～33	3.0～4.0	5.5
热带风暴	TS	8～9 级	17.2～24.4	34～47	5.5～7.0	10.0
强热带风暴	STS	10～11 级	24.5～32.6	48～62	9.0～11.5	16.0
台风	TY	12～13 级	32.7～41.4	63～80	≥ 14.0	—
强台风	STY	14～15 级	41.5～50.9	81～99	—	—
超强台风	SUPERTY	≥ 16 级	≥ 51.0	≥ 100	—	—

注：表中的风力为热带气旋中心附近的平均最大风力；表中“—”表示暂未定义。

热带气旋与深圳市后汛期雨量有着密切的关系。影响深圳市的热带气旋次数越多，后汛期降雨量也越大。据统计，1953—2019 年，影响深圳的热带气旋 5 次以上的 25 年中，每年 7—9 月总降雨量有 64% 超过 1000 毫米，而所有年份中 7—9 月总雨量超过 1000 毫米的数量比例仅为 37%。历年后汛期（7—9 月）累积降雨量最大前三名分别为 1994 年（1751.4 毫米）、1997 年（1438.2 毫米）和 1973 年（1360.1 毫米），其中有 2 年出现了 5 个以上影响深圳的台风。

热带气旋造成的大风、暴雨和风暴潮，一方面会给人民的生命财产带来严重灾害，影响严重的热带气旋还会导致强烈的风暴潮。当热带气旋影响的时间与天文大潮期相遇时，更容易引发风暴潮，从而造成严重的洪涝灾害，给国民经济建设和人民的生命财产安全带来更大威胁。而另一方面又能为旱情的缓解起到积极作用。

二、影响等级

热带气旋对深圳市的影响，1953—2012 年以深圳国家基本气象站记录到的最大日降水量和最大风力划分为一般影响和严重影响两类，2013 年开始参考自动气象站的资料进行划分。即当深圳国家基本气象站达到以下标准或全市自动气象站四分之一数量达到以下标准时视为对深圳有影响。

在热带气旋环流影响下，深圳市出现下列任一条的天气状况时为一般影响：

（1）平均风力≥ 5 级或阵风≥ 8 级，且日雨量≥ 30 毫米；

（2）平均风力 5～6 级、阵风 7～8 级；

（3）日雨量≥ 40 毫米，且过程总雨量≥ 80 毫米；

（4）日雨量≥ 50 毫米。

在热带气旋环流影响下，深圳市出现下列任一条的天气状况时为严重影响：

（1）平均风力≥ 8 级或阵风 10 级；

（2）平均风力≥ 6 级，且日雨量≥ 80 毫米；

（3）平均风力≥ 5 级，且日雨量≥ 100 毫米；

（4）过程总雨量≥ 250 毫米。

三、对深圳有影响的热带气旋

深圳地处珠江口，是历年受热带气旋影响的多发区。据资料统计，影响深圳的热带气旋（包括热带低压）平均（根据最新规定采用 1981—2010 年的 30 年数据计算）每年约 3.5 个，1964 年影响个数最多，达 9 个，其中严重影响达到 5 个；其次是 1961 年，为 8 个，其中严重影响的 4 个。最少的年份无台风影响（1998 年）。在深圳范围内登陆的热带气旋平均每年为 0.2～0.3 个（约 4 年有 1 个台风登陆深圳），其中 1964 年和 1979 年两年分别有 2 个台风登陆。影响深圳最早的热带气旋出现在 4 月 18 日（2008 年 0801 号“浣熊”），最迟在 12 月 2 日（1974 年 7427 号“Irma”）。

就全球而言，热带气旋全年任何时候都有可能产生，但对于深圳市来说，有影响的热带气旋均出现在 4—12 月，其中 7—9 月为集中期，有台风季节之称。据 1953—2019 年的资料统计，7—9 月影响深圳市的热带气旋共 206 次，占所有影响台风数量的 77%。其中 8 月份最多，有 78 次，占全年 29%；7、9 月份分别为 70 次、58 次，各占 26% 和 22%。历年中单月影响台风个数最多的分别出现在 1973 年 8 月、1980 年 7 月和 1995 年 8 月份，各有 4 次热带气旋影响深圳。

1953—2019 年间登陆深圳的热带气旋（表 8-1-3-1）与影响深圳的热带气旋走势基本一致，都是呈倒“V”形变化。7—9 月是热带气旋登陆的高峰期，有 11 次登陆，占全部登陆深圳的 73%；其中 8 月登陆 5 次，7 月和 9 月各登陆 3 次。登陆深圳的热带气旋最早是 6 月 12 日（2017 年），最迟为 10 月 13 日（1964 年、1993 年）。

表 8-1-3-1　1953—2019 年影响、登陆深圳的热带气旋（个数）

月份	1	2	3	4	5	6	7	8	9	10	11	12
1953—2019 年各月最多影响台风数（个）				1	1	2	4	4	3	3	2	1
1981—2010 年各月影响台风平均数（个）	0.0	0.0	0.0	0.03	0.07	0.33	0.90	1.13	0.73	0.23	0.10	0.0
1981—2010 年各月登陆深圳平均数（个）						0.03	0.03	0.07		0.03		

四、对深圳有严重影响的热带气旋

按照上述热带气旋对深圳有严重影响的标准，1953—2019年对深圳有严重影响的热带气旋共102个，约占有影响热带气旋的38.1%，其中1981—2010年平均严重影响深圳台风数为1.3个（表8-1-4-1）。4—11月都记录到严重影响的台风，其中以7—9月为集中期，各月平均0.3～0.4次，最多2次。严重影响深圳的热带气旋与其登陆地点有直接关系。历年造成8级大风（深圳国家基本气象站过程最大平均风速≥17米/秒）的严重影响热带气旋有28次，其中23次在惠东到台山之间沿海地区登陆，占82.1%。而同时出现9级以上最大风和暴雨以上日雨量的严重影响热带气旋共10次，100%在珠江口沿海地区登陆。最大风力12级以上的严重影响热带气旋有3次，分别在香港、澳门和珠海登陆。

表8-1-4-1　1953—2019年对深圳有严重影响的热带气旋月平均次数

月份	1	2	3	4	5	6	7	8	9	10	11	12
1953—2019年各月最多严重影响个数（个）				1	1	1	2	2	2	2	1	
1981—2010年各月严重影响平均数（个）				0.03	0.03	0.13	0.30	0.37	0.33	0.07	0.03	

第二节　暴　雨

一、暴雨概况

按深圳国家基本气象站日雨量50毫米为暴雨的标准，深圳的暴雨主要集中在4—9月（汛期），4—6月称为前汛期，主要由西风带系统的锋面活动或低空急流影响而造成暴雨；7—9月称为后汛期，主要由热带天气系统造成暴雨。

深圳每年平均暴雨量（深圳国家基本气象站日雨量达到暴雨及以上所有日雨量累计值的30年气候平均）达到839.6毫米，占全年平均雨量的43.4%，最多的年份有1751.9毫米（2008年），最少的年份有66.8毫米（1963年），其中前汛期暴雨量338.3毫米，占年平均雨量的17.5%，后汛期暴雨量442.1毫米，占年平均雨量22.8%。可见，热带天气系统所造成的暴雨量更为显著。

二、暴雨日数

按深圳国家基本气象站日雨量50毫米为暴雨的标准，1953—2019年间共出现暴雨日数606天，其中1981—2010年暴雨日数277天，平均暴雨日有9.2天，其中2001年暴雨日数最多，高达18天，其次是1995年和2008年，达到16天；最少是1963年，只有1天。若按照年暴雨日≥11天、7～10天、≤6天分为偏多、正常和偏少等级，则有3.6%的年份偏多，94.2%的年份正常，2.2%的年份偏少。

年暴雨日数的月分布呈单峰型，全年各月份均有可能出现暴雨，其中最高峰出现在8月，平均暴雨日数有1.9天，其次为6月，平均暴雨日数1.7天（表8-2-2-1）。

表8-2-2-1　1953—2019年深圳市各月平均暴雨日数及暴雨日数极值表　单位：天

月份	1	2	3	4	5	6	7	8	9	10	11	12
1981—2010年月平均暴雨日数	0.03	0.03	0.17	0.80	1.20	1.67	1.63	1.87	1.33	0.27	0.17	0.07
1953—2019年月暴雨日数极值	2	1	2	4	5	9	6	6	4	5	2	1

三、暴雨初、终日

深圳的暴雨平均初日在 4 月 25 日，但年际差异较大，最早的暴雨初日出现在 2000 年 1 月 24 日，而最晚的暴雨初日出现在 2012 年 7 月 23 日；平均暴雨终日为 9 月 30 日，最早终结日是 1963 年 7 月 18 日，最晚出现在 1988 年的 12 月 30 日。

四、暴雨空间分布

深圳的东南部地区有 7 座海拔 600～900 多米的山峰，环绕于大鹏湾的四周，呈向南开的喇叭口地形。由于夏季盛行偏南气流，这种地形能迫使暖湿的偏南气流抬升，使降水加强。另外，夏季主要的降水天气系统（如热带气旋、东风波等）大多数自东向西移动，与东南部特殊的地形相互作用，使东南部地区成为暴雨的多发区（图 8-2-4-1）。

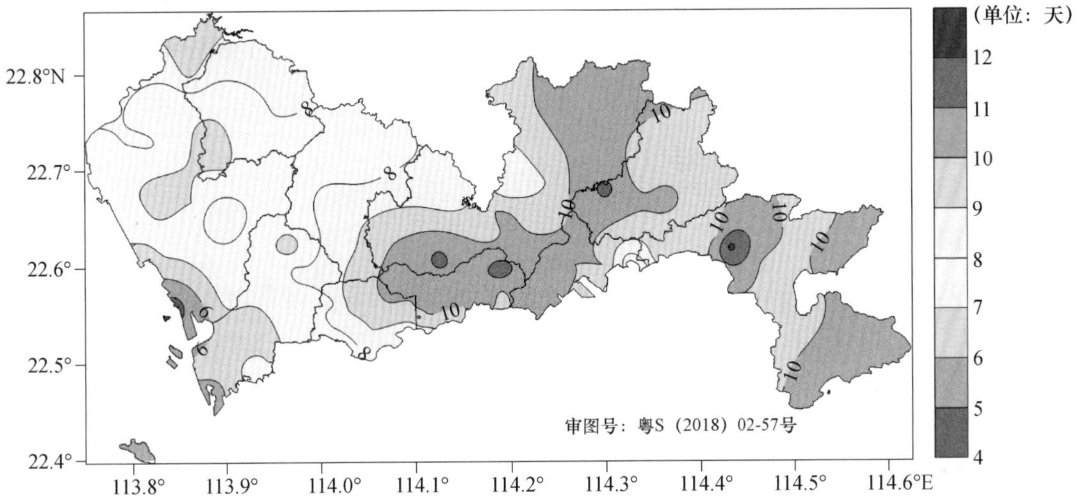

图 8-2-4-1　2010—2019 年深圳市年平均暴雨日数空间分布图

五、暴雨强度

降水强度即单位时间内的降水量。根据深圳国家基本气象站日雨量情况，分为暴雨、大暴雨、特大暴雨三个级别统计，1953—2019 年，各月平均暴雨日数最大值均出现在 8 月。单月最多暴雨日出现在 2008 年 6 月，暴雨日数达 9 日。

根据深圳国家基本气象站日雨量分析可知，深圳的日最大降水量出现在 2000 年 4 月 14 日，日降水量 344.0 毫米。24 小时滑动平均最大降水量出现在 1966 年 6 月 12 日 06 时 15 分至 13 日 06 时 15 分，达 362 毫米；1 小时滑动平均最大降水量出现在 1982 年 8 月 16 日 17 时 28 分至 8 月 16 日 17 时 28 分，达 92.3 毫米。另外分布在深圳全市范围内的自动气象监测站监测到的最大 24 小时滑动平均累积雨量为 517.4 毫米，出现在 2008 年 6 月 13 日 00 时 30 分至 6 月 14 日 00 时 30 分，最大 1 小时累积雨量（任意时段）为 136.5 毫米，出现在 2019 年 05 月 23 日 14 时 22 分至 15 时 22 分。

第三节　强对流天气

强对流天气一般是积雨云中的对流作用发展产生的，属中、小尺度天气现象，伴有雷暴、冰雹、雷雨大风、龙卷风等。强对流天气一般是局地性的，一旦发生就给当地带来严重灾害。有些强对流天气不是单独出现，如冰雹来临时常伴有大风、雷暴。

一、雷暴

雷暴是积雨云中云间或云地之间发生放电和打雷的天气现象，它常伴有大风、暴雨、冰雹甚至龙卷风，是严重的气象灾害之一。

1953—2013 年（2013 年后无观测记录）深圳市雷暴日总数为 4159 天，年平均雷暴日数为 68.2 天，属于雷暴多发区。深圳市雷暴日数年际差异较大，最多为 103 天（出现在 1973 年），而最少仅为 47 天（出现在 1991 年）。深圳市平均初雷日为 3 月 3 日，最早初雷日为 1 月 2 日，最晚初雷日为 4 月 10 日；平均终雷日为 10 月 14 日，最早终雷日为 9 月 4 日，最晚终雷日为 12 月 20 日。

深圳市全年各月均有出现雷暴的可能，但主要集中出现在 4—9 月。4—9 月累计平均雷暴日数为 62.9 天，约占全年雷暴总日数的 92%；12 月出现次数最少，65 年中仅 2002 年出现 1 次，其次是 11 月和 1 月。另外，雷暴日的月分布具有双峰型的特征，在 6 月和 8 月出现两次峰值，8 月最多为 14.4 天。

深圳年平均雷电密度地理分布特点是：西部多、东部少，内陆多、沿海少，珠江口多、大鹏湾少，山地多、平地少。强雷电密度区主要分布在深圳市的西部，较强雷电密度区主要分布在深圳市中部（含特区大部）。

二、短时雷雨大风、冰雹、龙卷

（一）短时雷雨大风

据深圳国家基本气象站资料记录，1953—2019 年深圳市共出现短时雷雨大风 177 次（表 8-3-2-1），年平均 2.0 次，66 年间有 12 年（1953 年、1956 年、1969 年、1978 年、1981 年、1982 年、1984 年、1985 年、1998 年、2000 年、2002 年、2017 年）未记录到雷雨大风天气。年最早雷雨大风出现在 1980 年 2 月 26 日，最迟出现在 1993 年 11 月 5 日。除 1 月和 12 月外，其他各月均有可能出现短时雷雨大风天气，但主要集中在 7—8 月，占全部次数的 50% 以上。

表 8-3-2-1　1953—2019 年深圳市短时雷雨大风各月次数

月	1	2	3	4	5	6	7	8	9	10	11	12	合计
次数	0	1	6	15	12	29	38	48	31	5	2	0	177

（二）冰雹

据深圳市国家基本气象站观测资料，1953—2019 年的 66 年有 6 次冰雹记录（表 8-3-2-2），其中 1983 年出现了 3 次冰雹。6 次冰雹分别出现在 3 月、4 月、8 月、9 月，其中有 3 次出现在 3 月份。2014 年 8 月 1 日，龙岗、坪山等地出现了冰雹，市气象台发布了首个冰雹预警。

表 8-3-2-2　1953—2019 年深圳市冰雹各月次数

月	1	2	3	4	5	6	7	8	9	10	11	12	合计
次数	0	0	3	1	0	0	0	1	1	0	0	0	6

（三）龙卷

龙卷是雷暴巨大能量中的小部分在很小的区域内集中释放的一种形式。龙卷风速度快，通常可达到 100 米 / 秒、甚至 175 米 / 秒以上的风速，比 12 级台风还要大五六倍。具有影响范围小、生命史短等特征，一般直径只有 25～100 米，从发生到消失只有几分钟，最多几个小时，龙卷风出现的概率极小，但其危害极其严重。

深圳市 1953—2019 年的 66 年中共有 10 次龙卷风观测记录。1987 年 3 月 17 日早上宝安县龙岗镇爱联村受到龙卷风袭击，持续时间 10 分钟左右。爱联村 1500 多平方米的合资厂房遭到严重破坏，学校、工厂、民宅的围墙被吹倒，大树、电线杆被吹倒，直接经济损失约 10 万元。2005 年 5 月 9 日 11 时 30 分，宝安沙井出现小范围龙卷风，持续时间约 3 分钟，沙井第三工业区、观澜大水坑废品收购站附近则持续了约 25 分钟，共造成 10 余万元的经济损失。其余的龙卷未及地面或不在管辖区内，无灾情记录。近几年，2010 年 7 月 27 日深圳湾、2015 年 5 月 11 日机场附近珠江口、2018 年 6 月 26 日 06 时 30—55 分深圳市西涌近海等地记录到水龙卷，无伤亡和经济损失。

第四节　高　温

一、高温年分布

日极端最高气温≥ 35 ℃的天气称为高温天气。1953—2019 年深圳共有 55 年出现高温天气（图 8-4-1-1），高温日数达 199 天，年平均为 2.9 天。其中 20 世纪 80 年代以前有 11 年未出现高温天气，而 80 年代以来，仅 1981 年未出现高温天气。最早高温日出现在 5 月 20 日（1977 年），最迟出现在 10 月 2 日（2005 年）。历年极端最高气温为 38.7 ℃，出现在 1980 年 7 月 10 日。

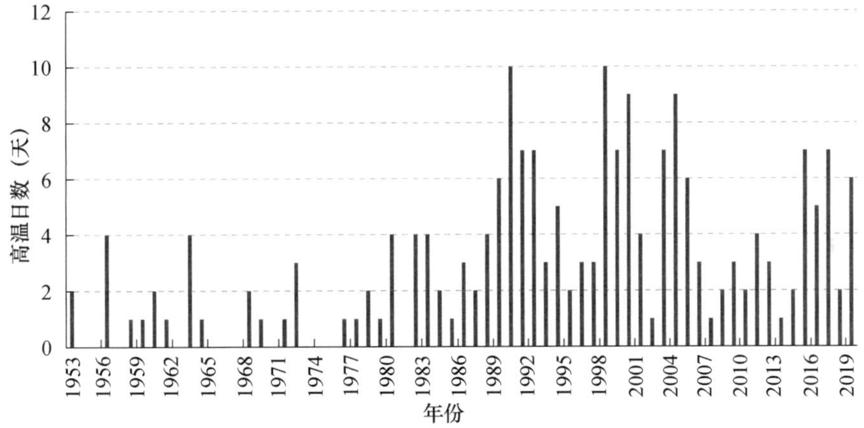

图 8-4-1-1　1953—2019 年深圳市历年高温日数

二、高温月分布

深圳高温天气出现在 5—10 月，主要集中在 7—9 月（图 8-4-2-1），期间共出现高温日数 174 天，约占总日数的 87%。

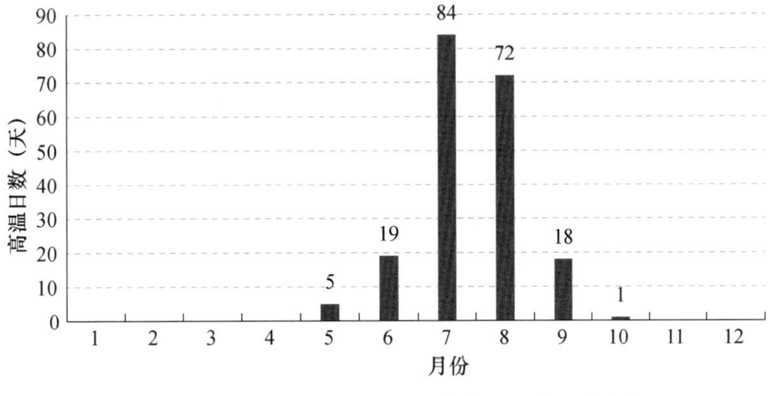

图 8-4-2-1　1953—2019 年深圳市高温日数月分布情况

三、连续高温过程

连续 3 天以上的高温天气称为一个高温过程。持续 3～5 天为短过程，6～9 天为中过程，10 天以上为长过程。根据以上定义，深圳市 1952—2019 年的 68 年中共出现高温天气过程 12 次（表 8-4-3-1），都属于短过程，全部出现在 1980 年以后，最长连续时间为 5 天，分别出现在 1998 年 7 月 31 日—8 月 4 日、2003 年 7 月 13—17 日。

表 8-4-3-1　1952—2019 年深圳市持续 3 天≥ 35 ℃的连续高温过程

序号	日期	持续天数	高温值（℃）
1	1982 年 7 月 28—30 日	3 天	35.9 ℃，37.6 ℃，35.0 ℃
2	1983 年 7 月 8—11 日	4 天	35.4 ℃，35.4 ℃，35.5 ℃，35.7 ℃
3	1990 年 8 月 16—19 日	4 天	35.0 ℃，37.0 ℃，36.2 ℃，36.9 ℃
4	1992 年 8 月 29 日—9 月 1 日	4 天	35.7 ℃，36.0 ℃，35.1 ℃，35.2 ℃
5	1998 年 7 月 31 日—8 月 4 日	5 天	35.4 ℃，35.3 ℃，35.9 ℃，35.8 ℃，36.4 ℃
6	2000 年 6 月 4—6 日	3 天	35.3 ℃，36.8 ℃，35.2 ℃
7	2003 年 7 月 13—17 日	5 天	35.3 ℃，35.0 ℃，35.4 ℃，35.3 ℃，35.0 ℃
8	2004 年 6 月 29 日—7 月 2 日	4 天	35.7 ℃，36.9 ℃，37.5 ℃，35.8 ℃
9	2005 年 7 月 18—20 日	3 天	35.9 ℃，37.3 ℃，36.7 ℃
10	2011 年 8 月 29—31 日	3 天	35.6 ℃，36.1 ℃，35.1 ℃
11	2015 年 8 月 7—9 日	3 天	36.0 ℃，36.0 ℃，36.2 ℃
12	2017 年 7 月 28—30 日	3 天	35.1 ℃，36.1 ℃，36.3 ℃

第五节　寒潮低温

一、寒潮和强冷空气

深圳虽濒临南海，纬度较低，但冬季来自北方强大的冷空气也会影响到深圳，造成深圳气温剧烈下降，甚至伴有大风、冰冻、降冰粒等天气现象，形成寒潮过程。

（一）寒潮和强冷空气划分标准

表 8-5-1-1　寒潮和强冷空气划分标准表

项　目		强冷空气	寒潮
日最低气温下降值（℃）	24 小时	≥ 8.0	≥ 8.0
	48 小时	≥ 8.0	≥ 10.0
	72 小时		≥ 12.0
过程最低气温（℃）		≤ 8.0	≤ 4.0

注：1. 依据《冷空气等级》（GB/T 20484—2017）、《寒潮等级》（GB/T 21987—2017）整理；

2. 过程最低气温是指一次冷空气或寒潮影响时的最低气温。

（二）季节分布

影响深圳的寒潮从 1953 年到 2019 年共出现 15 次（表 8-5-1-2），平均 4～5 年就有 1 次，集中在

12 月至翌年 2 月。寒潮活动时间约一周。深圳最早的寒潮出现在 12 月 8 日（1975 年），最晚的出现在 2 月 24 日（1974 年）。影响深圳的寒潮基本上都是沿中路路径，即冷空气主力在河套一带向南倾泻，从 105°～112° E 之间入侵影响深圳。

表 8-5-1-2 1952—2019 年影响深圳的寒潮过程

序号	降温开始日期	最低气温出现日期	过程最低气温（℃）	最大降温幅度（℃）	
				48 小时	72 小时
1	1956 年 1 月 21 日	1956 年 1 月 24 日	2.3	−8.7	−12.2
2	1957 年 2 月 4 日	1957 年 2 月 7 日	3.3	−8.1	−12.6
3	1958 年 1 月 13 日	1958 年 1 月 16 日	3.6	−11.0	−14.7
4	1969 年 1 月 29 日	1969 年 2 月 1 日	3.8	−12.7	−14.5
5	1974 年 2 月 23 日	1974 年 2 月 26 日	2.2	−11.8	−13.8
6	1975 年 12 月 8 日	1975 年 12 月 14 日	1.7	−10.3	−12.9
7	1976 年 12 月 24 日	1976 年 12 月 28 日	2.1	−10.9	−14.2
8	1978 年 1 月 15 日	1978 年 1 月 18 日	3.7	−12.9	−14.5
9	1979 年 1 月 29 日	1979 年 2 月 1 日	2.6	−10.5	−13.5
10	1990 年 1 月 30 日	1990 年 2 月 1 日	3.5	−12.8	−12.8
11	1991 年 12 月 26 日	1991 年 12 月 29 日	1.9	−15.2	−15.7
12	1993 年 1 月 13 日	1993 年 1 月 18 日	3.0	−12.3	−14.3
13	1996 年 2 月 15 日	1996 年 2 月 21 日	3.3	−12.4	−13.6
14	2010 年 12 月 14 日	2010 年 12 月 17 日	2.4	−14.1	−17.6
15	2016 年 1 月 21 日	2016 年 1 月 24 日	1.7	−8.8	−12.5

强冷空气入侵深圳的次数比寒潮多，从 1953 年到 2019 年共出现 82 次，年平均 1～2 次，集中出现在 11 月至翌年 3 月。深圳最早的强冷空气出现在 11 月 17 日（1953 年和 1975 年），最晚的出现在 3 月 18 日（1976 年）。1966—1967 年的冬季强冷空气入侵次数最多，达 7 次。

（三）寒潮伴随的天气现象

1. 降温

气温骤降是人们对寒潮天气最直接的感觉。通常，寒潮来临前天气会异常暖和，因此在寒潮影响的前后 2 天，大有隔天转季之感。据统计，24 小时最大降温出现在 1990 年 1 月 30—31 日，下降 10.2 ℃。48 小时最大降温出现在 1991 年 12 月 26—28 日，下降 15.2 ℃。72 小时最大降温出现在 2010 年 12 月 14—17 日，下降 17.6 ℃。

2. 冰冻、冰粒

寒潮影响深圳时，有时会带来冰冻、冰粒等灾害天气。据统计，1986 年 2 月 28 日、2016 年 1 月 24 日梧桐山顶出现冰冻。2016 年 1 月 24 日还记录到降冰粒的天气现象，这也是自 1953 年有气象记录以来首次记录到降冰粒。

3. 低温

在寒潮影响过程中所伴有的最低气温，深圳一般以 2～3 ℃为多。深圳极端最低气温为 0.2 ℃（出现于 1957 年 2 月 11 日），是在一次强冷空气过后，北方又有冷空气补充，下半夜天气转晴剧烈的辐射降温造成的。

4. 大风

每当寒潮入侵时，由于气压梯度增大，有时会伴随大风（风力≥ 8 级）。深圳受寒潮影响而形成的大风分别是在1991年12月28日和2010年12月16日出现。

二、低温天气

低温天气是指日最低温度≤5 ℃的天气，只出现在秋、冬季，其中以1—2月最多。1953—2019年深圳市共有46年出现低温天气，低温日数共有188天，年平均为2.8天。随着气候变暖及城市化的发展，20世纪80年代后有超过半数的年份（21年）未出现低温天气。

第六节　低温阴雨

一、出现时间和次数

每年2月1日—3月10日，日平均气温≤12 ℃的天数连续≥3天，或日平均气温≤15 ℃，每日日照时数≤2小时的天数连续≥7天，称为一次低温阴雨过程。低温阴雨主要不利于早稻播种，导致烂秧、死苗，贻误农时。1953—2019年深圳共出现57次低温阴雨过程，年平均5.0天，有25年未出现低温阴雨过程，占37%。

二、强度

低温阴雨的强度主要指这种天气出现的持续时间和伴随出现的低温程度，一般以持续天数3～5天为轻度，6～9天为中度，≥10天为重度。深圳有54%的低温阴雨过程为轻度，中度和严重的低温阴雨过程分别有19次、9次（表8-6-2-1）。严重的低温阴雨过程持续10～15天，过程最低气温多为4.0～5.0 ℃。

表8-6-2-1　严重的低温阴雨过程表

序号	时间	天数	过程最低 日平均气温（℃）	过程 平均气温（℃）	最低气温 ≤5 ℃天数（天）
1	1957年2月5—14日	10	4.1	7.9	5
2	1968年2月2—12日	11	5.2	8.5	2
3	1968年2月14—25日	12	7.7	10.3	1
4	1969年2月20日—3月6日	15	6.9	11.4	0
5	1982年2月6—16日	11	9.8	11.7	0
6	1990年2月24日—3月5日	10	8.2	10.6	0
7	1996年2月18—29日	12	4.7	8.3	4
8	2000年2月21日—3月2日	11	10.2	12.0	0
9	2011年2月11—21日	11	8.8	12.3	0

三、倒春寒天气

“倒春寒”天气是出现在晚春的低温阴雨天气。凡于3月10日以后出现的低温阴雨天气称为“倒春寒”天气。深圳的“倒春寒”天气出现概率很小，66年中只出现过5次，分别出现在1963年3月13—15日、1970年3月16—18日、1985年3月12—15日、1996年3月10—12日、2012年3月10—12日。

第七节　雾

雾是悬浮在近地面空气层中的大量小水滴、小冰晶，使水平能见度小于 1 千米的现象。

一、雾的概况

深圳的雾天气集中出现在 12 月至次年 4 月，最多出现月份在 3 月，最少出现月份在 6、7 月。1953—2019 年深圳市共出现雾有 267 天，年平均雾日数约为 4.0 天。深圳雾日数最多年份为 11 天，出现在 1976 年、1980 年和 1992 年；而 2000 年、2002 年、2004、2015 年、2018 年和 2019 年没有出现过雾。

二、连续性雾

深圳出现连续雾的次数不多，连续的天数也不长。自 1952 年以来，雾天气连续天数最长为 3 天，只出现了 3 次，分别为 1980 年 1 月 2—4 日、2005 年 2 月 23—25 日和 2012 年 11 月 28—30 日，连续 2 天的雾天气过程有 16 次。

第八节　霾

霾是大量极细微的干尘粒等均匀地浮游在空中，使水平能见度小于 10 千米的空气普遍混浊的现象。

一、霾的年分布特征

地处南海之滨的深圳原本没有霾，随着深圳经济特区建设的迅速发展，城市污染曾趋于严重。根据观测记录，20 世纪 50 年代以前深圳市无霾记录，在 60 年代的 10 年里，仅有 4 天出现霾（表 8-8-1-1），80 年代霾现象开始增多，90 年代后霾天气剧增，2002—2011 年年均霾日数超过 100 天，2004 年霾日数高达 187 天，为历史最高纪录。随着特区不断加大空气质量治理力度，近年霾日数逐年减少，到 2019 年霾日数已减少至 9 天（图 8-8-1-1）。

表 8-8-1-1　1953—2019 年深圳市各年代霾日数统计表　单位：天

年代	1953—1959 年	1960—1969 年	1970—1979 年	1980—1989 年	1990—1999 年	2000—2009 年	2010—2019 年	总计
霾日数	0	4	8	85	620	1336	583	2636

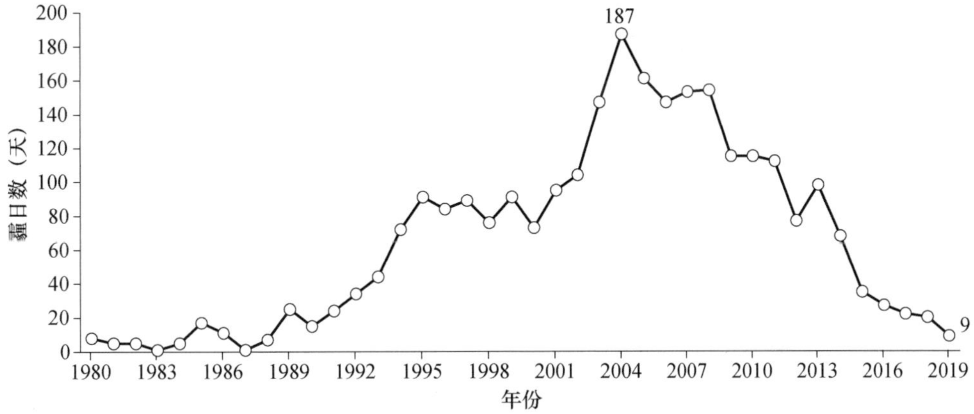

图 8-8-1-1　1980—2019 年深圳市霾日数分布

二、霾的月分布特征

20 世纪 80 年代以来到 2017 年，深圳市的霾多出现于秋、冬、春季节（9 月至翌年 4 月）。其中 1 月霾日数最多，其次是 12 月；7 月霾日数最少，其次为 6 月（图 8-8-2-1）。

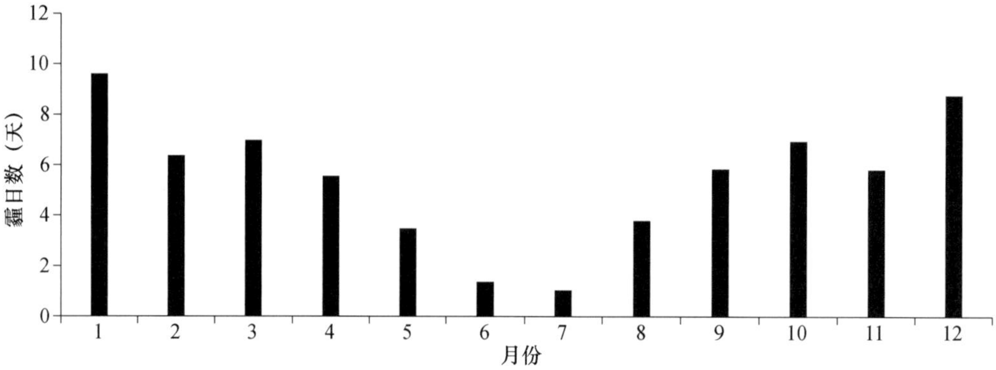

图 8-8-2-1　深圳市月平均霾日数分布

第九节　干　旱

一、干旱的定义

干旱是深圳常见的灾害性天气之一，虽然雨量充沛、雨季时间长，但由于季风气候影响，各个季节均可出现干旱，旱季有经常性的干旱，雨季有间歇性干旱。对农业生产来说，危害较大的是春旱和秋旱，而按照影响的程度，春旱要比秋旱严重得多，特别是出现冬春连旱甚至秋冬春连旱的时候。

对干旱的表征方法，是依据农业生产在不同季节里保持植物生长所要求的需水量而制定的，这种需水量在气象上称为透雨。在两个透雨时段之间的间隔日数就是旱期。具体规定如下：

（1）某日或连续降水累计≥ 20 毫米（11 月至翌年 5 月）或≥ 40 毫米（6—7 月、8—10 月），其中间连续≥ 25 天以上无透雨，为有旱情；

（2）春旱：2—5 月；冬旱：11 月至翌年 1 月；秋旱：8—10 月；夏旱：6—7 月。

二、干旱概况

1952—2019 年统计，深圳共出现干旱 182 次，出现干旱的总天数达 12443 天，年平均达 183 天，每年都会有干旱发生，每次干旱平均持续 68 天（表 8-9-2-1）。

表 8-9-2-1　1952—2019 年深圳市各类旱情持续天数　　单位：天

项目	春旱	夏旱	秋旱	冬旱	秋冬连旱	冬春连旱	秋冬春连旱	春夏连旱
平均持续天数	37.6	34.2	39.9	43.1	89.3	94.1	160	61
最长天数	73	52	58	71	139	142	238	61
最短天数	25	25	30	25	61	62	125	61
年平均天数	31	2.5	11.1	14	42	41.5	40	0.9

按干旱出现的时间，可分为春旱、夏旱、秋旱、冬旱、秋冬连旱、冬春连旱、秋冬春连旱和春夏连旱，时间最长的是秋冬春连旱，平均持续日数达 160 天，最短为夏旱，平均日数只有 34.2 天。每年

发生干旱的几率，春旱发生的可能性最大，可达67.6%，秋冬连旱次之，为47.1%。深圳自1952年以后共出现严重干旱38次，发生频率达到50%。

三、春旱

深圳的年平均春旱天数为31天，最长的可达73天，最短的为25天，从1952—2019年，共有46年出现56次春旱，其中有10个年份出现了2次旱情。其中旱情最为严重的2008年和2018年，2008年前后出现了两次共计98天的旱情，最长一次持续71天，2018年发生一次春旱持续73天。若以连旱日数长于或等于60天、30～59天和短于30天为评定春旱年景的重度、中等、轻度三个等级，并以连旱日数不足25天作为无春旱标准，则深圳仅在2008年、2011年和2018年各出现1次重度的春旱，最长的连春旱出现在2018年，连旱日数为73天，中等的春旱年有36年共38次，占春旱总数的70.4%，发生概率为52.9%，轻度的春旱年有12年共13次，占春旱总数的24.1%，发生概率为17.6%。

四、秋旱

深圳的年平均秋旱天数为11.1天，程度比较轻。在66年时间里，共出现过18次秋旱，旱期最长的为58天，最短则为30天。20世纪60年代到70年代初，以及21世纪00年代末到10年代是秋旱发生频率较高的时期，分别发生了6次和8次秋旱，其余为50年代1次、80年代1次、90年代2次。

深圳发生单纯秋旱的机会不太多，以连旱天数长于或等于30天、40天、50天分别作为轻度、中等、重度秋旱年景的评定指标，重度的秋旱年有3年，占4.4%；中等的秋旱年有7年，占10.3%，轻度的秋旱年有8年，占11.8%，无秋旱年有50年，占73.5%。深圳市发生秋旱的机会约为26.5%，重度的秋旱发生在1954年、1963年和1991年。

五、连旱

深圳发生于不同季节连续干旱的几率较大，主要有秋冬连旱、冬春连旱和秋冬春三季连旱。连旱持续的时间一般都比较长，发生的几率大，对工农业生产和生活影响以及造成的损失会比较大。

在连旱中，发生机会最多的要数是秋冬连旱和冬春连旱，68年中分别发生过32次和30次，发生频率分别为47.1%和42.6%，秋冬春连旱则发生过17次，发生频率为25%。

从平均干旱天数来看，最长的是秋冬春连旱，最长的连旱日数达238天，最短的也达125天。而秋冬连旱和冬春连旱的年均日数并不短，分别为42天和41.5天，最长的秋冬连旱天数为139天，发生在1967年，最长的冬春连旱则发生在1954年，旱期长达142天。

深圳市连旱的年景根据连旱的天数≥120天、90～119天、60～89天划分为重度、中等、轻度3级年景的评定指标。则自1952年以来属重度年的有26年，其中秋冬春连旱有17年，平均连旱天数达到了160天，秋冬连旱和冬春连旱分别有7年和3年。

第十节　城市建设对局地气候的影响

深圳成立特区后开始了较大规模的城市建设，在20世纪80年代前期尚未形成一定规模的高楼群区，80年代后半期开始城市建设有了一定规模，90年代以后城区不断扩大，城区建成区面积从1980年的12.46平方千米扩大至2017年的925.2平方千米，城市人口也由1979年的37万增加到2019年的1343.88万，根据广东移动大数据应用创新中心于2017年发布的《基于移动大数据的深圳市人口统计研究报告》显示，2017年11月每天生活在深圳的人数平均达到了2567.2万。经济社会快速发展中的移山填海、工业污染、汽车尾气、人口增长等直接影响到深圳市气候的变化，在全球增暖的背景下深圳热岛效应的影响也日趋明显，气候呈现一些规律性的变化特征。

一、热岛效应影响四季划分

随着城市规模的不断增大，受人口密度增大、道路、建筑占地增多的因素影响，市区的热岛效应也日益明显。按照住建部《国家园林城市标准》的有关要求，夏季6—8月城市热岛强度被纳入国家园林城市评价体系。深圳全市的热岛效应大致呈“中强东弱西居中”的分布，2010年以来的数据表明，罗湖老城区及其北部的龙岗区布吉、吉华、横岗等街道为深圳城市热岛的中心区域，夏季城市热岛强度基本在0.8 ℃以上，近年来，热岛中心区域有向龙岗区平湖街道、龙华区北部和光明新区东部等原关外地区扩大的趋势。以五个城市指标站计算的深圳夏季城市热岛强度近年来在1～1.5 ℃范围内波动。

一个地区的气候状况在自然状况下具有较好的连续性。但随着城市规模的迅速发展，人们的各种活动高度集中到城市里，城市的热岛效应也越来越明显，气候的连续性遭到了人为的破坏，以气温为标准划分的四季与原来该地区的四季存在明显的差异。以原来的气温标准计算出来的四季只能大致代表市区的四季，与郊外的实际气候情况不相符合。要想消除或减少人为因素带来的差异，可采用剔除各时段的城市热岛效应值的方法。统计表明，剔除各时段的城市热岛效应值后计算出来的四季既在一定程度上反映了全球变暖的影响，又具有较好的连续性。

二、气温持续升高

从年平均气温的变化来看（图8-10-2-1），在20世纪80年代中期以前，深圳年平均气温呈波动性变化（表8-10-2-1），而80年代中期以后气温迅速上升，90年代升温更为显著，升温幅度冬季比夏季明显，夜晚比白天明显。1996年以后，除了2008年和2011年年平均气温分别为22.8 ℃和22.6 ℃外，其余年份年平均气温均在23 ℃以上，2015年和2019年相继以23.9 ℃和24.0 ℃的年平均气温刷新纪录。进入2000年后气温有下降趋势，2012年之后又开始呈上升趋势。

表8-10-2-1　1953—2019年深圳市各年代平均温度统计表　　单位：℃

年代	50年代	60年代	70年代	80年代	90年代	00年代	2011—2019年	多年平均
平均气温	22.0	22.1	22.0	22.5	23.2	23.4	23.3	23.0

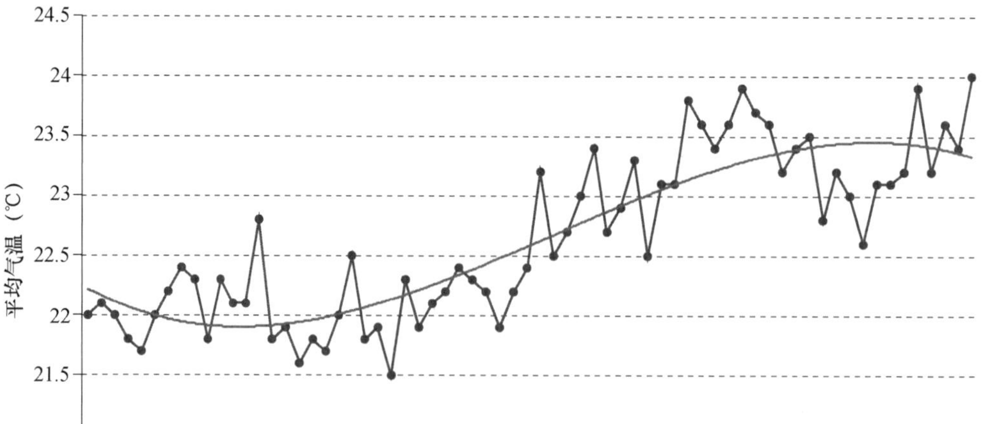

图8-10-2-1　1953—2019年深圳市年平均气温演变特征

1953—2019年深圳市出现高温日数199天，年平均高温日3.0天，最多为10天，出现在1990年和1998年。20世纪80年代初期以前，有多个年份没有出现高温天气，从1983年开始每年均出现高温天气，80 年代后增加趋势显著，1953—1985 年共出现高温天气 43 天，年均 1.3 天，1986—2019 年共出现高温天气 156 天，年均 4.6 天，即 1986 年后是 1986 年前年均高温日数的 3 倍多。另外，1953—2019 年高温日数≥ 3 天的持续高温天气共出现 13 次，均出现在 80 年代以后，其中有 11 次出现在 90 年代以后，7 次出现在 2000 年及以后，这表明持续高温天气明显加剧。

三、相对湿度下降

1953—2019 年深圳市年平均相对湿度为 74%（表 8-10-3-1）。由于城市规模的不断扩大，市区的厂房、住宅、公共设施、人造路面及良好的排水系统，破坏了建立特区前大片的植被及土壤环境，使得因蒸发而进入到大气中的水汽大大减少，从而造成相对湿度的减小，年平均相对湿度也呈现出下降的趋势。相对湿度降幅最明显也是在 20 世纪 80 年代中期以后（图 8-10-3-1），年平均相对湿度由 1953—1985 年的 79% 下降到 1986—2006 年的 74%，平均减少了 5%，期间年平均相对湿度最大仅有 76%，最小减小到 70%，2007 年以后平均相对湿度波动明显增大，期间在 2008 年记录到年平均相对湿度历史最低值仅 69%，2012 年和 2016 年平均相对湿度却高达 79%。

表 8-10-3-1 1953—2019 年深圳市各年代平均相对湿度统计表 单位：%

年代	50 年代	60 年代	70 年代	80 年代	90 年代	00 年代	2011—2019 年	多年平均
平均相对湿度	79	79	80	77	75	72	76	74

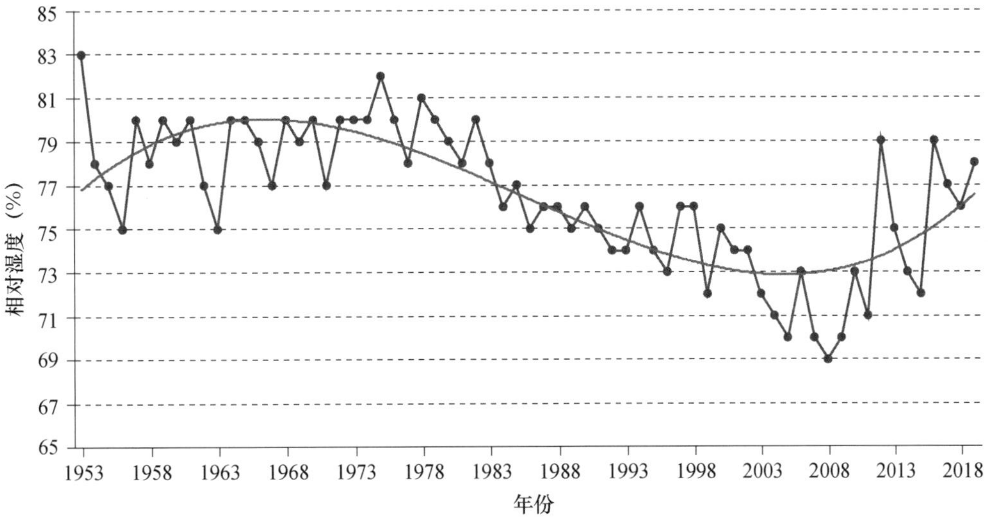

图 8-10-3-1 1953—2019 年深圳市年平均相对湿度时间演变特征

四、日照先减后增

城市中由于各种燃料燃烧时释放出的大量废气和烟尘、汽车尾气以及地面扬起的尘埃使空气成分发生变化而变混浊，降低了大气的透明度。太阳辐射从大气顶部进入大气之后，因吸收、散射和反射作用而受到削弱，特别是以二氧化硫为主的气溶胶对太阳辐射的吸收减少了到达地面的太阳直接辐射量。城市上空因空气被污染等原因，太阳辐射减少得比郊区更大些。太阳辐射的强弱直接影响到日照的多寡。此外，记录到的日照时数减少，还因原有的观测环境遭到破坏，导致某些时段的日照无法测到。

深圳市年平均日照时数为 1837.6 小时，年日照时数呈波动下降的趋势，从日照时数年际变化看（图 8-10-4-1），20 世纪 80 年代中后期深圳日照时数在小范围内上下波动，随后呈逐渐下降趋势，最近 10 年日照时数在较高水平波动，年平均日照时数由 1954—1980 年的 2203.9 小时减少到 1981—2010 年的 1837.6 小时，平均日照时数减少了 366.3 小时，2011—2019 年平均日照时数 1910.4 小时，有所回升。日照百分率由 1953—1980 年的 50% 下降到 1981—2010 年的 42%，2011—2019 年又有所上升，达到 43%。

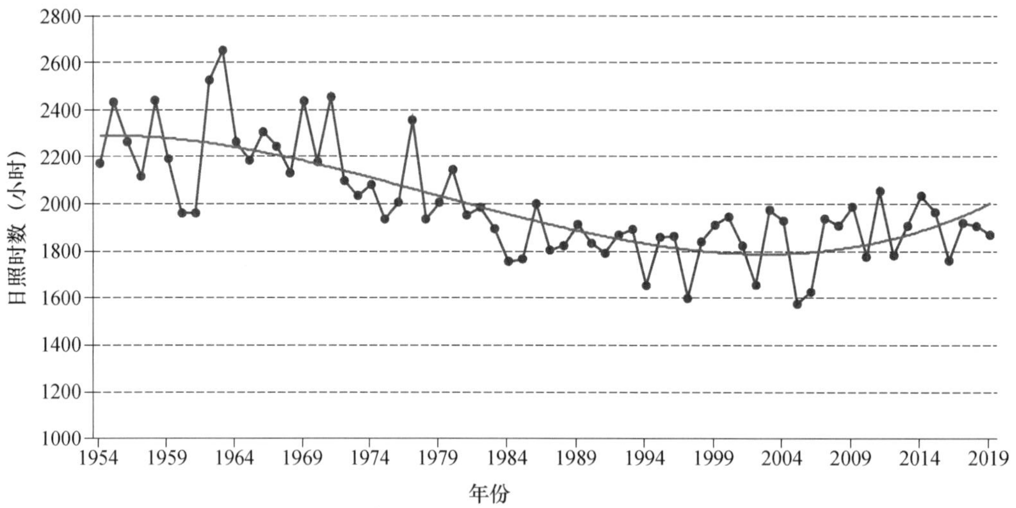

图 8-10-4-1　1954—2019 年深圳市年日照时数变化曲线

五、能见度先降后升

2005 年以前，深圳市城市平均能见度呈波动下降趋势（图 8-10-5-1），20 世纪 80 年代平均能见度为 19.0 千米，90 年代下降至 14.8 千米，至 21 世纪 00 年代仅有 12.9 千米，但 2005 年开始能见度波动上升，2011—2019 年平均能见度升至 16.4 千米，超过 90 年代平均水平。

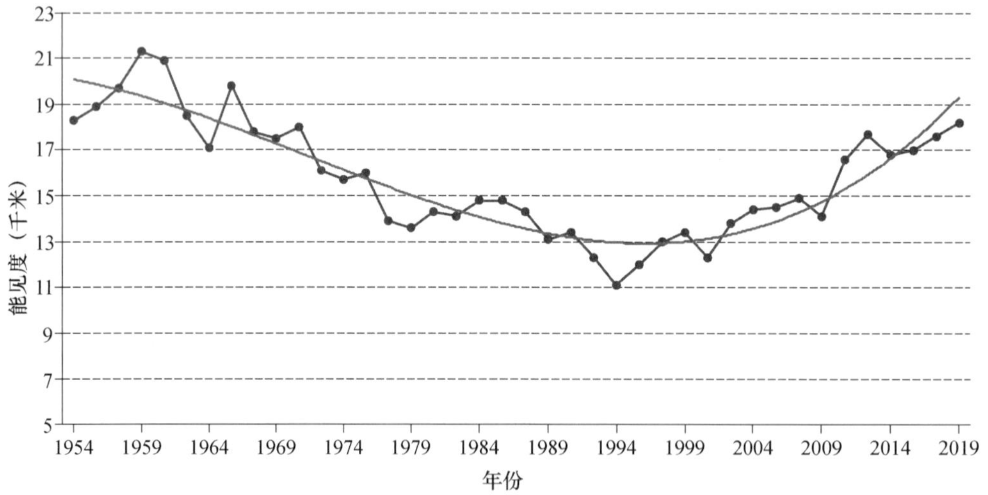

图 8-10-5-1　1954—2019 年深圳市年平均能见度变化曲线图

六、灰霾日先增后减

由于城市的发展，一方面热岛效应增强了城市周边“微尘云”的形成，易于雾或灰霾的形成，另一方面因工业和汽车尾气排放影响，灰霾天气增多；后随着深圳产业结构的调整，特别是 2004 年以来第二产业占 GDP 比重的下降和高新产业占第二产业比重的上升，灰霾日数持续下降。20 世纪 50 年代，全市没有出现灰霾；60年代开始出现灰霾，但仅有4天；70年代增加为8天；80年代共出现灰霾85天；而90年代，灰霾现象加剧，灰霾天数620天；2000年后灰霾现象进一步加剧，21世纪00年代灰霾天数高达1336天，约为20世纪80年代的16倍、90年代的2倍多；年灰霾日数在2004年达到峰值的187天，随后呈震荡减少趋势，2010—2019年，灰霾天数共有583天，特别是2016年以来年灰霾天数已降到30天以内，2019年最少仅9天，回到90年代初的水平。

七、极端降水加剧

深圳市地处南亚热带沿海地区，降水量较丰沛，一年中降水量的多少主要受大区域气候因素的影响，城市建设对年降水量的影响较小。但城市化后的降水强度有所增强，主要表现为雨日减少、大暴雨日数增加和短历时降水强度显著增强。1961年以来监测数据显示，年降水量变化不大的情况下，降水日平均每10年减少约6天，近20余年来大暴雨日数平均每10年增加0.2天；1991年以来各历时暴雨极值均较1990年以前增强，3小时以内的短历时强降水，雨强平均增幅达16.5%。深圳国家基本气象站建站以来日最大雨量为344毫米，出现在2000年4月14日。

八、平均风速明显下降

由于城市建设的迅速发展，城市中的高楼越来越多，使城区不同地区测得的风向、风速都不尽相同。深圳国家基本气象站在2000年以后所测得的风向、风速代表性已经不如1953—1999年期间所测。最近10年深圳国家基本气象站年平均风速呈明显下降趋势，已经从2008年的2.4米/秒下降至2019年的1.9米/秒。

第九章　气候变迁

第一节　清康熙时对宝安气候的描述

一、气候

岁[1]之气候：邑地暑多而寒少，三冬[2]少雪，长时似夏，一雨成秋。或度腊而不衣絮[3]，或春尽而不换寒衣。其在人也，气上壅而多汗，中湿蒸之症[4]而多寒热；其在物也，四时花果，暖气所至，百螣[5]时气，霜不杀草。

月之气候：出机[6]常早。春前蛙鸣，正月桃李花，二月蝼蛔鸣。蚯蚓出，王瓜[7]生，苦草秀。五月早禾熟，入机[8]常迟。九月稼登，十月水始涸，菊始开，虫始环户[9]，草木始黄落。

日之气候：雨旸寒燠，顷刻顿易。或朝凉暮暑，或昼暖夜寒；或风发则当日而且冻，或气蒸则遇雨而亦热。

注释：

（1）岁：一年之中。

（2）三冬：冬季三月，即冬季。

（3）或度腊而不衣絮：度腊，过腊月，指度过寒冷的天气。衣絮：穿棉衣。

（4）湿蒸之症：南方气候湿热所导致的病症。

（5）百螣：百，各种。螣，食苗叶的小青虫。

（6）出机：指草木萌生、欣欣向荣、自然万物进入生长、发展阶段。

（7）王瓜：别名土瓜。

（8）入机：与“出机”相对，指草木枯黄衰败、自然万物进入休眠状态，也指人进入超然忘我的境界。

（9）环户：围绕着门口周围活动。

二、风异

六、七、八月有飓风。其作也，断虹先兆[1]，云凝不行，雷隐不动，海气沸腾，矶石响[2]，水禽遁[3]，狂飚乍起乍息。常有过夜北风，其成也，毁屋、拔木、沉舟；其息也，必转东荡西而回南，然后停止。其暴者不久，或数时，或一日夜；其柔者愈久，或二三夜而后息。又夏月暴雨，风起飞砂，势如万马。其气青，谓之青东[4]；南北骤作[5]，谓之北暴，又谓之咸头，谓之泥浪。此则较飓风而小，又不必回南而后息。俗人占风，有以时占[6]者，谚云：“朝发三，晚发七，昼发不过日[7]。”有以潮占者，谚云：“潮生则风起，潮退则风止。”此即泥浪之风。又云：“近海多风。”

论曰：沿海之徼[8]，大都炎蒸，暑湿气多，火德[9]偏旺故也。贾岛诗曰：“山暖花常发，秋深雁不过。”杜荀鹤诗曰：“花鸟名皆别，寒暄气不均。”李德裕诗曰：“五月畲田收火米，三更津吏报潮鸡。”余靖诗曰：“客听潮鸡鸣蚕夜，人占飓母识晴阴。”风气之大略，可睹矣。有心调燮[10]者，导以阳气，毋滋蒸湿，俾风雨时叙，政和民乂，岂不休哉。

注释：

（1）断虹先兆：断虹，即半虹。先兆，事物出现前的迹象。

（2）矶石响：矶石是水边石滩或突出的大石。

（3）水禽遁：水鸟飞逃。

（4）青东：〔清〕屈大均《广东新语·卷一·天语·风》："南粤之风……当暑时天昏有雨，从东北暴至，其气纯青，是曰青东。青东之起，气甚寒，亦曰青冻。"

（5）骤作：等到突然发作。

（6）以时占：根据时间来占卜。

（7）朝发三，晚发七，昼发不过日：早晨开始刮起的风，持续不会超过三个时辰；晚上开始刮起的风，持续不会超过七个时辰；白天开始刮起的风，持续不会超过一日。

（8）徼：边界。

（9）火德：在阴阳五行观念中，方位与五行互相匹配，南方属于火德。

（10）调燮：调和元气，谐理阴阳。

三、占候

正月，元旦暗[1]，有雨。谚云："干冬湿年，禾谷满田。"又谓："正月初六日晴，人民安；十六日晴，有营生；二十六日晴，有蔬果。"又谓："立春晴一日，农夫不用力耕田。"立春先一日有雨，则一春皆雨，云："雨打春牛皮[2]，有一日百霉。"

二月，俗以春分社[3]占丰歉。谚云："分在社前，斗米斗钱。"言先春分而后社，则谷贵也。"春分社后，斗米斗豆。"言谷贱也。又曰："雨打惊蛰节，二月雨不歇。三月干耙田，四月禾生节。"言无水插秧也。

三月，俗谓："清明晴，则诸物丰，蚕少。"谚云："清明须用晴，谷雨须用雨[4]。"

四月，谚云："小满池塘满，不满天大旱。"

五月，夏至雨，云"洗仓水"，米贵。又以二十为"分龙日"，二十五为"回龙日"。不雨则歉，曰："分龙不下回龙下，回龙不下干哑哑。"又以二十六雨，为"分龙水"。

六月，喜初六晴，禾无虫，早稻有收。十二多风，俗呼"彭祖忌"。

七月，立秋小雨吉，大雨伤禾。谚云："天下若逢处暑雨，纵然结实也难收。"

八月，初一日风雨，谷贵，人民灾。虹见，谷贵。中秋月明，产妇吉。谚云："云暗中秋月，雨打上元[5]灯。"

九月，谚云："霜降值金，一晴一阴。"又云："重阳有雨重重有，重阳无雨一冬晴。"

十月，朔[6]晴，一冬暖。风雨主旱，麻子[7]贵。俗以初一日有雾，则明年正月雨；有大风，则明年米贵，以吹得斗动为验[8]。初二有雾，明年二月雨；三、四、五、六、七、八、九、十皆然。此日无雾，则明年此月无雨云。

十一月，冬至晴，百物成。

十二月，小寒晴，早禾熟；大寒晴，晚禾熟。雨暗则歉云。邑地无冰，民不知有东风解冻[9]。岁有微霜，物以蕃登。俗云："勤下粪不如早犁田。"言打霜也。或有微冰，人即以为瑞雪云。

注释：

（1）暗：元旦那天日光阴暗。

（2）雨打春牛皮：春牛，即土牛。旧时用以表示劝农和春耕的开始。

（3）分，指春分。社，指社日。古代祀社神之日。汉以后，一般用戊日，以立春后第五个戊日为春社，立秋后第五个戊日为秋社，适当春分、秋分之后。汉以前只有春社，汉以后始有春秋二社。间或也有四时致祭者。社前，社日以前。

（4）清明须用晴，谷雨须用雨：如果清明是晴天，谷雨是雨天，这一年就会获得好收成。

（5）上元：农历正月十五为上元节，十五夜称元夜、元宵。

（6）朔：农历初一月亮运行到地球与太阳之间，地面上看不见月光，这种现象叫做朔。以出现在农历每月初一，因此称初一为朔日或朔。

（7）麻子：指大麻。一名火麻。旧属谷类植物，今属桑科。花雌雄异株，雄花粉曰勃。

（8）验：可信的标志。

（9）东风解冻：春风温暖，又称为“东风”，可以融解冰冻。

论曰：月有候，而占候者随之，物类相动，本标相应[1]。诚如阳燧见日则然[2]，方诸见月则津者[3]，如影之赴臬[4]，不爽[5]也。省距中州千里，而太阳之经度与三晋同流过渡[6]，常差中州五分，况邑又远省三百里乎。其中细微，难尽符合；而此之占候，犹从俗例，晰分微应[7]，亦未大爽。心乎民瘼[8]者，补救之方[9]，宁可忽诸[10]。

注释：

（1）物类相动，本标相应：同类物种的行为方式是相同的。本，是树根；标，是树梢。相应，互相照应。

（2）诚如阳燧见日则然：阳燧，古以日光取火的凹面铜镜。

（3）方诸见月则津者：方诸，古代于月下承露取水之器，远古用蛤壳，后来用铜铸。

（4）臬：测日影的标杆。

（5）爽：差错，过失。

（6）而太阳之经度与三晋同流过渡：经度，经营规划。同流，本指二水合流，后比喻同类为同流。过渡，由此岸至彼岸。

（7）晰分微应：晰分，清晰地区别开来。晰，明白。微应，即使是细微之处也同俗语的分析差不多。

（8）民瘼：民间疾苦。

（9）补救之方：想尽办法来进行补救。

（10）宁可忽诸：怎么能够突然断绝。

第二节　清嘉庆时对宝安气候的描述

一、气候

粤为炎服[1]，多燠[2]而少寒，三冬[3]无雪，四时[4]似夏，一雨[5]成秋。其舒早，其肃迟。邑介归、莞之间，西南滨海，厥土涂泥[6]，水气[7]上蒸，春夏淫霖[8]，庭户[9]流泉[10]，衣生白霉；即秋冬之间，时多南风，而础润[11]地湿，人腠理[12]疏而多汗。谚曰：“急脱急着，强于服药。”此气候之大较[13]也。

注释：

（1）炎服：天气炎热的地方。

（2）燠：灼热。

（3）三冬：冬季三月，即冬季。

（4）四时：四季。

（5）一雨：一场雨。

（6）涂泥：泥泞地。

（7）水气：指云气，水上的雾气。

（8）淫霖：淫雨，久雨。

（9）庭户：泛指庭院。

（10）流泉：流动如泉水一般。形容庭院中积水很多。

（11）础润：空气中湿度增大，柱下石墩湿润。

（12）腠理：中医指皮下肌肉之间的空隙和皮肤的纹理。

（13）大较：大略，大概。

二、风异[1]

六、七、八月，有飓风[2]。其作也，断虹先兆[3]，云凝不行，雷隐不动，海气[4]沸腾，矶石响[5]，水禽遁[6]，狂飙[7]乍起乍息，常有过夜北风。其成也，毁屋杀稼、拔木、沉舟；其息也，必转东荡西而回南[8]，然后停止，谓之回南。若不回南，则间日复发。谚曰："飓母[9]不回南，再来不待三。"

其暴者不久，或数时，或一日夜；其柔者愈久，或二三夜而后息。凡岁一鬼打节，有一飓；三鬼打节，有三飓。鬼，鬼宿[10]也；打节者，或立春、立夏等节，逢鬼宿也。又有石尤[11]风，作与飓风同。但飓风起止，俗谓"对时石尤"，则略异也。他如海气腥，亦暴风之兆。云脚[12]疏直，谓之"风路[13]"，舟人[14]即徙舟避之。

至东南北骤作[15]，谓之"北暴[16]"，谓之"咸头"，又谓之"泥浪"，此则较飓风少逊，又不必回南而后息。俗人占风，有以时占[17]者，谚云："朝发三，晚发七，昼发不过日[18]。"有以潮占者，谚云："潮生则风起，潮退则风止。"此即泥浪之风。又云："近海多风。"

注释：

（1）风异：气候变化。

（2）飓风：发生在海洋上的强烈暴风。

（3）断虹：即半虹。先兆，事物出现前的迹象。

（4）海气：海面上的雾气。

（5）矶石响：水边石滩或突出的大石。

（6）水禽遁：水鸟飞逃。

（7）狂飙：急骤的暴风。

（8）回南：指飓风回头刮向南方，是广东方言中的气象专用术语。

（9）飓母：预兆飓风将至的云晕，形似虹霓。亦用以指飓风。

（10）鬼宿：星官名。二十八宿之一，朱雀七宿的第二宿。有微弱的星四颗，皆属巨蟹座。鬼宿四星围形似柜，中有一星团，叫"积尸气"，也叫鬼星团。

（11）石尤：传说石氏女嫁尤郎。尤为商远行，妻阻之，不从。尤久不归，妻思念致病，临亡叹曰："吾恨不能阻其行，以至于此。今凡有商旅远行，吾当作大风为天下妇人阻之。"故称逆风、顶头风为石尤或石尤风。

（12）云脚：低垂的云。

（13）风路：风的信道。

（14）舟人：船夫。

（15）骤作：迅速发作。

（16）北暴：当作"暴北"，从北方突然刮来的暴风，是广东方言中的气象专用术语。咸头、泥浪：广东方言中的气象专用术语。

（17）以时占：根据时间来占卜。

（18）朝发三，晚发七，昼发不过日：早晨开始刮起的风，持续不会超过三个时辰；晚上开始刮起的风，持续不会超过七个时辰；白天开始刮起的风，持续不会超过一日。

三、《通志·广东月令》

正月桃李花盛，柔桑[(1)]可采。二麦[(2)]黄，老圃[(3)]种姜剪韭。田功[(4)]即兴。

二月雷发声，虹蜺[(5)]见，鱼苗生，蚬降于雾，木棉、橘、柚华[(6)]。是月也，农功毕作。

三月温风至，梅子熟，槟榔苞坼，催耕鸣，田蛙鼓吹。

四月榴火[(7)]明，榕成荫，紫菱照水，树兰[(8)]缀珠，白雨[(9)]以时至。

五月朱荔熟，椰含浆，蝉大噪，钩割[(10)]鸣年，早禾登场[(11)]。

六月白雨足，西潦至，飓母乘潮，荔枝早熟。是月也，新谷[(12)]即登，亟[(13)]播晚种。

七月秧针[(14)]碧，蕹田浮[(15)]，蝴蝶营茧[(16)]。是月也，暑益酷，烁石流金[(17)]。

八月木芙蓉花，梨、栗熟，芋可剥，秥始获，河豚乘潮至。

九月木樨瘴发，红薯登，白榄落，嘉鱼出于峡，大秥始获，菊有黄华。

十月岭梅开，八蚕功毕[(18)]，橘、柚垂实，潮田尽登。是月也，霜始下，气乃寒。

十一月桃始华，冬笋出，枫渐丹[(19)]，鹧鸪蔽叶，山花时茂，畬田[(20)]布种。是月也，农敛谷[(21)]屯囷，涸塘以渔。

十二月水仙来宾[(22)]，梅乃大放，风兰贺春，青阳渐畅[(23)]，草木萌动[(24)]。

注释：

（1）柔桑：嫩桑叶。

（2）二麦：大麦、小麦。

（3）老圃：有经验的菜农。

（4）田功：农事。

（5）虹蜺：相传虹有雌雄之别，色鲜盛者为雄，色暗淡者为雌；雄曰虹，雌曰蜺，亦作“霓”。合称虹蜺。

（6）华：开花。

（7）榴火：形容石榴花色红似火，古诗词多用之。

（8）树兰：种植兰花。

（9）白雨：暴雨。

（10）钩割：鸟名。

（11）登场：谷物收获后登上晒场，借指收获完毕。

（12）新谷：新收获的谷物，新成熟的谷物。

（13）亟：不久。

（14）秧针：谓稻秧初苗，颖细如针。

（15）蕹田浮：蕹菜田浮在水面上，蕹筏上面已经长满了蕹菜的茎叶。

（16）营茧：结茧。也用来形容人搭盖小窝棚居住。

（17）烁石流金：谓温度极高，能将金石融化。形容酷热。

（18）八蚕功毕：一年中所有的蚕都成熟了。古人传说蚕在有些地方一年中成熟八次。

（19）丹：变红。

（20）畬田：火种的田地。

（21）敛谷：征收谷物。

（22）来宾：来到他人的领地。

（23）青阳渐畅：春意逐渐舒展。青阳，指春天。

（24）萌动：发芽、生长。

第三节 建站前的气候状况（1884—1951 年）

宝安县的气象事业始于 19 世纪中叶。据目前所知，1853 年香港开始有雨量观测，这是宝安县境内最早设立的现代气象站点。1883 年香港皇家天文台成立。从 1885 年以来的气温记录可知，香港的气温从 1885—1953 年变化比较平稳，大致可代表香港自然条件下的气候状况，而从 1954 年开始气温则明显上升。宝安气象站从 1952 年建站到建立深圳特区时止，观测环境变化不大，因而 1953—1979 年的观测记录大致可代表深圳的气候状况。

香港 1885—1953 年年平均气温为 22.28 ℃，宝安县 1953—1979 年的年平均气温为 22.03 ℃，由此可大致推知在自然状态下，香港的年平均气温较深圳高 0.2～0.3 ℃。考虑世界气候增暖和城市热岛效应等因素，可推知宝安县建站前的几十年中，年平均气温在 21.5～22.0 ℃，较 1953—1979 年的年平均气温略低。

由 1953—1998 年深圳、香港两地的气温曲线升降趋势大致相同，可推知宝安县在 1885—1890 年、1903—1906 年、1916—1918 年、1925—1927 年、1934—1936 年为相对低温期，其中特别低温年为 1893 年和 1886 年；1901—1902 年、1909—1915 年、1921—1924 年、1928—1933 年、1937—1938 年、1948—1950 年为相对高温期，其中特别高温的年份有 1902 年、1914 年、1915 年和 1937 年。

宝安县建站前几十年的年平均降水量大致为 1800～1900 毫米，其中相对多雨期为 1888—1894 年、1920—1927 年、1947—1952 年，相对少雨期为 1895—1901 年、1909—1917 年、1928—1938 年。

第四节 建站后至建立特区前的气候变化（1952—1979 年）

宝安县 1952 年建立气象站，下半年开始气象观测。1953—1979 年年平均气温为 22.03 ℃，1955—1958 年、1967—1976 年为相对低温期，其中 1976 年年平均气温为 21.5 ℃，为历年最低；1956—1966 年为相对高温期，1966 年年平均气温为 22.8 ℃，是这一时期的最高值。

1952—1979 年年平均降水量为 1926 毫米。1954—1956 年、1963—1964 年、1967—1969 年、1971—1972 年为相对少雨期，其中 1963 年降水量仅有 912.5 毫米，为历年最少，其次 1954 年降水量为 1284.7 毫米，为历年第二少雨年；1957—1961 年、1973—1976 年为相对多雨期，1975 年降水量多达 2662.2 毫米，为历年最多降水量。

1953—1959 年，月降水量分布呈单峰型，峰值在 6 月；1960—1979 年月降水量分布呈双峰型，月降水量高峰在 8 月，次高峰为 6 月。

1960 年、1964 年、1971 年、1979 年，台风严重影响宝安县，宝安县气象站均记录到平均风力 ≥ 12 级。

第五节 建立特区以来的气候变化（1980—2019 年）

建立深圳经济特区以后，昔日的边陲小镇逐渐变成了一个现代化的大都市。随着城市建设的日益发展，自然风貌发生了极大的变化，随之而来的是气候的改变。

城市热岛效应和全球气候增暖使深圳市区的气温迅速增加。1981—1990 年深圳市年平均气温为 22.5 ℃，1991—2000 年年平均气温为 23.2 ℃，2001—2010 年年平均气温为 23.4 ℃，2011—2019 年年平均气温为 23.3 ℃，较 1953—1979 年分别增高了 0.47 ℃、1.17 ℃、1.37 ℃和 1.27 ℃，其中 2019 年年平均气温为 24.0 ℃，成为深圳有气象记录以来的最高值，20 世纪 80 年代、90 年代以及 21 世纪 00 年代和 10 年代的最低值分别为 1984 年的 21.9 ℃、1995 年的 22.5 ℃、2008 年的 22.8 ℃和 2011 年的

22.6 ℃，呈上升趋势。

1981—2010 年年平均降水量为 1935.8 毫米。1982—1983 年、1993—1995 年、2000—2001 年、2008 年、2016 年为多雨期，1988—1991 年、2002—2004 年、2009—2012 年、2014—2015 年为少雨期。各月降水量分布 1980—1989 年呈单峰型，高峰在 8 月；1990—2006 年呈双峰型，主峰在 8 月，次峰在 6 月；2007—2019 年呈单峰型，高峰在 6 月，主要系 2008 年 6 月记录到 1395.3 毫米的历史单月最大降水量；若不考虑 2008 年，则 2007—2019 年降水量分布亦呈双峰型，主峰在 8 月，次峰在 6 月，可见深圳极端强降水之强，甚至到了能以单一事件影响降水气候分布的程度。2001 年降水量多达 2747.0 毫米，为历年最多降水量。

此外，城市化还造成了相对湿度减小、日照时数减少、能见度下降、平均风速下降等现象。

第十章　重要气候事件

第一节　1952年以前的自然灾害

975年　飓风、暴雨

宋开宝八年十月，广州飓风大雨水起，一昼夜雨水二丈余，海为之涨。

1199年　洪涝

宋庆元五年，广东诸州皆水，赈之。

1245年　飓风、暴雨、寒潮、雪

宋淳佑五年五月，广州大雨水，飓风大作，夜潮不得退，濒海室庐水深四、五尺，溺二千余家。宋淳佑五年，东莞雪。

1422年　飓风、暴雨

明永乐二十年五月，飓风暴雨，广东诸府大水，漂庐舍，坏仓粮，溺死三百六十余人。

1425年　飓风、暴雨

明洪熙元年，广州夏大水飓风，无年（即失收）；南海五月飓风水涨。

1472年　干旱

明成化八年春，珠江三角洲及清远等（十六县）。

1488年　干旱

明弘治元年春、秋，珠江三角洲地区（八县）。

1503年　飓风

明宏治十六年秋九月，东莞海溢坏稼。

1526年　暴雨、洪涝

明嘉靖五年春二月，大雷雨，江河泛滥成灾。

1530年　干旱

明嘉靖九年春、夏、秋，东部、珠江三角洲等（十五县）。

1536 年　干旱

明嘉靖十五年春、夏、秋，全省范围旱，其中西北部、中南部、东南部地区大旱。

1546 年　洪涝

明嘉靖二十五年夏五月，潦（雨后大水）潮大溢。

1558 年　干旱

明嘉靖三十七年春，珠江三角洲地区（九县）。

1560 年　干旱

明嘉靖三十九年秋，惠州、广州、肇庆、兴宁及珠江三角洲地区（十四县）。

1565 年　干旱

明嘉靖四十四年四月，大旱，斗米银一钱零，民有借谷富室，因而攘（窃、偷）之者。

1570 年　寒潮、雪

明隆庆四年，南海雪。

1572 年　干旱

明隆庆六年春、夏，珠江三角洲春旱。

1583 年　干旱

明万历十一年夏、秋大旱。

1595 年　干旱

明万历二十三年春、夏、秋，全省大旱，其中东北部、西南部、三角洲、雷州半岛尤甚（三十四县）。

1596 年　干旱

明万历二十四年，春、秋大旱，斗米银一钱八分，民多饥死者。

1611 年　洪涝

明万历三十九年五月，广东大水。

1614 年　洪涝

明万历四十二年，两广俱水，高要水矶堤及丰乐大围决，淹没田庐以万计。

1626 年　干旱

明天启六年春、夏，东北部春旱，三角洲夏旱（十一县）。

1636 年　干旱

明崇祯九年四、五月旱，斗米银一钱六分，县发粟赈饥，移文各都祈雨，县自步祷。五月二十四日始雨，稻获收过半。

1643 年　飓风

明崇祯十六年四月二十四日，飓风作，大雨如注，其风拔木毁屋，二昼夜乃息。巨浪覆舟，溺死者甚众。

1652 年　龙卷风

清顺治九年七月五日，白昼，有九龙，自龙穴山起，飞腾经过臣上、臣下村，数里而去。

1655 年　冰雹

清顺治十二年冬十月二十四日，大雨雹，自已时至未时止，屋瓦皆扑破，人在途中遇之，无所避，浑身肿痛。

1660 年　雷电、暴雨

清顺治十七年十一月初八日夜，雷电作，连雨七日夜，乃止。

1661 年　洪涝

清康熙元年，潦水（雨后大水）大溢过常，是年移乡。

1666 年　干旱

清康熙五年春、夏，三角洲夏旱。

1667 年　干旱、寒潮、雪

清康熙六年春、夏，三角洲春旱，东南部春连夏旱（十三县）。
清康熙六年冬，南海雪。

1669 年　洪涝、龙卷风、飓风

清康熙八年正月，雨后大水成灾，如元年。是年复村。
七月一日壬辰，有三龙，二白一黑，自西边海起，飞腾城南而去，城内民房卷去瓦屋甚多。
八月二十六日，飓风大作。民复乡初归，所有新盖围屋，尽行吹毁。

1671 年　飓风

清康熙十年八月二十一日，飓风大作，自辰起，至申止，城垣、学宫、衙宇、民房，尽吹颓毁，大树尽拔，近海旁沙头、尾村，牛成群被风飘去海中溺死。

1673 年　飓风

清康熙十二年五月二十一日，飓风作，海潮大溢，没屋浸禾。

1677 年　飓风

清康熙十六年八月二十一日，飓风大作，风中遥见火光迅烈，比前尤剧；阖邑城垣、衙宇、庙祠暨民间房舍，颓塌甚众，男女牛畜，多压死焉。

1685 年　干旱

清康熙二十四年，西北部春连夏旱，三角洲春、秋旱，东南部秋、冬旱（十八县）。

1686 年　洪涝、冰雹、干旱

清康熙二十五年四月二十二日，大水。时淫雨连日，倾注治城高处山麓，而泛滥汹涌，渠不能泄。亟开西、南二门放水，势犹未减；西南隅水深丈余，民居尽行颓塌，人民冒雨，四散投生，上下汹汹。不得已，乃决城垛二处消水，水势始平，人心乃定。城西西乡村冲决民居百余间，皆漂流入海。西北路燕村、水贝、涌头、黄松岗诸处，冲决土寨、民房，不可胜计；居民皆升屋上，缚木竹为筏，渡而走山，往往溺死；牛畜淹没甚众。城北新围村土寨，水环丈余，居民亦以木筏凌围墙，渡而走岸。北路竹村、大湖一带，冲决亦如之。至所在田产，冲压崩陷，为尤甚焉。

八月十五日，落雹如弹丸大。秋旱，禾稻无收。

1696 年　干旱

清康熙三十五年春、秋，三角洲、西北部春旱、西南部秋旱（九县）。

1757 年　霜冻

清乾隆二十二年正月十五夜霜厚尺许。是年米贵。

1760 年　飓风

清乾隆二十五年八月初九日，飓风。

1761 年　飓风

清乾隆二十六年八月初十日，飓风大作。

1768 年　暴雨

清乾隆三十三年五月初七至十三，连日大雨如注。

1770 年　暴雨

清乾隆三十五年闰五月，大雨。

1772 年　台风

清乾隆三十七年秋七月二十二，台风大作，灾及广州、南海、顺德、番禺、东莞等地，水溢城中。

1777—1778 年　干旱

清乾隆四十二年、四十三年，大旱，米贵，人多饿死。

1786年　干旱

清乾隆五十一年，夏、秋旱，除雷州半岛以外，全省其他地区均大旱（三十四县）。

1787年　干旱

清乾隆五十二年，春、夏大旱，斗米洋银一员，人多饿死。

1788年　冰雹

清乾隆五十三年二月，雨雹。

1791年　飓风

清乾隆五十六年，飓风屡作。

1797年　飓风

清嘉庆二年闰六月，飓风一连四作，拔木倒屋甚多。

1804年　连阴雨

清嘉庆九年正、二月，连雨，盐大贵，每百斤洋银十二元。

1805年　龙卷风、暴雨

清嘉庆十年二月，有黑气在前，红气在后，起于城西南海上，至城东北而去。暴风，飞卷路上行人，有忽高丈余，昏迷不知人事，面如火燎者。

八月朔，大雨，潦溢。

1807年　冰雹

清嘉庆十二年二月初七日，日有白晕。初十、十一等日，九龙、蚝涌一带雨雹，牛畜多被击死。

1814年　冰雹、暴雨

清嘉庆十九年八月，雨雹。

十月大雨。

1818年　暴雨、洪涝

清嘉庆二十三年九月初九，大雨，潮水溢，镇沙桥、岸皆决，沙河洞等处陂田俱被冲压崩陷。

1831年　寒潮、雪

清道光十一年，南海雪。

1833年　寒潮、雪

清道光十三年，南海雪，大雪覆盖珠江三角洲，粤北落雪数尺。

1856年　洪涝

清咸丰六年，夏秋大水，高州府及珠江三角洲二十余县受灾，和平、惠州平地水深数丈。

1862 年　飓风、暴雨

清同治元年，七月初一日，飓风暴雨，珠江三角洲各县平地水深数尺，省河捞尸八万余，巨舟吹上屋顶。

1874 年　飓风、暴雨

清同治十三年八月，飓风暴雨，海潮大作，澳门漂涨万余人，香港死者数千。

1893 年　寒潮、雪

清光绪十九年一月上旬全省有雪（据“广东省自然灾害史料”）。一月四、五日“南海大雪，平地积三寸余”，“东莞，大雪，平地积三寸余，果木多冻死”，“吴川，大雪杀薯，牛羊冻死。”

1914 年　洪涝

民国三年 7 月，西、北江及珠江三角洲洪涝成灾，基围多决。

1921 年　干旱

民国十年，夏、秋旱，全省范围。

1928 年　干旱

民国十七年，夏、秋连旱，全省范围。

1938 年　台风

阴历 7 月 27 日台风引发风暴潮，东和（现沙头角）百年老墟毁于一旦。

1940 年　台风、暴雨

民国二十九年夏，台风暴雨，沙头角一带洪潮并发，大潮入屋把人卷入大海，死数人。

1943—1944 年　干旱

民国三十二至三十三年，连续大旱，禾稻失收，大饥荒。

1947 年　洪涝

民国三十六年（1947 年）5 月开始，本省各地淫雨，6 月大部分地区降雨都在 20～25 天以上，月降水量比常年普遍增加 1 倍以上。西江、北江、东江和韩江洪水频发，鉴江也在 6 月 27 日至 7 月 2 日及 9 月 1—4 日 2 次发生大洪水；西江流域 6 月雨量较大的站月雨量均在 600 毫米或 700 毫米。洪水的特点是:（1）范围广，全省大小江河都有洪水;（2）洪峰不高而洪量颇大;（3）洪水历时长，中小河流均出现多个洪峰，大河干流也出现多峰和复峰。西江梧州站为两个大复峰流量 2 万立方米 / 秒，历时 42 天，60 天洪量仅次于民国四年（1915 年）特大洪水；5 月下旬至 7 月上旬北江清远站出现洪峰 6 个，警戒水位 12 米以上历时 18 天；东江惠阳站出现 4 个洪峰，警戒水位 13 米以上历时 15 天左右；韩江潮安站出现 3 个大洪峰且多位复峰，水位 12.5 米以上历时 18 天，警戒水位 13.5 米以上历时 9 天。全省 87 个县受灾，受灾人口 617 万（注：占当年全省人口的 21%），死亡 2.24 万人，受灾农田 80.4 万公顷，洪灾面积 5.82 万公顷。

1949 年 洪涝、寒潮、雪

民国三十八年（1949 年）6 月下旬开始，西江出现特大洪水。梧州 7 月 6 日洪峰流量 4.89 万立方米 / 秒，仅次于民国四年（1915 年），2 万立方米 / 秒以上流量持续约 30 天，30 天洪量均超过 1915 年，为历年最大。同期，北江也出现洪水。7 月 10 日台风登陆香港，风力 8 级，适遇农历六月十五日天文大潮，番禺万顷沙、龙穴岛观测到风暴潮位 2.48 米和 2.46 米，仅次于新中国成立后的 8309 号和 9316 号台风暴潮水位。珠江三角洲出现严重洪涝灾害。据珠江水利工程总局《珠江流域水利建设基本情况汇编》，珠江三角洲淹没农田 16.92 万公顷，其中内涝淹浸 6.07 万公顷。

冬，宝安雪。

1950 年 暴雨

5 月，西江大水，沿江和珠江三角洲暴雨成灾。

第二节 1952—2006 年重要气候事件

1952 年

寒潮强。2 月中旬和 12 月初出现了两次强寒潮过程，其中 2 月中旬寒潮日平均气温 48 小时下降 10 ℃之多，沿海出现结冰现象；12 月 2 日的寒潮日平均气温 48 小时下降了 16.9 ℃，极端最低气温 4.4 ℃。为 55 年来寒潮次数最多、降温幅度最大的年份。

热带气旋多。7—9 月有 8 个热带气旋影响，其中 9 月有 3 个热带气旋影响，致使月降水量达 733.8 毫米，月暴雨日有 6 天，月降水量及暴雨日均为 55 年来同期最高纪录。

秋冬旱情重。从 9 月 26 日至 1953 年 2 月 15 日出现了 143 天的严重秋冬春连旱，第 4 季度降水量极少，为 21.5 毫米，比历年同期少 86%。

1953 年

春末夏初天气凉。4 月平均气温 19.3 ℃，为历年同期最低值，4—5 月阴雨天气多，雨日达 40 天，为同期最高纪录。

盛夏天气炎热。8 月由于热带气旋活动少，天气异常炎热，月平均气温达 29.0 ℃，月内日最高气温≥ 33 ℃的日数有 16 天，最高气温记录为 36.7 ℃。

1954 年

雨水少。年降水量特少，为 1284.7 毫米，是 47 年来次低值，其中第三季度降水量仅有 536.7 毫米，比历年同期少约 4 成，为历年次低记录，其中 7 月降水量达历年同期最低值，仅有 89.7 毫米。

冬春连旱重。1953 年 12 月 8 日—1954 年 4 月 6 日及 1954 年 11 月 9 日—1955 年 3 月 10 日出现了两段严重的冬春连旱天气，无透雨日数分别为 120 天和 142 天。

1 月出现寒潮。1 月 24 日开始的寒潮过程，48 小时降温幅度达 11.5 ℃，最低气温为 4.2 ℃，寒潮到达之前，日平均最高气温升至 22.1 ℃，为历年同期的次高值，寒潮过境时，造成了持续 2 天的大风天气，24 日、25 日两天最大风速分别达 15.9 米 / 秒和 16.3 米 / 秒。

1955 年

第一季度雨量特少。第一季度降水量只有 32.1 毫米，比历年同期偏少 77%，为有气象记录以来的次低值，同时，雨日只有 16 天，比历年平均值少 13 天，日照时数比历年同期偏多近 4 成，第一季度出现了冬春连旱天气。

隆冬、盛夏气温特低。受连续补充的强冷空气影响，1 月夜间辐射降温明显，日最低气温小于 5 ℃的天数有 6 天，1 月 12 日极端最低气温为 0.9 ℃，为历年同期最低记录。而 7 月降水特多，比历年同期偏多 89%。雨日高达 23 天，致使气温难以升高，月平均气温只有 27.2 ℃，为 47 年来同期的极端最低气温记录。

1956 年

11 月气温低。受频繁南下的冷空气影响，11 月的平均气温仅有 17.9 ℃，为有气象记录以来的次低值，月内共有 5 次冷空气影响，日平均气温小于 15 ℃的天数达 7 天，比历年平均值多了 5.2 天。

1957 年

前汛期降水量特多。前汛期（4—6 月）降水量多达 1093.5 毫米，为历年同期次高值。其中 5 月受锋面低槽的影响，大雨以上日数高达 9 天，月降水量为 826.2 毫米，偏多了 243%，均为同期最高记录。5 月 27 日出现了 278.5 毫米的特大暴雨。

2 个台风严重影响。5708 号台风 7 月 16 日在宝安县登陆，造成了日降水量达 185.5 毫米的大暴雨及 8 级大风天气；5719 号台风 9 月 22 日晚在澳门登陆后向东北方向移动，由于登陆后移动缓慢，致使宝安县出现了 2 天的大风大暴雨天气，22 日和 23 日测得大风风速分别为 22.6 米 / 秒和 15.5 米 / 秒，降水量为 167.9 毫米和 117.7 毫米。这次台风造成宝安县受浸水稻 80492 亩[①]，倒塌房屋 639 间，决堤 133 次，因房屋倒塌和沉船而死亡人数 5 人、伤 6 人，折断果树 121 株，木瓜 24906 株，损失木茨 3558 亩、甘蔗 3913 亩、瓜菜 461 亩、花生 449 亩等，香蕉普遍损失 30%～60%。

2 月中旬初奇冷。2 月上旬后期至中旬，冷空气频繁南下，上旬多阴雨天气，11 日凌晨开始天气转晴，夜间辐射降温显著，致使最低气温降至 0.2 ℃，日平均气温仅有 4.1 ℃，均为 55 年来的极端记录，同时观测到有结冰现象，是多年来测站出现的唯一一次结冰记录。

出现最早暴雨日。2 月 5 日，出现了 61.7 毫米的暴雨降水记录，是有气象观测记录以来一年中出现的第二早的暴雨日，也是 2 月仅有的 2 个暴雨日中的一个。

1958 年

1 月出现强寒潮。1 月 15 日，在强寒潮影响下，日平均气温 24 小时下降了 10.6 ℃，最低气温降至 3.6 ℃，寒潮夹带着阴雨天气，致使 1 月中旬连续 5 天日平均气温低于 10 ℃，其中有 2 天小于 6 ℃，是同期出现的较冷天气。

3 月中旬气温特高，10 月下旬气温特低。由于北方冷空气减弱较早，3 月中旬有 9 天日平均气温高于 20 ℃，其中有 6 天高于 22 ℃，旬平均气温达 22.5 ℃，成为有气象记录以来同期最高的旬平均气温。而 10 月冷空气来得早而频繁，下旬共有 3 次冷空气影响，致使日平均气温下降至 20 ℃以下的天数有 7 天，旬平均气温为 19.7 ℃，成为同期唯一一个低于 20 ℃的旬平均气温。

3 个热带气旋严重影响。5810 号台风 7 月 16 日在厦门同安登陆，本地最大日降水量为 123.9 毫米；5821 号热带风暴 9 月 2 日在珠海登陆，本地最大日降水量为 121.7 毫米；5828 号热带风暴于 9 月 30 日在海康登陆，本地最大日降水量为 101.6 毫米。

---

① 1 亩≈ 666.67 平方米。

1959 年

6 月洪涝成灾。6 月 12—15 日，出现了连续性大暴雨过程，4 天降水量总计 546.6 毫米，其中 12 日降水量达 226.5 毫米。由于降水量大，持续时间长，全县洪涝严重，龙岗、坪地一带低洼农田受淹多天，观澜河两岸数千亩农田被洪水冲决，茅洲河出现大洪潮，3 万亩农田受淹历时 7 天之久。据记录，共有 55 个村庄受浸，受伤 5 人，倒塌房屋 734 间，稻谷损失 101894 亩。经济作物方面，损失花生 1952 亩、甘蔗 280.5 亩等，损坏桥梁 60 座、公路 18 段。6 月共出现了 6 天暴雨，月降水量高达 790.7 毫米，月降水量和暴雨日之多均为同期第二高值。

1960 年

2 月降水量奇少，3 月气温奇高。2 月总降水量只有 0.3 毫米，比历年同期偏少 99%，是历年 2 月最少的降水量记录；而 3 月冷空气势力弱，致使全月气温居高不降，月平均气温为 21.2 ℃，为历年同期第二高值。

台风正面袭击。6001 号热带气旋于 6 月 3 日在南海海面上形成，6 月 4 日加强为台风并向偏北方向移动，中心最大风力达 45 米 / 秒，9 日 03 时在宝安县登陆，登陆时风力达 12 级，测得气压最低值为 976.3 百帕，8—9 日连续 2 天倾盆大雨，其中 9 日降水量达 247.4 毫米。

1961 年

4 月降水量奇多，6 月降水量特少。4 月雨日有 17 天，其中 20、23 日降水量分别为 194.3 毫米和 111.6 毫米，是历年同期出现的第二大暴雨日，全月降水量高达 458.9 毫米，比历年平均值偏多 218%，是历年 4 月的第二多雨量记录。而 6 月降水量仅有 94.3 毫米，比历年同期偏少 70%，是历年 6 月雨量的次低值。

热带气旋影响早而多。5—9 月，共有 9 个热带气旋影响宝安县，是热带气旋影响最多的年份，其中有 3 个热带气旋正面袭击，6103 号台风 5 月 19 日在香港登陆，登陆时中心风力有 12 级，给宝安县带来了 9 级大风和日降水量达 99.6 毫米的灾害天气，是影响宝安县最早的台风；6100 号热带风暴 8 月 31 日在珠海登陆，日降水量达 145.4 毫米，致使农田受淹 3.14 万亩，民房倒塌 1718 间，损坏 5253 间，死亡 4 人，伤 25 人，水稻损失 581 万斤[①]。6125 号台风 9 月 29 日在宝安县登陆，登陆时中心最大风力 10 级。

1962 年

4 月气温特低。4 月 3 日受一股强冷空气影响，日平均气温下降了 7.6 ℃，以后不断有小股冷空气补充影响，致使该月月平均气温仅有 20.7 ℃，是历年同期次低值。

台风正面袭击。在西太平洋上生成的 6213 号台风，中心最大风速达 50 米 / 秒，9 月 1 日在香港登陆，造成本地大风暴雨天气，测得当日最大风速 24 米 / 秒，日降水量达 125.8 毫米。

1963 年

历年最严重的秋冬春大旱。从 1962 年 10 月 7 日至 1963 年 6 月 1 日，宝安县连续 8 个月未下过一场透雨，造成持续长达 238 天的秋冬春连旱，是旱情持续时间最长、旱灾最严重的大旱年，受旱农田 50 万亩，粮食失收 73.5 万担[②]，群众生活困苦，缺粮，多以糠饼度饥荒。

① 1 斤 = 0.5 千克。

② 1 担 = 50 千克。

年降水量特少。年降水量只有 912.5 毫米，仅有常年的 47.4%，除 11 月外，其余月降水量均比历年偏少，尤其第一、二季度，分别比历年平均值偏少 80%、79%，降水量仅有 28.1 毫米、206.0 毫米，均为历年同期最低值，第 3、4 季度降水量也比常年少 37% 和 40%。前汛期无暴雨日，第一场大雨迟至 6 月 3 日才出现，全年仅有一个暴雨日，这在 1952—2019 年的气象记录中均是唯一的。

1 月特冷。由于不断有冷空气补充影响，致使 1 月最高日平均气温只有 14.5 ℃，日最低气温 ≤ 5 ℃的天数高达 12 天，≤ 10 ℃有 29 天，均为历史极端记录。1 月 15、16、17、27、28、29 日还出现了 6 天的霜冻天气，是出现霜冻天数最多的一年，除了月初为阴雨天外，其余时间均为晴冷天气，本月的日照时数也创下历史最高值（256 小时）。

5 月特热。由于降水量特少，日照特多，5 月气温高居不下，月内日平均气温 ≥ 28 ℃的天数高达 18 天，而 ≤ 25 ℃的天数则为零，月平均气温为 27.8 ℃，平均最高气温为 32.6 ℃，日最高气温 ≥ 33 ℃的有 14 天，均为历史最高值，是历年同期最热的月份。

1964 年

雨水多，但分布不均。年降水量达 2400 毫米，比常年多 25%，其中 9 月、10 月比常年偏多 113% 和 487%，均位居历年同期第 2 高值，而 4、11、12 月降水量特少，4 月总降水量仅有 4.3 毫米，为历年同期最低记录，11—12 月降水量只有 1.9 毫米，比常年偏少 97%。雨水偏少从 10 月底开始至 1965 年 2 月初，造成长达 123 天的秋冬连旱。

台风多，影响重。年内共有 8 个热带气旋对本地造成了影响，其中严重影响的热带气旋就有 5 个，均集中在珠江口附近地区登陆，且中心强度都达到台风量级，对本地造成 12 级以上的台风有 2 个。年内影响最早的台风为 6402 号，出现在 5 月 28 日，宝安县连续两天风力 8 级，伴随大暴雨，日最大降水量达 234.5 毫米。

6411 号台风 8 月 9 日 01 时多在澳门登陆，9 日下午本地风力达到 8 级以上，夜间平均风力达 10 级，最大风速为 34 米 / 秒，日降水量达 108.4 毫米。由于风雨猛、海潮大，宝安县 17 个公社中有 14 个公社的电话线被大风刮断，海、河堤被冲崩 273 处，受浸和冲坏水稻 10.5 万亩，倒塌房屋 836 间，甘蔗受害面积 2.7 万亩。

9 月有两个强台风连续袭击本地，6415 号和 6416 号台风 5 日和 10 日分别在珠海和宝安登陆，给本地带来了狂风暴雨天气，5 日最大风力 12 级以上，降水量达 234.5 毫米，10 日最大风力达 8 级，最大日降水量 159.1 毫米。6415 号台风造成宝安县倒塌房屋 563 间，损坏 7545 间，死亡 3 人，受伤 56 人，冲崩山塘 12 个，水稻受浸 11.9 万亩，瓜果、甘蔗严重受损。接踵而来的 6416 号台风使全县受灾情况进一步加重，倒塌损坏房屋 1 万多间，水浸村庄 27 个，决堤 744 丈[①]，农作物严重减产或失收。

6423 号台风 10 月 13 日 08 时前后在宝安县大鹏附近登陆，从 12 日下午至 13 日下午约 24 小时，本地出现狂风暴雨，平均风力达 10 级，阵风 12 级，最大日降水量达 303.1 毫米，是历年 10 月日降水量最高记录。由于风力猛、降水量大而集中，致使全县灾情严重，受浸村庄 71 个，死伤 5 人，倒塌损坏房屋 6928 间，7 万多亩水稻倒伏，其他农作物也严重受损。

1965 年

出现较早的寒潮过程。12 月 16 日，受北方强冷空气袭击，本地出现一次寒潮过程，日平均气温 24 小时下降 7.9 ℃，48 小时下降 13.7 ℃，过程最低气温达 4.6 ℃。在冷空气影响下，16 日傍晚到夜间阵风达到 8 级，此次寒潮过程是本地出现时间较早的过程，位居历年第二位。

---

① 1 丈 ≈ 3.33 米。

1966 年

6—7 月严重洪涝。6—7 月降水量高达 1279.2 毫米，出现暴雨日 8 天，均为历年同期次高记录。6 月 12—13 日连降大暴雨，12 日 08 时—13 日 08 时降水量达 341.8 毫米，1 小时最大降水量为 99.4 毫米，造成山洪暴发，内涝严重。13 日 05 时左右宝安县洪水涨至最高点，街上水深处可浸过成人头部，是新中国成立以来宝安县经历的最大一次洪水。宝安县受浸水稻 46821 亩，受浸房屋 47 间。

秋冬春连续干旱。从 8 月 22 日至 1967 年 3 月底长达 222 天未下过透雨，旱情仅次于 1963 年和 1969 年，是深圳秋冬春连旱三个大于 200 天的年份之一，第 4 季度至 1967 年第 1 季度降水量仅有常年的 11%，是历年同期次低值。

2 月出现降温幅度最大的寒潮。2 月 23 日受强冷空气影响，24 小时日平均气温下降 11.5 ℃，48 小时下降 14.5 ℃，是 2 月降温幅度最大的一次寒潮过程，过程中最低气温达 5 ℃。冷空气过境时，出现了 7 级、阵风 8 级的大风，并伴有大雨。

1967 年

重度秋冬连旱。从 9 月下半月开始，连续 4 个多月少雨干旱，第 4 季度至 1968 年 1 月，总降水量仅有 31.9 毫米，降水量之少，造成长达 139 天的重度秋冬连旱。

1968 年

2 月低温阴雨严重，天气最冷。月内出现 3 次低温阴雨时段，低温阴雨总天数长达 22 天，其中 2 月 2—11 日连续 10 天日平均气温≤ 10 ℃，月内日平均气温≤ 12 ℃的天数多达 22 天，比历年平均值多了 16 天，月平均气温仅有 10.0 ℃，比平均值低 5.2 ℃，是历年最冷的 2 月。

6808 号台风正面袭击。6808 号台风 8 月 17 日在菲律宾东部洋面上生成，8 月 20 日移入南海，并加强为台风，后稳定向西北方向移动，21 日上半夜在香港登陆，深圳 20 日开始气压下降，风力加大，21 日夜间最低气压降至 970 百帕，平均最大风力 9 级，阵风 11 级，21—22 日连降大暴雨，最大 24 小时降水量达 194.2 毫米。

1969 年

低温阴雨时间长。2 月出现长达 23 天的低温阴雨天气，是历年极端记录。其中从 2 月 21 日至 3 月 6 日长达 14 天阴雨绵绵，日平均气温≤ 15 ℃，日照为 0，是历年低温阴雨持续时间最长、连续日照时间最少的过程。

台风影响迟，结束早。年内影响台风只有 2 个，最早影响日期出现在 7 月 28 日，比常年迟 19 天，而结束日期在 8 月 12 日，是历年台风影响结束最早的年份，比常年偏早了一个多月。

重度秋冬春连旱。8 月 13 日至次年 3 月 24 日出现长达 224 天的秋冬春连旱，旱情持续时间仅次于 1963 年，从 11 月至次年 2 月总降水量仅有 16.3 毫米，是历年同期最低值，比常年偏少 88%。

1970 年

3 月气温最低。3 月冷空气不断补充南下，月内共有 5 次冷空气影响，3 月 16—18 日还出现了历年最迟的一次低温阴雨过程，日平均气温≤ 12 ℃。月内雨日有 17 天，日照时数只有 39.5 小时，是历年同期第二低值。由于冷空气频繁，阴雨日数多，日照时数少，致使气温难以上升，月平均气温只有 15.2 ℃，成为历年同期极端最低记录。

1971 年

1 月霜日多、低温持续长。1 月 6—8 日、10—12 日共有 6 天出现霜，是宝安县气象站年霜日最多的一年（与 1963 年同为 6 天）。从 1 月开始连续 4 个旬平均气温≤ 10 ℃，是平均最低气温持续时间较长的一年，仅次于 1977 年。

2—3 月雨量特少。2—3 月总雨量仅有 9.7 毫米，比常年偏少约 92%，是历史同期最低记录。旱情严重，冬春连旱长达 110 天。

3 次台风严重影响。6—8 月各有一个台风严重影响宝安县，7108 号、7114 号、7118 号台风分别于 6 月 8 日、7 月 22 日、8 月 17 日在珠海、惠来、番禺附近登陆，致使狂风暴雨大作，尤其 7114 号和 7118 号台风造成本地风力达 9～10 级，并伴有大暴雨。共淹没农田 47 万亩，倒塌民房 500 多间，死亡 7 人，伤 24 人。

1972 年

8 月气温特低。8 月平均气温为 26.9 ℃，比常年偏低 1.1 ℃，是历年同期最低记录。气温未能升高主要表现在日最高气温升幅不大，月平均最高气温值只有 30.6 ℃，是历史同期最低值。

1973 年

雷暴日数特多。年内对流天气旺盛，全年雷暴日数共 103 天，比常年平均值多 34 天，是有记录以来雷暴日数最多的一年。雷暴主要集中分布在 4—9 月，各月几乎有一半以上天数出现雷暴。

盛夏清凉。盛夏 7—8 月，平均气温只有 27.2 ℃，是历年盛夏气温最低的一年。7—8 月平均最高气温只有 30.8 ℃，平均最低气温为 24.6 ℃，日最高气温 33.5 ℃，最低气温只有 22.4 ℃。

7304 号台风严重影响。7304 号台风于 7 月 14 日在南海北部海面生成，强度逐渐加强，并向北到北北东方向移动，17 日在惠东沿海地区登陆。受其影响，宝安县平均风力 8 级，阵风 10 级，东部沿海风力达到 11～12 级，17 日日雨量达到 233.3 毫米，是宝安县气象站历年 7 月最大日雨量。街道被浸，受淹农田 1172 亩，吹倒房屋 43 间，冲崩堤坝 27 处，瓜果蔬菜损失严重，附城渔农村和葵冲沙鱼冲、溪冲、盐灶等大队海潮漫顶。

1974 年

出现最迟的寒潮过程。2 月 24 日受寒潮袭击，气温急剧下降，48 小时内日平均气温下降了 13.3 ℃，25 日平均气温只有 5.4 ℃，过程最低气温降至 2.2 ℃，是历年 2 月下旬的极端最低记录。本次寒潮过程是历年出现最迟的寒潮过程。

10 月秋台造成雨量特大。10 月有 2 个台风对深圳造成影响，7422 号、7424 号均为西太平洋生成的台风，进入广东沿海后减弱至消失。在 7422 号台风影响下，深圳连续 3 天连降暴雨，其中 10 月 19 日雨量高达 245.3 毫米；7424 号台风使宝安县 10 月 30—31 日两天出现暴雨，致使该月暴雨日达到 5 天，月总雨量达到 535.5 毫米，均为历史最高记录。

台风影响最迟。7427 号热带气旋 11 月 23 日在西太平洋上生成，并以每小时约 20 千米的速度向偏西方向移动，28 日夜间进入南海，在南海中部转向偏北方向呈抛物线型移动，12 月 2 日在台山沿海地区登陆后向东北方向移动，减弱的热带低压掠过宝安县，造成日雨量达 98.8 毫米的降水，这是影响宝安县最迟的台风。

1975 年

年降水量特多。年总降水量达 2662.2 毫米，是宝安县有气象记录以来的第二高值。年暴雨日数为

11天，虽不是历年最多，但大雨以上天数高达33天，比常年多10天，是历年极端最高记录。由于降水时空分布较均匀，未查到有明显涝灾记载。

12月最冷。12月冷空气强而频繁，12月9日受寒潮袭击，出现了时间最早、过程气温最低、同期低温持续时间最长的寒冷天气过程。过程最低气温1.7 ℃，≤ 10 ℃的日数持续8天。22日、29日又分别受冷空气的补充影响，日平均气温均降至10 ℃以下。月内≤ 10 ℃天数达14天，比常年平均值多12.5天，最低气温≤ 5 ℃日数达12天，下旬还记录到5天霜日。12月平均气温为12.6 ℃，成为历年同期最冷的月份。

1976年

气温最低的一年。年度平均气温为21.5 ℃，是有气象记录以来气温最低的一年。除2月气温偏高外，其余各月平均气温均低于常年1 ℃以上，12月下旬出现一次寒潮天气过程。

1977年

冬春、秋冬旱情重。从1月5日至5月20日，宝安县气象站未出现过透雨，1976年10月至1978年的4月总雨量仅有115.9毫米，是历年同期最少的雨量记录，比1963年同期还少9.0毫米，致使旱情严重，至3月底受旱面积21.4万亩，4月中旬宝安县蓄水量比年初减少76%，是1965年以来4月蓄水量最少的一年，大部分山塘水库干涸，河溪断流。1977年10月8日持续至1978年3月3日的秋冬春连旱，也使受旱农田达到42.5万亩。

1978年

7807号台风路径曲折，影响严重。7807号热带风暴于7月25日上午在南海北部海面生成，并缓慢向偏北方向移动，26日靠近粤中海面时转向偏西方向移动，26—28日横扫粤中和粤西海面，并发展为台风，中心最大风速达40米/秒，28日夜间又转向偏东方向移动，靠近粤中海面后折向北北东移动，于30日上午在惠东沿海地区登陆。受其影响，宝安县7月26—31日分别有大雨到大暴雨，其中有4天为暴雨到大暴雨，29日最大日降水量达226.2毫米，26—27日、30日最大风力8级，阵风10级。由于狂风和连续暴雨，造成山洪暴发，河水泛滥，海潮暴涨，受淹农田40万亩，房屋倒塌500多间，吹倒高压输电电杆516根，低压电杆5606根，摧毁桥梁5座，宝安县至盐田公路受阻，牲畜、塘鱼及农副作物严重受损，此次灾害造成2人死亡，47人受伤。

1979年

10月滴雨未下，日照特多。10月全月无雨量，是历年各月的极端记录，致使月内日照时数特高，达303.3小时，比常年多111小时，是历年同期最高记录。

造成风力特大的7908号台风。7908号热带风暴7月29日在西太平洋上生成，并迅速加强成台风，稳定向西北西方向移动，中心最大风速达到70米/秒，8月1日夜间穿过巴士海峡进入南海，18小时后（2日14时）在深圳登陆并横穿粤西，进入广西境内。该台风强度强、移速快，进入南海后移速约每小时30千米。台风登陆时，深圳平均最大风速30米/秒，阵风>40米/秒，最低气压960.2百帕，2—3日出现大到暴雨，最大日雨量80.6毫米。由于风力大、摧毁力强，造成生命财产严重损失。据统计，该台风造成死亡2人，伤47人，房屋倒塌2333间，损坏25722间，受浸稻田8286亩，沉船2艘，损坏100艘，全市停水停电、交通受阻，预计损失2000多万元。

1980年

强寒潮造成严重低温阴雨天气。1月30日南下的强寒潮，导致24小时日平均气温下降11.6 ℃，最低气温降至 4.3 ℃，2 月上旬又不断有冷空气补充影响，致使 1 月 30 日—2 月 10 日连续 12 天日平均气温≤ 10 ℃，是历年持续时间最长、平均气温最低的低温阴雨过程。

出现日最高气温记录。7 月 10 日，在副热带高压下沉气流的影响下，日最高气温达 38.7 ℃，日平均气温达 32.5 ℃，为历史极端最高记录。

8009 号台风造成洪水泛滥。7 月 27 日，在西太平洋生成的 8009 号台风在陆风沿海地区登陆，受其环流影响，深圳 27 日夜间开始出现强降水，日雨量最高达 195.8 毫米，并伴有 8 级大风，深圳老城区洪水泛滥，洪水入屋 1 米深，街道交通受阻。

1981 年

7 月下旬初暴雨成灾。受南海热带辐合带影响，21 日，观兰、平湖日降水量达 243 毫米，23—24 日，松岗、沙井、福永、公明等地降了 348 毫米的特大暴雨，造成山洪暴发，江河泛滥。有 532 个生产队 5100 多户受淹，松岗镇街道水深 1～1.4 米，洪水因受海潮顶托，地势低洼处受淹长达 4 昼夜，受淹农田 5 万亩，房屋倒塌 335 间，堤围、桥梁被冲坏多处（座），农业受损严重，估计损失达 503 万元。

1982 年

7 月 29 日气温特高。受台风前副热带高压下沉气流影响，7 月 29 日，日平均最高气温 32.5 ℃，平 1980 年日平均最高气温记录，成为本站历年日平均气温较高的一日，当日极端最高气温为 37.6 ℃，位居历年第二位高值。

1983 年

第一季度雨量出现极值，开汛早。第一季度各月降水量分别为 95.8 毫米、202.3 毫米、369.7 毫米，分别为历年各月的极端最高值，季总降水量达到 667.8 毫米，为历史同期最高纪录，比常年偏多 373%。3 月 1 日就已开汛，比常年提早一个半月进入汛期，是历年开汛最早的年份。

影响最严重的 8309 号台风。在西北太平洋生成的 8309 号台风于 9 月 9 日在珠海登陆，受其影响，深圳最大风力达 33 米 / 秒，大风持续时间达 16 小时，最大日雨量 120.3 毫米，过程总雨量 201.1 毫米，由于风大雨猛，海潮上涨，造成严重损失。据统计全市被压死淹死 7 人，伤 63 人，水稻受淹 5 万亩，基建工棚有 80% 被吹断或摧毁，一批城市公用设施受到不同程度的损坏，经济损失达 5000 多万元。

1984 年

冬连春旱、秋连冬旱严重。第一季度总降水量只有 34.8 毫米，比常年偏少 75%，从 1983 年 10 月 24 日至 1984 年 4 月 13 日连续 173 天无透雨，使早造农业生产遭受严重威胁，受旱水稻面积 3.9 万亩。9 月 3 日至 12 月 1 日又出现了连续 90 天的秋冬连旱，晚造受旱面积 4.6 万亩，蔬菜基地生产也受到严重影响。

4 月雨量多，日照极少。4 月雨日有 17 天，月降水量 245.2 毫米，比历年同期偏多 70%。月日照时数只有 36.8 小时，比历年同期偏少 70%，是历年同期最低值。

1985 年

6 月日照极少。6 月日照只有 106.2 小时，比历年同期偏少 39%，是历年同期最低值。

两个热带气旋严重影响。8504 号台风 6 月 24 日在海丰登陆，深圳市平均最大风力 6～7 级，阵风 9 级，最大日降水量 119.7 毫米；8515 号台风 9 月 6 日在台山－阳江登陆，受其影响，出现 8 级大风，最大日雨量 121.9 毫米。

1986 年

1 月降雨极少。从 1985 年 12 月 12 日至 1986 年 2 月 4 日，连续 55 天无降雨，是历年持续时间最长的无雨日。

3 月初出现低温极值。受强冷空气影响，2 月 28 日开始气温急剧下降，2 月 28 日至 3 月 2 日连续 3 天日平均气温≤ 10 ℃，2 月 1 日最低气温为 3.4 ℃，是历年 3 月的极端最低气温记录，深圳梧桐山出现冰冻现象。

1987 年

冬暖春亦暖。冬、春连暖年。自 1986 年 12 月起至 1987 年 3 月，月平均气温连续偏高，与历年同期相比，1986 年 12 月偏高 0.4 ℃，1 月偏高 2.2 ℃，2 月偏高 2.8 ℃，3 月更因为副热带高压强盛，暖湿气流十分活跃，使月平均气温达 21.2 ℃，偏高 2.8 ℃，是历年同期第二高值。

汛期开始较早。3 月中旬即进入汛期，比正常年份提前一个月左右，前汛期降水量偏多，3—5 月总降水量达 883.7 毫米，比历年同期偏多近一倍。

局地性大暴雨造成洪涝灾害。5 月 20 日西部突降特大暴雨；7 月 28 日，东部又降大暴雨—特大暴雨，导致山洪暴发，洪患成灾，直接经济损失 6000 多万元，死亡 6 人。

1988 年

冬、春、秋旱严重。冬、春、秋季降雨稀少，1—6 月总降水量仅 322.3 毫米，比历年同期偏少 62%；9—10 月总降水量 92.6 毫米，比历年同期偏少 73%，造成严重旱情，不少山塘、水库干涸，山泉减少，河水断流，部分区、镇工农业和生活用水出现困难。

1 月、6 月气温高。1 月无强冷空气影响，月平均气温达 17.2 ℃，比历年同期偏高 2.7 ℃，月平均气温是历年同期最高值；6 月受副热带高压控制，降雨稀少，月平均气温达 28.8 ℃。

8805 号台风影响严重。8805 号台风于 7 月 19 日在惠来县登陆，深圳市出现 8 级大风，阵风 9 级，并伴随暴雨和大暴雨，最大日降水量 153.2 毫米，过程雨量 221.2 毫米。由于降雨集中、强度大，造成山洪暴发，深圳河水猛涨，加上海潮顶托，使部分地方受浸，直接经济损失约 200 万元，死亡 2 人。

1989 年

热带气旋影响早，结束早。初台（8903 号）于 5 月 20 日在台山登陆，比常年偏早一个多月，受其影响深圳市平均风力 8 级，伴随大暴雨，最大日降水量 174.7 毫米，过程雨量 317.5 毫米，由于降雨时间集中、雨量大、范围广，导致山洪暴发，河水暴涨，市区多处受淹，广深干线公路多处受浸，来往车辆严重受阻，造成直接经济损失达 1.3 亿元，死亡 1 人；终台（8908 号）7 月 18 日在阳江登陆，比常年偏早 2 个多月，平均风力 8 级，阵风 11 级，最大日降水量 80.9 毫米，过程雨量 114.3 毫米。

降水量少而不均匀，旱情严重。年度降雨过程极不均匀，降雨主要集中在 4 月、5 月和 8 月，其余除 1 月偏多外，均严重偏少，降水量只有历年同期的 37%，其中 6 月降水量只有 72.5 毫米，比历年同期偏少 77%，是历年同期最少值。加上气温高，6—12 月平均气温较常年偏高 0.2～1.0 ℃，造成春旱、夏旱及秋冬连旱，使山塘水库的存水不足正常库容的两成，对生产、生活用水带来一定的影响。

1990 年

严重低温阴雨过程。受北方强冷空气袭击，2 月 24 日—3 月 5 日出现持续 10 天湿冷型的严重低温阴雨天气，气温低，降雨多，2 月下旬总降水量 117.0 毫米，比历年同期偏多 539%，是历年同期最高值。

持续高温，天气炎热。夏季炎热，日最高气温≥ 35 ℃日数有 10 天；6—12 月气温连续偏高

0.5～2.1 ℃，其中 8 月平均气温≥ 30 ℃日数有 18 天，最高气温≥ 35 ℃日数有 6 天，月平均气温 29.8 ℃，比历年同期偏高 1.8 ℃，为历年同期最高值。

降水稀少。年降水量 1396.9 毫米，比历年偏少 27%。其中 8 月降水量仅 39.9 毫米，比历年同期偏少 89%，12 月无降水量，均为历年同期最低记录。

1991 年

降水少，气温高，出现较严重的连续干旱。本年是自 1988 年以来连续第四个降雨偏少的年份，2—5 月总雨量仅 144.2 毫米，比历年同期偏少 71%，8—12 月总降水量 403.1 毫米，比历年同期偏少 46%；年平均气温达 23.4 ℃，比常年偏高 1.1 ℃，并出现建站以来首次全年月平均气温连续偏高的现象。由于降水量稀少，气温持续偏高，蒸发快，出现严重的春旱和秋冬连旱，造成河溪断流，部分山塘水库濒临干涸，全市有 15 万亩农作物受旱，城镇居民生活用水、工业生产用水受到较严重影响。

出现建站以来最强的寒潮。12 月 27 日，受强寒潮袭击，出现剧烈降温，24 小时降温 13.4 ℃，48 小时降温 16.1 ℃，降温幅度是历年寒潮过程中最大的，过程极端最低温度达 1.9 ℃，28 日平均气温只有 4.0 ℃，是历年日平均气温的极值。

1992 年

严重的长阴雨天气。2—4 月，受较强冷空气和锋面低槽影响，出现长阴雨天气。其特点是：一是以湿冷为主，日照少，与历年同期相比，2 月偏少 45%；3 月除了中旬前期有几天日照外，其余 20 多天完全无日照，阴雨绵绵，全月日照百分率只有 9%，偏少 69%，是历年 3 月日照最低记录；4 月偏少 34%。二是降雨多，与历年同期相比，2 月偏多 126%，3 月偏多 117%，4 月偏多 91%，每个月降水日数都超过 15 天。

夏末秋初天气炎热。8 月月平均气温 29.5 ℃，比历年同期偏高 1.5 ℃；9 月平均气温 28.7 ℃，比历年同期偏高 1.7 ℃。

热带气旋造成洪涝灾害。9206 号强热带风暴 7 月 18 日在珠海登陆，深圳市出现 9 级大风、阵风 11 级，并伴随大暴雨，最大日降水量 157.6 毫米；9 月 6—7 日，受 9215 号热带风暴和北方冷空气共同影响，全市出现暴雨和大暴雨，最大日雨量 130.4 毫米，过程雨量 208.6 毫米。由于降雨集中，市内部分地区出现严重内涝，损失严重。全年受洪涝影响，造成上亿元的直接经济损失，死亡 5 人。

1993 年

冷空气不断侵袭，出现持续低温天气。1 月 15 日遭受寒潮侵袭，降温幅度大，24 小时降温 9.7 ℃，48 小时降温 11.7 ℃，极端最低气温 3.0 ℃；下旬又受两股冷空气影响，造成持续低温，1 月日最低气温≤ 5 ℃日数有 6 天，日平均气温≤ 12 ℃日数有 14 天。

大暴雨造成洪水灾害。6 月 16—17 日，本站出现大暴雨（175.1 毫米）和暴雨（89.3 毫米），布吉镇出现特大暴雨（＞250 毫米）。由于降雨时段集中、强度大、破坏力强，造成直接经济损失 7 亿多元，死亡 11 人，还造成广深铁路路基塌方。

热带气旋影响次数多且严重。全年共有 7 个热带气旋影响，其中有 3 个造成了严重影响。9302 号台风 6 月 27 日在台山 – 阳东登陆，深圳市出现 10 级大风，最大日雨量 41.2 毫米；9316 号台风 9 月 17 日在斗门 – 台山登陆，深圳市出现 9 级大风，伴随暴雨，最大日雨量 64.6 毫米，过程降水量 144.1 毫米；9318 号台风 9 月 26 日在台山登陆，深圳市最大风力 7 级，出现连续性暴雨 – 大暴雨，最大日降水量 213.5 毫米，过程雨量达 518.7 毫米，造成布吉、深圳河河水漫溢，市区大面积被淹，公路交通瘫痪，铁路、民航交通受阻，损失惨重。全年因水灾造成的经济损失达 14.64 亿元，为历年之最，死亡 25 人。

7 月气温特高。7 月日平均气温≥ 30 ℃的有 17 天，月平均气温达 29.7 ℃，比历年同期偏高 1.3 ℃，是历年同期的次高值。

1994 年

盛夏暴雨成灾，降水量破纪录。7—8 月，在热带气旋系统的影响下，两次创下深圳市气象站日降水量最高纪录。7 月 22—24 日连降暴雨，其中 22 日降水量达 308.6 毫米，是建站以来日雨量最高记录。由于雨势猛、时间长，造成山洪暴发，部分路段水浸、塌方，洪湖、石岩、铁岗、三洲田水库均超过警戒水位线被迫排洪。受灾人口 7.8 万，死亡 7 人，受浸酒楼、商场、门店 6020 间，受淹车辆 500 辆，公路塌方 30 处，直接经济损失约 2 亿元。8 月 4—7 日又连续 4 天降暴雨，本站 6 日最大日降水量 312.1 毫米，再次刷新历史最高纪录。深圳水库附近日降水量高达 360.2 毫米，使水库水位超防限水位近 1 米。罗湖商业区受灾严重，建设路、和平路水深 1.3～1.6 米，黄贝岭村水深达 2 米；山体多处塌方，个别地方形成相当规模的泥石流，堵塞了地下排水涵；4000 间民房受浸，4000 多间商场、门店、厂房被淹，2 万多人受灾，8000 多人被困，死亡 4 人，直接经济损失 5000 多万元。7、8 月降水量分别达 795.0 毫米、728.7 毫米，分别为同期历史最高记录。

1995 年

9505 号强热带风暴使东部受灾。在吕宋岛东北部洋面上形成的 9505 号强热带风暴 8 月 12 日上午在惠阳沿海地区登陆，登陆时最大风力 11 级。受其影响，深圳市区最大风力 6 级、阵风 9 级，12—13 日连降暴雨，本站最大日雨量 96.9 毫米，东部局部地方达 200 毫米。大风暴雨使东部地区山体滑坡，香蕉、鱼塘、海鲜养殖基地等严重受损，死亡 4 人，重伤 3 人，经济损失达 3000 万元。

10 月 5 日出现特大暴雨。受低层切变线和地面低槽的影响，10 月 5 日，本站出现 264.9 毫米的特大暴雨，雨势凶猛，1 小时最大雨量达 70.3 毫米，3 小时雨量达 149.9 毫米，最大降水出现在南山区西丽的长岭皮水库，24 小时降雨 297 毫米。市区低洼地带水深 40～150 厘米，约有 1000 间民房、门店受淹，一度出现大面积停电，有 5 处山体产生山泥倾泻和滑坡，全市经济损失约 3600 万元，死亡 1 人。

1996 年

春节受寒潮袭击。2 月 18 日正值大年三十，一股北方强寒潮袭击了华南地区，18 日本站气温急剧下降，24 小时日平均气温下降 10.1 ℃，日平均气温从 17 日的 18.6 ℃下降至 18 日的 8.5 ℃，21 日平均气温只有 4.7 ℃，最低气温达 3.3 ℃，寒潮造成长达 10 天的严重低温阴雨天气。18—27 日日平均气温均＜10 ℃，是 20 世纪 90 年代最严重的低温阴雨过程。

“6・24”暴雨成灾。“6・24”暴雨主要集中在东部地区的沙头角、盐田和西部的宝安区，东部凌晨至中午的降水量达 233.5 毫米，宝安区 24 小时雨量达 150 毫米以上，公明镇白天雨量 210 毫米。由于雨强大，致使上述地区一些低洼地带水浸严重，水深达 1～3 米，受淹村庄 64 个、房屋 4400 多间、工厂 500 多间，转移 5 万多人，冲毁或毁坏山塘、堤坝 14 处。这次特大暴雨过程造成直接经济损失约 1 亿元，死亡 1 人。

1997 年

“7・19”东部发生特大暴雨。7 月 19 日，受热带辐合带影响，东部龙岗区的龙岗、坪山、横岗及罗湖区的莲塘、沙头角、盐田一带出现特大暴雨。龙岗区平均降水量 390 毫米，三洲田水库 6 小时降水量 376.7 毫米，盐田 19 日 02—10 时降雨 346.6 毫米，24 小时雨量达 404.6 毫米。由于连日降水，尤其本次过程雨强大，破坏力强，导致山洪暴发，山泥倾泻，龙岗区 9 座水库、罗湖区 10 座水库水位暴涨，并超过防限水位而实施泄洪。共有 5000 多户被洪水围困，受浸工厂、商店、酒楼 600 多间，冲毁桥梁 6 座，淹浸小电站 1 座、加油站 1 个，山体滑坡 130 多处，深惠线、深汕线公路受淹中断 10 个小时，直接经济损失约 1.3 亿元，有 1 人失踪，2 人受伤。

9710 号强热带风暴正面袭击。7 月 31 日，在南海西沙群岛附近海面上生成的 9710 号强热带风暴于 2 日 20 时 30 分正面袭击深圳湾，登陆时中心风力 8～9 级、阵风 10 级，全市普降大暴雨。本站 2—3 日雨量分别为 156.8 毫米、96.9 毫米，公明镇、深圳水库等地日雨量＞200 毫米。强热带风暴造成 14 个镇 57 个村庄受灾，受灾人口达 78.06 万，洪水围困 0.58 万人，死亡 6 人，损坏房屋 690 间，民航中断 36 航班 / 次，1000 多条 10 千伏架空线跳闸 112 条，水产养殖严重受损，直接经济损失 1.25 亿元。

“8・12” 暴雨。8 月 11 日晚至 12 日，受低槽影响，普降暴雨 - 大暴雨。此次暴雨造成北环路、梅林路、深南大道、华侨城中段等交通中断 2 小时，直接经济损失 2000 万元。

1998 年

年平均气温破纪录。全年平均气温高达 23.8 ℃，打破历史最高纪录；各月平均气温均高于历年平均值，其中 4、10、11 月为历年同期最高值；盛夏持续高温，7 月 15 日—8 月 5 日连续 22 天日平均气温≥ 30 ℃，持续时间之长是历史上唯一的。

“5・24” 特大暴雨造成严重损失。受冷锋、低槽影响，5 月 24 日，市区和东部普降大暴雨到特大暴雨，本站日降水量 135.5 毫米，深圳水库达 358 毫米，最大降水量出现在梧桐山地区附近，梧桐山地区最大日降水量 412 毫米，沙头角、横岗等地日降水量均大于 390 毫米。由于雨势猛、持续时间长，导致罗湖、盐田、南山、龙岗、宝安等地严重水淹，受灾人口 10.6 万，受浸房屋、商店 3973 间，有 10 人死亡，11 人受伤，直接经济损失 1.83 亿元。

热带气旋生成最少，影响较小。年内在西太平洋和南海生成的热带风暴只有 12 个，不足常年生成个数（28 个）的一半，为解放以来最少的一年；影响深圳的热带气旋有 3 个，但影响程度弱，未造成明显的经济损失。

1999 年

干旱严重。从 1998 年 9 月至 1999 年 7 月，深圳市降水连续偏少，出现了严重的干旱。至 3 月底，累积降水量仅为常年的 23%，仅次于 1963 年大旱年，大部分水库蓄水仅为正常库容的 2～3 成，部分水库到死水库容，累计蓄水量比上年同期少 40%。宝安、龙岗曾一度出现较严重的供水紧张局面。直到 7 月底，仍未下过一场大雨，累积降水量比上年同期减少近 50%，蓄水量则比上年同期少 60%。从 4 月 25 日至 5 月 20 日共 25 天进行人工增雨作业，累计飞行 17 架次，飞行时间 30 小时，总投资约 125 万元。经过人工增雨作业，深圳市各地降水量在增雨作业的 25 天中平均达到 124 毫米，部分站点雨量在 140 毫米以上，相当于 2505 万立方米水量。据不完全统计，水库库容增加 502 万立方米以上。屯梓河、观澜河、茅洲河的流量明显提高。此次人工增雨工作有效缓解了旱情，为稳定全市的生产和生活秩序、改善环境、发展经济起到了重要的作用。

热带气旋影响严重。影响深圳的热带气旋有 4 个，达到严重影响程度的有 3 个。其中 9908 号强热带风暴 8 月 22 日 17 时 30 分在深圳市大鹏湾登陆，龙歧平均风速 22.3 米 / 秒，瞬间风速 38.9 米 / 秒。22—23 日全市普降暴雨 - 特大暴雨，全市约 4450 亩菜地、果树受淹，81660 余株树木吹倒，3700 多间棚屋损坏，2910 亩鱼塘受损，15 个航班延误，蛇口港客运码头 9 个班次停开，40 余处街道和小区严重积水。狂风挟着暴雨引发多处山体滑坡，共造成 7 人死亡、10 人受伤，直接经济损失约 1.5 亿元。有利的是，降雨使水库增加了蓄水，全市水库共增加蓄水、提水约 5000 万方，其中宝安增加 2000 多万方，有效缓解了旱情。

9910 号强热带风暴于 9 月 16 日 16 时 30 分在珠海唐家镇登陆。16 日，全市普降暴雨 - 特大暴雨（其中岭下日雨量为 474.6 毫米），风力普遍达到 7～9 级、阵风 10 级以上，盐田、福田、南澳、洪湖、梅林等地区短时阵风达到或超过 12 级。本次强热带风暴严重影响期间，6 万多棵绿化树倒伏或折枝，1

万多亩草地受淹，600 多亩鱼塘受损，80 多架次航班受影响，蛇口至珠海、海南、香港、澳门等地航班全部停航，另外有 20 余人受轻伤，1500 余人被水围困，造成直接经济损失 0.755 亿元。

2000 年

雨水特多。2000 年，年降水量为 2534.6 毫米，仅次于 2001 年的 2747.0 毫米和 1975 年的 2662.2 毫米；1 月 24 日在锋面低槽的影响下，出现了深圳市有气象记录以来最早的一场暴雨；4 月降水量为 699.6 毫米，为深圳市 4 月有气象记录以来的最大月降水量。

“4・14”暴雨成灾。4 月 14 日，深圳市普降暴雨，强度之大、范围之广、持续时间之长为历史罕见，气象台录得 12 小时降水量突破 1952 年以来的最高纪录。暴雨造成全市数十处低洼地受淹，十几条交通干道不同程度水浸，导致严重交通阻塞，市民生活受到了一定影响。深圳水库水位由降雨前的 26.4 米猛升到 27.73 米，入库流量曾一度高达 400 立方米 / 秒，导致深圳水库泄洪。据统计，“4・14”暴雨致深圳市共有 6 人死亡、5 人失踪，6 个区均出现低洼地受淹的情况，最低处水深达 2 米，给全市造成了 5100 多万元的经济损失。

“碧利斯”带来严重影响。影响深圳的热带气旋有 2 个，达到严重影响程度的有 1 个。其中 0010 号台风“碧利斯”8 月 22 日晚在福建晋江登陆，23—24 日全市普降大暴雨 – 特大暴雨。

2001 年

年降水量破历史纪录。2001 年年降水量为 2747.0 毫米，打破了深圳市历年年降水量的最高纪录；6 月降水量为 939.9 毫米，为深圳市有气象记录以来的最大月降水量。6 月 27 日受辐合带影响，深圳市普降大暴雨，龙岗区坑梓镇受浸面积近 2 平方千米，最深水深达 2.2 米。暴雨造成了梅林林海山庄后山等多起山体滑坡及挡土墙坍塌，多处低洼地区受淹，多处地段交通受阻，受灾最严重的龙岗区有 16 个村受到不同程度的水浸，受淹菜地近万亩、工业厂房 20 万平方米。据不完全统计，此次暴雨共造成直接经济损失 3000 万元。

热带气旋影响较小。影响深圳的热带气旋有 4 个，但影响程度大都较轻。7 月 6 日 07 时 50 分在海丰至惠东之间登陆，造成广东省直接经济损失 27.6 亿元、死亡人数 26 人的 0114 号台风“尤特”，虽然给深圳市带来了一场暴雨 – 大暴雨，但除西海堤出现潮高漫堤险情、机场部分航班及港口一度避风关停、部分低洼地出现积水外，市民生产、生活基本未受大的影响。

2002 年

年平均气温破纪录。全年平均气温高达 23.9 ℃，打破历史最高纪录；各月平均气温均高于历年平均值，其中 3、6 月为历年同期最高值；盛夏持续高温，6 月 24 日—7 月 1 日连续 8 天日平均气温 ≥ 30 ℃，是历史上最早的连续性高温天气。

干旱严重。从 2001 年 10 月至 2002 年 6 月，深圳市降水量比历年同期偏少 44%，出现了严重的干旱。至 7 月初，深圳大部分水库蓄水仅维持在正常库容的 10%～20%，靠自身水库调节的龙岗区东部的大鹏、葵涌等已开始抽取水库的死库容。为缓解全市旱情，8 月 25 日至 9 月 25 日，市气象局和市三防办联合组织实施了飞机人工增雨作业。

“3・29”龙岗雷雨大风造成严重损失。3 月 29 日 15 时 54 分至 16 时 04 分，受锋前飑线影响，深圳市龙岗区的新生村、回龙埔村、龙西村、同乐村以及坪地镇的坪西村一带出现了雷雨大风和小冰雹，受灾面积约 10 平方千米。受其影响，龙岗龙西村的灯光夜市（铁皮屋）、回龙埔村的耀华木材厂等倒塌，灾害中导致死亡 5 人、伤 40 余人（其中 12 人住院治疗）。

9 月 18 日山体滑坡事件。9 月 15—18 日，深圳市出现了连续性的暴雨降水过程。9 月 18 日 12 时 45 分左右，深圳集装箱梅林转运站旁的一座山体发生坍塌，滑坡总土石方量约 10 万立方米，导致当时在山下劳作的30多名当地居民被埋。200多名军民经过近4小时的抢救，共救出20多名被埋群众。此次滑坡共造成8死16伤，直接经济损失31万元。13时40分左右，龙华镇民治村螺蛳坑又发生一起山体滑坡，滑坡体为1996年关闭的废弃石场遗留的弃土松散堆积坡，由于坡体土石混杂、未经夯实，在连日暴雨作用下土体含水量过高而导致山体滑坡，滑坡将山脚下十余间违法搭建的窝棚夷为平地，造成4人死亡、34人受伤、1人失踪。

9、10月日照奇少。9月雨日达18天，全月以阴雨天气为主，月日照时数仅有98.1小时；10月以阴天为主，月日照时数只有92.4小时。均为历年同期最少记录。

2003年

干旱严重。2003年1—4月，深圳市降水量比历年同期偏少73%，出现了严重的干旱，主要供水水库蓄水量比大旱的2002年同期还少5%。

“5·4”暴雨成灾造成严重损失。受低槽影响，5月3—5日深圳市普降暴雨，局部特大暴雨。北环路、滨海大道、107国道西乡段、深惠公路横岗镇荷坳段、坪山镇宝山段等主干道路积水，造成不同程度的交通堵塞，1174亩农作物、906间民房、115间商店、71间工厂、36个行政村、5个居委会受淹，13处河堤损毁。全市共发生3起山体滑坡，其中宝安西乡、龙华、观澜、石岩等镇以及龙岗大鹏、南澳镇受灾较重。5月4日10时30分石岩龙眼山村约降了20秒钟的小冰雹；5月5日02时50分，石岩料坑村山体滑坡冲垮成排工棚，造成3死13伤。此次暴雨造成经济损失约1.2亿元。此次降水过程造成深圳市23宗主要供水水库蓄水量增加了3000万立方米，有效缓解了当时的旱情。

热带气旋影响严重。影响深圳的热带气旋有5个。其中受0307号台风“伊布都”环流影响，福田阵风风速达39.5米/秒，龙歧平均风速21.0米/秒，阵风风速达36.7米/秒。南澳月亮湾防浪堤冲毁20米，损失约20万元；深圳机场70%的航班出现延误；4300多棵树被吹倒。0313号台风（杜鹃）9月2日20时50分在深圳市东部沿海登陆，坪地镇平均风速28米/秒，瞬间风速42.5米/秒，2—3日全市普降暴雨。26300棵树被吹倒，2000余棚屋被吹塌，各港区有100多个集装箱被风刮倒，22人死于台风引起的各种事故，1人失踪，另有近百人受伤，直接经济损失达2.5亿元。其中宝安公明镇西田村一台资新建厂房墙体倒塌，邻近工棚被压倒，造成死亡16人，伤20多人。此外，0313号台风“杜鹃”造成广东省死亡40多人，直接经济损失22.87亿元。

2004年

干旱严重。年降水量1299.4毫米，仅为正常年份降水量的66%，为自1964年以来的最小值。从第二季度开始，各季雨量一直偏少，第四季度雨量仅有1.2毫米，为深圳市有气象记录以来同期最小值，导致深圳市出现了严重的干旱。由于水库蓄水严重不足，宝安、龙岗部分街道开始限制供水。

“3·30”和“8·11”小冰雹。3月30日17时30—50分，深圳市龙华、福永、松岗、南山、银湖等地出现小冰雹，其中福永塘尾村（市场）出现了雷雨大风，吹倒了厂房和吹翻了屋顶。8月11日13时左右布吉等地出现了雷雨大风和冰雹，大的冰雹有鸡蛋大小；13时40分至15时左右深圳市区东门、笋岗、草埔、布心一带分别出现雷雨大风和小冰雹。狂风吹倒和连根拔起的大树横在路上，造成了严重的交通阻塞。

热带气旋少、影响较小。影响深圳的热带气旋有5个，但影响程度弱。0409号热带风暴“圆规”7月16日15时在香港东部登陆，16—18时穿过深圳到东莞。受0409号热带风暴影响，深圳市东部和西部出现了暴雨－大暴雨，给水库增加蓄水500万立方米。

灰霾日奇多。全年霾日数为187天，为历年最高纪录。其中1、3、6、8、12月的霾日数均为历年同期最高纪录。

2005 年

干旱严重。从 2004 年 9 月至 2005 年 4 月累积降水量 222.1 毫米，仅为正常年份雨量的 30.7%，其中从 2004 年 10 月至 2005 年 4 月累积降水量 112.3 毫米，仅为正常年份降水量的 23.1%，深圳市出现了严重的干旱，由于水库蓄水严重不足，宝安、龙岗部分街道开始限制供水。

2 月出现连续大雾天气。2 月 23—25 日，出现连续 3 天的大雾天气，25 日的最小能见度仅为 100 米，这也是自 1952 年有气象记录以来，深圳市第二次出现连续 3 天以上的大雾天气。

“8・20”暴雨成灾造成严重损失。8 月 20 日受西南急流和北方弱冷空气影响，全市普遍出现了大暴雨，局部特大暴雨。全市 100 多处积水，其中西乡内涝 95 万平方米，最深处达 2 米，60 多处山体滑坡，2000 多亩农作物受淹。因灾死亡 8 人，直接经济损失 1.8 亿元。市应急指挥中心出动抢险人员 3 万多人，疏散转移群众 5 万人。这次降水过程给水库增加蓄水 2000 多万立方米。

“5・9”“6・15”“6・22”小龙卷风。5 月 9 日 11 时左右，深圳市福永国际家具博览中心受到龙卷风袭击，掀掉钢架结构的屋顶近千平方米，跌落的房顶还砸塌了一堵围墙，直接经济损失 800 多万元。此外，沙井第三工业区水库市场南侧、宝安观澜大水坑村佳田工业区对面的大型露天废品收购站受到龙卷风袭击，损失 8 万多元。6 月 15 日 10 时 50 分左右福田区下沙附近金域蓝湾小区拍摄到在深圳湾和香港方向出现龙卷风（未落地）。6 月 22 日 09 时 15 分左右福田保税区蓝花路段兴达物流公司附近出现龙卷风，折断大树 30 多棵。暴风雨使附近几家果场荔枝树大量落果。

“4・25”小冰雹。4 月 25 日 16 时 50 分左右深圳市福永、平湖、公明等地出现了小冰雹。宝安机场近 50 个航班受到影响。

热带气旋影响较小。影响深圳市区的热带气旋有 5 个，但影响程度弱。0505 号热带风暴“珊瑚”于 8 月 13 日 12 时 45 分在汕头澄海登陆，受其外围环流影响，13 日 16 时前后深圳市普遍出现大风天气，其中，吹倒宝安桃源居对面一处待建工地的围墙，压死过路行人 2 人，伤 3 人；观澜西坑的一菜地受雷击造成一死一伤。

10 月出现高温。10 月 2 日最高气温达 35.2 ℃，是历年 10 月出现的唯一一次高温天气，也是历年最晚出现的高温天气。

年日照奇少。全年除 7 月日照比历年平均稍多外，其余各月日照均偏少，全年日照时数只有 1574.3 小时，是历年日照最少的一年。其中 6 月雨日达 25 天，月日照时数只有 75.6 小时，是历年同期最少记录。

2006 年

台风影响较早。影响深圳市区的热带气旋有 6 个。其中 0601 号台风“珍珠”5 月 18 日 02 时在饶平－澄海登陆，受其外围环流影响，16 日晚东涌、西涌风力 8～9 级，浪高 6～7 米。海滩上的建筑受损严重，3 千米长的海堤被冲断，东冲发展银行度假村、杨梅坑、东冲码头被淹，经济损失约 300 万元。0604 号热带风暴“碧利斯”于 7 月 15—16 日影响深圳，其中宝安、南山、大鹏等地受到严重影响，大暴雨过程导致全市受灾人口 5.5 万，死亡 2 人、失踪 1 人，受灾面积 40 平方千米，社区、工厂等受淹 4500 多间，直接经济损失 5000 多万元。0609 号台风“派比安”8 月 3 日在阳西－电白登陆。受其外围环流影响，深圳市出现了暴雨、局部大暴雨，沿海阵风 11～12 级，造成 3 人死亡、4 人受伤，直接经济损失 2500 万元。

观测场所变化造成气候值变化。2006 年正式启用竹子林观测站。竹子林观测站在原站址（蔡屋围）西边约 10 千米处的小山坡上。竹子林观测站 2006 年年平均气温较原站（蔡屋围）低 0.35 ℃，年降水量少 345.2 毫米，其他气象要素都有显著变化。

5 月连续大雾和潮湿天气引起漏电事故。受低压槽影响，5 月 23 日 17 时 15 分至 24 日 07 时 24 分，出现连续大雾天气，能见度最低时仅 500 米。5 月 19—24 日共有 6 起因潮湿天气引起的漏电事故，造成 1 人死亡。

10 月、11 月气温特高。蔡屋围观测站 10 月平均气温为 26.7 ℃，11 月平均气温为 23.3 ℃，均为历年同期最高值。而竹子林观测站平均气温为 26.3 ℃和 22.9 ℃，较蔡屋围观测站低 0.4 ℃。

11 月下旬出现罕见暴雨伴雷暴。受高空西风槽影响，11 月 21—22 日出现了历史同期罕见的暴雨伴雷暴天气，全市普降暴雨。大鹏半岛出现大暴雨，最大雨量为大鹏站，过程累积雨量达 121.8 毫米。其中市气象台 24 小时降水量为 72.9 毫米，为 50 多年来 11 月下旬的第二场暴雨。同时本次雷暴出现时间之迟为 50 多年第二位。

第三节　2007—2019 年重要气候事件

2007 年

台风影响小。影响深圳的热带气旋有 2 个。其中 0707 号台风“帕布”（强热带风暴级）进入南海后，沿广东沿海移动，强度多变，路径迂回曲折，于 8 月 10 日傍晚先后在香港、中山登陆。受其影响盐田记录到最大阵风风力 11 级（29.0 米 / 秒）。深圳国家气候观象台 9—11 日三天的累积降水量为 112.9 毫米，全市累积降水量普遍达到 60～100 毫米，最大累积降水量出现在坝光，达到 142 毫米。

首场暴雨多处水浸。4 月 24 日出现年内首场暴雨，且伴有雷暴，光明站日降水量 107.7 毫米，全市大部分地区出现强雷雨和 6～8 级瞬时大风。南山区多个片区和宝安区西乡、沙井、松岗等多处出现水浸，水深 40～60 厘米，南山区的一甲村和粤海门村水淹 1 米多。宝安区龙华街道清湖社区清湖河河水上涨 4 米，冲毁护堤，清湖桥封闭抢修；清湖有电缆基塔被洪水冲跨，13 条供电线路受影响。

5 月 18 日雷雨大风。5 月 18 日，深圳自西北向东南先后出现强雷雨和短时大风，最大降水量在龙华站（57.1 毫米 / 小时），坪山最大阵风风速达到 23.7 米 / 秒（9 级）。强降水导致全市多处积水，宝安最为严重，多辆车陷在水里熄火造成交通瘫痪，龙岗有多家商铺被淹，机场 117 个航班被迫延误。雷雨大风导致宝安区福永街道 107 国道旁的博皇家私城发生坍塌，并造成 5 人受伤，1 人经抢救无效死亡，财产损失约 100 万元。强雷电造成石岩电视台大面积停电，大浪街道农胜市场 1 人遭雷击身亡，高速公路石岩收费站遭雷击，直接经济损失 30 万元。

高考期间大暴雨影响严重。6 月 7—10 日，深圳出现持续强降雨和强雷暴天气，降雨持续时间长、范围广、强度大、雨量集中。10 日，全市有 34 个自动气象站记录到大暴雨，深圳水库站最大雨量 166.6 毫米，东角头站最大雨强 90.2 毫米 / 小时，南山、蛇口记录到风速 18 米 / 秒的瞬时大风。全市降水量达到 100～260 毫米。暴雨造成全市 20 多处不同程度的内涝和积水，南山蛇口海上世界下层广场积水达 3～4 米，南头中山南路的积水达 1 米，100 多名周边居民疏散。据市三防部门统计，大暴雨造成的财产损失达 2000 万元。

7 月高温中暑事件多发。7 月以来，全市持续高温炎热，21 天日平均气温高于 29 ℃，同期仅次于 2003 年的 23 天，月平均气温高达 29.7 ℃，为历史同期第二高值。120 急救中心共救治中暑人员 71 人，有 1 人因中暑引发心脏病死亡。

秋冬季节旱情严重。自 9 月以来，降水量严重偏少，比往年平均值偏少 72%。自 9 月 25 日至 12 月 31 日已出现持续 99 天的中度秋冬连旱。以自然降雨为主要水源的小型水库蓄水严重不足，龙华、观澜、碧岭等地一度供水紧张。

2008 年

台风影响异常早且严重。影响深圳的台风共有 6 个，其中 5 个影响严重，属台风影响偏重年份。

（1）0801 号台风“浣熊”是 1949 年以来最早登陆和影响广东的台风，也是最早登陆我国的台风。“浣熊”于 4 月 18 日夜间至 19 日从深圳市沿海擦过，成为最早对全市造成影响的台风，比此前最早记录（5 月 12 日，5402 号台风）提前了 20 多天。此次台风共造成 2 人死亡，直接经济损失约 3700 万元。（2）0806 号台风“风神”于 6 月 25 日在深圳葵涌登陆，成为 1952 年以来最早登陆深圳的台风。受其影响，沿海地区出现平均风力 7～8 级、阵风 10 级的大风，6 月 25 日普降暴雨到大暴雨，局部特大暴雨，直接经济损失 1.2 亿元。（3）0812 号台风“鹦鹉”于 8 月 22 日先后在香港西贡和中山南萌镇登陆。受其影响，深圳陆地最大阵风风力 8～9 级，沿海最大阵风风力 10～11 级，全市最大阵风风速达 36 米 / 秒（12 级，龙岗区龙歧站）。全市百余处广告牌和屋顶棚被吹落，109 条电网线路跳闸，机场 168 个航班取消，约 2 万人受影响，转移人员 3 万余人。（4）0814 号强台风“黑格比”于 9 月 23 日开始影响本市，给沿海带来 11～12 级最大阵风和明显降雨。由于强度大，登陆时间与天文大潮重叠而引发风暴潮，深圳直接经济损失达 3500 万元。东部海滩和海堤大面积严重被冲毁，5719 棵树木被吹倒（或断干断枝），布吉 14 间店铺屋顶全部被掀掉，台风掀起的铁皮砸中 3 人，其中 2 人骨折、1 人轻伤。

持续寒冷阴雨天气严重影响交通及健康。1—2 月冷空气活动频繁，在我国南方罕见大范围地区持续低温雨雪冰冻天气背景下，深圳 1 月 24 日至 2 月 13 日连续 21 天出现最低气温 10 ℃以下的寒冷天气，是继 1962 年、1963 年之后持续时间第三长的寒冷冬天。此次寒冷过程平均气温 9.4 ℃，最低日平均气温 6.8 ℃（2 月 2 日），最小日较差 1.6 ℃。受南方罕见雨雪冰冻天气影响，深圳市春运交通承受巨大压力，从 1 月 25 日开始深圳火车站和火车西站滞留旅客不断增多，到 30 日约滞留 10 万人，有 7 万余人退票；1 月 29 日—2 月 5 日，机场共取消航班 86 次，延误航班 682 次。同时，据市 120 急救中心统计，1 月 1—4 日本市煤气中毒事件 60 宗，死亡 3 人，1 月 10 日—2 月 15 日本市煤气中毒事件 689 宗，死亡 40 人。

6 月最强“龙舟水”影响严重。6 月降雨集中，降水量超过全年的一半，达到 1395.3 毫米，较历史同期偏多 371%，是历史同期最高记录（2001 年 6 月，939.9 毫米）的 1.5 倍，也是 1952 年以来最严重的“龙舟水”。其中 6—7 日出现持续两日的大暴雨，全市共有 7 个区域气象站两日累积降水量超过 300 毫米，最大降水量 376 毫米（蛇口）；13—14 日大部分地区出现百年一遇特大暴雨降水过程，全市有 9 个区域气象站两日累积降水量超过 400 毫米，其中宝安区塘家村站和黄麻布水库站两日累积降水量分别达 528 毫米和 520 毫米。受持续强降雨影响，6 月内涝和水浸事件频发，其中 13—14 日全市出现近 100 处滑坡险情，500 余处不同程度的内涝或水浸，70 多间房屋倒塌，受暴雨影响的人员近百万，5 人死亡，3 人失踪，直接经济损失约 5 亿元。

3 月湿度极低，火灾多发。2008 年深圳市年平均相对湿度仅有 69%，较历史同期平均值偏低 8%，打破了历史最低纪录。3 月平均相对湿度仅 65%，打破历史同期最低纪录，月最低相对湿度 12%，为历史同期第二低值。特别是 3 月上中旬空气极为干燥，全市共出现森林火灾（警）18 起，3 月 5—6 日龙岗坪地街道红花岭火灾面积达 736 亩。

2009 年

台风影响偏重。2009 年共有 4 个热带气旋影响深圳，其中 2 个为严重影响，影响略早，个数正常，强度强，影响大。0906 号台风“莫拉菲”于 7 月 19 日在南澳街道沿海地区登陆。全市普遍出现狂风暴雨，其中南部地区普遍出现大暴雨。台风导致罗湖几十辆车陷在水里，南山西丽街道有 100 多辆公交车出行受阻，机场 56 班航班取消，43 班航班延误，转移人员 34000 人。0915 号台风“巨爵”于 9 月 12—14 日给深圳带来大范围的大风和暴雨天气，其中 15 日有 6 个区域气象站记录到 8 级以上的平均风，全市大部分地区出现暴雨到大暴雨。台风造成机场 150 个航班延误，120 个进出港航班取消，41 个进港航班备降周边机场，近万名旅客滞留。

年初降水特少，冬旱明显。自 2008 年 10 月中旬至 2009 年 2 月，降雨持续偏少，天气干燥，气温偏高，冬季旱情明显。其中 11 月降水偏少 52%，12 月偏少 88%。2009 年 1 月降水量仅 0.2 毫米，2 月降水量仅 1.0 毫米，均较历史同期偏少 90% 以上。秋冬连旱持续了 145 天，达到气象上重度秋冬连旱标准。

2 月异常暖气温破纪录。2 月无明显冷空气活动，天气温暖，多个气温值打破历史同期纪录。月平均气温高达 20.8 ℃，较历史同期异常偏高 5.3 ℃，打破同期最高纪录，各旬平均气温均打破同期最高纪录。月平均最高、最低气温分别为 25.6 ℃和 18.3 ℃，月极端最高、最低气温分别为 30.3 ℃（25 日）和 15.1 ℃（1 日），均打破历史纪录，其中月极端最高气温比此前记录高出 1.4 ℃，月极端最低气温比此前记录高出 3.8 ℃。

春末夏初空气干燥历史罕见。2009 年除 3 月平均相对湿度与历史同期基本持平外，其余各月平均相对湿度均较历史同期偏低。其中 4 月、5 月平均相对湿度均为 72%，全部打破历年同期最低纪录。4 月下旬至 5 月上中旬降雨明显偏少，空气干燥有如秋、冬季，城市火险和森林火险等级升高。

9 月“秋老虎”肆虐。9 月“秋老虎”连续发威，16 天日最高气温在 33 ℃以上，月平均气温 28.7 ℃，比历史同期异常偏高 1.5 ℃，为历年同期第二高值。其中 4—8 日深圳国家基本气象站连续 5 天记录到 34 ℃以上的最高气温，与 1992 年 9 月同期并列最长。

11 月中旬气温骤降刷新纪录。11 月 12—14 日受较强冷空气影响，全市 48 小时降温幅度普遍在 10 ℃以上，深圳国家基本气象站记录到 48 小时降温 9.7 ℃，随着 16—18 日冷空气补充，全市普遍出现了最低气温 10 ℃以下的寒冷天气，深圳国家基本气象站 18 日记录到最低气温 7.3 ℃，刷新 11 月中旬同期最低气温纪录。

2010 年

2 月出现首场暴雨。2 月 7—8 日，深圳西南部出现暴雨，最大降水量 93 毫米（福田区沙头）。这场暴雨比累年平均首场暴雨日（4 月 24 日）提前了 76 天，仅晚于 2000 年和 1957 年。同时 2 月 7 日出现首场雷暴，比累年平均（3 月 2 日）偏早 23 天。

闪电频次多。年内共发生雷电对地闪击 29475 次，比 2007—2009 年的平均值 20765 次多出 8710 次，5、7、9 月地闪次数均明显偏多，9 月地闪频次最多，为 11712 次，其中，9 月 9—13 日出现超强雷暴，地闪活动异常活跃，为 8502 次，占全年地闪次数的 28.8%；年内最大正地闪为 211.2 千安培，于 7 月 17 日在盐田区盐田街道发生；最大负地闪为 -277.2 千安培，于 7 月 28 日在福田区沙头街道发生。

年初出现罕见回南天。春节期间，强冷空气影响本市，气温剧烈下降。春节期间入冬，年后回暖十分迅速，偏南暖湿气流强劲，这种情况有利于回南天的出现。2 月 22—26 日出现回南天，室内十分潮湿，墙面和地面均挂满水珠，返潮情况很严重；3 月 13—15 日，受新一轮强冷空气后的回暖影响，再次出现回南天。

3 月 22 日出现沙尘天气。3 月 19—21 日全国遭遇了当年影响范围最广的一次沙尘天气过程，累计影响 21 个省（区、市）。这股沙尘天气在偏东北气流的作用下，向粤东南沿海地区蔓延，22 日深圳出现罕见沙尘天气，空气中颗粒物显著增多，造成空气污染指数高达 289，是自 1997 年开始有空气污染监测以来的最高值。

深圳湾记录到“水龙卷”。7 月 27 日上午，深圳湾西南部海域上空出现巨大的“水龙卷”（龙卷风漏斗伸到海边吸起水柱），这是深圳气象史上首次同时观测到的三个水龙卷。据雷达监测，在水龙卷区域的积雨云回波强度达 55 dBZ，最强达 67 dBZ，显示回波强度很大，这次积雨云也给市内红树林和沙头街道附近带来超过 40 毫米的降雨。

12 月现罕见寒潮。12 月 15—17 日受北方寒潮影响，气温急剧下降，48 小时最低气温出现 14 ℃以上的降幅，72 小时最低气温降幅达 17.6 ℃，打破历史纪录。16 日和 17 日平均气温均在 10 ℃以下，17 日早晨受辐射降温影响，最低气温降至 2.4 ℃，这是 1992 年以来深圳国家基本气象站记录到的最低气温。小梧桐站出现了 -1.8 ℃的低温。

秋冬干旱重。自 2009 年 10 月 2 日至 2010 年 2 月 6 日，降水持续偏少，天气干燥，秋冬季旱情明显。其中 2009 年 10 月降水偏少 81.3%，该时间段内的总降水量较累年平均偏少约 50%，秋冬连旱持续了 128 天，达到气象上重度秋冬连旱标准。市气象局在气象条件合适的 11 月 13 日和 12 月 8 日、30 日，三次发射火箭弹实施人工增雨作业，全市出现小到中雨降水，减轻了秋冬季旱情。

2011 年

台风影响轻。全年有 5 个热带气旋进入本市 500 千米范围内，并造成威胁，市气象台均发布了台风预警信号。其中，"海马"与"纳沙"造成的风雨影响较为明显。影响最明显的强台风"纳沙"，9 月 29—30 日给深圳带来暴雨、局部大暴雨，坪山新区坑梓站 29 日记录到 117.3 毫米的全市最大日降水量；陆地最大阵风风力 6～8 级，沿海及高地阵风风力 9～11 级，西涌记录到风速 31.6 米 / 秒的全市最大阵风。热带气旋给全市造成的影响相对较轻，尤其是"纳沙"为水库补充了大量蓄水，给全市带来的影响利大于弊。

出现冷冬，1 月异常冷。年初北方冷空气强盛，受其影响，深圳市 1、2 月多寒冷天气。2010/2011 年冬季（12 月至翌年 2 月）平均气温仅 15.1 ℃，比气候平均值明显偏低，成为近 10 年来的首个冷冬。其中 1 月受北方冷空气不断南下的影响，天气持续寒冷，日最低气温一直徘徊在 10 ℃上下，回暖时间很短暂，导致月平均气温仅 12 ℃，较累年平均值偏低 3.4 ℃，为历史同期第三低值。月内有 20 天 10 ℃以下的寒冷天气，为 1985 年以来同期最多，1 月 12 日出现了 3.9 ℃的低温，为深圳国家基本气象站记录到的当年最低气温。

8 月高温酷暑，适逢大运会。2011 年夏季深圳市天气酷热严重，深圳国家基本气象站记录到高温日数为 4 天，酷热天气主要出现在 7 月下旬到 8 月，其中 8 月记录到 3 天。8 月 12—23 日，适逢世界大学生夏季运动会在深圳市举行，期间日最高温度维持在 30 ℃以上，其中沙滩排球场地沙温频超 50 ℃；8 月 26—31 日受副热带高压和台风外围下沉气流影响，天气炎热到酷热，29—31 日的日最高气温均超过 35 ℃，30 日深圳国家基本气象站记录到年度极端最高气温 36.1 ℃，当日中北部地区最高气温达 38 ℃。整个 8 月 33 ℃以上日数总计达到 21 天，仅次于 2001 年的 22 天。高温给世界大学生运动会的参赛和观赛人员造成了影响，尤其是沙滩排球赛事受高温影响较明显，志愿者、观众、赛场工作人员以及运动员均受到高温困扰，赛场每日要多次浇水降温，尽可能使沙温保持在可以接受的范围内。

2012 年

台风"韦森特"影响严重。受 8 号台风"韦森特"影响，7 月 22—27 日深圳普遍出现强降水，其中 24—25 日普遍大暴雨并伴有大风，陆地平均风力 7～8 级、阵风 11 级，沿海地区平均风力 8～9 级、阵风 12 级，8 级以上阵风持续时间普遍达到 16 小时。强降雨和大风共导致 7 人受轻伤，60 余处道路积水，200 余间工厂、商店、民房受浸，1500 余车辆受损，约 11.5 万株树木倒伏，道路护栏倾倒、受损 120 处，广告牌脱落、倒塌 350 余块，围墙倒塌 35 处，山体滑坡 7 处，110 千伏线路跳闸 6 条，10 千伏线路跳闸 140 条，深圳电网电量损失共计 31.67 万千瓦时，影响用户共计 83292 户。

局地暴雨多。局地暴雨多达 17 次，为近 5 年最多的年份，其中明显致灾的强降雨过程主要有"4 月 29 日暴雨 - 大暴雨""6 月 12—13 日局地暴雨""6 月 21—22 日局地暴雨 - 大暴雨""7 月 23—26 日连续暴雨 - 大暴雨"。积涝严重的主要在 4 月 29 日、6 月 12 日和 7 月 25 日，分别出现了 6 次、5 次和 4 次雨强超过 80 毫米 / 小时的短时强降雨，后 2 天降水量甚至超过了 100 毫米。4 月 29 日全市有 120 处内涝和积水，最严重的是公明街道挡墙倒塌致 1 人死亡，宝安福永 地下停车场被水淹没，造成严重损失；6 月 12 日龙岗区坂田、布吉出现深达 1 米的积涝，最严重的积水出现在人浪南路，水深约

1.8 米；7 月 25 日罗湖、福田、盐田、龙岗出现多处积涝，盐田和龙岗积涝最深达 1 米，盐田区深盐二通道夹门山隧道出现了山洪泥石流和坍塌灾情，龙岗区出现山体滑坡灾情。

大雾多，影响重。2012 年大雾具有范围广、时间长、影响重的特点，全年雾日数 9 天，为近 30 年同期第二多，仅次于 1992 年（11 天）。大雾主要出现在 1 月 15 日、1 月 20 日、2 月 16 日、3 月 17 日、11 月 26 日、11 月 28—30 日、12 月 2 日，以 1 月 15 日雾气最浓、影响最大。当日深圳国家基本气象站观测到的最低能见度仅 100 米，为近 30 年最低值。11 月 28—30 日，深圳出现连续 3 天的大雾天气，为历年 11 月最多。受大雾影响，盐田港暂停引航服务 169.5 小时，宝安国际机场大量航班延误。

雷暴严重——2012 年雷电具有局地性强、闪电密度大、闪电电流强等特点。雷暴日数 69 天，比累年同期平均多 6 天，比上年同期多 15 天。全年共记录到闪电 24660 次，是 2011 年的 1.8 倍。全年发生雷电灾害影响 10 起，死亡 2 人，造成 78 件办公通信设备受损，直接经济损失约 68 万元。其中，6 月 11 日坪山新区竹坑社区菜地 1 人遭雷击致死；8 月 19 日梧桐山顶的游客遭遇雷击，造成 1 名女子身亡、2 名女子受伤。此外，7 月 5 日光明新区楼村一荔枝园内的养猪棚遭雷击，导致 53 头猪死亡。

“回南天”影响较重。年内共出现 4 次较严重的“回南天”现象，在深圳历史上并不多见。4 次“回南天”依次出现在 2 月 13—15 日、2 月 23—24 日、3 月 2—6 日和 3 月 15—17 日，以 2 月 23 日“回南天”现象最为严重，当日大量建筑背阴面瓷砖墙面、镜子和地面出现水珠凝结现象，部分物品出现霉变，地面湿滑，给市民生活带来诸多不便。

2013 年

超强台风“天兔”严重影响。1319 号超强台风“天兔”于 9 月 22 日 19 时 40 分在汕尾市沿海地区登陆，登陆时中心附近最大风力 14 级（风速 45 米 / 秒），登陆后继续向西北偏西方向移动，强度逐渐减弱。“天兔”是近 40 年以来登陆粤东最强的台风，也是有气象记录以来登陆汕尾市的最强台风。受其影响，9 月 22 日晚至 23 日深圳市普降暴雨到大暴雨，并伴有 8 级以上大风，东部沿海出现 10 级以上狂风。深圳宝安机场 400 余个航班被取消，多条高速公路紧急封闭，沿山沿海公交线路停运，深圳客运船班全部停航，广深动车、广深高铁停运，深圳湾大桥封闭，3000 余名海上人员回港，树木倒伏数十株，部分小区停电。

“8 · 30”强降水致 2 人死亡。受台风“康妮”北上带来的南海热带云系影响，8 月 30—31 日深圳市普降暴雨，局部出现大暴雨。过程最大日降水量 241.2 毫米，出现在龙岗区草埔站。最大降水量 113.8 毫米 / 小时，出现在龙岗区坂田站。此次降水过程突发性强、区域范围小、短时雨强大，造成全市 100 多处不同程度的水浸，2 人死亡。

“5 · 26”局地暴雨致涝。5 月 26 日本市出现局地强降水。降雨分布极为不均，宝安区、南山区、龙华新区、大鹏新区局部出现了暴雨到大暴雨，最大日降水量 147.4 毫米。强降雨与海水涨潮重叠，潮水位最高达 3.2 米，导致西乡、新安发生路面水浸 60 多处，几十辆车受淹。沙河西路白芒村路口最深积水达 1 米，西乡街道海城新村一片汪洋。强降雨和雷暴导致深圳宝安机场航班大面积延误。

强对流天气及雷暴多发。全年共记录到雷暴日数 73 天，与 2006 年并列为 1999 年以来同期最多，共记录到闪电 31556 次，为近 5 年最多，年度最大负闪强度为 –305.8 千安培，最大正闪强度为 163.7 千安培。共发生雷灾 5 起，均为电子电器设备受损，直接经济损失 34.3 万元。雷暴导致深圳宝安机场上百架次航班延误或取消。

2014 年

极端强降水造成严重损失。最严重强降水过程有：“3 · 30”大暴雨、“5 · 11”特大暴雨、“5 · 17”局地特大暴雨。3 月 30—31 日，出现有气象记录以来 3 月最强的大暴雨，中、西部地区过程雨量普遍超过 200 毫米，东部普遍超过 150 毫米，深圳国家基本气象站记录到 153.8 毫米的日降水量，创深圳有气象记录以来 3 月最大单日雨量纪录。强降雨造成全市 180 个地点遭受内涝或被水浸，200 多班次航班受影响，死亡 1 人。5 月 11 日，全市有 34 个区域气象观测站记录到特大暴雨，平均日雨量 218.6 毫米，最大日雨量 443 毫米，6 小时、12 小时、72 小时滑动平均降水量分别为 319.8 毫米、438.3 毫米和 602.2 毫米（全部出现在龙华站），均创下历史新纪录。强降水导致全市 20 处片区内涝、150 处道路积水、10 起次生灾害、2 起路面塌方，约 10 宗河流水满泛洪，约 2000 辆汽车受淹，197 架次航班取消，万人滞留。5 月 17 日，坪山新区田头站记录到特大暴雨，龙岗区、坪山新区和南山区南部沿海、葵涌街道记录到暴雨，过程最大 3 小时降水量 235.9 毫米（田头站），刷新深圳 3 小时降水量历史新纪录，最大 1 小时降水量 119.9 毫米（出现在田头站），为深圳历史第 2 大；局地强降水导致坪山新区石井社区严重内涝，受影响群众 7812 人，转移群众 2048 人，死亡 1 人，供水受影响 500 户，受淹车辆 60 台，被冲走车辆 4 台，受淹房屋 206 间，倒塌房屋 12 间，受淹厂房 27 处，农家乐损毁 7 处，供水管断裂 3 处，边坡坍塌 113 处，泥石流 1 处，河堤损毁 23 处。

两个台风造成风雨影响。年内共有 2 个台风对深圳造成风雨影响，分别是 1409 号超强台风“威马逊”和 1415 号台风“海鸥”。“威马逊”于 7 月 18 日 15 时 30 分以超强台风强度在海南文昌沿海登陆，随后又先后登陆广东徐闻和广西防城港，距深圳最近约 400 千米，影响期间本市记录到最大阵风风速 23.8 米 / 秒（9 级，西涌基地站），普降大雨到暴雨。“海鸥”于 9 月 16 日 09 时 40 分前后在海南文昌市登陆，影响期间本市沿海和高地出现 8～9 级平均风、10～11 级阵风，最大阵风风速 33.9 米 / 秒（12 级，大梧桐站），全市普降暴雨，最大过程累积降水量 148 毫米。年内台风造成全市 2000 多棵树木被风刮倒、100 多架次航班受影响。9 月 16 日受“海鸥”影响全市中小学、幼儿园、托儿所停课。

3 月大雾造成航班延误。3 月大雾和局地大雾频发，全年共发布大雾预警 23 次，其中有 15 次出现在 3 月。深圳国家基本气象站记录到 5 个雾日，均出现在 3 月，打破历史单月雾日最多纪录。大雾对海、陆交通造成不同程度的影响，港口引航服务暂停。最严重的为 3 月 19 日晚至 20 日的大雾，部分时段机场航班起降能见度不足 400 米，导致宝安机场临时性关闭，共取消进出港航班 172 个，有部分航班备降外地。

强雷电致基础设施受损。2014 年强对流天气多伴随有强雷暴，全年共录得闪电（云对地）次数 35087 次，属于雷电频次较多年份。其中 5 月为地闪次数发生最多的月份（9562 次），也是雷灾事故最多的月份。受雷暴天气影响，深圳市气象台全年共发布雷电预警信号 106 次，全市发生雷灾事故 7 宗，受灾主要集中在供排水的智能设施、企业通信网络系统和建筑物的弱电系统等雷电过电压损坏。

2015 年

5 月暴雨集中出现水龙卷。5 月 9 日入汛后，强降水集中，在不到半月时间内集中了“5·11”“5·20”和“5·23”等强降水过程。暴雨范围广，短时雨强大，针对三个降水过程，市气象台均发布了暴雨红色预警信号。“5·11”暴雨过程为深圳入汛后首场全市性暴雨，过程最大 30 分钟滑动平均降水量 70.5 毫米（宝安区黄麻布水库站），5 月排名同期第三高，特别是 5 月 11 日 15 时 45 分前后，在深圳宝安机场附近的珠江口河面出现水龙卷，这是继 2010 年 7 月 27 日深圳湾之后再次记录到的水龙卷。“5·23”大暴雨过程为年内最强的降水过程，暴雨范围广，累积降水量大，全市平均日降水量 109.6 毫米，龙岗区北部龙岗、龙城、坪地三个街道和坪山新区降水量普遍超过 150 毫米，过程伴随密集强雷暴，全市共记录到地闪 1969 次。5 月强降水共造成深圳道路水浸约 170 处，数百辆小汽车受淹引发故障熄火，300 多个进出港航班取消，还造成 5 起山体滑坡和多起人员被困险情。

10 月最强台风严重影响。2015 年台风对深圳市影响总体偏轻，仅“彩虹”（强台风级）给本市带来了严重风雨影响。“彩虹”于 10 月 4 日 14 时 10 分在湛江市坡头区沿海登陆，登陆时中心附近最大风速 50 米 / 秒（15 级），是继 9615 号台风“莎莉”后登陆广东最强的台风，也是 1949 年以来 10 月登陆广东最强的台风。“彩虹”影响深圳市的时间主要是 10 月 3—4 日，风雨持续时间长、台风登陆后沿海风力减弱慢、过程累积降水量大，全市普遍记录到6～8级最大阵风和暴雨到大暴雨降水，大梧桐站记录到风速28.6米/秒（11级）的全市最大阵风，大鹏新区坝光观测站记录到特大暴雨（日降水量251.7毫米）。适逢国庆假期，“彩虹”给市民出行带来不同程度影响，由于雨势总体平缓，深圳市三防指挥部未收到险情灾情报告，市内水库均处于防限水位以下运行，河流没有出现超警戒水位现象。

夏季高温多发，气温破纪录。2015年夏季天气炎热，5—9月平均气温28.6 ℃，刷新历史同期最高纪录。共记录到35 ℃以上高温天气7天，为深圳有气象记录以来第三多。高温天气集中出现在6月18—20日、7月11—16日和8月7—9日三个过程中，持续性特征明显，其中8月7—9日深圳国家基本气象站连续三天记录到最高气温在36 ℃或以上，为深圳有气象记录以来第二次出现。夏季中暑案例多发，据市120急救中心提供的数据，年内全市共收集到中暑案例141起，集中在6—8月，最多时7月5日1天就接到9宗中暑报警，年内无因中暑死亡的案例。

最热11月最晚入秋。进入11月冷空气强度偏弱，本市气温高位震荡，月平均气温23.6 ℃，偏高2.4 ℃，打破历史同期最高纪录，比此前记录（22.9 ℃）高出0.7 ℃。11月25日达到入秋标准，成为深圳有气象记录以来最晚入秋年份。

12月现罕见暴雨和雷暴。12月9日，深圳市出现了罕见暴雨过程，全市普遍（95站）记录到50毫米以上暴雨，最大降水量93.5毫米，出现在宝安区罗田水库站。深圳国家基本气象站记录到暴雨（日雨量57.9毫米）和雷暴，成为有气象记录以来12月第7个暴雨日和第3个雷暴日（前两个12月雷暴日分别为2002年12月20日和2013年12月14日）。

2016年

寒潮影响，首次出现冰粒。1月22—24日记录到一次罕见的寒潮天气过程，日最低气温72小时降幅达12.5 ℃，过程最低气温1.7 ℃（1月24日），创深圳建特区以来最低值，日平均气温72小时降幅11.3 ℃，最低3.5 ℃（1月24日），创深圳有气象记录以来最低值。市区记录到冰粒，为有气象记录以来首次，梧桐山等山区出现罕见“凝冻”现象。受其影响，1月22—27日连续6天最低气温在10 ℃或以下，其中24日、25日普遍记录到5 ℃以下低温，并在1月23日达到入冬标准；此外，1月23—24日本市普遍出现7～8级最大阵风，东部沿海和高地最大阵风9～10级，西涌基地站最大阵风12级（风速35.4米/秒）。寒潮对市内交通造成一定影响，例如，盐田盐三公路路面结冰并发生交通事故，深圳首次因道路结冰实行交通管制，梧桐山“凝冻”吸引大量游客前往观看，导致沙湾路等路段拥堵。

冬季罕见连续暴雨。1月28—29日，深圳出现冬季罕见的持续暴雨降水过程。28日、29日本市连续两天普遍记录到暴雨，暴雨以上降水站数分别为68站和111站（28日有3站记录到大暴雨，罗田水库站最大日雨量110.6毫米），平均雨量分别达到58.4毫米和62.6毫米，过程雨量普遍（107站）超过100毫米。深圳国家基本气象站连降暴雨，为有气象记录以来冬季（12月至翌年2月）首次，并于1月28日记录到初雷，比气候平均初雷日（3月3日）偏早35天。

“4·13”飑线来势汹汹。4月13日早晨一条强飑线自西北向东南横扫珠三角地区，给深圳市带来汛期首场暴雨，并伴随雷暴大风等强对流天气。全市最大1小时滑动平均降水量53.1毫米（大冲站），除宝安区南部和龙华区大部外，普遍（47个站）记录到8级或以上最大阵风，其中9级19站、10级4站，最大阵风风速26.8米/秒（10级，桔钓沙站）；此外，全市共记录到云对地闪电465次，仅06—07时就记录到369次。此次强对流天气共造成全市多处道路积水（69处），出现个别小轿车被淹和司机被困险情，以及树木被连根拔起砸坏小汽车的情况。

单点大暴雨小时雨强破纪录。5月3日记录到一场罕见的局地大暴雨降水过程，仅坪地和坪西2站记录到大暴雨，其中坪地站最大日降水量165.6毫米，并记录到历史最强的1小时滑动平均降水量133.4毫米。雨量分布极不均匀，全市大部分为中到大雨，平均降水量38.3毫米，仅龙岗区从南至北就涵盖了中雨、大雨、暴雨和大暴雨四个量级降水。

"5·20"强"龙舟水"。5月20—21日出现年内最强的"龙舟水"降水过程。20日08时—21日08时，全市平均降水量157.9毫米，有98站记录到大暴雨以上降水，其中10站特大暴雨，全部出现在大鹏新区，最大降水量462.8毫米（柚柑湾站）；全市过程雨量有8站超过300毫米，其中4站超过400毫米，最大463.1毫米（柚柑湾站），为广东全省最大。南澳站和南澳渔港站最大6小时滑动平均雨量分别为344.8毫米和331毫米，分列历史第一、第二强；另外，南澳站最大3小时滑动平均雨量224.5毫米，历史排名第二强，柚柑湾站最大24小时滑动平均雨量463毫米，历史排名第三强。强降雨导致深圳市水利工程、市政设施出现不同程度的灾情险情，全市内涝积水80余处，最深超过1米，灾情最重的为大鹏新区，水头沙村村口52名工人一度受困，有5座水库达到或超过防限水位并开闸泄洪，另有2处地下车库被淹。

7月三次发布高温橙色预警。7月高温天气多发，7—9日、22—26日和27—31日出现三个高温天气过程，共记录到5个高温日，历史同期仅次于2003年的6天，市气象台三次发布高温橙色预警信号，为深圳历史上首次。其中7—9日高温范围最广，强度最大，全市有93站最高气温在37 ℃或以上，光明新区塘家站记录到最高气温39.7 ℃，为近年来少见，深圳国家基本气象站记录到36.7 ℃的7月同期第五高温；22—31日深圳国家基本气象站最高气温连续10天在33 ℃或以上，为近年来少见。高温导致中暑多发，"120"急救10天内接警40例，电网负荷屡创新高，电力设备过载，城中村频繁停电，居民苦不堪言。

台风"妮妲"登陆，发布首个台风红色预警。第4号台风"妮妲"于8月2日03时35分在大鹏半岛以强台风强度登陆，登陆时中心附近最大风力14级（风速42米/秒）。受其影响，深圳有大暴雨，2日全市平均日降水量107.9毫米，有64站记录到大暴雨，最大日降水量187.2毫米（塘朗山站）；8月1日夜间到2日白天全市普遍（92站）出现8级以上阵风，其中23站记录到10级以上阵风，最大阵风13级（风速37.7米/秒，西涌基地站）。"妮妲"影响期间，市气象台发布了历史上首个台风红色预警信号，市政府发布防台风防汛紧急动员令，启动全市防台风和防汛Ⅰ级紧急响应，实行"四停"，由于提前部署，措施到位，未收到重大灾情报告和人员伤亡报告。

台风"莎莉嘉"和"海马"接连严重影响。10月热带系统活跃，第21号超强台风"莎莉嘉"和第22号超强台风"海马"均对深圳市造成严重风雨影响，前后间隔仅一天。台风"莎莉嘉"于10月18日09时50分前后登陆海南万宁，登陆时中心附近最大风力14级（风速45米/秒）。台风"莎莉嘉"对深圳的影响以强降雨为主，18—19日连续两天记录到大暴雨，其中19日局部特大暴雨，全市平均日雨量117.6毫米，最大日雨量273.4毫米（小梧桐站）。台风"莎莉嘉"是近10年10月影响深圳雨量最大的台风，在近10年所有影响台风中降水量排名第二，平均累积降水量仅次于2012年的台风"韦森特"，最大平均日雨量仅次于2008年的台风"风神"。由于雨势平缓，发生道路积水30余起，水深0.1～0.3米，未出现人员伤亡。台风"海马"于10月21日12时40分前后在汕尾海丰县鲘门镇登陆，登陆时中心附近最大风力14级（风速42米/秒）。台风"海马"登陆时与深圳市大鹏新区最近距离70千米左右，深圳市风雨均比较明显，记录到一次暴雨局部大暴雨降水过程，大部分地区出现8级以上阵风，最大阵风12级（风速33.9米/秒，西涌基地站）。台风"海马"是自1954年以来10月登陆粤东的最强台风，也是近10年10月影响深圳风力最强的台风，共造成深圳市道路积水13处，围墙倒塌1处，部分市政设施受损，树木受损930棵，4人被砸致轻伤，由于及时实行"四停"科学防范，未收到重大灾情和人员因灾死亡报告，风情汛情总体平稳。

2017年

历史最暖冬天。2016年12月—2017年2月，深圳国家基本气象站记录到平均气温17.8 ℃，为历史同期最高值，比气候平均值（16.2 ℃）偏高1.6 ℃。按照气象暖冬统计标准，2016/2017年冬季为暖冬。其中1月偏暖最为明显，首次未记录到10 ℃以下寒冷日，最低气温（11.6 ℃）和平均气温

（18.1 ℃）均刷新同期最高纪录，比此前最高记录分别高出 2.4 ℃和 0.9 ℃。

2008 年后最强“龙舟水”。“龙舟水”期间（5 月下旬到 6 月中旬），深圳累积降水量 487.7 毫米，比同期气候平均值（333.2 毫米）偏多近 5 成，近年来仅次于 2008 年。期间主要记录到三次强降水过程，包括 5 月 24 日暴雨局部大暴雨、6 月 12—13 日大暴雨局部特大暴雨，以及 16—21 日持续性强降水过程。其中 6 月 16—21 日降水过程为 2008 年之后持续时间最长的“龙舟水”强降水过程，深圳市连续 6 天记录到暴雨以上降水，降雨最强的是 16 日早晨到上午，坪山区竹坑站记录到年内最大 1 小时滑动平均雨量 95.1 毫米，市气象台发布年内首个暴雨红色预警信号。

“苗柏”登陆致地铁车公庙站漏水。第 2 号台风“苗柏”于 6 月 12 日 23 时前后在深圳市大鹏半岛沿海登陆，成为有气象记录以来登陆深圳最早的台风，也是近 10 年 6 月对深圳风雨影响第二严重的台风。台风“苗柏”登陆时中心附近最大风力 9 级（风速 23 米 / 秒），中心最低气压 990 百帕，主要给深圳市带来大暴雨局部特大暴雨（大鹏新区和盐田区），沿海和高地最大平均风力 5～6 级，最大阵风 8～10 级，全市最大阵风风速 34 米 / 秒（12 级，西涌基地站）。台风“苗柏”强降水导致车公庙地铁站进水临时关闭了约 50 分钟、列车不停站通过，由于正值上班高峰，给附近上班市民造成较大不便。

7 月发布最急暴雨红色预警。7 月 17—19 日记录到一次大暴雨局部特大暴雨降水过程，期间市气象台三度发布暴雨预警信号且均升至橙色，1 次升至红色（7 月 18 日 08 时 50 分，盐田区），暴雨预警由发布到连升两级至最高的红色，间隔仅 50 分钟，堪称历史最急发布暴雨红色预警信号。沙头角站最大 24 小时滑动平均雨量高达 351.3 毫米，刷新 7 月同期极值。受持续降雨影响，全市接报 21 处道路积水报告，深圳水库等 10 座水库超汛限水位泄洪或调度。

8 月罕见高温破 40 ℃。8 月 17—22 日本市高温逐日加剧，21—22 日达到最强，深圳国家基本气象站连续两天记录到气温超 36 ℃，并记录到 2006 年迁站以来最高气温 36.9 ℃。其中 22 日全市自动气象站气温有 3 站超过 40 ℃，最高 40.6 ℃（深圳机场站），成为近 10 年最热的一天。市气象台发布了持续时间最长（33 小时 35 分钟）的高温橙色预警信号。深圳用电负荷创历史新高，电网处于极限运行状态，部分供电设备不堪重负，龙华、龙岗、光明、宝安等部分片区停电。

6 个预警信号同时生效。8 月高温多发，大气能量充足，多局地强雷暴，并于 26 日和 31 日在龙岗区出现冰雹，市气象台两度发布冰雹预警信号，为历史首次。其中 31 日在台风“玛娃”外围下沉气流带来大范围高温，且高温黄色预警信号生效的情况下，傍晚开始有对流天气发展并出现密集雷暴，局地出现暴雨，雷电、台风白色、大风蓝色、冰雹和暴雨黄色预警在短短 75 分钟内相继发布，出现了 6 个气象灾害预警信号同时生效、超出电视可挂预警信号极限的前所未有的局面。

台风“天鸽”领衔台风三连击。8 月下旬到 9 月初，短短半个月内，强台风“天鸽”、台风“帕卡”和强热带风暴“玛娃”相继登陆广东，均给深圳市带来风雨影响，台风“天鸽”和“帕卡”影响严重，历史罕见。台风“天鸽”近海快速加强，24 小时内强度“三级跳”，由热带风暴加强为强台风，并以强台风强度登陆珠海，登陆时中心附近最大风力 14 级（风速 45 米 / 秒），成为年内影响深圳的最强台风，并堪称自 1949 年以来登陆珠江口的最强台风，期间市气象台发布历史第二个台风红色预警信号，全市实行“四停”。台风“天鸽”给深圳带来了暴雨和 8～10 级阵风，沿海和高地阵风 10～12 级，最大阵风 14 级（风速 43.2 米 / 秒，天文台站）。受其影响，深圳有 2 人受伤，近 50 辆车受损，50 余处内涝积水，超过 2700 棵树木和部分市政设施受损，风暴潮引起宝安西部排涝河、衙边涌局部河段出现漫堤，大鹏新区土洋上洞村海水倒灌。

最大 10 月气温差。10 月，深圳上半月炎热不减，记录到 10 月同期最多（5 天）33 ℃以上炎热天气和第二高温 34.2 ℃，平均气温 28.2 ℃，异常偏高 2.0 ℃，刷新历史同期最高纪录；在第 20 号台风“卡努”和弱冷空气共同影响之下，气温明显下降，13 日最高气温跌破 30 ℃，15 日最低气温跌破 20 ℃，下半月平均气温 23.5 ℃，偏低 0.9 ℃。10 月上、下半月平均气温相差 4.7 ℃，刷新历史纪录。

2018 年

超强台风“山竹”风大、雨大、灾情重。1822 号台风“山竹”（超强台风级）中心最大风速 65 米 / 秒（17 级以上），于 2018 年 9 月 16 日 17 时在台山海宴镇登陆，登陆时中心附近最大风力 14 级（风速 45 米 / 秒），具有强度极强、范围极广、破坏力极大的特点，成为 1983 年以来影响深圳最严重台风。“山竹”影响深圳期间，12 级以上阵风持续时间 13 小时，大风影响累计时间突破历史纪录，最大阵风风速达 52.7 米 / 秒（16 级，内伶仃），历史罕见。全市平均降水量 187.2 毫米，最大累积降水量 338.6 毫米（特大暴雨）。大鹏湾浪高为 6.6 米，大亚湾东涌浪高 5.7 米，珠江口内伶仃海域浪高 2.2 米，盐田和赤湾验潮站记录到破历史纪录的潮位。受其影响，深圳有 2 名群众轻伤，树木倒伏 1.7 万多棵，供电线路中断 493 条次，15 万多户居民停电、84 个小区停水、4 个片区供气中断，公共场馆受损 104 个，交通设施受损 97 处、户外广告牌受损 122 个、路灯损毁 68 个，山体滑坡、路面塌陷、围墙倒塌等较大次生灾害 13 起，盐田区海鲜街、小梅沙海洋世界、大梅沙喜来登酒店以及大鹏新区较场尾、南澳东山码头、沙渔涌、金沙湾万豪酒店等区域海水倒灌 15 处，坪山坑梓街道区域内涝积水 80 余处，盐田国际码头堆场、大铲湾码头和招商港部分集装箱被吹倒、部分码头建筑被掀顶，金色海岸码头一号泊位浮桥断裂。

台风“艾云尼”叠加季风创 2008 年以来最猛降雨。1804 号台风“艾云尼”（热带风暴级）先后在湛江徐闻、海南海口和阳江海陵岛 3 次登陆，具有“登陆偏早、移动缓慢、3 次登陆、生命史长、暴雨猛烈”的特点。由于和西南季风叠加，2018 年 6 月 6—8 日深圳市出现连续 3 天的大暴雨，降雨综合影响在 2008 年以来的台风中排名第一强。6 月 6—8 日全市平均降水量 284 毫米，降雨呈东多西少分布，盐田区平均降水量最大，为 402.8 毫米，全市过程最大累积降水量和最大 24 小时降水量分别为 524.6 毫米和 318.3 毫米（盐田区东部华侨城站）；最大小时雨量 124.8 毫米（盐田区盐田港），为历史第 2 高值。台风“艾云尼”造成全市约 226 处积水，对市内交通产生较大影响，大部分积水深度 30～50 厘米，部分地区达到 70～100 厘米，龙华区羊台山庄非燕工厂门口积水最深 1.5 米。

8 月底季风低压带来罕见连续局地特大暴雨。受季风低压影响，2018 年 8 月 29—31 日深圳市出现了历史罕见的连续 3 天局地特大暴雨，为有气象记录以来历史首次。3 天特大暴雨站数依次为 2 站、25 站和 1 站，大暴雨站数依次为 113 站、50 站和 14 站，过程平均累积降水量 292.2 毫米，罗湖区平均降雨量最大，达 363.5 毫米，全市有 109 个站累积降水量超过 250 毫米，最大累积降水量 537.2 毫米（坪山区田头站）。期间最大 12 小时降水量（333.9 毫米）、最大 24 小时降水量（417.2 毫米）、最大 48 小时降水量（486.9 毫米）均打破有气象记录以来 8 月降雨纪录。深汕特别合作区平均降水量 416.6 毫米，最大累积降水量 596.3 毫米（赤石大安小学站）。强降雨造成全市约 260 多处内涝积水、200 多人员被困，交通堵塞，还有山体滑坡、地面坍塌等次生灾害，无人员受伤。

2008 年之后最长持续寒冷过程。2018 年 1 月 29 日至 2 月 8 日，受较强冷空气和不断补充的弱冷空气影响，深圳国家基本气象站日最低气温持续在 10 ℃以下，并在 2 月 1 日记录到 4.2 ℃的过程最低气温，寒冷天气持续达 11 天，为 2008 年之后最长。

5 月出现同期罕见持续高温炎热。5 月中下旬到 6 月初出现了同期罕见的持续高温炎热，5 月 19—25 日、5 月 28 日—6 月 3 日深圳日最高气温均维持在 33 ℃以上，5 月 33 ℃以上炎热天气达 12 天，与 1977 年并列同期第二多，仅次于 1963 年的 14 天，其中 5 月 23 日即记录到 35 ℃以上高温，创下深圳 1980 年以来最早以及有气象记录以来第二早。

2019 年

“4・11”短时极端强降水灾情重。4 月 11 日 19—23 时，强飑线系统给深圳带来短时极端强降水，并伴有短时大风和强雷暴等强对流天气，宝安、光明等区出现了冰雹。其中，罗湖区降水最大的莲塘站 10 分钟、15 分钟、20 分钟、30 分钟历时滑动平均最大降水量均刷新该站历史纪录，桂园街道八卦岭站最大 30 分钟降水量达 67.7 毫米，刷新该站历史记录；福田区降水最大的莲花山站最大 10 分钟降水量 39.7 毫米，最大 30 分钟降水量 73.4 毫米，也刷新该站历史纪录。短时的极端强降水导致福田、罗湖 3 个施工工地作业人员遇险，11 人不幸遇难。另据统计，极端强降水导致福田香蜜湖街道直接经济损失 663 万元、罗湖黄贝直接经济损失 1140 万元、罗湖桂园直接经济损失 450 万元。

"5 · 23"暴雨短时雨强创纪录。5 月 20 日和 23 日深圳市连续遭遇暴雨袭击，短时雨强大、持续时间短、雷暴密集，其中 5 月 23 日记录到最大 1 小时滑动平均降水量 136.5 毫米（光明区后底坑水库站），最大 2 小时滑动平均雨量 189.9 毫米（光明区后底坑水库站），均刷新历史纪录。本次暴雨过程造成积水 113 起，树木折毁、倒伏 24 棵，工地水土流失 2 处，地面坍塌 1 处，车辆受损 25 辆，人员被困 11 起 20 人，无人员伤亡。

附　　录

附录一　建站以来深圳市气象局（台）系统工作人员名单

一、市气象局（台）工作人员沿革表

入职年份	姓名（含聘用）
1952	陈昭通，吴炳元，樊闽金，张辅成
1953	姚元，王凤阳，韩森，李敏
1954	陈桂樵，庚名举，李世
1955	张忠南，顾家云，杜汉华，张秀珊，詹润泽
1956	刘纪武，贾隆皮，卢彩泽
1957	戴傅艳，李翠翡，蔡敏光，许玉英，梁健儒
1960	陈金棠，陈廉珍，杜中一，冯进福，刘树松
1961	张运清，陈金棠
1962	钟洁容，麦正同
1963	周树培
1964	黎雪松，刘璇
1965	陈文海
1970	吴锦磷，黄满秀，李裕天
1971	王焕南，刘耀章，邱谭云，戴伟勋，刘敏
1973	罗体环，邱容生
1974	钱树榕
1975	廖卫红（廖婉薇）
1977	张子云，邓观华，李新安
1978	吴国锦，池伟平
1980	庄美法，陈兰英，朱小雅
1981	刘浩文，谢行石
1982	谢小敏，邹惠娜，李新硕
1983	廖国斌，易耀辉，刘振忠，顾轩，戴劭怡，郭世浩
1984	邱胜军，许必锐，潘若阳
1985	谭丽萍，蔡歧，钟保彝，韩哲，余吉祥，林柄洪，申然，顾伯阳，李燊生，陈林铫
1986	钟美莲，许必凯，肖蔚霞，黄经常
1987	黄志坚，黄国庆，李宪送，谭徽
1988	王维，高会芬，黄良元，潘远生
1989	张尚贤，谭辛，钱肇淇，余妙颂，魏启梅，余立平

续表

入职年份	姓名（含聘用）
1990	岳建明，张维松，韦有暹，余清，陈锐
1991	邓允，廖国强，林逸，陈丹青，毛夏
1992	蒲广亮，张蕾，彭瑞云，孙晓玲
1993	兰红平，李德芳，张勇刚，李彩
1994	肖小平，卢锦文，刘明全，梁碧玲，周新，王静渊
1995	张儒林，张致刚，赖莹莹，陈良栋，乔妙杰
1996	池小青，江崟，吴霄光，高磊
1998	张小丽，李峰，罗华明，王宏宇
1999	张光辉，张建华，马妮
2000	刘纲，刘东华，崔娜，
2001	曹春燕，孙向明，陈冬娣，蔡晓明，陈启忠
2002	丁雪，张秀娥
2003	黄競基，王延青，彭勇刚，何宇华，曹艳，张莉，卿乐，张刚扬
2004	张凯，王小勇，黄晓君，胡娟，肖良忠，罗红艳，莫静华，唐文，顾宗华，林雨人，陈伟华，孙丹波，周禹，高鸿，吕奂坤，李清，冯磊，冯静，陈昊，蔡学宏，石强，张卫星
2005	卢垚，刘元昌，邬明，曾峰，康豪，朱永相，吴瑶，张余刚，张敬帅，力梅，刘锦泉，李俊山，林轶琦，杨琳，李程，李瑞吟，李辉，王明洁，陈元昭，安文，刘源，郑涛，罗鸣，王帅，吴亚玲，孙石阳，凌志敏，肖妙梅，师涛，梅可远
2006	庄红波，邱宗旭，唐历，李奎峰，章勇鹏，刘爱明，梁小健，邢松森，潘国盛，谭明艳，毛辉，高瑞泉，罗亚，李游，罗贞贞，孙通，康恺，毕金刚，张峻，戴岚岚，钟晓勇，李兴荣，刘敦训，周杨，陈东，周星明
2007	陈训来，陈潜，张琳琳，何坤文，张平南，周粤佳
2008	李磊，梅林，谢坤，郑群峰，饶华炎，陈申鹏，徐文文，王炳坤，吴迪，王博，蔡斐，古瑞昌，冯磊，陈信中，王弋，苏琳智，范晶晶，黄伟
2009	魏勇平，张立杰，魏晓琳，郑慧，杨彦，郭宏博
2010	唐小新，杨红龙，王栋，杨培强，鄢玉荣，卢超，张丽，周敏
2011	刘洪涛，叶汶华，温精敏，陈柏燕，刘叶，朱正，陈星登
2012	李继红，王书欣，王德立，赖鑫，蔡然，张春生，丁钰琳，陈志丰
2013	曾庆锋，吴亮，张超，李海龙，汪千慧，徐栋璞，蓝润斌
2014	杨悦新，曹龙全，周佐欢，石桑尼，钟雪平
2015	邓平，叶嘉晖，黄志彬
2016	杨国华，张舒婷，江一涛，黄芷君
2017	李沛奕，文凤洁，药蕾，刘佳，刘琨，王蕊，赵春阳，郑丽岩，向豆，黄薇，张庆，郑建川，罗欣，李宸宸，梁纶根，黄婷婷，徐蕾
2018	李峰，梁雪莹，朱智琳，林晓玲，郭晓坤，陈丹心，王旭聪
2019	陈欢欢，曾俊威，徐希珺，吴启星，唐滢，陈正华，胡媛媛，高允鹏，李超，李明华

二、市气象服务公司工作人员沿革表

入职年份	姓名
1984	徐雪梅，余小芬
1985	黎秀芳

续表

入职年份	姓名
1987	邓春如，吴发妹
1988	欧观带，岑红惠
1989	郑菊芬，聂华，钟文梅
1990	肖利华
1991	麦用崖
1992	聂润萍
1993	李汉标，李振球，郑思源
1995	郭健
1996	吴桂芳
1999	王清华
2001	黎敏
2002	陈素英
2003	陈正洪，钟雯，刘晓峰
2004	王海，段宏平
2005	汪莎，李平，高文伦
2006	谭素敏，范文龙，陈恺，吴英

注：2007 年后，按照深圳市改革要求，市气象服务公司脱离气象部门归市国资委管理。

附录二　市气象局（台）系统历年集体与个人获奖一览表

一、集体荣誉一览表

单位	荣誉称号	授予单位	授予时间（年）
宝安县气象站	先进单位（代表参加全国气象部门学大庆、学大寨先进单位和标兵大会，受到党和国家领导的接见）	广东省气象局	1977
深圳市气象台	先进单位	深圳市	1985
深圳市气象台	社会主义精神文明先进单位	深圳市	1986
深圳市气象台	立功创先劳动竞赛先进单位	深圳市	1987
深圳市气象台	1995 年三防工作先进集体	深圳市三防指挥部	1996
深圳市气象台	重大气象服务先进集体	中国气象局	1997
深圳市气象台	1997 年度三防工作先进单位	深圳市三防指挥部	1998
深圳市气象台	1998 年度深圳市党政信息工作先进集体	深圳市委市政府办公厅	1999
深圳市气象台	1999 年全国重大气象服务先进集体	中国气象局	1999
深圳市气象台	安全文明达标小区	深圳市委、市政府	1999
深圳市气象台	1999 年度三防工作先进集体	深圳市三防指挥部	2000
深圳市气象台	深圳电视天气预报节目获第三届全国电视气象节目观摩评比综合类一等奖和主持艺术二等奖。	中国气象局	2000
深圳市气象台	广东省气象系统先进集体	广东省气象局	2001
深圳市气象局	安全文明先进小区	深圳市政府	2001
深圳市气象局	“国家二级”档案管理达标单位	国家档案局	2003
深圳市气象局	广东省热带气旋预报优质一等奖	广东省气象局	2003
深圳市气象局	广东省重要天气总结优质奖	广东省气象局	2003
深圳市气象局	广东省气象系统“四个一流”新型台站	广东省气象局	2004
深圳市气象局	广东省重大气象服务先进集体	广东省气象局	2004
深圳市气象局	广东省重要天气总结优质奖	广东省气象局	2004
深圳市气象局	《深圳年鉴》撰稿先进单位	深圳市委《深圳年鉴》编辑委员会	2004
深圳市气象局	气象部门局务公开先进单位	中国气象局	2005
深圳市气象局	气象部门局务公开先进单位	广东省气象局	2005
深圳市气象局	全省天气预报工作综合预报优质奖	广东省气象局	2005
深圳市气象局	广东省热带气旋预报单项优质奖	广东省气象局	2005
深圳市气象局	广东省晴雨预报优质奖	广东省气象局	2005
深圳市气象局	广东省防雷减灾工作先进集体	广东省气象局	2005
天气预报处	深圳市“三八”红旗集体	深圳市妇女联合会	2005
天气预报处	深圳海上搜救工作先进单位	深圳海上搜救中心	2005

续表

单位	荣誉称号	授予单位	授予时间（年）
深圳市气象局直属机关党委	全省气象部门廉政文化建设工作先进集体	广东省气象局党组纪检组	2006
深圳市气象局	深圳市 2005 年度安全文明标兵小区	深圳市委、深圳市政府	2006
深圳市气象局	第七届全国科普工作先进集体	中国气象学会	2006
深圳市气象局	重要天气过程总结优质奖优秀单位	广东省气象局	2006
深圳市气象局	暴雨单项预报优质二等奖	广东省气象局	2006
天气预报处	深圳海上搜救工作先进单位	深圳海上搜救中心	2006
深圳市气象局	纪念建党八十五周年文艺比赛二等奖	广东省气象局	2006
市气象服务中心	全省气象科技服务先进集体	广东省气象局	2007
天气预报处	2007 年 6 月重大气象服务先进集体	广东省气象局	2007
气象减灾处党支部	2007 年市直机关系统先进基层党组织	深圳市市直机关工委	2007
深圳市气象台	2006 年度重要天气预报总结优秀单位	广东省气象局	2007
深圳市气象局	2007 年度深圳市人事档案工作先进单位	深圳市档案局	2007
市防雷设施检测所	深圳市“青年文明号”	深圳市创建青年文明号活动领导小组办公室	2007
市气象局团支部	深圳市直属机关优秀共青团组织	共青团深圳市直机关工委	2007
深圳市气象局	2007 年度全省天气预报综合预报优质奖一等奖	广东省气象局	2008
深圳市气象局	2007 年保供电保供油先进单位	深圳市贸易工业局	2008
深圳市气象局	“深圳新一代暴雨强度公式研制与应用”获科技成果应用三等奖	广东省气象局	2008
气象预警预报处	2007 年广东省气象局重大气象服务先进集体	广东省气象局	2008
气象预警预报处	广东省气象局防御 60 年一遇“龙舟水”重大气象服务先进集体	广东省气象局	2008
深圳市气象局	广东省气象局抵御低温雨雪冰冻灾害气象服务先进集体	广东省气象局	2008
气象预警预报处	“黑格比”气象服务先进集体	广东省气象局	2008
气象预警预报处	奥运会、残奥会气象保障服务先进集体	广东省气象局	2008
深圳市气象局	“广东省气象局解放思想”调研报告二等奖	广东省气象局	2008
深圳市气象局	深圳市 2007 年度行政事业单位资产清查工作先进单位	深圳市财政局	2008
市气象台工会	2007 年度深圳市工会财务工作二等奖	深圳市总工会	2008
气象预警预报处	2006—2007 年度海上搜救工作先进单位	深圳海上搜寻救助分中心	2008
深圳市气象局	2008 年纪念改革开放 30 周年群众文艺汇演比赛银奖	深圳市委宣传部	2008
深圳市气象局	2005—2007 年支持政协工作先进单位	深圳市政协 人口资源环境委员会	2008
深圳市气象局	2007 年度党政信息先进单位	深圳市委市政府办公厅	2008
深圳市气象局	市行政服务大厅 2008 年度优质服务奖	深圳市政府办公厅	2008
深圳市气象局	2008 年市政服务大厅迎新晚会评比特别奖	深圳市行政服务大厅管理办公室	2008
深圳市气象局	深圳市科协系统 2007 年度先进单位	深圳市科学技术协会	2008
深圳市气象局	2008 年度全省天气预报单项预报优质奖一等奖（高温）	广东省气象局业务处	2008

续表

单位	荣誉称号	授予单位	授予时间（年）
深圳市气象局	2009年度全省天气预报单项预报优质奖一等奖（热带气旋）	广东省气象局业务处	2008
深圳市气象局	2010年度全省天气预报重要天气总结优质奖优秀单位	广东省气象局业务处	2008
深圳市气象局	2007年度全省暴雨单项预报一等奖	广东省气象局业务处	2008
深圳市气象局	改革开放30周年专题调研报告优秀奖	广东省气象局办公室	2008
深圳市气象局	2007年度党政信息先进单位	深圳市委、市政府办公厅	2008
深圳市气象局	市行政服务大厅2008年度优质服务奖	深圳市政府办公厅	2008
深圳市气象局	2008年市政服务大厅迎新晚会评比 特别奖	深圳市行政服务大厅管理办公室	2008
深圳市气象局	深圳市科协系统2007年度先进单位	深圳市科学技术协会	2008
深圳市气象局	深圳市创建全国文明城市工作先进单位	深圳市委、市政府	2008
市观象台气候观测部	第15次全国酸雨观测质量样品考核优秀	中国气象局	2008
深圳市气象局	第七届华风杯全国电视气象节目观摩评比综合二等奖	中国气象局	2008
市国家气候观象台	2009年度广东省气象局重大气象服务先进集体	广东省气象局	2009
深圳市气象局	2008年气象业务质量管理奖第三名	广东省气象局业务处	2009
气象预警预报处	2008年度广东省气象局重大气象服务先进集体	广东省气象局	2009
气象预警预报处	2009年广东省前汛期重大气象服务先进集体	广东省气象局	2009
市气象服务中心	2009年后汛期重大气象服务先进集体	广东省气象局	2009
市人工影响天气办公室	2009年人工影响天气先进集体	广东省气象局	2009
气象预警预报处	2008年广东省优秀决策气象服务材料	广东省气象局	2009
气象预警预报处	2008年度广东省综合预报质量一等奖	广东省气象局	2009
气象预警预报处	2008年广东省低温单项预报质量一等奖	广东省气象局	2009
气象预警预报处	2008年广东省热带气旋单项预报质量一等奖	广东省气象局	2009
气象预警预报处	2008年广东省重要天气总结优质奖	广东省气象局	2009
市观象台气候研究部	区域气象观测站月报表整理上报优秀	广东省气象局	2009
深圳市气象局	2008年度气象宣传工作优秀集体	广东省气象局	2009
深圳市气象局	深圳市2008年度三防工作先进集体	深圳市防汛防旱防风指挥部	2009
深圳市气象局	“排水达标小区”	深圳市水务局	2009
深圳市气象局	市行政服务大厅2009年迎新春联谊会最佳组织奖	深圳市行政服务大厅	2009
市国家气候观象台	广东省农业科技推广三等奖	广东省农业技术推广奖评审委员会	2010
市国家气候观象台	2009年度广东省气象重大气象服务先进集体	广东省气象局	2010
市观象台雷达站	2009年广东省气象局优秀雷达站先进集体	广东省气象局	2010
气象预警预报处	2009年短期天气预报比武团体一等奖	广东省气象局	2010
深圳市气象局	考评检查优秀	深圳市“双到”扶贫工作检查组	2010
深圳市气象局	深圳市2009年安全生产工作先进单位	深圳市安委会	2010
深圳市气象局	深圳市数字城市管理行政执法评比第一	深圳市城管局	2010

续表

单位	荣誉称号	授予单位	授予时间（年）
深圳市气象局	“气象灾害预警信息分区广播系统”最佳应用成果奖	香港资讯科技联会、深圳市计算机用户协会	2010
深圳市气象局	2010年度深圳市数字化城市管理先进单位	深圳市数字化城市管理领导办公室	2010
深圳市气象局	2010年年度决算工作先进单位	深圳市财政委员会	2010
深圳市气象局	深圳市三防工作先进集体	深圳市防汛防旱防风指挥部	2010
气象预警预报处	在海上搜救工作中表现突出，评为2008—2009年度先进集体	深圳海上搜救中心	2010
深圳市气象局	市政服务大厅文艺汇演	深圳市政服务大厅	2010
市国家气候观象台	2010年前汛期重大气象服务先进集体	广东省气象局	2010
深圳市气象局	先进窗口单位	深圳市政府办公厅	2010
深圳市气象局	2006—2010年度法制宣传教育先进集体	深圳市委、市政府	2011
气象预警预报处	2010年广东省气象局亚运气象服务暨年度重大气象服务先进集体	广东省气象局	2011
气象预警预报处	2011年前汛期重大气象服务先进单位	广东省气象局	2011
信息网络处	2011年后汛期重大气象服务先进集体	广东省气象局	2011
市观象台测报组	2010年度观测与网络先进集体	广东省气象局	2011
气象减灾处	全省气象防雷减灾工作先进集体	广东省气象局	2011
市防雷中心	首届广东省防雷检测职业技能竞赛团体优秀组织奖	广东省气象局	2011
深圳市气象局	广东省公共气象服务竞赛团体三等奖	广东省气象局	2011
深圳市气象局	2011年全省预报比武最佳组织奖	广东省气象局	2011
深圳市气象局	深圳市轨道交通二期工程投入试运营验收工作先进单位	深圳市发展和改革委员会	2011
市防雷中心	深圳市轨道交通二期工程投入试运营验收工作先进单位	深圳市发展和改革委员会	2011
市人工影响天气办公室	2010年度三防工作先进集体	深圳市三防指挥部	2011
气象减灾处	数字化城管案件处置先进单位	深圳市数字化城市管理领导小组办公室	2011
深圳市气象局	四季度窗口考评优秀	深圳市行政服务大厅	2011
深圳市气象局	三季度窗口考评优秀	深圳市行政服务大厅	2011
深圳市气象局	二季度窗口考评优秀	深圳市行政服务大厅	2011
深圳市气象局	一季度窗口考评优秀	深圳市行政服务大厅	2011
深圳市气象局	深圳市文明单位	深圳市委、市政府	2012
大运会气象服务实施方案编写组	首届中央国家机关公文写作技能大赛三等奖	中央国家机关工会联合会	2012
气象预警预报处	深圳世界大学生运动会气象服务先进集体	人力资源和社会保障部	2012
深圳市气象局	广东省深圳世界大学生运动会先进集体	中共广东省委、省政府	2012
市国家气候观象台	广东省深圳世界大学生运动会先进集体	中共广东省委、省政府	2012
深圳市气象局	2012年度全国十大气象机构微博	新浪网	2012
市国家气候观象台	2011年度观测与网络先进集体荣誉称号	广东省气象局	2012
气象预警预报处	广东省韦森特气象服务先进集体	广东省气象局	2012

续表

单位	荣誉称号	授予单位	授予时间（年）
市气象服务中心	前汛期重大气象服务先进集体	广东省气象局	2012
深圳市气象局	广东省气象局公共气象服务三等奖	广东省气象局	2012
深圳市气象局	全省气象部门幻灯片制作竞赛二等奖	广东省气象局	2012
气象预警预报处	2012 年春运气象服务先进集体	广东省气象局	2012
深圳市气象局	深圳市数字化城市管理案件处置先进单位	深圳市城管局	2012
深圳市气象局	深圳市 2011 年度党政信息先进单位	深圳市委、市政府办公厅	2012
深圳市气象局	公务员之窗信息更新先进集体	深圳市委办公厅	2012
深圳市气象局	2011 年度人口与计划生育工作先进单位	深圳市福田区委、区政府	2012
深圳市气象局机关党委	工委系统创先争优活动先进基层党委	深圳市直机关工委	2012
市气象服务中心党支部	优秀党建工作示范点	深圳市直机关工委	2012
市气象局办公室党支部	“志愿活动”组织工作先进集体	深圳市直机关工委	2012
深圳市气象局	深圳市直机关第一届运动会优秀组织奖	深圳市直机关工委	2012
深圳市气象局	2011 年度财政总决算及部门决算报表编审工作先进单位	深圳市财委	2012
深圳市气象局	2012 年深圳市数字城管先进单位	深圳市城管局	2012
深圳市气象局	2012 年度党政信息先进单位	深圳市委、市政府	2013
气象预警预报处	广东省三八红旗集体	广东省妇联	2013
深圳市气象局	科技成果应用一等奖（气象灾害分区预警和雷暴追踪系统研究与应用）	广东省气象局	2013
市气象服务中心	广东省气象防雷先进集体	广东省气象局	2013
气象预警预报处	2012 年优秀决策服务材料	广东省气象局	2013
市气象服务中心	广东省前汛期重大气象服务先进集体	广东省气象局	2013
市气象服务中心	第二届广东省防雷检测职业技能竞赛团体第六名	广东省气象局	2013
深圳市气象局	广东省科学技术三等奖（气象灾害分区预警和雷暴追踪系统研究与应用）	广东省政府	2014
深圳市气象局	广东省气象局科技成果应用二等奖（基于移动互联网的气象服务系统）	广东省气象局	2014
深圳市气象局	2013 年度气象宣传工作先进集体	广东省气象局	2014
深圳市气象局	第三届广东省公共气象服务职业技术竞赛团体三等奖	广东省气象局	2014
气象预警预报处	2013 年度重大气象服务先进集体	广东省气象局	2014
气象预警预报处	2014 年前汛期重大气象服务先进集体	广东省气象局	2014
市国家气候观象台	2013 年度观测与网络先进集体	广东省气象局	2014
市国家气候观象台	中国科学院科普工作先进集体	中国科学院科学传播局	2014
深圳市气象局	全国气象科普工作先进集体	中国气象减灾学会	2014
气象预警预报处	2014 年全市防汛防旱防风先进集体	深圳市三防指挥部	2014
深圳市气象局	2014 年党史资料年报工作成绩突出单位	深圳市史志办公室	2014
深圳市气象局	2014 年地方志年报工作突出单位	深圳市史志办公室	2014
深圳市气象局	微视频《深圳质量 从我做起——共产党员老庄纪事》市直机关工委系统微视频、手机摄影比赛优秀奖	中共深圳市直属机关工作委员会	2014
深圳市气象局	2014 年年鉴供稿工作突出单位	深圳市史志办公室	2014

续表

单位	荣誉称号	授予单位	授予时间（年）
深圳市气象局	2014年广东省气象部门创新工作奖	广东省气象局	2015
深圳市气象局	2014年全省气象部门优秀调研报告一等奖	广东省气象局	2015
深圳市气象局	2014年广东省气象部门优秀调研报告二等奖	广东省气象局	2015
深圳市气象局	第五届省气象行业天气预报竞赛优秀组织奖	广东省气象局	2015
深圳市气象台	2014年度广东省农业技术推广二等奖	广东省农业技术推广奖评审委员会	2015
气象预警预报处	2014年全市防汛防旱防风先进集体	深圳市三防指挥部	2015
深圳市气象局	2014年党史资料年报工作成绩突出单位	深圳市史志办公室	2015
深圳市气象局	2014年地方志年报工作突出单位	深圳市史志办公室	2015
深圳市气象局	微视频《深圳质量 从我做起——共产党员老庄纪事》获市直机关工委系统微视频、手机摄影比赛优秀奖	中共深圳市直属机关工作委员会	2015
深圳市气象局	2014年年鉴供稿工作突出单位	深圳市史志办公室	2015
深圳市气象局	2015年度创新项目入围奖——《创新科技研发应用孵化机制》	广东省气象局	2016
市气象服务中心	2015年度创新项目入围奖——《基于公有云开展互联网+气象服务》	广东省气象局	2016
气象预警预报处	广东省气象局2015年度重大气象服务先进集体	广东省气象局	2016
深圳市气象局	2015年度全市党政信息工作先进单位	深圳市委办公厅、深圳市人民政府	2016
深圳市气象局	2015年度全市“公务员之窗”信息更新工作先进单位	深圳市委办公厅、深圳市人民政府	2016
深圳市气象局	首届气象微博影响力研讨会最具影响力奖	中国气象局气象宣传与科普中心	2016
深圳市气象局	广东省直单位第四届工作技能大赛暨市县机关工作技能邀请赛优秀作品奖	广东省直单位第四届工作技能大赛暨市县机关工作技能邀请赛组委会	2016
气象预警预报处	第四届广东互联网政务论坛最具影响力政务微信公众号奖	广东省互联网信息办公室	2016
深圳市气象局	“党建杯”市直机关工委系统创新大赛决赛三等奖	深圳市直属机关工作委员会	2016
深圳市气象局	第一届气象服务创新大赛二等奖（基于影响的气象灾害四级防御协同化平台）	中国气象局	2017
深圳市气象局	第一届气象服务创新大赛三等奖（“深圳天气”指尖上的气象台）	中国气象局	2017
深圳市气象台	优秀全国科普教育基地	中国科协	2017
深圳市气象台	优秀全国气象科普教育基地	中国气象学会	2017
深圳市气象局	356米气象观测梯度塔——中国钢结构金奖	中国建筑金属结构协会	2017
深圳市气象局	第十一届全国电视气象影视业务竞赛突出贡献奖	中国气象局公共气象服务中心	2017
深圳市气象局	全国气象科技活动周会务保障先进集体	广东省气象局	2017
深圳市气象局	第六届广东省气象行业天气预报职业技能竞赛优秀组织奖	广东省气象局	2017
深圳市气象台	深圳市最佳互联网+科普基地	深圳市科协	2017
深圳市气象局	2016年度防汛防旱防风工作先进集体	深圳市三防指挥部	2017
深圳市气象局	“党建杯”创新大赛三等奖（“深圳天气”——最接地气气象服务平台）	深圳市直机关工委	2017

续表

单位	荣誉称号	授予单位	授予时间（年）
深圳市气象局	“十佳志愿服务项目”	深圳市直机关工委	2017
深圳市气象局	2016年度部门决算工作表扬单位	深圳市财政委	2017
深圳市气象台	中国气象学会第十届全国气象科普工作先进集体	中国气象学会	2018
市气象服务中心	2018第十届全国气象科普评奖活动二等奖（《来画天气之回南天》）	中国气象学会	2018
市气象服务中心	2018第十届全国气象科普评奖活动三等奖（“气象小博士科普讲堂”）	中国气象学会	2018
气象预警预报支部	先进基层党组织	中共深圳市直属机关工作委员会	2018
深圳市气象局	广东省特色气象服务创新工作评比优秀创新工作（港口突发天气预警服务）	广东省气象局	2018
深圳市气象局	广东省气象部门纪念改革开放四十周年PPT大赛一等奖	广东省气象局	2018
信息网络处	广东省气象局2017年度重大气象服务先进集体	广东省气象局	2018
深圳市气象局	气象行政处罚优秀案卷（“北京雨田众合防雷设施有限责任公司广东分公司无资质从事防雷装置检测案”）	中国气象局政策法规司	2018
市气象服务中心	2018“远征杯”全国智慧防雷创新大赛雷电灾害预警服务系统平台三等奖（珠三角雷电戒备服务系统）	中国气象服务协会防雷减灾委员会	2018
市气象服务中心	第十二届深圳市网络文华奖年度十佳政务自媒体	深圳市网络媒体协会	2018
市气象服务中心	深圳十大政务抖音号	深圳市互联网信息办公室	2018
市气象服务中心	2018年深圳关爱行动“百佳市民满意项目”（气象天文“双百”行动）	深圳市关爱办	2018
市气象服务中心	深圳市STEM教育联盟单位（“深圳气象小博士科普讲堂”项目）	深圳市关爱办	2018
深圳市气象局	深圳市公共机构节能知识竞赛优秀奖	深圳市公共机构节能工作联系会议办公室	2018
深圳市气象局	第二届全国智慧气象服务创新大赛气象服务应用创新奖二等奖	中国气象局	2019
深圳市气象局	第十二届全国气象影视服务业务竞赛气象服务节目三等奖	中国气象局	2019
深圳市气象局	深圳市优秀科普教育基地	深圳市科协	2019
深圳市气象局	第七届广东省气象行业天气预报职业技能竞赛团体三等奖	广东省气象局	2019
深圳市气象局	深圳市第三届“党建杯”创新大赛服务创效二等奖	中共深圳市直属机关委员会、深圳市总工会、共青团深圳市委员会、深圳市妇女联合会	2019
市国家气候观象台	五一劳动奖状	深圳市总工会	2019
市气象服务中心	“谈天说地”节目获得深圳市最佳政务宣传创新奖	深圳广播集团	2019

注：获奖项目仅列入获得深圳市气象局以外的部门单位评比的奖项；获奖单位名称：内设处室仅填写处室名称，下属单位简写为“市国家气候观象台”和“市气象服务中心”。

二、个人荣誉一览表

姓名	荣誉称号	授予单位	授予时间（年）
刘树松	先进工作者	广东省人民委员会	1964
张辅成	深圳市劳动模范	深圳市	1985
张辅成	社会主义精神文明先进个人	深圳市	1986
郭世浩	广东省农业科研先进工作者	广东省人民政府	1986
张辅成	立功创先劳动竞赛先进个人	深圳市	1987
张辅成	全国气象部门开展双文明建设活动先进个人	国家气象局	1989
钟保彝	科普积极份子	广东省气象学会	1995
张 蕾	1996 年度全国优秀值班预报员	中国气象局	1997
刘 敏	1997 年度全国优秀值班预报员	中国气象局	1998
钟保彝	优秀信息员	深圳市委、市政府办公厅	1998
张小丽	优秀信息员	深圳市委、市政府办公厅	1998
钟保彝	1998 年度广东省优秀值班预报员	广东省气象局	1999
张 蕾	1999 年度广东省优秀值班预报员	广东省气象局	2000
江 崟	广东省气象系统先进工作者	广东省人事厅 广东省气象局	2001
江 崟	2001 年度全国优秀值班预报员	中国气象局	2002
韩 哲 张小丽 等	“国家二级”档案管理达标突出贡献奖	国家档案局	2003
张 蕾	2003 年度广东省优秀值班预报员	广东省气象局	2004
刘 纲	2005 年 6 月连续性暴雨预报服务先进个人	广东省气象局	2005
彭勇刚	优秀团支部书记	深圳市直机关团工委	2005
孙晓铃	第六届高交会先进工作者	高交会领导小组办公室	2005
朱小雅	2005 年度全国优秀值班预报员	中国气象局	2006
孙向明	全国优秀青年气象科技工作者	中国气象学会	2006
林雨人	“双汇杯”全国气象行业乒乓球比赛团体亚军	中国气象局	2006
张小丽	强台风“珍珠”重大气象服务先进个人	广东省气象局	2006
卿 乐	广东省气象部门廉政文化建设工作先进个人	广东省气象局党组纪检组	2006
陈威旋	广东省气象部门廉政作品评比三等奖	广东省气象局党组纪检组	2006
孙晓铃	“碧得斯”“格美”“派比安”热带气旋重大气象服务先进个人	广东省气象局	2006
陈元昭	2006 年全省天气预报比武第 1 名	广东省气象局	2006
邬 明	广东省气象局地面测报竞赛全能优秀奖	广东省气象局	2006
李新硕	2006 年度重大气象服务先进个人	广东省气象局	2006
周 禹	第六届华风杯电视气象节目评比主持艺术三等奖	第六届华风杯组委会	2006
邬 明 等	惠州片区地面测报竞赛全能第一名	惠州片区地面测报竞赛组	2006
林 逸	深圳市“四五”普法先进工作者	深圳市委	2006
陈元昭	“广东省技术能手”	广东省人事厅、广东省气象局	2007
陈元昭	首届广东省气象行业天气预报技能竞赛——个人全能第 2 名	广东省气象局	2007
陈元昭	首届广东省气象行业天气预报技能竞赛——“历史天气过程”竞赛三等奖	广东省气象局	2007

续表

姓名	荣誉称号	授予单位	授予时间（年）
陈元昭	首届广东省气象行业天气预报技能竞赛理论知识、业务规范三等奖	广东省气象局	2007
彭勇刚	“广东省气象行业技术能手”	广东省气象局	2007
彭勇刚	首届广东省气象行业天气预报技能竞赛“现场问答”竞赛三等奖	广东省气象局	2007
王明洁	“广东省技术能手”	广东省人事厅、广东省气象局	2007
王明洁	首届广东省气象行业天气预报技能竞赛——“理论知识、业务规范”竞赛三等奖	广东省气象局	2007
周　禹	武汉、广州区域气象中心气象人精神演讲比赛三等奖	武汉区域气象中心	2007
周　杨	“特区青年好作风”演讲比赛优秀奖	深圳市“特区干部好作风”建设活动领导小组办公室	2007
黄競基	深圳市“长城3号”国家反恐演习先进个人	深圳市反恐怖工作协调小组	2007
毛　夏	深圳市“长城4号”国家反恐演习先进个人	深圳市反恐怖工作协调小组	2007
谢小敏	2007年7月重大气象服务先进工作者	广东省气象局	2007
刘东华	全省气象科技服务先进个人	广东省气象局	2007
戴邵怡	2007年度深圳市档案工作先进个人	深圳市档案局	2007
韩　哲	2007年市直机关系统优秀党务工作者	深圳市市直机关工委	2007
张刚扬	2007年市直机关系统优秀党员	深圳市市直机关工委	2007
孙晓铃	2006年度党政信息先进工作者	深圳市委办公厅 深圳市政府办公厅	2007
孙晓铃	2006年度深圳市科协系统先进工作者	深圳市科学技术协会	2007
彭勇刚	深圳市直属机关优秀共青团团干部	共青团深圳市直机关工委	2007
陈冬娣	深圳市直属机关优秀共青团干部	共青团深圳市直机关工委	2007
莫静华	深圳市直属机关优秀共青团团员	共青团深圳市直机关工委	2007
张小丽	深圳市三防工作先进个人	深圳市三防指挥部	2007
余立平	处级干部培训班“优秀学员”	深圳市委党校	2007
张刚扬	2006年度深圳市政府部门安全管理突出贡献个人	深圳市政府办公厅	2007
黄良元	2006年度市行政服务大厅先进个人	深圳市行政服务大厅管理办公室	2007
张小丽	中国气象局抗击低温雨雪冰冻灾害气象服务先进个人	中国气象局	2008
高瑞泉	广东省气象局防御0801号台风“浣熊”气象服务先进个人	广东省气象局	2008
李兴荣	2008年短期天气预报比武优胜预报员	广东省气象局	2008
唐　历	2007年度广东省气象部门气象宣传优秀信息员	广东省气象局	2008
孙向明	2007年广东省气象局重大气象服务先进个人	广东省气象局	2008
张　蕾	奥运会、残奥会气象保障服务先进个人	广东省气象局	2008
庄红波	奥运会、残奥会气象保障服务先进个人	广东省气象局	2008
陈元昭	奥运会、残奥会气象保障服务先进个人	广东省气象局	2008
莫静华	“黑格比”气象服务先进个人	广东省气象局	2008
彭勇刚	“黑格比”气象服务先进个人	广东省气象局	2008
张小丽	《灰霾现象严重制约我市可持续发展》获2007年优秀决策服务材料	广东省气象局	2008

续表

姓名	荣誉称号	授予单位	授予时间（年）
王 博	广东气象改革开放30周年书法绘画作品二等奖	广东省气象局精神文明建设办公室	2008
唐 历	《气象人心中"春天的故事"》获"我与广东气象改革开放30年"征文类二等奖	广东省气象局办公室	2008
车冠霖	《气象颂》获"我与广东气象改革开放30年"征文类二等奖	广东省气象局办公室	2008
隋高林	《预报员眼中的深圳气象三十年》获"我与广东气象改革开放30年"征文类二等奖	广东省气象局办公室	2008
郑 涛	《改革开放30年——岁月如歌》获"我与广东气象改革开放30年"征文类二等奖	广东省气象局办公室	2008
徐文文	《弹指三十载 盛世新气象》获"我与广东气象改革开放30年"征文类二等奖	广东省气象局办公室	2008
邱胜军	《空飘气球屡犯航线安全亟待强力整治》被评为2006—2007年上半年《信息快报》优秀信息三等奖	深圳市委、市政府办公厅	2008
孙石阳	《建议采取积极措施缓解城市热岛效应》被评为2006—2007年上半年《信息快报》优秀信息三等奖	深圳市委、市政府办公厅	2008
张小丽 孙晓铃	《灰霾现象严重制约我市可持续发展》被评为2006—2007年上半年《信息快报》优秀信息三等奖	深圳市委、市政府办公厅	2008
曹春燕	深圳市2007年度行政事业单位资产清查工作先进个人	深圳市财政局	2008
林 逸	2007年度先进窗口工作先进个人	深圳市政府办公厅	2008
李新硕	2006—2007年度海上搜救工作先进个人	深圳海上搜救中心	2008
张小丽	2007年党政信息先进工作者	深圳市委、市政府办公厅	2008
林 逸	市行政服务大厅2008年度先进窗口负责人	深圳市委、市政府办公厅	2008
康 豪	市行政服务大厅2009年度窗口工作先进个人	深圳市委、市政府办公厅	2008
张小丽	2007年南方都市报优秀通讯员	南方都市报	2008
唐 历	深圳商报2008年度优秀通讯员	深圳商报社	2008
兰红平	深圳市劳动模范	深圳市委	2009
毛 夏	广东省科学技术三等奖	广东省人民政府	2009
李新硕	广东省科学技术三等奖	广东省人民政府	2009
韩 哲	深圳市创建全国文明城市工作先进个人	深圳市委、市政府	2009
余妙颂	深圳市创建全国文明城市工作先进个人	深圳市委、市政府	2009
江 崟	深圳市抗震救灾工作先进个人	深圳市委、市政府	2009
周 杨	第七届华风杯全国气象节目观摩评比获得主持艺术二等奖	全国电视气象节目观摩评比组委会	2009
李 磊	中国人民解放军科学技术进步奖一等奖	中国人民解放军总参谋部	2009
张小丽	2009年广东省重大气象服务先进个人	广东省气象局	2009
孙石阳	2009年广东省重大气象服务先进个人	广东省气象局	2009
兰红平	2009年广东省重大气象服务先进个人	广东省气象局	2009
力 梅	广东省2009年前汛期重大气象服务先进个人	广东省气象局	2009
陈申鹏	广东省2009年后汛期重大气象服务先进个人	广东省气象局	2009
彭勇刚	广东省2009年后汛期重大气象服务先进个人	广东省气象局	2009
谢小敏	广东省优秀值班预报员	广东省气象局	2009

续表

姓名	荣誉称号	授予单位	授予时间（年）
谢小敏	第二届广东省重要天气预报技能竞赛——实时天气预报单项三等奖	广东省气象局	2009
谢小敏	第二届广东省重要天气预报技能竞赛——个人综合竞赛优秀奖	广东省气象局	2009
孙晓铃	第二届广东省重要天气预报技能竞赛——实时天气预报单项二等奖	广东省气象局	2009
孙晓铃	第二届广东省重要天气预报技能竞赛——个人综合竞赛优秀奖	广东省气象局	2009
隋高林	第二届广东省重要天气预报技能竞赛——个人综合竞赛三等奖	广东省气象局	2009
隋高林	第二届广东省重要天气预报技能竞赛——理论知识竞赛单项三等奖	广东省气象局	2009
朱小雅	第二届广东省重要天气预报技能竞赛——实时天气预报单项二等奖	广东省气象局	2009
张小丽	2009 年全省前汛期重大气象服务先进个人	广东省气象局	2009
罗华明	2009 年人工影响天气先进个人	广东省气象局	2009
曾　峰	2009 年人工影响天气先进个人	广东省气象局	2009
唐　历	2008 年度气象宣传工作优秀通讯员	广东省气象局	2009
张小丽	2008 年深圳市三防先进工作者	深圳市三防指挥部	2009
张小丽	2008 年深圳市党政信息先进工作者	深圳市委、市政府办公厅	2009
林轶琦	2007—2009 年度深圳市直属机关优秀共青团干部	共青团深圳市直属机关委员会	2009
邬　明	2007—2009 年度深圳市直属机关优秀共青团员	共青团深圳市直属机关委员会	2009
曹春燕	“五五”普法中期先进工作者	深圳市委宣传部、深圳市依法治办（市普法办）、深圳市司法局	2009
曹春燕	2008 年度“公务员之窗”信息更新先进个人	深圳市委、市政府办公厅	2009
林　逸	市行政服务大厅 2008 年度先进窗口负责人	深圳市行政服务大厅	2009
康　豪	市行政服务大厅 2008 年度先进窗口工作人员	深圳市行政服务大厅	2009
林　逸 康　豪	市行政服务大厅 2009 年第二季度窗口单位和工作人员考评优秀	深圳市行政服务大厅	2009
林　逸 康　豪	市行政服务大厅 2009 年第三季度窗口单位和工作人员考评优秀	深圳市行政服务大厅	2009
张　蕾	深圳晚报创刊十五周年传媒大奖十佳优秀通讯员	深圳晚报社	2009
张　蕾	广电集团优秀通讯员	深圳广电集团	2009
张小丽	2008 年南方都市报优秀通讯员	南方都市报	2009
曹春燕	被市委党校评为 2009 年第二期“科级干部任职培训班”优秀学员	深圳市委党校	2009
张秀娥	2009 届优秀毕业生称号	深圳广播电视大学	2009
江　崟	第二期行政机关处室干部任职研究班优秀学员	深圳市委党校	2009
孙晓铃	2009 年第二期科级干部任职培训班优秀学员	深圳市委党校	2009
林　逸	政务大厅中国象棋比赛第二名	深圳市行政服务大厅管理办公室	2009
林　逸	政务大厅扑克牌比赛冠军	深圳市行政服务大厅管理办公室	2009
林　逸	政务大厅羽毛球比赛男子双打第二名	深圳市行政服务大厅管理办公室	2009

续表

姓名	荣誉称号	授予单位	授予时间（年）
康　豪	政务大厅卡拉 OK 比赛第三名	深圳市行政服务大厅管理办公室	2009
孙晓铃	2009 年第二期科级干部任职培训班优秀学员	深圳市委党校	2009
李兴荣	全国优秀值班预报员	中国气象局	2010
莫静华	2009 年优秀测报员	中国气象局	2010
张勇刚	2009 年优秀测报员	中国气象局	2010
肖小平	2009 年优秀测报员	中国气象局	2010
陈元昭	2010 年重大气象服务先进个人（广州亚运会及亚残运会气象服务先进个人）	中国气象局	2010
李　磊	第七届全国优秀青年气象科技工作者	中国气象学会	2010
张　蕾	广东省后汛期重大气象服务先进个人	广东省气象局	2010
莫静华	2010 年重大天气过程观测与网络先进个人	广东省气象局	2010
罗　鸣	2011 年重大天气过程观测与网络先进个人	广东省气象局	2010
谢　坤	2010 年 5 月上旬强降水过程先进个人	广东省气象局	2010
陈元昭	广东省前汛期重大气象服务先进个人	广东省气象局	2010
毛　夏	优秀共产党员	深圳市直机关工委	2010
余妙颂	优秀党务工作者	深圳市直机关工委	2010
唐　历	中国气象报优秀通讯员	中国气象报	2010
隋高林	广东省优秀值班预报员	广东省气象局	2010
谢小敏	2009 年度短时天气预报比武个人全能三等奖	广东省气象局	2010
胡　娟	2009 年度短时天气预报比武个人全能优秀奖	广东省气象局	2010
胡　娟	2009 年度短期天气预报比武个人灾害性天气预报三等奖	广东省气象局	2010
朱小雅	2009 年短期天气预报比武个人全能一	广东省气象局	2010
朱小雅	2009 年短期天气预报比武个人定量综合预报一等奖	广东省气象局	2010
唐　历	《零伤亡的背后》获年度好新闻三等奖	中国气象报	2010
唐　历	“弘扬气象工作者优良传统与作风”征文比赛三等奖	广东省气象局	2010
李新硕	2010 年度深港最佳 CIO	香港资讯科技联会、深圳市计算机用户协会	2010
邱胜军	2009 年度深圳市防汛防旱防风先进工作者	深圳市三防指挥部	2010
谢小敏	在海上搜救工作中表现突出，评为 2008—2009 年度先进个人	深圳海上搜救中心	2010
力　梅	2009 年度三防工作先进个人	深圳市三防指挥部	2010
周　禹	广东省气象部门“弘扬气象工作者优良传统与作风”演奖比赛三等奖	广东省气象局	2010
莫静华	2009—2010 年度市直机关工委系统“优秀共青团干部”	深圳市直机关工委	2010
梁碧玲	2009 年度年鉴优秀作者	《深圳年鉴》编委会	2010
罗　亚	深圳市 2009 年年鉴工作优秀作者	《深圳年鉴》编委会	2010
张　蕾	晚报十五周年传媒大奖十佳通讯员	深圳晚报社	2010
张　蕾	深圳广播电影电视集团 2009 年度优秀通讯员	深圳广电集团	2010
谢　坤	2010 年全国优秀值班预报员	中国气象局	2011

续表

姓名	荣誉称号	授予单位	授予时间（年）
杨红龙	2011 深圳市民环保奖	深圳市政府	2011
曹春燕	2010 年公务员之窗更新先进个人	深圳市政府	2011
陈申鹏	2006—2010 年度法制宣传教育先进工作者	深圳市委、市政府	2011
梅　林	第二十四届专业报新闻摄影年赛 重大新闻（突发及非突发）类一等奖	中国新闻摄影协会	2011
兰红平 等	广东省科学技术协会第二届南粤科技创新优秀论文二等奖	广东省科学技术协会	2011
陈训来	广东省科学技术协会第二届南粤科技创新优秀论文三等奖	广东省科学技术协会	2011
兰红平 等	广东省气象局成果应用三等奖	广东省气象局	2011
陈申鹏	2011 年首届广东省公共气象服务技能竞赛基本技能项目第四名	广东省气象局	2011
谢小敏	“4・17” 强降水过程重大气象服务先进个人	广东省气象局	2011
章勇鹏	2011 年前汛期重大气象服务先进个人	广东省气象局	2011
贺佳佳	第三届广东省气象行业天气预报技能竞赛现场问答三等奖	广东省气象局	2011
罗华明	全省气象防雷减灾工作先进个人	广东省气象局	2011
张　凯	全省气象防雷减灾工作先进个人	广东省气象局	2011
郑　涛	2010 年度观测与网络先进个人	广东省气象局	2011
古锐昌	2010 年度观测与网络先进个人	广东省气象局	2011
魏晓琳	2010 年广东省气象局亚（残）运气象服务暨年度重大气象服务先进个人	广东省气象局	2011
张光辉	2006—2010 年度全省气象防雷减灾工作先进个人	广东省气象局	2011
邱宗旭	2006—2010 年度全省气象防雷减灾工作先进个人	广东省气象局	2011
杨悦新	首届广东省防雷检测职业技能竞赛笔试二等奖	广东省气象局	2011
杨悦新 等	首届广东省防雷检测职业技能竞赛现场检测二等奖	广东省气象局	2011
杨悦新	广东省技术能手	广东省人事厅、广东省气象局	2011
唐　历	中国气象报社 2010 年度优秀通讯员	中国气象报社	2011
王延青	优秀安全生产第一责任人	深圳市安委会	2011
韩　哲	优秀安全生产直接责任人	深圳市安委会	2011
肖良忠	深圳市政府部门安全生产先进个人	深圳市安委会	2011
陈训来	深圳海上搜寻救助分中心“两防一救”工作先进个人	深圳市海事局	2011
曾　峰	2010 年度三防工作先进个人	深圳市三防指挥部	2011
张　蕾	2010 年度三防工作先进个人	深圳市三防指挥部	2011
陈　潜	2010 年度三防工作先进个人	深圳市三防指挥部	2011
刘敦训	深圳市轨道交通二期工程投入试运营验收工作先进个人	深圳市发展和改革委员会	2011
张小丽	2011 年重大气象服务先进个人	中国气象局	2012
贺佳佳	全国优秀预报员	中国气象局	2012
孙晓铃	深圳世界大学生运动会气象服务先进个人	人力资源和社会保障部	2012
江　崟	广东省深圳世界大学生运动会先进个人	广东省委、省政府	2012

续表

姓名	荣誉称号	授予单位	授予时间（年）
庄红波	深圳市劳动模范	深圳市委、市政府	2012
王延青	深圳世界大学生运动会市级嘉奖	深圳市政府	2012
张　蕾	深圳世界大学生运动会市级嘉奖	深圳市政府	2012
何宇华	深圳世界大学生运动会市级嘉奖	深圳市政府	2012
罗华明	深圳世界大学生运动会市级嘉奖	深圳市政府	2012
胡　娟	深圳世界大学生运动会市级嘉奖	深圳市政府	2012
魏晓琳	深圳世界大学生运动会市级嘉奖	深圳市政府	2012
高瑞泉	深圳世界大学生运动会市级嘉奖	深圳市政府	2012
毛　夏	2011 年度重大气象服务暨大运会气象服务先进个人	广东省气象局	2012
兰红平	2011 年度重大气象服务暨大运会气象服务先进个人	广东省气象局	2012
张　蕾	2011 年度重大气象服务暨大运会气象服务先进个人	广东省气象局	2012
李　磊	2011 年度重大气象服务暨大运会气象服务先进个人	广东省气象局	2012
魏晓琳	2011 年度重大气象服务暨大运会气象服务先进个人	广东省气象局	2012
邱胜军	2011 年度重大气象服务暨大运会气象服务先进个人	广东省气象局	2012
曹春燕	2011 年度重大气象服务暨大运会气象服务先进个人	广东省气象局	2012
谭　徽	2011 年度重大气象服务暨大运会气象服务先进个人	广东省气象局	2012
陈训来	2011 年度重大气象服务暨大运会气象服务先进个人	广东省气象局	2012
庄红波	2011 年度重大气象服务暨大运会气象服务先进个人	广东省气象局	2012
刘　源	2012 年度重大气象服务暨大运会气象服务先进个人	广东省气象局	2012
兰红平 等	广东省气象局 2011 年度气象科技奖成果应用一等奖（气象灾害分区预警和雷暴追踪系统）	广东省气象局	2012
胡　娟	2011 年短期天气预报上网比武个人预报三等奖	广东省气象局	2012
郑群峰	2011 年短期天气预报上网比武个人预报单项奖二等奖	广东省气象局	2012
陈申鹏	2011 年短期天气预报上网比武个人预报三等奖	广东省气象局	2012
贺佳佳	2011 年短期天气预报上网比武个人预报二等奖	广东省气象局	2012
何宇华	2011 年度观测与网络先进个人	广东省气象局	2012
周粤佳 等	《新一代自动气象站数据通讯传输 DTU 研究与应用》获第二届全国气象观测技术经验交流会优秀论文奖	中国气象局气象探测中心	2012
余立平	2011 年度优秀短信采编奖二等奖	广东省气象局	2012
魏晓琳	2011 年度优秀短信采编奖三等奖	广东省气象局	2012
陈申鹏	2012 年年前汛期气象服务先进个人	广东省气象局	2012
陈　潜	2012 年年前汛期气象服务先进个人	广东省气象局	2012
王　博	“韦森特”气象服务先进个人	广东省气象局	2012
高瑞泉	“韦森特”气象服务先进个人	广东省气象局	2012
徐文文	2012 年汛期气象服务宣传先进个人	广东省气象局	2012
徐文文	“启德”过程气象服务宣传先进个人	广东省气象局	2012
徐文文	广东省气象局公共气象服务基本技能二等奖	广东省气象局	2012
杨红龙	《未来 RCPs 情景下珠江流域气候变化的模拟分析》获 2012 年广东省气象学会学术年会优秀论文	广东省气象学会	2012

续表

姓名	荣誉称号	授予单位	授予时间（年）
庄红波	《台风影响下海浪的特征分析》获2012年度中国仪器仪表学会气象水文海洋仪器分会优秀论文	中国仪器仪表学会气象水文海洋仪器分会	2012
杨悦新	莞深防雷业务技能竞赛一等奖	广东省东莞市气象局、深圳市气象局	2012
苏琳智	莞深防雷业务技能竞赛二等奖	广东省东莞市气象局、深圳市气象局	2012
黄　伟	莞深防雷业务技能竞赛二等奖	广东省东莞市气象局、深圳市气象局	2012
郭宏博	莞深防雷业务技能竞赛三等奖	广东省东莞市气象局、深圳市气象局	2012
李　清	莞深防雷业务技能竞赛三等奖	广东省东莞市气象局、深圳市气象局	2012
陈申鹏	广东省气象局2012年度重大气象服务先进个人	广东省气象局	2012
卢　超	2012年度重大气象服务先进个人	广东省气象局	2012
张　蕾等	广东省气象局2012年度气象科技成果应用一等奖（世界大学生运动会气象保障指标研究项目）	广东省气象局	2012
林　逸	市行政服务大厅窗口先进个人	深圳市行政服务大厅管理办公室	2012
唐　历	公务员之窗信息更新先进个人	深圳市委办公厅	2012
唐　历	党政信息先进工作者	深圳市政府办公厅	2012
张　蕾	深圳市优秀女职工	深圳市总工会	2012
孙晓铃	2011年度“两防一救”工作先进个人	深圳海上搜救中心	2012
古锐昌	作品《演练》获深圳市直属机关工会首届摄影作品比赛优秀奖	深圳市直属机关工会	2012
胡　娟	2011年度三防先进工作者	深圳市三防办	2012
唐　历	中国气象报社优秀信息员	中国气象报社	2012
张小丽	优秀科学发展带头人	深圳市直机关工委	2012
庄红波	优秀科学发展带头人	深圳市直机关工委	2012
余妙颂	优秀党员志愿者	深圳市直机关工委	2012
胡　娟	优秀党员志愿者	深圳市直机关工委	2012
崔　娜	优秀党员志愿者	深圳市直机关工委	2012
陈启忠	优秀党员志愿者	深圳市直机关工委	2012
谭　徽	第四期处级干部任职研究班优秀学员	深圳市委党校	2012
康　豪	市行政服务大厅QC小组优秀推进者	深圳市行政服务大厅管理办公室	2012
康　豪	市行政服务大厅窗口先进个人	深圳市行政服务大厅管理办公室	2012
张勇刚	2012年度“全国质量优秀测报员”	中国气象局	2013
肖小平	2012年度“全国质量优秀测报员”	中国气象局	2013
古锐昌	2012年度“全国质量优秀测报员”	中国气象局	2013
王炳坤	2012年度“全国质量优秀测报员”	中国气象局	2013
李　峰	双到扶贫工作先进个人	广东省委、省政府办公厅	2013
唐　历	2012年度党政信息先进工作者	深圳市委、市政府办公厅	2013
王明洁	2012年度全国优秀预报员	中国气象局	2013
李　磊	吉林省科学技术三等奖	吉林省科学技术奖励委员会	2013
卢　超	2012年度重大气象服务先进个人	广东省气象局	2013
潘国盛	2012年度观测与网络先进个人	广东省气象局	2013
刘爱明	2013年度观测与网络先进个人	广东省气象局	2013

续表

姓名	荣誉称号	授予单位	授予时间（年）
郑群峰	2012 年天气预报竞赛个人预报比武优秀奖	广东省气象局科技与预报处	2013
陈元昭	2012 年度天气预报个人比武一等奖	广东省气象局	2013
王明洁	2012 年度天气预报个人比武三等奖	广东省气象局	2013
胡　娟	2012 年度天气预报个人比武三等奖	广东省气象局	2013
谢　坤	2012 年度天气预报个人比武优秀奖	广东省气象局	2013
徐文文	2012 年度天气预报个人比武优秀奖	广东省气象局	2013
谢　坤	2012 年度天气预报竞赛个人理论知识竞赛二等奖	广东省气象局	2013
刘敦训	全省气象防雷先进个人	广东省气象局	2013
杨悦新	全省气象防雷先进个人	广东省气象局	2013
何宇华	2012 年度“公务员之窗”信息更新先进个人	深圳市委办公厅	2013
肖良忠	全省气象防雷减灾工作先进个人	广东省气象局	2013
曾　峰	全省气象防雷减灾工作先进个人	广东省气象局	2013
李　磊 等	2012 年度最佳论文	广东省气象局	2013
李　磊 等	2012 年重要天气过程总结论文等级优秀	广东省气象局	2013
庄红波 等	2012 年重要天气过程总结论文等级良好	广东省气象局	2013
张　丽 等	2012 年重要天气过程总结论文等级良好	广东省气象局	2013
李　峰	双到扶贫工作先进个人	湛江市委、市政府办公厅	2013
吴亚玲	广东省气象局 5 月中下旬强降水过程气象服务先进个人	广东省气象局	2013
李　峰	双到扶贫工作先进个人	雷州市委、市政府办公厅	2013
陈　婕	弘扬气象精神征文比赛优秀奖	广东省气象局精神文明办公室	2013
胡　娟	2012 年度广东省优秀预报员	广东省气象局	2013
胡　娟	2013 年第二季度预报上网比武二等奖	广东省气象局	2013
魏晓琳	2013 年第二季度预报上网比武一等奖	广东省气象局	2013
李　辉	2013 年第一季度预报上网比武二等奖	广东省气象局	2013
刘　纲	2013 年第一季度预报上网比武二等奖	广东省气象局	2013
陈元昭	2013 年第一季度预报上网比武二等奖	广东省气象局	2013
陈　潜	2013 年第二季度预报上网比武三等奖	广东省气象局	2013
孙晓铃	广东省气象局前汛期重大气象服务先进个人	广东省气象局	2013
郑　涛	强台风“尤特”及西南季风强降水过程气象服务先进个人	广东省气象局	2013
潘国盛	2013 年广东省新一代天气雷达优秀业务员	广东省气象局观测与网络处	2013
王小勇	后汛期暨强台风“天兔”气象服务先进个人	广东省气象局	2013
李　磊	2013 年度城市气象科技优秀论文	中国气象学会城市气象学委员会	2013
刘爱明	2013 年度全国质量优秀测报员	中国气象局	2014
邬　明	2013 年度全国质量优秀测报员	中国气象局	2014
刘爱明	2013 年度重大气象服务先进集体和先进个人	广东省气象局	2014
郑　涛	2013 年度观测与网络先进个人	广东省气象局	2014
唐　历 陈申鹏	年度好新闻二等奖：1000 公里的“探路”——深圳市气象局创新部门联动形式服务春运	中国气象报	2014
周　杨	广东省气象局前汛重大气象服务先进个人	广东省气象局	2014

续表

姓名	荣誉称号	授予单位	授予时间（年）
唐　历	2013年度气象宣传工作优秀通讯员	广东省气象局	2014
江　崟	2011—2014年度全国天文科普工作优秀个人	中国天文学会普及工作委员会	2014
梅　林	2011—2014年度全国天文科普工作优秀个人	中国天文学会普及工作委员会	2014
江　崟	第八届全国优秀青年气象科技工作者	中国气象学会	2014
陈训来	第八届全国优秀青年气象科技工作者	中国气象学会	2014
王小勇	台风“海鸥”气象服务先进个人	广东省气象局	2014
章勇鹏	广东省气象部门“弘扬气象精神　争当现代化气象人”演讲比赛三等奖	广东省气象局	2014
徐文文	广东省第三届公共气象服务竞赛个人全能第二名、单项基本技能一等奖，“广东省技术能手”“广东省职工经济技术创新能手”	广东省总工会和人力资源保障厅	2014
王德立	广东省第三届公共气象服务竞赛个人基本技能三等奖	广东省总工会和人力资源保障厅	2014
徐文文	广东省公共气象服务竞赛基本技能竞赛第一名	广东省气象局	2014
曾庆锋 等	2014年全国气象观测技术交流论文三等奖	中国气象局气象探测中心	2014
陈申鹏	优秀论文三等奖	中国气象学会公共气象服务委员会	2014
陈训来	2013全年预报个人上网比武一等奖	广东省气象局科技与预报处	2014
李　辉	2013全年预报个人上网比武二等奖	广东省气象局科技与预报处	2014
贺佳佳	2013全年预报个人上网比武优秀奖	广东省气象局科技与预报处	2014
胡　娟	2013全年预报个人上网比武优秀奖	广东省气象局科技与预报处	2014
孙晓玲 等	2013年优秀决策服务材料	广东省气象局应急与减灾处	2014
贺佳佳	2014年第一季度天气预报个人上网比武二等奖	广东省气象局科技与预报处	2014
魏晓琳	2014年第二季度天气预报个人上网比武二等奖	广东省气象局科技与预报处	2014
王　博	2014年第二季度天气预报个人上网比武一等奖	广东省气象局科技与预报处	2014
曹春燕 等	广东省气象学会十一届三次理事会暨学术年会优秀论文	广东省气象学会	2014
李　磊 等	广东省气象学会十一届三次理事会暨学术年会优秀论文	广东省气象学会	2014
郑群峰 等	广东省气象学会十一届三次理事会暨学术年会优秀论文	广东省气象学会	2014
孙晓玲 等	2014年优秀决策服务材料（重大信息快报2014年第31期）	广东省气象局应急与减灾处	2014
王小勇	全国地市级业务管理培训（试点班）优秀学员	中国气象局干部培训学院四川分院	2015
曹龙全	2014年度广东省气象局观测与网络先进个人	广东省气象局	2015
曹春燕	2014年度重大气象服务先进个人	广东省气象局	2015
张　蕾	2015年5月强降水过程气象服务先进个人	广东省气象局	2015
陈元昭	2014年度重大气象服务先进个人	广东省气象局	2015
谢　坤	第五届省气象行业天气预报竞赛个人全能三等奖广东省气象行业技术能手	广东省气象局	2015
徐文文	第五届省气象行业天气预报竞赛个人全能二等奖	广东省气象局	2015
徐文文	第五届省气象行业天气预报竞赛理论知识三等奖	广东省气象局	2015
徐文文	广东省技术能手、广东省经济技术创新能手	广东省人力资源和社会保障厅	2015
王书欣	第五届省气象行业天气预报竞赛实时天气竞赛二等奖	广东省气象局	2015

续表

姓名	荣誉称号	授予单位	授予时间（年）
贺佳佳	2014 年度广东省优秀值班预报员	广东省气象局	2015
刘东华	“深圳市应急保障系统”获广东省农业技术推广二等奖	广东省农业技术推广奖评审委员会	2015
刘东华	“深圳市精细化气象预报业务系统”获广东气象局科技成果应用一等奖	广东省气象局	2015
李海龙	第五届广东省气象行业天气预报职业技能竞赛单项技能三等奖	广东省气象局	2015
陈训来	2014 年第八届全国优秀青年气象科技工作者	中国气象学会	2015
刘爱明	2014 年度观测与网络工作先进个人	广东省气象局	2015
陈星登	新一代天气雷达优秀业务员	广东省气象局	2015
罗　鸣	新一代天气雷达优秀业务员	广东省气象局	2015
钟晓勇	新一代天气雷达优秀业务员	广东省气象局	2015
周粤佳	新一代天气雷达优秀业务员	广东省气象局	2015
郑群峰	第五届广东省气象行业天气预报职业技能竞赛优秀奖	广东省气象局	2015
梅　林	第四届中国科普摄影大赛入围奖	山西省科学技术协会	2015
张　丽 等	2014 下半年至 2015 上半年优秀党政信息	深圳市委、市政府办公厅	2015
鄢玉荣	2014 年度深圳市党政信息工作先进个人	深圳市委、市政府办公厅	2015
贺佳佳	2014 年广东省气象局第四季度天气预报个人上网比武一等奖	广东省气象局科技与预报处	2015
贺佳佳	2014 年广东省气象局天气预报个人上网比武优秀奖	广东省气象局科技与预报处	2015
贺佳佳	2014 年广东省气象局第四季度天气预报个人上网比武一等奖	广东省气象局科技与预报处	2015
陈训来	2015 年广东省气象局第一季度天气预报个人上网比武一等奖	广东省气象局科技与预报处	2015
王明洁	2014 年度深圳海上“两防一救”工作先进个人	深圳海上搜救中心	2015
戴劭怡	2014 年度优秀密码工作者	深圳市密码工作领导小组	2015
吴亚玲	2014 年全市防汛防旱防风先进工作者	深圳市三防指挥部	2015
唐　历	2014 年党史资料年报工作先进个人	深圳市史志办公室	2015
刘东华 等	第二届全国气象宣传作品观摩交流活动文字新闻类一等奖《让海量气象数据活起来》	中国气象局	2016
孙　通 等	第二届全国气象宣传作品观摩交流活动网络类二等奖《解读秋台风》	中国气象局	2016
孙　通等	第二届全国气象宣传作品观摩交流活动形象宣传类三等奖《深圳市气象局现代化建设宣传片》	中国气象局	2016
魏启梅	2015 年度全市“公务员之窗”信息更新工作先进个人	深圳市委办公厅、市政府	2016
郑群峰	2015 年度全市党政信息先进工作者	深圳市委办公厅、市政府	2016
李　磊 等	优秀党政信息	深圳市委办公厅、市政府	2016
刘洪涛	2015 年广东省气象部门优秀调研报告二等奖	广东省气象局	2016
张　蕾	2015 年度广东省重大气象服务先进个人	广东省气象局	2016
张　蕾	广东省气象局“妮妲”服务先进个人	广东省气象局	2016
唐　历	中国气象报优秀通讯员	中国气象报社	2016
陈申鹏 等	第 33 届中国气象学会年会 s13 分会场“互联网 +”与气象服务——第六届气象服务发展论坛优秀论文三等奖	中国气象学会公共气象服务委员会、中国气象局公共气象服务中心	2016

续表

姓名	荣誉称号	授予单位	授予时间（年）
赖　鑫 等	第 33 届中国气象学会 S11 大气成分与天气、气候变化及环境影响分会场优秀墙报奖	中国气象学会大气成分委员会	2016
刘东华 等	广东省直单位第四届工作技能大赛优秀作品奖	广东省直属机关工作委员会	2016
曾庆锋 等	“深圳市 2015 年防灾减灾学术交流会”征文二等奖	深圳市气象减灾学会	2016
陈训来	2016 年深圳市委党校公务员初任培训班优秀学员奖	深圳市委党校	2016
谢　坤	2015 年天气预报个人上网优胜奖	广东省气象局科技与预报处	2016
谢　坤	2015 年天气预报个人上网竞赛年度优秀奖、四季度二等奖	广东省气象局科技与预报处	2016
魏晓琳	2015 年天气预报个人上网竞赛二季度三等奖	广东省气象局科技与预报处	2016
贺佳佳	2015 年天气预报个人上网竞赛三季度三等奖	广东省气象局科技与预报处	2016
谢　坤	2016 年度全国优秀值班预报员	中国气象局	2017
陈元昭	2016 年全国重大气象服务先进个人	中国气象局	2017
陈训来	深圳市劳动模范	深圳市政府	2017
章勇鹏	第 34 届中国气象学会年会优秀报告（深化科普创新，助理惠民科普新常态）	中国气象学会	2017
何宇华	广东省气象局强台风“天鸽”和台风“帕卡”气象服务先进个人	广东省气象局	2017
孙石阳	2017 年度中国气象学会气象软科学年会三等奖（深圳市“互联网 +”公共气象服务）	中国气象学会气象软科学委员会	2017
魏晓琳	《广东气象》2016 年优秀论文	广东省气象学会	2017
陈元昭	2017 年强台风“天鸽”和台风“帕卡”气象服务先进个人	广东省气象局	2017
张　蕾	《广东气象》广东省优秀论文	广东省气象学会	2017
张　丽 张舒婷	世界气象组织基本系统委员会技术会和第 16 次届会优秀志愿者	广东省气象局	2017
李　磊 等	全国气象部门优秀调研报告二等奖	中国气象局办公室	2017
郑群峰	2016 年度重大气象服务先进个人	广东省气象局	2017
林晓玲	全国气象科技活动周会务保障先进个人	广东省气象局	2017
郑群峰	第六届广东省气象行业天气预报职业技能竞赛个人全能优秀奖	广东省气象局	2017
郑群峰	“十佳榜样”先进个人	深圳市直机关工委	2017
赖　鑫	深圳市气象减灾学会 2016 年度“创新气象科技学术交流会”论文评比一等奖	深圳市气象减灾学会	2017
赖　鑫	2017 年科级女干部任职培训班优秀奖	深圳市委党校	2017
孙　通 等	第三届全国气象科普作品观摩交流活动视频动画优秀作品奖	中国气象局办公室	2018
孙　通	中国科协 2018 年优秀科普案例（“深圳气象小博士讲堂”）	中国科协	2018
魏晓琳	第九届全国优秀青年气象科技工作者	中国气象学会	2018
魏晓琳	2018 学会年会气象服务论坛优秀报告二等奖	中国气象学会	2018
徐文文	广东省气象部门机关公文写作技能大赛二等奖	广东省气象局	2018
徐文文	广东省气象部门纪念改革开放演讲比赛三等奖	广东省气象局	2018

续表

姓名	荣誉称号	授予单位	授予时间（年）
胡　娟等	广东省气象部门机关公文写作技能大赛一等奖	广东省气象局	2018
徐　婷	第五届公共气象服务技能竞赛基本技能奖一等奖	广东省气象局	2018
郑群峰	2017 年度广东省优秀预报员	广东省气象局	2018
李　辉	广东省气象局 2018 年度重大气象服务先进个人	广东省气象局	2018
陈训来	广东省气象局 2018 年度重大气象服务先进个人	广东省气象局	2018
贺佳佳	2017 年个人精细化格点预报全省第一名	广东省气象局	2018
魏晓琳	2018 年第一季度个人智能网格预报三等奖	广东省气象局	2018
李兴荣	2018 年第三季度个人智能网格预报三等奖	广东省气象局	2018
郑　涛	广东省气象局台风“山竹”气象服务先进个人	广东省气象局	2018
罗　鸣	“广东省气象行业职业技能竞赛”天气雷达探测三等奖	广东省气象局	2018
古锐昌	党建杯 混双羽毛球第六名	广东省气象局	2018
张春生	广东省气象部门“感动随手拍”手机摄影大赛三等奖	中共广东省气象局直属机关委员会	2018
叶汶华	深圳市新担当新作为先进典型	深圳市委	2018
徐文文	深圳市 2017 年度督查工作先进工作者	深圳市委办公厅、市府办公厅	2018
赖　鑫	广东省第 53 期中青年女干部培训班“优秀学员”	广东女子职业技术学院	2018
赖　鑫	广东省第五十三期中青年女干部培训班“优秀论文”（论我国女性在生态环境保护中的独特作用）	广东女子职业技术学院	2018
蔡　然等	首届广东省气象公共安全技术论坛优秀论文（高层建筑物对闪电电流电荷的影响、坪山云轨旅游专线雷电灾害特性分析及风险评估、深圳市闪电分布特征及雷暴活动电荷量分级方法研究）	广东省气象学会	2018
孙石阳	气象软科学委员会技术交流论文二等奖	气象软科学委员会	2018
王书欣	优秀共青团员	共青团深圳市直属机关工作委员会	2018
孙　通等	第三届全国气象科普作品观摩交流活动视频动画优秀作品奖	中国气象局办公室	2018
兰红平	2019 年度广东省三防指挥部先进工作者	广东省三防指挥部	2019
王明洁	2018 年广东省优秀预报员	广东省气象局	2019
王明洁	2019 年央视春晚深圳分会场及深圳春晚先进个人	央视春晚深圳分会场领导小组办公室	2019
胡　霄	广东省气象行业技术能手、第七届广东省气象行业天气预报职业技能竞赛个人全能三等奖、历史个例天气预报单项三等奖	广东省气象局	2019
罗　欣	第七届广东省气象行业天气预报职业技能竞赛个人全能优秀奖、历史个例天气预报单项三等奖	广东省气象局	2019
王　蕊	第七届广东省气象行业天气预报职业技能竞赛个人全能优秀奖	广东省气象局	2019
徐　婷	第七届广东省气象行业天气预报职业技能竞赛个人全能优秀奖	广东省气象局	2019
刘　佳	第七届广东省气象行业天气预报职业技能竞赛强对流天气临近预报单项三等奖	广东省气象局	2019
李沛奕	“不忘初心 牢记使命”演讲大赛优秀奖	广东省气象局	2019
李沛奕	“时代新人说——我和祖国共成长”演讲大赛三等奖	中共深圳市直属机关工作委员会	2019
徐文文	深圳市三八红旗手	深圳市妇联	2019

续表

姓名	荣誉称号	授予单位	授予时间（年）
李明华	广东省气象科技杰出青年奖	广东省气象学会	2019
李明华	广东省气象科技进步奖二等奖	广东省气象局	2019
陈训来	广东省气象科技杰出青年奖	广东省气象学会	2019
孙　通等	“谈天说地”获全国气象科普宣传大赛百佳优秀科普作品	中国气象局办公室	2019

附录三　市气象局（台）系统人员发表科研论文一览表

年份	论文名称	作者	刊物（专著）名	卷号 / 期号
1973	《用单站气象要素作台风年景和中短期天气预报》	陈文海	广东省台风会议论文集	
1984	《地电与天气过程探讨》	郭世浩	中国声、光、电学术会议论文	
1985	《应用权重集成做 8 月份晴雨 MOS 预报》	谢行石	1985 年数值预报产品应用研究报告文集	
	《深圳市农业气候资源与区划报告》	陈文海 等	深圳市宝安县农业资源与区划	
1987	《深圳市气象台今昔》	张辅成	气象	10
1988	《碧空散射辐射结构模式》	毛　夏	太阳能学报	4
1989	《青藏高原人工化雪试验的数值模拟》	毛　夏	南京大学学报	1
	《深、港、穗气象资料的对比分析》	张辅成	气象	6
	《广东前汛期（4—6 月）连续性暴雨过程的环流特征和天文背景探讨》	郭世浩	中国科协学会工作部重点学术会议	
1991	《深圳市一次局部地区特大暴雨分析》	易耀辉 等	广东气象	2
1993	《711 雷达距显精基线故障检修》	黄良元	广东气象	4
1994	《关于虹吸雨量计虹吸线不垂直时的订正》	余妙颂	广东气象	2
	《深圳市一次特大暴雨的分析》	谢行石	广东气象	2
	《四十年来深圳市气温、雨量、日照变化趋势分析》	钟保粦	广东气象	3
	《接地装置检测方法的思考》	李宪送	广东气象	3
	《高层建筑雷检方法初探》	李宪送 等	广东气象	4
1995	《华南热带气旋特大暴雨统计特征分析》	毛　夏	热带气象学报	1
	《用 5 天滑动平均气温作深圳四季划分》	钟保粦	气象	6
	《“94.8.6”深圳特大暴雨分析和预报》	魏启梅	广东气象	3
1996	《土壤湿度和地表反射率变化对中国北方气候影响的数值试验》	兰红平	气象学报	54
	《中国北方地区土壤增湿效应数值研究》	兰红平	南京气象学院学报	3
	《深圳市的城市热岛效应探讨》	钟保粦	气象	5
	《深圳市气象台全自动资料获取系统的设计和实现》	兰红平	广东气象	4
	《6・19 暴雨数字化红外云图的初析》	孙晓玲	广东气象	3
	《从价格与需求关系论有偿气象服务收益》	韩　哲	软科学研究文集	
1997	《锋前暖区暴雨的落区问题》	魏启梅	广东气象	2
	《中尺度自动站通信组网技术》	周　新	气象	3
	《关于风向风速采集计算方法的探讨》	周　新 等	北京气象学院学报	1
	《深圳市中小尺度自动站网络系统》	周　新 等	广东气象	2

续表

年份	论文名称	作者	刊物（专著）名	卷号 / 期号
1998	《机场导航雷达站防雷措施探讨》	李宪送	中国建筑学会建筑电气专业委员会 98 年会议文集	
	《深圳机场导航雷达站的防雷设计》	李宪送	广东气象	增刊
	《厄尔尼诺年的深圳气候》	钟保粦	广东气象	4
	《自动气象站防雷技术探讨》	周　新 等	气象	3
	《1998 年深圳城市温、雨特征分析》	张小丽	广东气象	4
1999	《1998 年 6 月 9 日深圳暴雨的中尺度分析》	江　崟	广东气象	增刊 1
	《用 Intranet/Internet 模式建立新型气象信息服务系统》	李新硕 等	广东气象	增刊 1
	《用红外云图估测小区域雨强及其在短时预报中的应用》	兰红平 等	热带气象学报	4
	《暴雨台风预警信号组合发布技巧初探》	张　蕾	广东气象	3
	《浅析 9903 号台风的结构》	孙晓玲 等	广东气象	3
2000	《搞好气象现代化建设适应知识经济时代的需要》	张儒林	广东气象	3
	《应用雷达 – 自动站动态拟合方法定量估测“5·24 特大暴雨”降水分布》	张　蕾	广东气象	增刊 1
	《上呼吸道感染与深圳气候关系的初步探讨》	孙晓玲 等	深圳医学	6
2001	《20 世纪深圳气温变化特征及其严重冷暖冬事件》	张小丽 等	热带气象学报	3
	《深圳地区空气污染潜势预报的研究》	张　蕾 等	广东气象	1
	《47 年来深圳的严重气象灾害及其规律（一）（气候篇）》	张小丽	广东气象	1
	《47 年来深圳的严重气象灾害及其规律（二）（天气篇）》	张小丽	广东气象	2
	《暴雨信号发布思路》	兰红平 等	广东气象	2
	《登陆台风后部局域强降水个例分析》	张　蕾	广东气象	3
	《深圳市气象台预警信息显示系统》	兰红平 等	广东气象	4
	《深港等地雨量气温分析及深圳市未来 20～30 年展望》	钟保粦	广东气象	4
	《爆破作业防雷击措施探讨》	李宪送 等	工程爆破文集	7
2002	《关于发布预警信号几个技术原则的探讨》	兰红平	广东气象	2
	《应用 6.7μm 水汽图像分析一次特大暴雨的大气环境特征》	江　崟 等	广东气象	2
	《“尤特”台风路径摆动与预报对策》	兰红平 等	广东气象	增刊
	《对深圳市几场典型暴雨的预警信号发布情况的探讨》	江　崟 等	广东气象	增刊
	《近 50 年深圳气候特点》	钟保粦 等	广东气象	增刊
	《深圳市空气质量预报系统业务应用与软件开发》	江　崟	广东气象	增刊

续表

年份	论文名称	作者	刊物（专著）名	卷号 / 期号
2002	《2000 年 4 月 14 日深圳特大暴雨中尺度分析》	谢小敏	广东气象	增刊
	《一次暴雨过程的多普勒天气雷达径向速度场分析》	曹春燕	广东气象	增刊
	《自动气象站 CDPD 天线通信组网技术》	周　新	广东气象	增刊
	《深圳市气象台新一代预报业务帮助系统》	曹春燕	广东气象	增刊
	《厄尔尼诺、拉尼娜年的拟合》	钟保粦	广东气象	增刊
	《多普勒雷达资料在近海台风预报工作中的应用》	孙晓铃	广东气象	增刊
	《关于机荷高速公路防雷工程的调研及改进》	蒲广亮	广东气象	增刊
	《雷电监测定位系统在深圳的应用》	林　逸 等	广东气象	增刊
	《虚拟演播室技术和在深圳市气象台的应用》	谭　徽 等	广东气象	增刊
	《新一代天气会商和预警显示系统简介》	兰红平	广东气象	增刊
	《构造安全高效的气象电子信息系统》	李新硕	广东气象	增刊
	《深圳雷电定位系统的布局与特点》	余妙颂	广东气象	增刊
	《深圳市气象台气象信息查询与分发系统》	李新硕	广东气象	增刊
	《2001 年 8 月 1 日深圳暴雨分析》	刘　纲	广东气象	增刊
	《飑的判断和记录》	陈丹青	广东气象	增刊
	《深圳特区大气探测事业发展历程》	林　逸	广东气象	增刊
	《深圳气象影视事业发展回顾》	谭　徽	广东气象	增刊
	《加强档案综合管理 开发利用信息资源》	黄满秀	广东气象	增刊
	《科研结硕果——深圳市气象局获奖（鉴定）科研成果简介》	张小丽	广东气象	增刊
2003	《深圳一次强对流天气的中尺度分析》	孙晓铃	广东气象	2
	《天气形势调整过程中连续暴雨的个例分析》	张　蕾	广东气象	3
	《2003 年深圳市灰霾气候特征及影响因素》	江　崟 等	广东气象	4
	《深圳气候平均值的变化》	张小丽	广东气象	4
2004	《深圳 5・11 强对流天气的 V-30 图像分析》	曹春燕 等	广东气象	1
	《应用于业务显示系统中的一个 GIF 动画合成方法》	孙向明 等	气象科技	增刊
	《炸药仓库防雷设计与检测》	张光辉	技术论坛	4
2005	《数字城市中的气象灾害预警对策》	毛　夏	自然灾害学报	1
	《两个登陆粤西台风对深圳影响的比较分析》	曹春燕 等	气象	—
	《数值预报模式及其产品的业务化应用》	孙向明	广东气象	9
	《深圳市近年空气质量与气象条件的关系》	孙向明 等	广东气象	3
	《应用欧洲中心数值预报产品预报 5・8 暴雨》	谢小敏 等	广西气象	增刊 1
	《“杜鹃”与“7908”号台风的对比分析》	谢小敏 等	广西气象	增刊 1

续表

年份	论文名称	作者	刊物（专著）名	卷号 / 期号
2005	《一次低温阴雨的过程分析》	刘　纲	广西气象	增刊 1
	《深圳市气象局新一代预警传真分发系统》	梁碧玲 等	广西气象	增刊
	《深圳市气象局闪电定位系统》	王小勇 等	广西气象	增刊
	《深圳灰霾预警与公共管理》	孙晓铃 等	政策法规研究与实践	3
	《1948—2001 年全球陆地降水气候特征与变化》	高　鸿 等	高原气象	4
	《SPD 的保护与安装模式》	孙丹波 等	电气应用	3
	《高压系统接地故障导致的暂时过电压与 SPD 的 Uc 选择》	余立平	建筑电气	—
	《中小型化工厂雷电与静电防护》	张光辉 等	防雷世界	—
	《发展清洁能源、建设绝色城市》	郭世浩	绝色城市研讨会 / 深圳政协网站	—
	《雷电对电器网络早爆的影响》	林雨人 等	爆破	增刊
2006	《地图边界提取的递归算法》	孙向明	气象科技	2
	《一次大暴雨过程低空急流脉动与强降水关系分析》	曹春燕 等	气象	6
	《快速移动的 0510 号热带风暴“珊瑚”路径及对深圳降水影响的分析》	曹春燕 等	台湾海峡	4
	《高压系统接地故障导致暂时过电压与 U 值选取》	孙丹波 等	建筑电气	6
	《2005 年世界气象组织热带气象工作组会议综述》	毛　夏 等	广东气象	1
	《深圳一次罕见连续大雾天气的特点及成因》	谢小敏 等	广东气象	2
	《深圳市短时、临近气象预报、预警业务系统简介》	王明洁 等	广东气象	3
	《不同下垫面不同地点的高温特征及信号发布》	张小丽 等	广东气象	3
	《一场大暴雨过程的 MCS 特征及环境场分析》	曹春燕 等	广东气象	增刊
	《深圳市 8・20 地质灾害成因分析》	朱小雅 等	广东气象	增刊
	《探测环境城市化对气象要素的影响初探》	梁碧玲 等	广东气象	增刊
	《现场应急保障模式与思考》	孙石阳 等	广东气象	增刊
	《深圳两次大雾天气过程对比分析及预报启示》	孙石阳 等	广西气象	2
	《一次飑线天气过程分析》	陈元昭 等	广西气象	1
	《动态逐步回归方法在预报业务中的运用》	杨　琳	气象与减灾	2
	《气象灾害应急预案编制中若干问题的探讨》	张　蕾 等	气象软科学	3
	《浅谈电视《天气预报》节目的努力方向》	卿　乐	气象继续教育	9
	《利用雷达回波与 GIS 技术反演面雨量研究》	孙向明 等	气象科技	3
	《深圳市新一代“12121”综合业务系统》	刘东华	广东气象	增刊 2
	《抓紧天气变化，发展短信用户》	冯　静	广东气象	增刊 2

续表

年份	论文名称	作者	刊物（专著）名	卷号 / 期号
2007	《北京夏季强热岛分析及数值模拟研究》	李兴荣	气象	6
	《利用 MODIS 识别草原火灾迹地方法的研究》	谭明艳	遥感学报	3
	《1953—2005 年深圳灾害天气气候事件的变化》	王明洁	气候变化研究进展	6
	《利用合成孔径雷达研究中尺度雷暴的细结构》	孙向明	遥感技术与应用	22（2）
	《北京冬季城市热岛特征及强弱热岛影响因子研究》	李兴荣	中国科学院研究生院学报	24（4）
	《Constructing temporal and spatial water vapor figures by GPS remote sensing along slant rays》	毛　辉	Science in China（Series D）	50（2）
	《深圳夏季高温天气气候特征与形势分析》	曹春燕	气象科技	2
	《大城市应急预警自动气象站网的设计》	王小勇	气象研究与应用	28（增刊 2）
	《深圳市热岛强度特征分析及情景预估》	孙石阳	气象研究与应用	28（增刊 2）
	《拉尼娜现象对本地气候影响的分析》	杨　琳	气象研究与应用	1
	《气象预警信息分发系统建设与应用》	梁碧玲	气象研究与应用	28（增刊 2）
	《深圳市汛期（4—9 月）降水及极端降水事件的变化特征》	王明洁	气象研究与应用	28（增刊 2）
	《深圳 LAP-3000 型风廓线雷达系统及应用》	陈元昭	气象研究与应用	28（3）
	《欧洲数值预报产品在深圳 2 次强降温预报中的释用》	曹春燕	广东气象	1
	《深圳市气象行业资源现状及加强行业管理的对策》	林　逸	广东气象	29（1）
	《深圳市人工影响天气地空通讯系统的设计和“通讯盲区”的解决办法》	罗华明	广东气象	29（2）
	《深圳市洪涝灾害统计方法探讨》	刘东华	广东气象	1
	《深圳日极值气温出现时间的特点》	彭勇刚	广东气象	4
	《洪涝统计方法》	杨　琳	气象与环境科学	—
	《热岛效应对四季变化的影响》	杨　琳	气象研究与应用	—
2008	《灾害性天气过程中气象要素小尺度水平梯度分析》	张　蕾	气象	—
	《离岸型背景风和海陆风对珠江三角洲地区灰霾天气的影响》	陈训来	大气科学	32（3）
	《基于三维网格的双多普勒雷达数据合成算法》	孙向明	热带气象学报	24（4）
	《香港地区空气污染的典型天气背景形势》	陈训来	热带气象学报	24（1）
	《Typical weather characteristics associated with air pollution in Hong Kong area》	陈训来	热带气象学报（英文版）	14（1）
	《北京春季城市热岛特征及强热岛影响因子》	李兴荣	南京气象学院学报	31（1）
	《北京秋季城市热岛效应及其气象影响因子》	李兴荣	气候与环境研究	13（3）
	《深圳夏季多层土壤温度及其垂直变化结构日变化特征》	李兴荣	科学技术与工程	8（22）
	《基于 B/S（Browser/Server）架构的深圳市交通预报制作系统的设计与实现》	力　梅	气象研究与应用	29（1）
	《2007 年天气气候对荔枝、龙眼生产的影响评价》	张　莉	广西热带农业	3
	《2007 年深圳市雷电灾害气候特征分析》	林雨人	气象研究与应用	3

续表

年份	论文名称	作者	刊物（专著）名	卷号 / 期号
2008	《深圳黄贝岭断层形变动态监测系统防雷工程探讨》	王　海	贵州气象	1
	《深圳市雷电灾害分析及其防御对策》	安　文	中国雷电与防护	1
	《热带气旋外围影响下的深圳高温预报方法研究》	江　崟	气象科技	6
	《深圳新一代天气雷达电磁辐射对环境的影响》	张　凯	广东气象	30（5）
	《深圳大雾的气候统计及特征分析》	陈元昭	广东气象	5
	《基于小区广播的分区预警信息发布系统在气象应急工作中的应用》	刘锦泉	广东气象	6
	《一次夏季冰雹天气过程分析》	陈元昭	气象研究与应用	2
	《2005 年黑龙江省夏季林火特征及气象环境条件分析》	王明洁	林业科技	2
	《地面观测站环境变化对深圳气象观测数据的影响》	邬　明	广东气象	增刊 2
	《气象因素对社会经济生活影响研究综述》	刘爱明	气象与环境科学	31（2）
	《低温过程对本地农业生产的影响及防御》	杨　琳	中国青年科技	6
2009	《雷暴云团自动识别和边界相关追踪技术研究》	兰红平	气象	35（7）
	《区域海气耦合模式对华北夏季大气水汽输送模拟结果的检验及其与单独气候模式的比较分析》	谢　坤	气象学报	6
	《深圳冬季多层地温日变化特征》	李兴荣	中国科学院研究生院学报	26（3）
	《深圳市流感暴发与气象条件的关系研究》	张　莉	华西医学	24（11）
	《黑龙江省夏季林火与气象条件相关分析》	王明洁	东北林业大学学报	12
	《2008 年华南前汛期连续性暴雨过程成因探析》	王明洁	安徽农业科学	36
	《LAP-3000 风廓线雷达及其维护》	张　凯	气象水文海洋仪器	26（2）
	《新一代天气雷达数据合成系统简介》	张　凯	气象研究与应用	增刊
	《2008 年极端天气对深圳高敏感行业的影响与预评估策略》	孙石阳	广东气象	31（5）
	《深圳市中长期降水分片预报系统及二级资料库》	杨　琳	广东气象	31（3）
	《自动气象站设备夏季维护简析》	张勇刚	气象水文海洋仪器	2
	《深圳市 2000 年以来气象灾害及其风险评估》	吴亚玲	广东气象	6
	《一次梅雨暴雨过程的双峰结构分析》	王炳坤	气象研究与应用	2
	《深圳市多级气象服务网站系统设计及实现》	李　程	广东气象	31（2）
	《城市区域大气颗粒物的污染特征研究》	刘爱明	安全与环境工程	6
	《卫星通信在自动气象站数据传输中的应用》	王小勇	气象水文海洋仪器	4
	《724XD 气象应急移动雷达车及其应用》	张　凯	气象水文海洋仪器	4
	《深圳新一代天气雷达数据合成系统设计》	张　凯	气象水文海洋仪器	4
	《新时期思想政治工作要点初探》	卿　乐	南方论刊	12

续表

年份	论文名称	作者	刊物（专著）名	卷号 / 期号
2010	《Study on the micro-scale simulation of wind field over complex terrain by RAMS/FLUENT modeling system》	李　磊	Wind and Structures	13（6）
	《深圳市人口分布的细网格动态特征》	毛　夏	地理学报	4
	《2011 年第 26 届世界大学生运动会海上基地选址的气象条件分析》	王明洁	Journal of Tropical Meteorology	2
	《地表通量输送对飑线过程影响的数值模拟研究》	蔡　斐等	Journal of Tropical Meteorology	1
	《深圳夏季典型晴天不同小气候区温湿及舒适度特征》	李兴荣	气象	10
	《FLUENT 在复杂地形风场精细模拟中的应用研究》	李　磊	高原气象	3
	《热带气旋外围环流影响下深圳高温的定量估算》	张　丽	气象	36（4）
	《深圳市气象灾害分区预警系统研究》	兰红平	气象科技	5
	《规划建设对深圳夏季城市热岛影响的数值模拟研究》	张小丽	热带气象学报	26（5）
	《海事卫星通讯系统设计及其在气象应急服务中的应用》	张　凯	气象水文海洋仪器	1
	《汛期地面气象观测质量控制浅析》	张勇刚	气象水文海洋仪器	1
	《深圳供水行业气象服务效益的典型案例分析》	崔　娜	科技信息	2
	《1952—2008 年影响深圳市热带气旋的气候特征》	李　辉	广东气象	5
	《Application of FLUENT on fine-scale simulation of wind field over complex terrain》	李　磊	Sciences in Cold and Arid Regions	5
	《基准辐射观测系统评价指标研究》	刘爱明	科学技术与工程	33
	《“90 后”现状和思想政治引导教育方法》	卿　乐	南方论刊	6
2011	《A numerical study on the influences of urban planning and construction on the summer urban heat island in the metropolis of Shenzhen》	张小丽	Journal of Tropical Meteorology	17（4）
	《Analysis of meteorological conditions for the base of marine sports in the 26th summer UNIVERSIADE in Shenzhen in 2011》	王明洁	Journal of Tropical Meteorology	17（2）
	《深圳单点气温预报的时间滞后集合预报研究》	兰红平	气象科学	2
	《大气重金属离子的来源分析和毒性效应》	刘爱明	环境与健康杂志	9
	《深圳旅游气象指数的设计和适用性分析》	杨　琳	华中师范大学学报（自然科学版）	12
	《厄尔尼诺（拉尼娜）事件与海温资料的拟合诊断》	杨　琳	华中师范大学学报（自然科学版）	12
	《基于自动站观测资料的深圳城市热岛研究》	张立杰	气候与环境研究	16（4）
	《用 Web Service 收发气象服务小区广播信息》	刘锦泉	气象科技	39（5）
	《生态环境中重金属的化学形态转化及影响因素研究》	刘爱明	安徽农业科学	22
	《城市应急服务气象数值模拟系统的建立与应用》	李　磊	气象科技	39（6）
	《深圳冬季冷空气影响下不同小气候区温湿及舒适度特征》	冯　静	科学技术与工程	11（3）
	《深圳城市内涝成因分析》	吴亚玲	广东气象	33（5）
	《深圳市气象灾情信息数据库的设计与应用》	吴亚玲	广东气象	32（3）
	《气象灾害分区预警产品设计与制作流程》	李　程	广东气象	2
	《“鹦鹉”下沉气流影响下的深圳温湿特征分析》	谢　坤	广东气象	3

续表

年份	论文名称	作者	刊物（专著）名	卷号 / 期号
2011	《一次大风天气的中小尺度特征分析》	郑　涛	广东气象	6
	《深圳新一代天气雷达一次发射机故障的分析和维修》	罗　鸣	广东气象	6
	《基于 ENVI/IDL 的气象卫星局地投影数据的提取》	谭明艳	广东气象	2
	《深圳多普勒天气雷达数据合成系统的实现》	罗　鸣	广东气象	4
	《自动气象站报表预审流程和要点》	张勇刚	广东气象	4
	《深圳市特大暴雨过程中的行业气象服务》	杨　琳	广东气象	3
	《深圳市 2008 年台风“黑格比”气象服务效益评估》	杨　琳	广东气象	2
	《亚运帆船赛事现场气象服务保障综述》	魏晓琳	广东气象	33（增刊 I）
	《深圳市霾日分布特征与城市经济指标关系》	王　博	气象研究与应用	1
	《基于自动观测资料的自动确定飑过站时间的研究》	谭明艳	气象研究与应用	2
	《Make the pilot project of stangardization as an opportunity to develop Shenzhen public meteorological service innovatively》	孙石阳	《China Standardization》（CN/ISSN）	No.5
	《深圳市空气污染分区预报思路的建立》	杨　琳	环境科学与管理	12
2012	《Impact of precursor levels and global warming on peak ozone concentration in the pearl river delta region of China》	魏晓琳	Advances in Atmospheric Sciences	29（3）
	《Numerical simulation study of the effect of buildings and complex terrain on the low-level winds at an airport in typhoon situation》	李　磊	Meteorologische Zeitschrift	21（2）
	《Numerical study on the impact of ground heating and ambient wind speed on flow fields in street canyons》	李　磊	Advances in Atmospheric Sciences	29（6）
	《模拟的对流边界层光学湍流的特征尺度分析》	卢　超	光学学报	2
	《深圳城市气溶胶物理光学特性的观测研究》	杨红龙	光子学报	41（12）
	《基于数值模拟的城市街区详细规划通风评估研究》	李　磊	环境科学学报	32（4）
	《地理特征、人口分布及用电负荷对深圳城市热岛效应的影响分析》	李　磊	环境科学学报	32（12）
	《不同气温层结条件下地面加热对街谷扩散能力的影响》	李　磊	环境科学学报	32（9）
	《深圳地区灰霾分布特征及预警、预报方法探讨》	杨　琳	环境科学学报	32（12）
	《深圳市灰霾特征及气溶胶离子来源分析》	张　丽	环境污染与防治	34（增刊 2）
	《深圳夏季沙面温度变化特征及天气对其影响的分析》	郑　慧	科学技术与工程	9
	《热带气旋“浣熊”引发广东南部沿岸大暴雨分析》	杨　琳	科学技术与工程	6
	《台风“莫拉菲”登陆期间深圳排牙山周边风场结构的数值模拟研究》	李　磊	热带气象学报	28（6）
	《区域自动气象站双链路数据通信设计》	庄红波	气象水文海洋仪器	29
	《深圳两次霾天气过程分析》	张　丽	广州环境科学	26（3）
	《深圳重大灾害性天气的概念模型系统介绍》	胡　娟	广东气象	4
	《深圳大运会期间车辆限行对空气污染物浓度的影响》	杨红龙	环境与健康杂志	29（8）
	《短时临近预报系统在广东一次强对流天气过程中的检验分析》	陈元昭	广东气象	2

续表

年份	论文名称	作者	刊物（专著）名	卷号 / 期号
2012	《亚帆赛期间一次弱冷空气补充致海面强风及预报失败原因分析》	陈元昭	广东气象	34（5）
	《近 60 年深圳气候平均值变化特征分析》	王　博	气象与减灾研究	2
	《城市区域大气颗粒物的健康效应研究》	刘爱明	中国环境监测	5
	《影响黑龙江省夏季林火的关键气象因子分析》	王明洁	林业科技	37（4）
	《气象自动站数据监控平台的设计与实现》	罗　鸣	广东气象	4
	《智能语音技术在 12121 中的应用》	刘东华	信息系统工程	2
	《深圳市气象信息服务个性化的设计与展望》	刘东华	广东气象	34（3）
	《深圳气象短信系统简介》	刘东华	信息系统工程	6
	《智能专业气象信息融合与服务系统设计》	孙石阳	广东气象	34（5）
	《以创新气象社会管理为切入点促进公共气象服务大发展》	张小丽	气象软科学	2
2013	《Orbit optimization for ASTROD-GW and its time delay interferometry with two arms using CGC ephemeris》	王　刚	Chinese Physics B	22（4）
	《Numerical simulation of time delay interferometry for eLISA/NGO》	王　刚	Classical and Quantum Gravity	30（6）
	《Numerical simulation of a lee wave case over three-dimensional mountainous terrain under strong wind condition》	李　磊	Advances in Meteorology	21（1）
	《Study on numerical simulation of wind field around buildings over complex terrain》	李　磊	Disaster Advances	6（10）
	《Numerical simulation of terrain-induced vortex/wave shedding at the Hong Kong International Airport》	李　磊	Meteorologische Zeitschrift	22（3）
	《深圳地区气溶胶的光学特征及来源分析》	杨红龙	光学学报	33（12）
	《GRAPES 的积云对流参数化方案性能评估及其改进试验》	王德立	气象	39（2）
	《1981—2010 年深圳市不同等级霾大气特征分析》	王明洁	中国环境科学	33（9）
	《基于弹性脆弱指标的气象灾害风险辨识》	张　蕾	热带气象学报	29（1）
	《深圳云地闪时空分布特征》	江　崟	气象与环境学报	29（5）
	《深圳降水的周末效应浅析》	力　梅	中国人口 · 资源与环境	23（5）
	《2011 年深圳人体舒适度空间分布特征及影响因子分析》	张立杰	气象与环境学报	29（6）
	《从大运期间浓度变化来分析污染物削减措施效果》	杨　琳	中国环境监测	30（4）
	《城市内涝监测技术的应用研究》	庄红波	气象科技	41（2）
	《台风影响下海浪的特征分析》	庄红波	气象水文海洋仪器	30（2）
	《深圳大运会期间一次光化学污染事件成因分析》	张立杰	环境监控与预警	5（2）

续表

年份	论文名称	作者	刊物（专著）名	卷号 / 期号
2013	《青藏高原加热场与长江下游秋季降水的关系》	陈 婕	气象研究与应用	
	《提高区域气象观测站网运行稳定性的方法》	郑 涛	广东气象	35（4）
	《气象灾情档案在城市天气灾害防御中的作用——以深圳市为例》	崔 娜	中国档案	4
	《浅析行政诉讼的合法性审查原则》	罗华明	南方论刊	—
	《深圳市闪电定位系统介绍及其数据应用》	郭宏博	数字技术与应用	12
2014	《Numerical simulation on the wind field structure of a Mountainous area beside South China Sea during the Landfall of typhoon Molave》	Li Lei（李磊）	Journal of Tropical Meteorology	20（1）
	《冬季欧亚中高纬大气低频振荡的传播及其与欧亚遥相关型的关系》	杨双艳	大气科学	1
	《RCPs 情景下珠江流域气候变化预估分析》	杨红龙	热带气象学报	3
	《深圳市灰霾的城郊差别及成因分析》	张 丽	热带气象学报	1
	《从大运会期间浓度变化来分析污染物削减措施效果》	杨 琳	中国环境监测	4
	《深圳两次雷暴过程中地面氮氧化物浓度变化特征分析》	庄红波	科学技术与工程	19
	《基于飞机观测资料的降水粒子反射率因子阈值分析》	宗 蓉	大气科学学报	4
	《基于高密度自动站的深圳短时强降水特征分析》	力 梅	学技术与工程	18
	《最近 5 年深圳大暴雨降水特征及主要影响系统》	陈元昭	广东气象	1
	《气候档案的属性特点及其社会共享的实现途径》	崔 娜	湖北档案	2
	《基于风雨影响评估的深圳市热带气旋数据库系统》	郑群峰	气象与减灾研究	2
	《深圳市近 10 年雷电灾害的统计分析》	吴亚玲	广东气象	3
	《风光互补供电自动气象站的应用研究》	庄红波	气象水文海洋仪器	3
	《建筑物及电气设备防雷技术》	郭宏博	科技研究	5
	《深圳典型灰霾过程的大气成分日变化分析》	张 丽	广东气象	36（6）
	《基于公众咨询的深圳公共气象服务需求特点分析》	陈申鹏	气象与减灾研究	37（4）
2015	《光流法及其在临近预报中的应用》	曹春燕	气象学报	3
	《基于精细观测资料的深圳不同季节霾及其污染特征分析》	王明洁	中国环境科学	35（12）
	《短时强降水临近预报相对准确率的探讨》	张 蕾	广东气象	2
	《深圳市建立环境变化背景下的气象灾害综合防御体系的思考》	吴亚玲	广东气象	1
	《基于投入产出方法的气象服务综合经济效益评估》	吴亚玲	南京信息工程大学学报	3
	《从“深圳天气”微博和微信维护谈新媒体的气象服务》	谢 坤	广东气象	1
	《Rapid urbanization effect on local climate: intercomparison of climate trends in Shenzhen and Hong Kong》	李 磊	Climate Research	63
	《Orbit optimization and time delay interferometry for inclined ASTROD-GW formation with half-year precession-period》	王 刚	Chinese Physics B	24（5）

续表

年份	论文名称	作者	刊物（专著）名	卷号 / 期号
2015	《The first tropospheric wind profiler observations of a severe typhoon over a coastal area in South China》	李　磊	Weather	1（70）
	《深圳市闪电定位资料误差分析及其优化》	曾庆锋	气象科技	3
	《SRESA2 情景下中国区域性高温热浪事件变化特征》	杨红龙	气象与环境学报	1
	《微博在天文科普中的应用研究——以新浪微博 @NASA 中文为例》	鄢玉荣	科学中国人	12（35）
	《从公众参与科学视角浅析天文科普的发展》	鄢玉荣	科技经济导刊	（550）
	《深圳降水资料信息挖掘及在气候服务中的应用》	李　磊	广东气象	37（2）
	《物联网技术在深圳西涌天文——气象综合探测基地管理中的应用》	林轶琪	科技创新导报	25
	《近 30 年北京气候舒适度城郊变化对比分析》	房小怡（李磊为通讯作者）	气象科技	43（5）
	《CFD 技术在我国城市气候环境微尺度问题中的应用》	李　磊	气象科技进展	5（6）
	《浅谈深圳市天文台科普活动现状与分析》	吴　亮	探索科学	10
	《标准化对突破气象服务可持续发展瓶颈的效用探讨与建议》	孙石阳	中国标准化	3
	《等电位连接探讨》	黄　伟	科学时代	12
	《新建建筑物防雷若干问题探讨》	黄　伟	电子测试	12
	《雷电灾害防护检测机构业务现代化建设实践与应用》	刘敦训	科技展望	14
	《深圳雷电灾害防护现状及重点单位认证管理机制探索》	刘敦训	山东工业技术	7
2016	《2015 年 5 月华南一次龙卷过程观测分析》	陈元昭	应用气象学报	3
	《珠江三角洲地区重大短时强降水的基本流型与环境参量特征》	陈元昭	气象	2
	《建立数字政府 提升社会服务能力》	兰红平	特区实践与理论	1
	《气象数据监控系统的设计与实现》	叶汶华	电子技术与软件工程	6
	《涉及停工停课的预警信号发布策略和技巧》	曹春燕	广东气象	2
	《LIDAR observation and numerical simulation of vortex/wave shedding at the Eastern Runway Corridor of the Hong Kong International Airport》	李　磊	Meteorological Application	23（3）
	《Dynamics of the Typhoon Haitang Related High Ozone Episode over Hong Kong》	魏晓琳	Advances in Meteorology	6089154
	《基于 CFD 技术的陡峭山体风场模拟方法研究》	李　磊	气象学报	4
	《南中国海 10 m 风和海面动态粗糙度特征研究》	赖　鑫	气象	12
	《自动气象站故障诊断、测试、维修系统设计与实现》	庄红波	气象科技	4
	《深圳沿海地区阵风系数的特征》	魏晓琳	广东气象	38（5）
	《低压配电系统浪涌保护器（SPD）设计现状及方法》	曾　峰	科技与创新	5
	《毫米波雷达和激光雷达探测云边界的对比分析》	宗　蓉	激光技术	2
	《浅析我国天文科普读物的市场现状》	鄢玉荣	科技风	1

续表

年份	论文名称	作者	刊物（专著）名	卷号 / 期号
2016	《基于 LabView 技术的自动气象站故障测试平台设计》	庄红波	气象水文海洋仪器	1
	《高压输电工程中的防雷保护技术应用浅析》	曾　峰	中国新技术新产品	7
	《以深圳市天文台为例浅析 7 种天文科普方式》	杨培强	科技风	7
	《微时代背景下的公众科普特点研究》	鄢玉荣	科学家	3
	《基于“互联网 +”的天文科普观测方法探析》	杨培强	科学中国人	15
	《大气气溶胶对天气与气候的影响》	赖　鑫	三峡生态环境监测	1
	《深圳市空气污染气象条件标准体系的研究》	张　丽	气象与环境科学	3
	《基于 DLP 大屏技术的视频会商系统改造与应用》	罗红艳	信息与电脑（理论版）	18
	《珠江口雾过程数值模拟及生消概念模型建立》	张舒婷	热带气象学报	4
	《直击雷情况下建筑物内部电磁环境评估方法探讨与实践》	蔡　然	气象科技	3
	《倾斜面太阳辐照度实用计算模型的研究》	吴贞龙	太阳能学报	3
	《多朝向太阳能资源的测量与研究》	徐　政	太阳能学报	4
	《基于 FDTD 的雷电电磁环境评估软件的设计与实现》	蔡　然	贵州气象	5
	《中小学校防雷技术规范（QXT 230—2014）解读》	刘敦训	标准解读	1
2017	《Observation and simulation of mountain wave trains in a tropical cyclone situation》	Li Lei	MAUSAM	68（2）
	《A nowcasting technique based on application of the particle filter blending algorithm》	Chen Yuanzhao	Journal of Meteorological Research	31
	《基于形状匹配的雷达临近预报误差评价计算方法》	曹春燕	气象	43（8）
	《深圳大雾天气的时空差异性分析》	王明洁	广东气象	39（3）
	《深圳市天文台 Hα 全日面望远镜》	梅林	新经济	8
	《深圳气象高性能计算机系统升级改造与应用》	罗红艳	中国信息化	7
	《一种多时间尺度 SVM 局部短时临近降雨预测方法》	贺佳佳	气象	43（4）
	《深圳市恶劣天气呼叫系统的设计》	李　程	广东气象	39（2）
	《2015 年深圳气态污染物浓度的变化特征》	赖　鑫	广东气象	39（2）
	《跟踪记录的三次日珥现象及分析》	杨培强	科技风	6
	《傅科摆对建设环境的需求探析》	杨培强	科技视界	8
	《大气低频系统与华南强降水过程的研究》	陈申鹏	高原气象	36（2）
	《近 20 年深圳城市气候环境研究的进展》	张立杰	广东气象	39（1）
	《深圳市臭氧污染特征及其与气象条件的关系》	梁碧玲	气象与环境学报	33（1）
	《热带气旋影响下的深圳港湾码头最大阵风预报方法研究》	王延青	气象科技进展	7（1）
	《基于极值理论的广东省台风灾害损失分布及其金融对策研究》	吴亚玲	灾害学	32（1）
	《大数据时代下的气象档案信息化建设探讨》	范晶晶	南方论刊	5
	《基于四维数据同化技术的千米格距网格化气象数据集：构建及初步应用》	李　磊	热带气象学报	33（6）
	《谈新型自动气象站能见度自动观测数据及应用》	张春生	河南科技	19
	《乐享气象服务创优》	章勇鹏	气象科技进展	7（6）

续表

年份	论文名称	作者	刊物（专著）名	卷号 / 期号
2017	《气象产业创新生态的搭建探索与实践》	章勇鹏	风云时代	1
	《住宅建筑加强防雷检测的必要性探究》	张光辉	科学与财富	1
	《建筑物防雷的 SJPD 三级防护设计分析》	张光辉	科技展望	6
	《建筑物防雷的 SPD 三级防护设计分析》	李俊山	科技展望	6
	《探究建筑电气防雷接地设计要点》	李俊山	科学与财富	2
2018	《Monitoring of aviation turbulence using a tropospheric profiler – case studies》	杨红龙	MAUSAM	69（2）
	《闪电定位数据替代雷暴日人工观测初探》	曾庆锋	干旱气象	40（4）
	《扎实推进新时代超大城市气象探测体系建设》	王延青	广东气象	39（6）
	《2015—2016 年深圳地区强降水过程滴谱特征分析》	卢　超	气象科技	46（3）
	《深圳市局地 $PM_{2.5}$ 污染事件的时空特征及典型背景环流分析》	张　丽	环境科学学报	38（1）
	《深圳市天文台全天云图监测系统的设计与实现》	梅　林	天文研究与技术	15（2）
	《华南前汛期首场强降水个例分析》	陈申鹏	干旱气象	36（1）
	《深圳超大城市气象探测数据在科学研究中的应用》	毛　夏	广东气象	39（6）
	《近 20 年深圳城市气候环境研究的进展》	张立杰	广东气象	39（1）
	《两种数字信号浪涌保护器（SPD）测试分析》	张　峻	电子测试	394（7）
	《深港气象现代化发展特征分析启示》	孙石阳	气象软科学	1
2019	《Tower observed vertical distribution of $PM_{2.5}$，O_3 and NOx in the Pearl River Delta》	李　磊	Atmospheric Environment	220
	《Optical and current measurements of lightning attachment to the 356-m-high Shenzhen meteorological gradient tower in southern coastal area of China》	邱宗旭	IEEE Access	127
	《High spatial resolution $PM_{2.5}$ retrieval using modis and ground observation station data based on ensemble random forest》	陈训来	IEEE Access	7
	《Numerical study of a local $PM_{2.5}$ pollution event under the typhoon Neoguri（1408）background over a coastal metropolitan city, Shenzhen, China》	魏晓琳	Physics and Chemistry of the Earth	110
	《Study on microclimate observation network for urban unit: A case study in a campus of Shenzhen, China》	赖　鑫	Physics and Chemistry of the Earth	110
	《基于生成对抗网络 JPC 的人工智能临近预报方法研究》	陈元昭	大气科学学报	42（2）
	《1822 号台风“山竹”影响期间深圳大风特征初步分析》	刘　佳	广东气象	41（5）
	《气象信息网络安全策略及技术分》	曹龙全	无线互联科技	16（12）
	《从辐射强度变化分析深圳太阳辐射气象条件》	邱宗旭	太阳能学报	40（3）
	《深圳气象改革发展实践与展望》	王延青	气象科技进展	9（3）
	《构建精准化智能化预报服务体系的深圳实践和展望》	兰红平	气象科技进展	9（3）

附录四　重要文件一览表

文件名	文件内容摘要	发文机构	发文时间
	批准深圳市气象站扩建为深圳市气象台	广东省人民政府	1980年9月
《关于调整我市气象台管理体制的复函》(深府办〔1982〕240号)	同意将深圳市气象台由以广东省气象局领导为主的体制调整为以深圳市政府领导为主的体制	深圳市人民政府	1982年
《关于调整深圳市气象台管理体制问题的通知》(深府办〔1982〕592号)	明确深圳市气象台的管理体制从以省气象局领导为主调整为以市人民政府与广东省气象局双重领导，以市人民政府领导为主	深圳市人民政府办公厅	1982年12月24日
《关于同意成立深圳市气象服务公司的批复》(深府办复〔1984〕391号)	批准成立“深圳市气象服务公司”	深圳市人民政府	1984年5月23日
《关于同意设立深圳市气象服务中心的批复》(深府办复〔1984〕530号)	批准设立“深圳市气象中心”，开展气象服务工作	深圳市人民政府	1984年7月13日
《关于筹备气象工会的报告及批复》(深气台字〔1986〕05号)	深圳市气象台第一届工会委员会成立	深圳市总工会	1986年5月30日
《关于同意成立深圳市地震办公室的批复》	批准成立深圳市地震办公室，隶属深圳市气象台管理	深圳市编制委员会	1985年4月
《关于同意成立深圳市防雷检测所的批复》(深编〔1990〕71号)	批准成立深圳市防雷检测所	深圳市机构编制领导小组办公室	1990年7月11日
《深圳经济特区防洪防风规定》(深圳市政府令第27号)	包含台风、暴雨预警信号规定和发布	深圳市人民政府	1994年6月
《关于我市设置暴雨台风预警系统自动气象站的通知》(深府办〔1996〕58号)	立项建设《深圳市暴雨台风预警系统》，该项目总投资为人民币2744万元	深圳市人民政府	1995年7月30日
《深圳经济特区防洪防风规定》(修订)	修订了1994年版台风预警信号图标	深圳市人民政府	1996年9月19日
《关于加强我市防雷设施安全管理工作的通知》(深府〔1998〕100号)	加强深圳市防雷安全管理工作	深圳市人民政府	1998年5月21日
《深圳市气象灾害预警信号发布规定》(深圳市人民政府令第103号)	预警信号包含台风、暴雨、寒冷、强雷电、大风、高温等6类	深圳市人民政府	2001年8月19日
《深圳市气象局(台)职能配置内设机构和人员编制的批复》(深编〔2002〕11号)	根据市委关于印发《深圳市市级党政机构改革方案要点》的通知(深发〔2001〕17号)，设置市气象局(台)，实行局、台合一，市气象局是市政府授权，主管全市气象工作的市政府直属副局级事业单位	深圳市结构编制委员会	2002年1月26日
《关于成立市人工增雨指挥部及临时办公机构的通知》(深防指〔2002〕11号)	为加强人工增雨工作的协调力度，经研究决定成立市人工增雨指挥部及临时办公机构	深圳市三防指挥部	2002年8月28日
《关于〈深圳市防灾预警气象雷达项目建议书〉的批复》(深计〔2002〕698号)	同意“深圳市防灾预警气象雷达”项目立项	深圳市发展计划局	2002年10月16日

续表

文件名	文件内容摘要	发文机构	发文时间
《关于广东省深圳市气象局地面观测站搬迁的批复》（气发〔2004〕138号）	同意深圳（区站号59493，114°06′E，22°33′N，气压传感器海拔高度：40.07米）国家基本气象站从现址搬迁至直线距离约10千米处的深圳市福田区竹子林“黄牛垅”附近新址（约114°00′E，22°32′N）；搬迁至新址后，深圳气象站的站名、区站号不变。此外，为保证气象资料的连续性、研究城市气候的变化，保留原深圳气象站观测场作为城市环境气象站开展相关观测研究工作	中国气象局	2004年5月21日
《印发深圳市气象局（台）职能配置内设机构和人员编制规定的通知》（深府办〔2004〕159号）	根据中共广东省委、广东省人民政府《关于深圳市深化行政管理体制改革试点方案的批复》粤委〔2004〕6号，设置深圳市气象局（简称市气象局），副局级建制，市气象局与市气象台实行局、台合一。市气象局是负责全市气象工作的市政府直属行政事务机构	深圳市政府办公厅	2004年9月3日
《关于成立深圳市人工影响天气工作领导小组的通知》（深府办〔2004〕217号）	批复成立深圳市人工影响天气工作领导小组	深圳市政府办公厅	2004年12月14日
《关于成立深圳市气象雷达综合观测站的批复》（深编〔2005〕65号）	为便于利用气象雷达做好深圳市气象观测工作，经研究，同意成立深圳市气象雷达综合观测站	深圳市编制委员会	2005年5月27日
《关于广东省深圳市气象局观测站新址正式观测的复函》（气测函〔2005〕204号）	鉴于深圳市气象局观测站已在新址（区站号：59493，经纬度：114°00′E，22°32′N，观测场海拔高度50米，气压感应器海拔高度50.9米）完成观测场建设、仪器设备安置等有关工作。同意深圳市气象局观测站从2006年1月1日起在新址开展工作（实际从2005年12月31日20时开始）	中国气象局	2005年11月1日
《深圳市气象灾害预警信号发布规定》（深圳市人民政府令第151号）	预警信号包含台风、暴雨、高温、寒冷、大雾、灰霾、大风、冰雹、雷电、干旱、火险等11类	深圳市人民政府	2006年5月9日
《关于加快气象事业发展的实施意见》（深府〔2006〕189号）	提高对加快深圳市气象事业发展重要性和紧迫性的认识；以实施“十一五”规划为契机，加快气象现代化建设步伐；加强气象科技的应用研究，实现气象工作的新突破；围绕气象事业发展的新任务和新要求，建设高素质的人才队伍；推进气象工作的法制建设，为加快气象事业发展提供保障	深圳市人民政府	2006年8月17日
《关于印发〈深圳市气象灾害应急预案〉的通知》（深府办〔2006〕204号）	规定气象灾害预警信号发布后相关部门的联动事项和公众的响应	深圳市政府办公厅	2006年11月13日
《深圳市人民政府办公厅关于进一步做好防雷减灾工作的通知》（深府办〔2007〕65号）	提高认识，高度重视防雷减灾工；落实责任，加大防雷减灾安全监管力度；提高雷电预警预报能力和防御技术水平；开展防御雷电灾害规划编制工作；增强雷电灾害应急处置能力；广泛开展防雷减灾安全宣传教育	深圳市人民政府办公厅	2007年4月26日
《深圳市人民政府办公厅转发国务院办公厅关于进一步加强气象灾害防御工作意见的通知》（深府办〔2007〕124号）	加快气象灾害应急预警工程项目的实施；提高城市综合防灾减灾能力；切实做好当前防汛工作	深圳市人民政府办公厅	2007年8月14日
《深圳市人民政府办公厅关于加强深圳市气象探测环境保护的通知》（深府办〔2007〕183号）	切实提高对保护气象探测环境重要性的认识；探测环境实行分类、分级保护；加强沟通，紧密协作，共同做好气象探测环境的控制与保护；市气象部门和市规划、建设部门要切实履行法律、法规、规章规定的职责	深圳市人民政府办公厅	2007年12月31日

续表

文件名	文件内容摘要	发文机构	发文时间
《深圳市气象局非行政许可审批和登记实施办法》(深气字〔2008〕95号)	非行政许可审批和登记的具体事项和流程	深圳市气象局(经市政府法制办审核通过规范性文件)	2008年9月25日
《关于印发深圳市政府工作部门主要职责内设机构和人员编制规定的通知》(深府办〔2009〕100号)	设立深圳市气象局(挂"深圳市气象台"牌子),为市政府工作部门,由市人居环境委员会归口联系	深圳市人民政府办公厅	2009年9月6日
《深圳市扬尘污染天气预警发布规定》(深气字〔2009〕110号)	扬尘污染天气预警发布的条件、区域、时间、服务及联动响应	深圳市气象局(经市政府法制办审核通过规范性文件)	2009年12月10日
《关于印发深圳市突发事件预警信息发布管理暂行办法的通知》(深府办函〔2012〕134号)	突发事件预警信息发布的原则、工作职责、分级发布制度、发布途径等	深圳市人民政府办公厅	2012年9月16日
《关于加快推进率先实现气象现代化工作的实施意见》(深府办〔2012〕51号)	确保率先实现气象现代化;加快"珠江三角洲中小尺度气象灾害监测预警中心深圳分中心"项目建设;完善气象防灾减灾联动联防机制;提升精细化预报服务水平;加快预警信息发布"绿色通道"的建设	深圳市人民政府办公厅	2012年10月30日
《深圳市台风暴雨灾害防御规定(试行)》(深府办函〔2013〕38号)	台风暴雨灾害防御工作职责、工作措施及灾后恢复工作要求等	深圳市人民政府办公厅	2013年4月26日
《深圳市台风暴雨灾害公众公众防御指引(试行)》(深应急委〔2013〕4号)	对台风暴雨预警信号发布后公众的防御行为进行指引	深圳市突发事件应急委员会,深圳市防汛防旱防风指挥部	2013年5月9日
《深圳市台风暴雨预警信息发布若干规定》(深应急委〔2013〕7号)	对台风暴雨预警信号发布后,电视台电台、手机短信、户外LED电子显示屏、微博、交通诱导屏、电子显示屏、车载电视等渠道的发布进行了规定	深圳市突发事件应急委员会,深圳市防汛防旱防风指挥部	2013年8月12日
《深圳市人民政府办公厅关于印发深圳市全面深化气象管理体制改革实施细则的通知》(深府办函〔2015〕35号)	以城市安全为中心,深化气象防灾减灾机制改革;以民生幸福为导向,深化气象服务管理体制改革;以高效精准为目标,深化气象业务科技体制改革;以正确履职为抓手,深化气象行政管理体制改革	深圳市人民政府办公厅	2015年2月26日
《深圳市气象灾害预警信号发布规定》(深圳市人民政府令第275号)	预警信号包含台风、暴雨、高温、寒冷、大雾、灰霾、大风、冰雹、雷电、干旱、火险、地质灾害气象风险12类	深圳市人民政府	2015年5月11日
《深圳市气象灾害应急预案》(深气字〔2015〕46号)	结合新颁布的市政府令第275号,对2006年版的应急预案进行修订,预警信号的联动响应更加全面	深圳市气象局(经市政府办公厅审核)	2015年7月17日
《深圳市人民政府关于贯彻落实国务院优化建设工程防雷许可决定的实施意见》(深府〔2017〕58号)	整合部分建设工程防雷许可;做好建设工程防雷许可整合后的工作衔接;清理规范防雷单位资质许可;提升政务服务效率和水平;切实加强防雷安全监管;社会协同做好防雷减灾工作	深圳市人民政府	2017年6月
《中共深圳市委办公厅 深圳市人民政府办公厅关于调整深圳市气象局职责机构编制的通知》(深办发〔2019〕59号)	深圳市气象局(台)由市政府工作部门调整为市政府直属事业单位,为正局级	深圳市委市政府	2019年3月8日
《深圳市人民政府办公厅关于成立粤港澳大湾区气象监测预警预报中心(深圳气象创新研究院)的批复》(深府办函〔2019〕269号)	设立粤港澳大湾区气象监测预警预报中心(深圳气象创新研究院),开展粤港澳大湾区台风、暴雨等极端天气预警预报关键技术、前沿技术研究;攻关粤港澳大湾区区域数值预报模式核心技术,并不断取得突破;建设粤港澳大湾区气象科技创新中心和科研成果转化基地;研制指导粤港澳大湾区台风、暴雨等气象灾害及其次生、衍生灾害的预警预报	深圳市人民政府办公厅	2019年12月12日

附录五 预警信号的沿革

一、《深圳市气象灾害预警信号发布规定》(深圳市人民政府令第 275 号)

深圳市人民政府令

第 275 号

《深圳市气象灾害预警信号发布规定》已经市政府五届一百三十次常务会议审议通过，现予公布，自 2015 年 8 月 1 日起施行。

2015 年 5 月 11 日

深圳市气象灾害预警信号发布规定

第一条 为有效防御气象灾害，加强气象灾害预警信号管理，根据《中华人民共和国气象法》《气象灾害防御条例》和《广东省气象灾害防御条例》等有关规定，结合本市实际，制定本规定。

第二条 在本市行政区域及本市管辖的海域内发布气象灾害预警信号的，应当遵守本规定。

第三条 本规定所称气象灾害预警信号（以下简称预警信号），是指市气象主管机构所属的气象台站（以下简称气象台站）向社会公众发布的预警信息。

预警信号由名称、图标、含义和防御措施组成，分为台风、暴雨、高温、寒冷、大雾、灰霾、大风、冰雹、雷电、干旱、火险、地质灾害等。

第四条 市气象主管机构负责预警信号发布的管理工作，加强预警发布能力建设，依法制定预警应急预案，并会同有关部门确定气象灾害防御重点单位，做好防灾预警和防灾减灾的宣传工作。

第五条 预警信号由气象台站统一发布和解除，但是地质灾害预警信号由市规划国土部门与气象台站联合发布和解除。

根据影响区域、程度等情况，预警信号发布和解除行为精细化到区、街道等行政区域。

其他单位和个人不得发布和解除预警信号。

预警信号以中文 / 英文双语形式发布。

第六条 本市电视台、广播电台、12121 气象专线等媒体应当在收到气象台站直接提供的预警信号后 15 分钟内向公众传播。

电视台、广播电台、网络等媒体应当按照有关规定的频次传播最新预警信号和预警信号发布时间。

电视台、广播电台、12121 气象专线、网络等媒体向公众传播气象灾害预警信号，必须使用气象台站发布的实时预警信号，并标明发布预警信号的气象台站的名称和发布时间。

通信运营企业应当确保通过其公用通信网络传递的预警信号传递畅通、准确、及时。

第七条 本市交通、卫生、公安、民政、教育、旅游、水务、城管、口岸、应急等有关主管部门结合职责分工加大预警信息传播力度，拓宽传播渠道，并组织进行及时组织防御和疏散。

第八条 各级有关主管部门应当制定相应防御预案，组织实施部门联动和社会响应。单位和个人应当按照法律、法规和规章，根据预警信号及时采取行动防御气象灾害。

预警信号所对应的防御措施均包括本级别及低级别预警信号所对应的防御措施。

第九条　台风预警信号

台风预警信号分为五级，分别以白色、蓝色、黄色、橙色和红色表示。

（一）台风白色预警信号

图标：

含义：48 小时内可能受热带气旋影响。

主要防御措施：

1. 全市进入台风注意状态，市民应当关注台风最新动态；

2. 海上可能有强风，海上作业人员应当做好避风准备。

（二）台风蓝色预警信号

图标：

含义：24 小时内可能或者已受热带气旋影响，平均风力 6 级以上。

主要防御措施：

1. 全市进入台风戒备状态，市民应当及时了解台风最新动态，妥善安置易受大风影响的室外物品；

2. 有关主管部门和其他单位及时组织户外、高空、港口及海上作业人员做好防御工作。

（三）台风黄色预警信号

图标：

含义：24 小时内可能或者已受热带气旋影响，平均风力 8 级以上。

主要防御措施：

1. 全市进入台风防御状态，启动防风应急响应，市民应当紧闭门窗，安置易受大风影响的室外物品；

2. 托儿所、幼儿园和中小学停课；未启程上学的学生不必到校上课；在校学生（含校车上、寄宿）应当服从校方安排，校方保障在校学生的安全；上学、放学途中的学生应当就近到安全场所暂避；

3. 停止露天集体活动，停止高空、水上等户外作业，开放避险场所，可能发生危险区域的人员立即疏散转移；

4. 除必需在岗的工作人员外，用人单位根据工作地点、工作性质、防灾避灾需要等情况安排工作人员推迟上班、提前下班或者停工，并为在岗工作人员以及因天气原因滞留单位的工作人员提供必要的避险措施。

（四）台风橙色预警信号

图标：

含义：12 小时内可能或者已受热带气旋影响，平均风力 10 级以上。

主要防御措施：

1. 全市进入台风紧急防御状态，实施防风应急抢险救灾，市民应当留在室内或者到安全场所避风；

2. 处于海边、危房、简易工棚等可能发生危险区域的人员，应当立即撤离到安全场所。

（五）台风红色预警信号

图标：

含义：6 小时内可能或者已受热带气旋影响，平均风力 12 级以上。

主要防御措施：

1. 全市进入台风特别紧急防御状态，实施防风应急抢险救灾；

2. 台风中心经过时风力会减小或者静止一段时间，应当保持戒备，以防强风突然再袭。

第十条　暴雨预警信号

暴雨预警信号分三级，分别以黄色、橙色、红色表示。

（一）暴雨黄色预警信号

图标：

含义：6 小时内可能或者已经受暴雨影响。

主要防御措施：

1. 全市进入暴雨戒备状态，市民应当关注暴雨最新动态；

2. 防御暴雨可能造成的局部内涝、山体滑坡等灾害。

（二）暴雨橙色预警信号

图标：

含义：3 小时内可能或者已受暴雨影响，降雨量 50 毫米以上。

主要防御措施：

1. 全市进入暴雨防御状态，启动防洪排涝应急响应，单位和个人（除应急、特种作业部门以外）暂停户外作业和活动；

2. 地铁、地下商城、地下车库、地下通道、地下实验室等地下设施管理单位或者业主以及低洼、易受水浸地区人员采取有效措施避免和减少损失。

（三）暴雨红色预警信号

图标：

含义：3 小时内可能或者已受暴雨影响，降雨量 100 毫米以上。

主要防御措施：

1. 全市进入暴雨紧急防御状态，实施防洪排涝应急抢险救灾；

2. 托儿所、幼儿园和中小学停课；未启程上学的学生不必到校上课；在校学生（含校车上、寄宿）应当服从校方安排，校方保障在校学生的安全；上学、放学途中的学生应当就近到安全场所暂避；

3. 临时避险场所开放，危险地带人员撤离；

4. 除必需在岗的工作人员外，用人单位根据工作地点、工作性质、防灾避灾需要等情况安排工作人员推迟上班、提前下班或者停工，并为在岗工作人员以及因天气原因滞留单位的工作人员提供必要的避险措施。

第十一条 高温预警信号

高温预警信号分三级，分别以黄色、橙色、红色表示。

（一）高温黄色预警信号

图标：

含义：24 小时内可能或者已经受暖空气影响，最高气温升至 35 ℃以上。

主要防御措施：

1. 避免长时间户外或者高温条件下的作业；
2. 做好用电、用水和防暑降温工作。

（二）高温橙色预警信号

图标：

含义：24 小时内可能或者已受暖空气影响，最高气温升至 37 ℃以上。

主要防御措施：

用人单位应当视情况于 12—15 时停止户外或者高温条件下作业，并缩短连续作业时间。

（三）高温红色预警信号

图标：

含义：24 小时内可能或者已受暖空气影响，最高气温升至 40 ℃以上。

主要防御措施：

1. 除必需岗位的工作人员外，用人单位应当视情况停止户外或者高温条件下作业，并采取有效措施，保障劳动者身体健康和生命安全。
2. 有关单位优先保障生活用电，临时避暑场所开放。

第十二条 寒冷预警信号

寒冷预警信号分三级，分别以黄色、橙色、红色表示。

（一）寒冷黄色预警信号

图标：

含义：24 小时内可能或者已受冷空气影响，最低气温降至 10 ℃以下。

主要防御措施：

1. 市民要注意添衣保暖，并留意气象台站发布的最新降温信息；
2. 做好防寒准备，临时避寒场所开放。

（二）寒冷橙色预警信号

图标：

含义：24 小时内可能或者已受冷空气影响，最低气温降至 5 ℃以下。

主要防御措施：

及时通知户外工作人员采取防寒措施。

（三）寒冷红色预警信号

图标：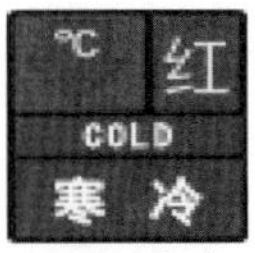

含义：24 小时内可能或者已受冷空气影响，最低气温降至 0 ℃以下。

主要防御措施：

各单位采取措施，预防可能出现的霜冻、结冰等寒害。

第十三条　大雾预警信号

大雾预警信号分三级，分别以黄色、橙色和红色表示。

（一）大雾黄色预警信号

图标：

含义：12 小时内可能或者已受浓雾影响，能见度降至 500 米以内。

主要防御措施：

1. 驾驶人员小心驾驶；

2. 机场、高速公路、港口、码头等单位采取必要措施保证交通安全。

（二）大雾橙色预警信号

图标：

含义：6 小时内可能或者已受浓雾影响，能见度降至 200 米以内。

主要防御措施：

1. 空气质量明显降低，市民注意采取适当防护措施；

2. 有关主管部门采取必要措施，确保交通安全。

（三）大雾红色预警信号

图标：

含义：2 小时内可能或者已受浓雾影响，能见度降至 50 米以内。

主要防御措施：

机场应当视情况暂停飞机起降，高速公路和港口、码头暂时封闭或者停航。

第十四条　灰霾预警信号

灰霾预警信号分三级，分别以黄色、橙色和红色表示。

（一）灰霾黄色预警信号

图标：

含义：12 小时内可能或者已经出现中度灰霾天气，且可能持续。

主要防御措施：

1. 驾驶人员小心驾驶；

2. 空气质量明显降低，居民需适当防护；

3. 减少户外活动，停止晨练。市民尽量乘坐公共交通工具出行。

（二）灰霾橙色预警信号

图标：

含义：6 小时内可能或者已经出现重度灰霾天气，且可能持续。

主要防御措施：

1. 机场、高速公路、港口、码头等单位加强交通管理，保障安全；
2. 托儿所、幼儿园和中小学停止户外活动；
3. 有关主管部门和其他单位依法采取强制性污染减排措施。

（三）灰霾红色预警信号

图标：

含义：6 小时内可能或者已经出现异常严重灰霾天气，且可能持续。

主要防御措施：

1. 停止大型露天活动；
2. 有关主管部门和其他单位依法全面采取强制性污染减排措施，各媒体配合加大宣传力度。

第十五条 大风预警信号

大风（指除台风以外的大风，主要是东北季风和西南季风系统等引起的大风或者强对流系统引起的短时大风）预警信号分四级，分别以蓝色、黄色、橙色、红色表示。

（一）大风蓝色预警信号

图标：

含义：6 小时内可能或者已经受大风影响，平均风力 6 级以上。

主要防御措施：

1. 做好防风准备，注意了解大风最新消息；
2. 妥善安置易受大风影响的室外物品。

（二）大风黄色预警信号

图标：

含义：6 小时内可能或者已经受大风影响，平均风力 8 级以上。

主要防御措施：

1. 停止高空、水上等户外作业，危险地带人员撤离；
2. 船舶采取有效措施避风。

（三）大风橙色预警信号

图标：

含义：2 小时内可能或者已经受大风影响，平均风力 10 级以上。

主要防御措施：

1. 机场、港口、码头等单位应当采取措施，注意防风；

2. 市民应当留在室内或者到安全场所避风。

（四）大风红色预警信号

图标：

含义：2 小时内可能或者已经受大风影响，平均风力 12 级以上。

主要防御措施：

1. 进入特别紧急防御状态；

2. 托儿所、幼儿园和中小学停课；未启程上学的学生不必到校上课；在校学生（含校车上、寄宿）应当服从校方安排，校方保障在校学生的安全；上学、放学途中的学生应当就近到安全场所暂避；

3. 除必需在岗的工作人员外，用人单位视情况采取有效措施，保障劳动者身体健康和生命安全；

4. 各单位准备启动抢险应急方案。

第十六条　冰雹预警信号

图标：

含义：2 小时内可能或者已经受冰雹影响。

主要防御措施：

1. 妥善安置易受冰雹影响的室外物品；

2. 市民应当留在室内或者到安全场所暂避。

第十七条　雷电预警信号

图标：

含义：2 小时内可能或者已受雷电影响。

主要防御措施：

1. 按照防御预案停止户外易燃、易爆危险作业；

2. 市民停留在安全地方。

第十八条　干旱预警信号

图标：

含义：连续 3 个月累积雨量比历史同期少（汛期偏少 30%，非汛期偏少 50%）且旱情将持续。

主要防御措施：

1. 市民应当积极节水；

2. 政府及有关主管部门启动抗旱措施；

3. 气象主管机构适时进行人工增雨作业。

第十九条 火险预警信号

图标：

含义：未来 24 小时空气干燥，相对湿度≤ 50%，易发生火灾。

主要防御措施：

1. 市民居家、外出注意防火；

2. 加大巡山护林力度，严格管制野外火源。

第二十条 地质灾害气象风险预警信号

地质灾害气象风险预警信号分三级，分别以黄色、橙色、红色表示。

（一）地质灾害气象风险黄色预警信号

图标：

含义：24 小时内地质灾害发生的风险较高。

主要防御措施：

1. 市民、车辆尽量避免靠近边坡、挡土墙和沟谷地带，如发现边坡出现异常，应当立即远离并报警；

2. 有关主管部门和单位做好地质灾害各项防御工作。

（二）地质灾害气象风险橙色预警信号

图标：

含义：24 小时内地质灾害发生的风险高。

主要防御措施：

1. 市民、车辆避免靠近边坡、挡土墙和沟谷地带，如发现边坡出现异常，应当立即远离并报警；

2. 有关主管部门和单位加强地质灾害各项防御工作。

（三）地质灾害气象风险红色预警信号

图标：

含义：24 小时内地质灾害发生的风险很高。

主要防御措施：

1. 市民、车辆远离边坡、挡土墙和沟谷地带，如发现边坡出现异常，应当立即撤离并报警；

2. 有关主管部门和单位加强地质灾害各项防御，并做好应急抢险准备工作。

第二十一条 市气象主管机构统一或者联合有关主管部门制定和调整气象灾害防御措施指令执行事项目录。单位或者个人对气象灾害防御措施指令执行事项目录中逐项列出的工作提出不同主张的，市气象主管机构应当按照《深圳市行政听证办法》和其他有关规定组织听证并公布听证结果。

第二十二条 违反本规定，气象主管机构和其他有关部门及其工作人员，有下列行为之一的，由其上级机关或者监察机关责令改正；情节严重的，对直接负责的主管人员和其他直接责任人员依法给予处分：

（一）气象灾害防御措施指令执行事项目录未及时制定或者调整的；

（二）隐瞒、谎报或者由于玩忽职守导致重大漏报、错报气象灾害预警信号的；

（三）不依法履行职责的其他行为。

第二十三条　违反本规定，有下列行为之一的，由市气象主管机构责令改正，给予警告，可以处5万元以下的罚款；构成违反治安管理行为的，由公安机关依法给予处罚：

（一）擅自向公众发布预警信号、解除信号的；

（二）电视台、广播电台等单位和通信运营企业向公众传播非经气象台站直接提供的预警信号、解除信号的；

（三）电视台、广播电台未按照规定时间、频次传播预警信号的。

第二十四条　本规定自2015年8月1日起施行。

二、《深圳市气象灾害预警信号发布规定》（深圳市人民政府令第151号）

深圳市人民政府令

第151号

《关于修改〈深圳市气象灾害预警信号发布规定〉的决定》已经市政府四届二十四次常务会议审议通过，现予发布，自颁布之日起施行。根据本《决定》修订的《深圳市气象灾害预警信号发布规定》重新发布施行。

二〇〇六年五月九日

深圳市气象灾害预警信号发布规定

第一条　为有效防御和减轻气象灾害，保护国家和人民生命财产安全，根据《中华人民共和国气象法》等有关规定，结合本市实际，制定本规定。

第二条　在本市行政区域及本市管辖的海域内发布气象灾害预警信号，应当遵守本规定。

第三条　本规定所称气象灾害预警信号（以下简称预警信号）分为台风、暴雨、高温、寒冷、大雾、灰霾、大风、冰雹、雷电、干旱、火险十一类。按照灾害的严重性和紧急程度，预警信号总体上分为四级，分别代表一般、较重、严重和特别严重的气象灾害，依次用蓝色、黄色、橙色和红色标识。

第四条　预警信号由深圳市气象台统一发布，其他任何单位和个人不得发布预警信号或同类信息。

第五条　本市电视台、广播电台、12121气象专线等媒体应当在收到市气象台直接提供的预警信号后15分钟内向公众播发。任何单位不得向公众传播非气象台直接提供的预警信号和灾害性天气警报。

基础电信运营企业应当确保通过其公用通信网络传递的预警信号传递畅通。

第六条　市气象主管部门负责预警信号发布的管理工作，制定预警预案，并会同有关部门做好防灾预警和防灾减灾的宣传工作。市、区、街道各有关部门应制定相应防御预案，组织实施部门联动和社会响应。

第七条　台风预警信号

台风预警信号分为五级，分别以白色、蓝色、黄色、橙色和红色表示。

（一）台风白色预警信号

图标：

含义：48 小时内可能受热带气旋影响。

防御措施：

注意了解热带气旋的最新情况，警惕热带气旋对当地的影响。

（二）台风蓝色预警信号

图标：

含义：24 小时内可能或者已经受热带气旋影响，平均风力 6 级以上。

防御措施：

1. 做好防风准备，并及时通知户外、高空、港口及海上作业人员；

2. 妥善安置易受大风影响的室外物品。

（三）台风黄色预警信号

图标：

含义：24 小时内可能或者已经受热带气旋影响，平均风力 8 级以上。

防御措施：

1. 托儿所、幼儿园和中、小学停课，学校和托幼机构应指派专人负责保护到校的学生和入园（托）的儿童；

2. 进入防风状态，停止高空、水上等户外作业，船舶到避风场所避风；

3. 危险地带人员撤离，停止露天集体活动，立即疏散人员；

4. 各职能部门做好相关防御准备，临时避险场所开放。

（四）台风橙色预警信号

图标：

含义：12 小时内可能或者已经受热带气旋影响，平均风力 10 级以上。

防御措施：

1. 进入紧急防风状态，市民应留在室内或到安全场所避风；

2. 加固港口设施，防止船只走锚、搁浅和碰撞。

（五）台风红色预警信号

图标：

含义：6 小时内可能或者已经受热带气旋影响，平均风力 12 级以上。

防御措施：

1. 建议全市停业（抢险救灾、医疗及保障居民基本生活必需的公共交通、供水、供电、燃气供应等特殊行业除外）；

2. 有关部门准备启动抢险应急方案。

第八条　暴雨预警信号暴雨预警信号分三级，分别以黄色、橙色、红色表示。

（一）暴雨黄色预警信号

图标：

含义：6 小时内可能或者已经受暴雨影响。

防御措施：

1. 及时通知易受暴雨影响的户外工作人员；

2. 有关部门密切注意暴雨可能造成的城市内涝、山体滑坡等灾害。

（二）暴雨橙色预警信号

图标：

含义：3 小时内可能或者已经受暴雨影响，降雨量 50 毫米以上。

防御措施：

1. 低洼、易受水浸地区注意做好防涝工作；

2. 建议暂停易受暴雨侵害的户外作业。

（三）暴雨红色预警信号

图标：

含义：3 小时内可能或者已经受暴雨影响，降雨量 100 毫米以上。

防御措施：

1. 幼儿园、托儿所和中小学停课，学校和托幼机构应指派专人负责保护到校的学生和入园（托）的儿童；

2. 临时避险场所开放，危险地带人员撤离；

3. 各职能部门做好相关防御准备。

第九条　高温预警信号

高温预警信号分三级，分别以黄色、橙色、红色表示。

（一）高温黄色预警信号

图标：

含义：24 小时内可能或者已经受暖空气影响，最高气温升至 35 ℃以上。

防御措施：

避免长时间户外或者高温条件下的作业。

（二）高温橙色预警信号

图标：

含义：24 小时内可能或者已经受暖空气影响，最高气温升至 37 ℃以上。

防御措施：

建议 12—15 时停止户外或者高温条件下作业，并缩短连续作业时间。

（三）高温红色预警信号

图标：

含义：24 小时内可能或者已经受暖空气影响，最高气温升至 40 ℃以上。

防御措施：

建议停止户外或者高温条件下作业（抢险救灾、医疗及保障居民基本生活必需的公共交通、供水供电、燃气供应等特殊行业除外），优先保障生活用电，临时避暑场所开放。

第十条 寒冷预警信号

寒冷预警信号分三级，分别以黄色、橙色、红色表示。

（一）寒冷黄色预警信号

图标：

含义：24 小时内可能或者已经受冷空气影响，最低气温降至 10 ℃以下。

防御措施：

1. 市民要注意添衣保暖，并留意市气象台发布的最新降温信息；
2. 各职能部门做好相关防御准备，临时避寒场所开放。

（二）寒冷橙色预警信号

图标：

含义：24 小时内可能或者已经受冷空气影响，最低气温降至 5 ℃以下。

防御措施：

1. 及时通知户外工作人员采取防寒措施；
2. 各职能部门应当采取措施，为确需援助人员提供必要帮助。

（三）寒冷红色预警信号

图标：

含义：24 小时内可能或者已经受冷空气影响，最低气温降至 0 ℃以下。

防御措施：

有关部门和单位采取措施，预防可能出现的霜冻、结冰等寒害。

第十一条 大雾预警信号

大雾预警信号分三级，分别以黄色、橙色和红色表示。

（一）大雾黄色预警信号

图标：

含义：12 小时内可能或者已经受浓雾影响，能见度降至 500 米以内。

防御措施：

1. 驾驶人员小心驾驶；
2. 机场、高速公路、轮渡码头等单位采取必要措施保证交通安全。

（二）大雾橙色预警信号

图标：

含义：6 小时内可能或者已经受浓雾影响，能见度降至 200 米以内。

防御措施：

1. 空气质量明显降低，市民注意采取适当防护措施；
2. 有关部门采取必要措施，确保交通安全。

（三）大雾红色预警信号

图标：

含义：2 小时内可能或者已经受浓雾影响，能见度降至 50 米以内。

防御措施：

建议机场暂停飞机起降，高速公路和轮渡暂时封闭或者停航。

第十二条　灰霾预警信号

图标：

含义：12 小时内可能或者已经出现中度灰霾天气。

防御措施：

1. 驾驶人员小心驾驶；
2. 空气质量明显降低，居民需适当防护。

第十三条　大风预警信号

大风（指除台风以外的大风，主要是东北季风和西南季风系统等引起的大风或强对流系统引起的短时大风）预警信号分四级，分别以蓝色、黄色、橙色、红色表示。

（一）大风蓝色预警信号

图标：

含义：6 小时内可能或者已经受大风影响，平均风力 6 级以上。

防御措施：

1. 做好防风准备，注意了解大风最新消息；
2. 妥善安置易受大风影响的室外物品。

（二）大风黄色预警信号

图标：

含义：6 小时内可能或者已经受大风影响，平均风力 8 级以上。

防御措施：

1. 停止高空、水上等户外作业，危险地带人员撤离；
2. 船舶到避风场所避风。

（三）大风橙色预警信号

图标：

含义：2 小时内可能或者已经受大风影响，平均风力 10 级以上。

防御措施：

1. 机场、码头、港口等单位应当采取措施，注意防风；
2. 市民应留在室内或到安全场所避风。

（四）大风红色预警信号

图标：

含义：2 小时内可能或已经受大风影响，平均风力 12 级以上。

防御措施：

1. 进入特别紧急防风状态，建议停课、停业（抢险救灾、医疗及保障居民基本生活必需的公共交通、供水、供电、燃气供应等特殊行业除外）；
2. 有关部门准备启动抢险应急方案。

第十四条　冰雹预警信号

图标：

含义：2 小时内可能或者已经受冰雹影响。

防御措施：

1. 妥善安置易受冰雹影响的室外物品；
2. 市民应留在室内或到安全场所暂避。

第十五条　雷电预警信号

图标：

含义：2 小时内可能或者已经受雷电影响。

防御措施：

1. 建议停止户外易燃、易爆危险作业；
2. 市民应尽量停留在安全地方。

第十六条　干旱预警信号

图标：

含义：连续 3 个月累积雨量比历史同期少（汛期偏少 30%，非汛期偏少 50%）且旱情将持续。

防御措施：

1. 市民应积极节水；
2. 各级政府和有关部门启动抗旱措施；
3. 气象部门适时进行人工增雨作业。

第十七条　火险预警信号

图标：

含义：未来 24 小时空气干燥，相对湿度≤ 50%，易发生火灾。

防御措施：

1. 市民居家、外出注意防火；

2. 加大巡山护林力度，严格管制野外火源。

第十八条　违反本规定，有下列行为之一的，由市气象主管部门责令改正，给予警告，可以并处五万元以下的罚款；构成犯罪的，依法追究刑事责任：

（一）非法向公众发布气象灾害预警信号、公众气象预报的；

（二）电视台、广播电台、互联网等传播媒体向公众传播非市气象台直接提供的气象灾害预警信号、公众气象预报的。

第十九条　本规定自颁布之日起施行。2001 年 6 月 29 日深圳市人民政府发布的《深圳市气象灾害预警信号发布规定》同时废止。

三、《深圳市气象灾害预警信号发布规定》（深圳市人民政府令第 103 号）

深圳市人民政府令

第 103 号

《深圳市气象灾害预警信号发布规定》已于 2001 年 6 月 29 日经市政府三届三十次常务会议审议通过。现予发布，自发布之日起施行。

二〇〇一年八月十九日

深圳市气象灾害预警信号发布规定

第一条　为防御和减轻气象灾害，保护人民生命和国家、集体、个人财产安全，根据《中华人民共和国气象法》《广东省台风、暴雨、寒冷预警信号发布规定》，结合我市实际，制定本规定。

第二条　深圳市气象灾害预警信号（以下简称预警信号）由台风、暴雨、寒冷预警信号和强雷电、大风、高温警告信号等组成。

预警信号是我市防御气象灾害的统一信号。

第三条　预警信号由深圳市气象台（以下简称气象台）统一发布，其他任何单位和个人不得发布预警信号或同类信息。

第四条　本市电视台、电台、121 气象专线等传播媒体和通讯部门，应于收到由气象台直接提供的预警信号 15 分钟内，向公众传播预警信号。

任何单位不得传播非气象台直接提供的预警信号。

第五条　各种传播媒体应进行预警信号、减灾知识的宣传；各区、镇人民政府及有关部门应编印预警信号及防御措施宣传手册。

第六条　预警信号可按区、镇等行政区域分别发布。各区、镇人民政府应当加强对灾害性天气监测系统、预报系统和防御系统的基础设施建设，提高本地的预警水平、播发质量和防御能力。

第七条 本市各中小学校、港口码头、户外旅游景点等应当参照预警信号防御措施，结合本单位实际，制定气象灾害防御方案，并根据抢险救灾的实际需要，组织实施气象灾害防御方案。

第八条 台风预警信号

（一）白色台风信号

图标：

颜色：白色

含义：热带气旋48小时内可能影响本市。

防御措施：

1. 各部门、各单位及时掌握台风动态；

2. 市民注意收听、收看有关媒体的报道，或通过121气象专线了解台风动态。

（二）绿色台风信号

图标：

颜色：绿色；

含义：热带气旋24小时内可能影响或已经影响本市，平均风力可达6～7级。

防御措施：

1. 各部门、各单位做好防风准备，并通知户外、高空、港口码头及海上作业人员；

2. 市民须妥善安置易受台风影响的物品，确保安全。

（三）黄色台风信号

图标：

颜色：黄色；

含义：热带气旋12小时内可能影响或已经影响本市，平均风力可达8级以上。

防御措施：

1. 中、小学和幼儿园停课，学校和幼儿园应指派专人负责保护到校的学生和入园的儿童；

2. 停止户外、高空、港口码头、海上作业；船舶停止进港，已入港的船舶应离开码头，进入避风锚地避风；

3. 各职能部门做好相关防御准备。

（四）红色台风信号

图标：

颜色：红色；

含义：热带气旋12小时内可能影响或已经影响本市，平均风力可达10级以上。

防御措施：

1. 临时避险场所开放，危险地带人员撤离；

2. 市民应停留室内或安全场所避风。

（五）黑色台风信号

图标：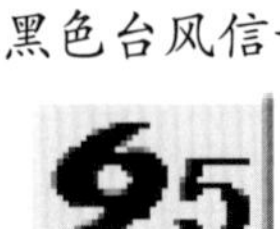

颜色：黑色；

含义：热带气旋 12 小时内可能影响或已经影响本市，平均风力可达 12 级以上。

防御措施：

除抢险救灾、医疗及保障居民基本生活必需的公共交通、供水、供电、燃气供应等特殊行业外，全市停业。

第九条　暴雨预警信号

（一）黄色暴雨信号

图标：

颜色：黄色；

含义：6 小时内，本市将可能有暴雨。

防御措施：

1. 有关部门、单位通知易受暴雨影响的户外工作人员；
2. 市民注意收听、收看有关媒体的报道，或通过 121 气象专线了解暴雨消息。

（二）红色暴雨信号

图标：

颜色：红色；

含义：在刚过去的 3 小时内，本市部分地区降雨量已达 50 毫米以上，且雨势可能持续。

防御措施：

1. 低洼、易受浸地区注意做好防涝工作；
2. 暂停易受暴雨侵害的户外作业。

（三）黑色暴雨信号

图标：

颜色：黑色；

含义：在刚过去的 3 小时内，本市部分地区降雨量已达 100 毫米以上，且雨势可能持续。

防御措施：

1. 中、小学和幼儿园停课，学校和幼儿园应指派专人负责保护到校的学生和入园的儿童；
2. 临时避险场所开放，危险地带人员撤离；
3. 各职能部门做好相关防御准备。

第十条　寒冷预警信号

（一）黄色寒冷信号

图标：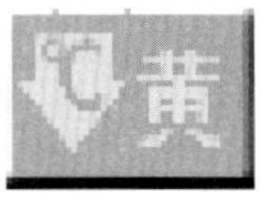

颜色：黄色；

含义：受北方冷空气影响，本市气温 24 小时内将要或已经降到 10 ℃以下。

防御措施：

1. 市民注意及时添衣保暖；
2. 有关单位做好防御寒冷天气的准备。

（二）红色寒冷信号

图标：

颜色：红色；

含义：受北方冷空气影响，本市最低气温 24 小时内将要或已经降到 5 ℃以下。

防御措施：

1. 各单位通知户外工作人员采取防寒措施。

2. 民政部门应采取措施，为户外确需援助人员提供必要帮助。

（三）黑色寒冷信号

图标：

颜色：黑色；

含义：受北方冷空气影响，本市最低气温 24 小时内将要或已经降到 0 ℃以下。

防御措施：

紧急防御霜冻、冰冻。

第十一条　强雷电警告信号

图标：

颜色：红色；

含义：预计 1 小时内有强雷电发生，或强雷电正在影响并将持续一段时间。

防御措施：

1. 停止各类户外易燃、易爆危险作业；

2. 定期检测雷电灾害防护装置，确保有效运行。

第十二条　大风警告信号

图标：

颜色：红色 ；

含义：预计 3 小时内，本市陆地平均风力将达 6 级（阵风 9 级）以上，或大风天气已经出现，并将持续一段时间。

防御措施：

1. 停止高空及户外危险作业；

2. 港口、码头注意防风。

第十三条　高温警告信号

图标 : 

颜色：红色；

含义：预计本市最高气温 24 小时内将要或已经达到 35 ℃以上。

防御措施：

1. 注意做好人员的防暑工作；

2. 对户外作业人员应采取必要的防暑降温措施。

第十四条　违反本规定，有下列行为之一的，由市气象主管部门责令改正，给予警告，并可处五万元以下罚款：

（一）非法向社会发布气象灾害预警信号、公众气象预报的；

（二）广播、电视、电信等媒体向社会传播非市气象台适时提供的气象灾害预警信号、公众气象预报的。

第十五条　安装、使用不符合国家标准和规范的雷电灾害防护装置的，由市气象主管部门责令改正，给予警告；造成他人损失的，依法承担赔偿责任。

第十六条　本规定自公布之日起施行。《深圳经济特区防洪防风规定》中规定的台风、暴雨预警信号同时废止。

四、《深圳经济特区防洪防风规定》（深圳市人民政府令第 54 号）

深圳经济特区防洪防风规定

（第 54 号）

（1994 年 3 月 5 日深圳市人民政府第一届第 77 次常务会议通过，根据 1996 年 9 月 19 日深圳市人民政府第二届第 42 次常务会议《关于修改〈深圳经济特区防洪、防风规定〉的决定》修正）

1996 年 9 月 19 日

第一章　总　　则

第一条　为防御洪水、台风灾害，保护人民生命和国家、集体、个人的财产安全，及时组织抢险救灾，制定本规定。

第二条　深圳经济特区（以下简称特区）洪水、台风的防御及抢险救灾，适用本规定。

第三条　深圳市防汛、防旱、防风指挥部（以下简称市三防指挥部）统一组织，指挥特区的防洪、防风及抢险救灾工作。

各区三防指挥部在市三防指挥部的统一指挥下，负责本辖区内的防洪、防风及抢险救灾工作。

各有关单位和个人及驻深部队、武警，预备役部队及基干民兵等，应根据各自的职责，在市、区三防指挥部的指挥下，组织或参与抢险救灾工作。

任何单位和个人都有参与防洪、防风及抢险救灾的义务。

第四条　防洪、防风及抢险救灾工作实行行政首长负责制。市政府各部门、各单位的主要负责人全面负责本部门、本单位的防洪、防风及抢险救灾工作。

第二章　抢险救灾机构及职责

第五条　市三防指挥部办公室（以下简称市三防办）是市三防指挥部的工作机构，其主要职责为：

（一）编制洪水、台风灾害的风险图表；

（二）发布排洪预警信号；

（三）联络、协调各有关部门抢险救灾工作，编制险情、灾情报告及抢险救灾情况报告；

（四）根据市三防指挥部的命令，发布灾情公报；

（五）根据市三防指挥部的决定，公布临时避险场地的位置及撤退、疏散的路线；

（六）根据市三防指挥部的决定，组织临时抢险救灾队伍；

（七）经市三防指挥部授权，采取必要的紧急处置措施；

（八）完成市三防指挥部交办的其他工作。

第六条 防灾救灾期间，市、区公安机关负责指挥灾民的疏散、撤退和负责陆地的突击救生。

第七条 防灾救灾期间，市、区卫生部门应组织突击救护队伍，负责伤病人员救护及灾区的卫生防疫。

第八条 防灾救灾期间，市、区计划部门及经济发展、贸易发展部门负责制订抢险救灾物资、器材及灾民生活必需品的储备、调用计划并组织实施。

抢险救灾及善后恢复所必需的费用由市、区计划及财政部门负责筹措。

第九条 防灾救灾期间，市、区水务、供电、邮电部门负责抢修供水、供电及邮电设施，市、区水务部门还应负责水利工程的抢险，并负责疏通排洪河道。

第十条 防灾救灾期间，市、区交通运输部门负责抢修毁损道路，调度抢险救灾车、船及航空器，运送抢险救灾物资。

第十一条 防灾救灾期间，市、区建设部门负责在建市政工程抢险和维修，市、区城管部门负责已交付使用的市政工程抢险和维修并负责及时疏通排水管网。

第十二条 防灾救灾期间，市、区城管部门负责或责令有关单位负责在危险地带或危险建筑物附近划出警戒区域，挂出警戒标志并组织警戒，及时组织疏散、转移该危险区域的人员、财产，有关单位应予协助。

第十三条 防灾救灾期间，市、区民政部门及镇、街道办事处负责灾民的安置及灾民生活必需品的发放，并协助做好灾民疏散 、撤退和避险。

第三章　监测与预警

第十四条 台风、暴雨的监测与预警由深圳市气象台（以下简称气象台）负责，各有关部门应予协助。

第十五条 台风、暴雨的预警信号由气象台统一发布，其他任何单位和个人均不得发布台风、暴雨的预警信号。非气象台直接提供的气象信息不得向公众传播。

第十六条 台风预警信号为：

（一）

台风一号风球，其含义为：距离我市 800 千米范围内有热带气旋生成或移入，4 小时内可能影响我市。

（二）
台风二号风球，其含义为：距离我市 500 千米范围内有热带气旋生成或移入，24 小时内可能影响我市，风力可达 6～7 级。

（三）

台风三号风球，其含义为：距离我市 200 千米范围内有热带气旋移入，12 小时内可能影响我市，风力可 8 级以上。

（四）

台风四号风球，其含义为：热带气旋将严重影响我市，平均风力 8 级以上，阵风 11 级以上。

（五）

台风五号风球，其含义为：热带气旋在我市或其附近登陆，平均风力 10 级以上，阵风 12 级以上。

（六） 台风解除信号，其含义为：热带气旋已登陆减弱或中途转向，将不再对我市造成严重影响。

第十七条 暴雨预警信号为：

（一）黄色

其含义为：6 小时内，我市将有较大的降雨。

（二）红色

其含义为：在刚过去的 1～2 小时内，我市部分地区的降雨量已达 50 毫米以上。

（三）蓝色

其含义为：在刚过去的 3 小时内，我市部分地区的降雨量已达 100 毫米以上。

第十八条 台风伴随较大降雨过程的，气象台应同时发布台风预警信号及暴雨预警信号。

第十九条 气象台发布了

或黄色

信号后，应每 3 小时重新确认或更新一次；发布了或红色

信号后，应每 1 小时重新确认或更新一次；发布了

或

或蓝色

信号后，应于每 30 分钟重新确认或更新一次。

第二十条 气象台和市三防办应根据本规定编制预警信号民的宣传手册，以备公众随时查询，并应说明相应预警信号的含义以及应注意的事项，提示可采取适当措施。市广播电台、电视台应有专门栏目定期对预警信号进行宣传。

第二十一条 水库及滞洪区的排洪监测与预警由市三防办负责。

第二十二条 排洪预警信号为：

（一）白色水波线，其含义为：水库或滞洪区水位已达到警戒水位（以下简称防限水位），在随后的时间里可能排洪。

（二）红色水波线，其含义为：水库或滞洪区水位已超过防限水位，将于标明的时间开始排洪。

发出红色水波线信号的，水波线上应同时标明排洪流量（排洪流量以米^3/秒单位表示）并在水波线右侧标明排洪时间。

（三）蓝色水波线，其含义为：正在排洪。

发出蓝色水波线信号的，水波线上应同时标明排洪流量（排洪流量以米^3／秒单位表示）。发布前款排洪预警信号，应同时标明排洪的水库或滞洪区的名称。

第二十三条 市三防办发布红色或蓝色水波线信号的，应根据排洪流量或排洪时间的变更，相应变更排洪预警信号。

第二十四条 水库或滞洪区的防限水位，由市水务部门根据具体情况制定。

排洪流量的大小，以保证堤坝及上、下游安全为原则，由市水务部门具体确定。

第二十五条 除遇特大洪水外，水库或滞洪区排洪，应至少提前 3 小时发布红色水波线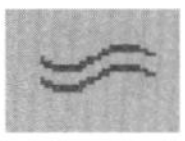

信号。

第二十六条 水库或滞洪区停止排洪时，市三防办应通知市广播电台、电视台取消排洪预警信号。

第二十七条 市广播电台、电视台应根据气象台发布的台风、暴雨预警信号及市三防办发布的排洪预警信号，及时向公众传播。

第二十八条 市广播电台、电视台接到气象台和市三防办发布的预警信号的，应于接到信号后 15 分钟内向公众播出。

第二十九条 任何单位和个人不得向公众传播非气象台和市三防办直接提供的预警信号。

第四章　防灾救灾

第三十条 

或黄色 

信号发布后：

（一）市广播电台、电视台应提示公众注意防洪、防风；

（二）市港务部门、渔政渔监部门应负责通知港口码头调度部门、海上船只做好防洪、防风准备。

第三十一条  信号发布后：

（一）市港务部门应通知在港船舶准备避风；

（二）幼儿园停止上课，对已经到达幼儿园的儿童，幼儿园应负责保护。

第三十二条 

或红色 

信号发布后：

（一）市、区三防指挥部和成员单位以及区、镇、街道办事处及有关单位，应派出值班指挥人员到岗，并准备应急措施；

（二）各有关部门应根据各自的职责组织相应的抢险队伍，准备抢险物资、器材；

（三）水务、供电、通讯、交通运输部门的三防负责人应上岗值班，并派出巡查人员，检查工程设施；

（四）城管部门、建设部门、规划国土部门应在可能发生山泥倾泻、山体滑坡、道路坍塌、广告牌塌落等险情的危险地带划出警戒区域并负责警戒，组织当地人员、财产疏散、撤退；

（五）住宅管理部门和物业管理机构应组织对危险住房和可能发生建筑物倒塌地带的警戒及住户疏散、撤退；

（六）市三防办向公众发布公告，告知临时避险场所及撤退路线；

（七）民政部门和镇、街道办事处应通知开放全部临时避险场所；

（八）市港务部门应通知港口码头船舶停止作业，并告知选择适当地点避风；

（九）中、小学停课，学校应负责保护已到达学校的学生；

（十）公安机关应组织力量，指挥人员疏散，撤退，并维护治安秩序。

（十一）霓虹灯及其他室外电源应一律切断；

（十二）建设、规划国土部门及有关单位应；负责通知在建工程停止作业，加固或拆除有危险的建设施工设施或其他临时设施。

第三十三条 

或 

或蓝色 

信号发布后：

（一）市、区三防指挥部成员应到三防指挥部集中，三防指挥部成员不能亲自到达的，应派出联络人员到三防指挥部参与工作；

（二）各抢险队伍应进入各自岗位；

（三）市港务部门应通知各港口码头，采取措施防止船舶、设施走锚、搁浅或碰撞。

第三十四条 红色水波线  信号发布后：

（一）各河道管理单位应根据排洪流量及潮汐水位情况，编制沿河主要站点的水位图表，并报告市三防指挥部；

（二）市三防指挥部接到排洪河道的水位图表后，应即时通过市广播电台、电视台向公众公告；

（三）各有关单位应根据三防指挥部的命令采取相应的应急抢险措施；

（四）人员、财产须撤离的，各有关部门应迅速组织人员、财产的撤离。

第三十五条　出现特大洪水的，水库防洪按照已批准的“防御特大洪水预案”进行抢险救灾。

第五章　海上救援

第三十六条　深圳市海上救援中心负责深圳市附近海域的海上救援。海上救援以拯救生命为首要目标。

第三十七条　海上救援中心接到海上遇险求救信号后，应立即采取必要的救援措施，并迅速向有关单位或人员报告。

第三十八条　遇险现场附近的船舶、设施接到求救信号或发现遇险情况的，应立即向海上救援中心报告现场情况及本船舶、设施的名称、呼号和位置，并服从海上救援中心的统一指挥，积极参与救援工作。

第六章　法律责任

第三十九条　各部门、各单位未履行本规定防洪、防风及抢险救灾工作职责的，给予其行政领导相应的行政处分，造成严重后果构成犯罪的，由司法机关依法追究其刑事责任。

第四十条　有关行政工作人员违反本规定，未履行其职责造成严重后果的，给予行政处分，构成犯罪的，由司法机关依法追究其刑事责任。

第四十一条　市广播电视台的工作人员违反本规定，未按规定向公众播发气象台或市三防办发布的预警信号的，由所在单位给予行政处分，造成严重后果构成犯罪的，由司法机关依法追究其刑事责任。

第七章　附　　则

第四十二条　本规定所称台风，是指热带气旋。

第四十三条　深圳市人民政府各有关部门及气象台等单位可依据本规定制定实施办法。

第四十四条　本规定自发布之日起施行。

五、《深圳经济特区防洪防风规定》（深圳市人民政府令第 27 号）

深圳经济特区防洪防风规定

（第 27 号）

1994 年 3 月 5 日深圳市人民政府第一届第 77 次常务会议通过。

第一章　总　　则

第一条　为防御洪水、台风灾害，保护人民生命和国家、集体、个人的财产安全，及时组织抢险救灾，制定本规定。

第二条 深圳经济特区(以下简称特区)洪水、台风的防御及抢险救灾，适用本规定。

第三条 深圳市防汛、防旱、防风指挥部(以下简称市三防指挥部)统一组织、指挥特区的防洪、防风及抢险救灾工作。

各区三防指挥部在市三防指挥部的统一指挥下，负责本辖区内的防洪、防风及抢险救灾工作。

各有关单位和个人及驻深部队、武警，预备役部队及基干民兵等，应根据各自的职责，在市、区三防指挥部的指挥下，组织或参与抢险救灾工作。

第四条 防洪、防风及抢险救灾工作实行行政首长负责制。市政府各部门、各单位的主要负责人全面负责本部门、本单位的防洪、防风及抢险救灾工作。

第二章　抢险救灾机构及职责

第五条 市三防指挥部办公室(以下简称市三防办)是市三防指挥部的工作机构，其主要职责为：

(一)编制洪水、台风灾害的风险图表；

(二)发布排洪预警信号；

(三)联络、协调各有关部门抢险救灾工作，编制险情、灾情报告及抢险救灾情况报告；

(四)根据市三防指挥部的命令，发布灾情公报；

(五)根据市三防指挥部的决定，公布临时避险场地的位置及撤退、疏散的路线；

(六)根据市三防指挥部的决定，组织临时抢险救灾队伍；

(七)经市三防指挥部授权，采取必要的紧急处置措施；

(八)完成市三防指挥部交办的其他工作。

第六条 抢险救灾期间，市公安机关负责指挥灾民的疏散及撤退，市公安消防部门负责陆地的突击救生。

第七条 抢险救灾期间，市卫生部门应组织突击救护队伍，负责伤病人员救护及灾区的卫生防疫。

第八条 抢险救灾期间，市计划部门和市贸易发展部门负责制订抢险救灾物资、器材及灾民生活必需品的储备、调用计划并组织实施。抢险救灾及善后恢复所必需的费用由市计划、财政部门负责筹措。

第九条 抢险救灾期间，市水务、供电、邮电部门负责抢修供水、供电及邮电设施。市水务部门还应负责水利工程的抢险，并负责疏通排洪河道。

第十条 抢险救灾期间，市运输部门负责抢修毁损道路，调度抢险救灾车、船及航空器、运送抢险救灾物资。

第十一条 抢险救灾期间，市建设部门、城管部门负责市政工程抢险和维修。

第十二条 抢险救灾期间，市城管部门负责在危险地带或危险建筑物附近划出警戒区域，挂出警戒标志并组织警戒，及时组织疏散、转移该危险区域的人员、财产，市住宅管理部门应予协助。

第十三条 抢险救灾期间，市民政部门及街道办事处负责灾民的安置及灾民生活必需品的发放，并协助做好灾民疏散、撤退和避险。

第三章　监测与预警

第十四条 台风、暴雨的监测与预警由深圳市气象台(以下简称气象台)负责。

第十五条 台风、暴雨的预警信号由气象台统一发布，其他任何单位和个人均不得发布台风、暴雨的预警信号。

第十六条 台风预警信号为：

(一) 

为台风注意信号，其含义为：距离我市 800 千米范围内有热带气旋生成或移入，48 小时内可能影响我市。

（二） 为强风信号，其含义为：距离我市 300～500 千米范围内有热带气旋生成或移入，24 小时内可能影响我市，风力可达 6～7 级。

（三） 为大风信号，其含义为：距离我市 200 千米范围内有热带气旋移入，12 小时内即影响我市，风力可达 8 级以上。

（四） 为大风增强信号，其含义为：热带气旋将严重影响我市，平均风力 8 级以上，阵风 11 级以上。

（五） 为飓风信号，其含义为：热带气旋在我市或其附近登陆，平均风力 10 级以上，阵风 12 级以上。

（六） 为台风解除信号，其含义为：热带气旋已登陆减弱或中途转向，将不再对我市构成威胁。

港口码头使用前款所列灯光信号，与相应之标识信号有同等含义。

本条第一款所列预警信号，在电视上播出时其颜色为白色。

第十七条　暴雨预警信号为：

（一） 其含义为：6 小时内，我市将有较大的降雨。

（二） 其含义为：在刚过去的 1～2 小时内，我市部分地区的降雨量已达 50 毫米以上。

（三） 其含义为：在刚过去的 3 小时内，我市部分地区的降雨量已达 100 毫米以上。

第十八条　台风伴随较大降雨过程的，气象台应同时发布台风预警信号及暴雨预警信号。

第十九条　气象台发布了  或  信号后，应每 3 小时重新确认或更新一次；发布了  或红色  信号后，应每 1 小时重新确认或更新一次；发布了或  或  或蓝色  信号后，应每 30 分钟重新确认或更新一次。

第二十条　气象台应根据本规定编制预警信号的宣传手册，以备公众随时查询，并应说明相应预警信号的含义以及应注意的事项，提示可采取的适当措施。

第二十一条　水库及滞洪区的排洪监测与预警由市三防办负责。

第二十二条　排洪预警信号为：

（一） 其含义为：水库或滞洪区水位已达到警戒水位，在随后的时间里可能排洪。

（二） 其含义为：水库或滞洪区水位已达到排洪水位，将于标明的时间开始排洪。

发出  信号，水波线上应同时标明排洪流量（排洪流量以立方米 / 秒单位表示）并在水波线右侧标明排洪时间。

（三） 其含义为：正在排洪。

发出  信号，水波线上应同时标明排洪流量（排洪流量以立方米 / 秒单位表示）。发布前款排

洪预警信号，应同时标明排洪的水库或滞洪区的名称。

第二十三条 市三防办发布 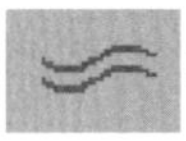 或  信号的，应根据排洪流量或排洪时间的变更、相应变更排洪预警信号。

第二十四条 水库或滞洪区的警戒水位，排洪水位由深圳市水务部门根据具体情况制定。排洪流量的大小，以保证堤坝及上下游安全为原则，由市水务部门具体确定。

第二十五条 水库或滞洪区排洪，应至少提前 3 小时发布  信号。

第二十六条 排洪信号解除，市三防办应告知市新闻宣传单位解除排洪预警信号。

第二十七条 市新闻宣传单位应根据气象台发布的台风、暴雨预警信号及市三防办发布的排洪预警信号，及时向公众传播。

港口码头应根据气象台发布的台风、暴雨预警信号以灯光发出预警。

第二十八条 市新闻宣传单位接到气象台和市三防办发布的预警信号的，应于接到信号后 15 分钟内向公众传播出，但报纸除外。

第二十九条 市新闻宣传单位不得向公众传播非气象台和市三防办发布的预警信号。

第四章 抢险救灾

第三十条 

或 

信号发布后：

（一）市新闻宣传单位应提示公众注意防洪、防风；

（二）深圳市港务部门（以下简称市港务部门）应通知停泊在港口的船舶抢卸或抢装。

第三十一条 

信号发布后：

（一）市港务部门应通知候潮出港的大型船舶准备择地避风；

（二）幼儿园停止上课，对已经到达幼儿园的儿童，幼儿园应负责保护。

第三十二条 

或 

信号发布后：

（一）各级三防指挥部或成员单位及各区、镇、街道办事处及低洼地带的有关单位，应派出值班指挥人员到岗，并准备应急措施；

（二）各有关部门应根据各自的职责组织相应的抢险队伍，准备抢险物资、器材；

（三）水务、供电、通讯、交通运输部门的防汛负责人应上岗值班，并派出巡查人员，检查工程设施；

（四）城管部门应在可能发生山泥倾泻、山体滑坡、道路坍塌、建筑物倒塌等险情的危险地带划出警戒区域并负责警戒，组织当地人员、财产疏散、撤离；

（五）住宅管理部门应协助城管部门组织对危险住房的警戒及住户疏散、撤退；

（六）市三防办向公众发布公告，告知临时避险场所及撤退路线；

（七）开放全部临时避险场所；

（八）市港务部门应通知港口船舶停止作业，并告知选择适当地点抛锚避风；

（九）中、小学停课、学校应负责保护已到达学校的学生，并负责组织撤退、疏散；

（十）公安机关应组织力量，指挥人员疏散，撤退，并维护治安秩序；

（十一）霓虹灯及其他室外电源应一律切断。

第三十三条 

或 

或 

信号发布后：

(一) 各级三防指挥部成员应到三防指挥部集中，三防指挥部成员不能亲自到达的，应派出联络人员到三防指挥部参与工作；

(二) 各抢险队伍应进入各自岗位；

(三) 市港务部门应通知各港口码头，采取措施防止船舶、设施走锚、搁浅或碰撞。

第三十四条  信号发布后：

(一) 各河道管理单位应根据排洪流量及潮汐水位情况，编制沿河主要站点的水位图表，并报告市三防指挥部；

(二) 市三防指挥部接到排洪河道的水位图表后，应即时通过大众传播媒介向公众公告；

(三) 各有关单位应根据三防指挥部的命令采取相应的应急抢险措施；

(四) 人员、财产须撤离的，各有关部门应迅速组织人员、财产的撤离。

第五章　海上救援

第三十五条　深圳市海上救援中心负责深圳市附近海域的海上救援。海上救援以拯救生命为首要目标。

第三十六条　海上救援中心接到海上遇险求救信号后，应立即采取必要的救援措施，并迅速向有关单位或人员报告。

第三十七条　遇险现场附近的船舶、设施接到求救信号或发现遇险情况的，应立即向海上救援中心报告现场情况及本船舶、设施的名称、呼号和位置，并服从海上救援中心的统一指挥，积极参与救援工作。

第六章　法律责任

第三十八条　各部门、各单位未履行本规定防洪、防风及抢险救灾工作职责的，给予其行政领导相应的行政处分，造成严重后果构成犯罪的，由司法机关依法追究其刑事责任。

第三十九条　有关行政工作人员违反规定，未履行其职责造成严重后果的，给予行政处分，构成犯罪的，由司法机关依法追究其刑事责任。

第四十条　新闻宣传单位的工作人员违反本规定，未按规定向公众播发气象台或市三防办发布的预警信号的，由所在单位给予行政处分，造成严重后果构成犯罪的，由司法机关追究其刑事责任。

第七章　附　　则

第四十一条　本规定由深圳市水务部门解释。

第四十二条　深圳市人民政府各有关部门及气象台等单位可依据本规定制定实施办法。

第四十三条　本规定自发布之日起施行。

附录六　综合气象探测系统装备及功能一览表

探测系统类别	探测装备分类	功能描述	安装数量（个 / 套）	安装地点
国家基本气象站	温度传感器	自动测量空气温度的设备。安装在百叶箱内，离地面 1.5 米。采集频率 1 次 / 分钟。	2	深圳国家基本气象站观测场内（面积 25 米 ×25 米）
	湿度传感器	自动测量空气湿度的设备。安装在百叶箱内，离地面 1.5 米。采集频率 1 次 / 分钟。	2	
	气压传感器	自动测量大气压力的设备。安装在采集器内。采集频率 1 次 / 分钟。	2	
	风速传感器	自动测量空气气流速度的设备。安装在 10 米风塔上。采集频率 1 次 / 秒。	2	
	风向传感器	自动测量空气气流来向的设备。安装在 10 米风塔上。采集频率 1 次 / 秒。	2	
	雨量筒	自动测量降水量的仪器。在测量过程中，当里面的翻斗承受的降水量为 0.1 毫米时，翻斗就会翻转一次，这样就送出去一个信号，即产生 0.1 毫米的降水。	3	
	大型蒸发皿（含超声波蒸发传感器）	自动测量水面蒸发量的仪器。根据超声波测距原理对一定口径的蒸发器中水面高度变化进行测量。采集频率 1 次 / 分钟。	1	
	云量观测仪	自动测量云量的仪器。由可见光成像子系统和红外成像子系统组成。仪器根据云在可见光波段和红外波段上所表现出来的不同特性，进行全天时、不间断的自动观测，实时采集全天空可见光和红外辐射亮温图像数据，并计算云量数据。采集频率 1 次 / 分钟。	1	
	激光云高仪	自动测量云层高度的仪器。利用激光测距原理，发射激光脉冲到大气中，接收器接收大气气溶胶粒子的后向散射光，经信号采集处理和反演运算，得到各高度上大气的消光系数，从而判断云层并计算云底高度值。采集频率 1 次 / 分钟。	1	
	光电式数字日照计	自动测量日照时数的仪器。对总辐射和散射辐照度进行自动连续探测，根据计算出的直接辐照度判断有无日照。直接辐射为总辐射和散射辐射的差值，若直接辐照度≥ 120 瓦 / 米 ^{2} 则算作有日照，把时间累计，得到每小时和每天的日照时数。采集频率 1 次 / 分钟。	1	
	能见度仪	自动测量空气能见度的仪器。由发送器、接收器与处理器组成。发射器发出近红外光脉冲，经空气散射后被接收器接收，然后由散射系数估算出气象光学视程（能见度）。能见度反映了大气的浑浊程度。采集频率 1 次 / 分钟。	1	
	降水现象仪	自动测量降水天气现象的仪器。对经过仪器采样区降水颗粒的大小和速度进行测量，然后采用适当的算法将测量信号值换算为不同的降水现象，并以一定的代码输出。采集频率 1 次 / 分钟。	1	
	酸雨观测仪	自动测量雨水中的 pH 值和电导率的设备。pH ≤ 5.6 的雨水定义为酸雨。	1	
	浅层地温传感器	自动测量地面温度和浅层地温的设备，探测的要素有地面温度，以及离地面 5、10、15、20 厘米深度的土壤温度。地温以摄氏度（℃）为单位，取一位小数。	10	

续表

探测系统类别	探测装备分类	功能描述	安装数量（个/套）	安装地点
国家基本气象站	深层地温传感器	自动测量深层地温的设备。探测的要素有地面温度，以及离地面40、80、160、320厘米深度的土壤温度。地温以摄氏度（℃）为单位，取一位小数。	8	深圳国家基本气象站观测场内（面积25米×25米）
	草温传感器	自动测量草面温度的设备。草面温度传感器安装在距地6厘米高度处。草温以摄氏度（℃）为单位，取一位小数。	2	
	10米风塔	用来安装风向、风速传感器的塔体。风向、风速传感器安装在约10米高的风塔上面。	1	
	百叶箱	百叶箱是安装温、湿度仪器用的防护设备，作用是防止太阳的直接辐射和地面的反射辐射，保护仪器免受风、雨等的影响，并使仪器有适当的通风，能感应外界空气温度和湿度的变化。	3	
区域气象观测站	6（7）要素站	全天候现场自动探测风速、风向、雨量、气温、湿度、气压等6个常规气象要素区域气象观测站为6要素站、在此基础上增加能见度要素的为7要素站。6（7）要素区域气象观测站是弥补空间区域上气象探测数据空白的重要手段，由气象传感器、微电脑气象数据采集仪、电源系统、防辐射通风罩、全天候防护箱和气象观测支架、通讯模块等部分构成。站点具有灵活、性能稳定、易于安装和维护等特点。	187	全市陆地各区域（含落地站、楼顶站、高山站和高楼站）
	25要素站	全天候现场自动探测2米温度、2米湿度、10米温度、10米湿度、2米风向、2米风速、10米风向、10米风速、雨量、气压、能见度、红外地表温度、10厘米土壤热通量、20厘米土壤热通量、向上长波净辐射、向下长波净辐射、向上短波净辐射、向下短波净辐射、5厘米土壤温度、10厘米土壤温度、20厘米土壤温度、40厘米土壤温度、20厘米土壤湿度、40厘米土壤湿度和二氧化碳等气象要素的区域气象观测站为25要素站。25要素站主要为灾害性天气监测和气象防灾减灾提供有力的气象监测数据支撑，同时该站在保护生态环境方面发挥着重要作用，通过生态环境的气象要素，揭示该地区的气候变化，为保护该地区的生态环境提供及时、准确的气象资料，为生态环境修复工作提供科学依据。	26	全市陆地各区域（含落地站和高山站）
海洋气象观测站	海上平台站	用于海上石油平台上的风速、风向、雨量、气温、湿度、气压6个常规气象要素和浪高、浪向、海温、海盐等观测的站点为海上平台站。站点距离深圳陆地130～250千米，这些站点对进一步了解和分析台风动向起到重要作用，将更加精确的判断台风过程中风向的变化，进而给出更加准确的台风定位和预测。同时，为卫星观测校准提供重要的支撑，为深圳市沿海的数值模式提供更精确的卫星遥感数据，提高预报的准确度。	5	流花LH11-1、番禺PY30-1、陆丰LF13-1、恩平EP23-1和西江XJ23-1
海洋气象观测站	海岛站	用于深圳近海域岛上的风速、风向、雨量、气温、湿度、气压等6个常规气象要素和浪高、浪向和海温等观测的站点为海岛站。这些站点在台风过程中对进一步了解和分析台风动向起到重要作用，将更加精确的判断台风过程中风向的变化，进而给出更加准确的台风定位和预测。同时，为卫星观测校准提供重要的支撑，为我市沿海的数值模式提供更精确的卫星遥感数据，提高预报的准确度。	3	细丫岛、孖洲岛、三门岛
	船舶站	用于探测船舶航线上的温、湿、风、气压等气象要素的观测站点为船舶站。系海洋气象观测的重要组成部分，为海上气象预报和气候变化监测研究提供高时空密度的观测数据，为海上航运、海洋生产作业安全和海防安全等提供气象保障基础数据，同时也为卫星、雷达等遥感信息验证和订正提供依据。	5	在海事、海监或中海油等海洋部门和单位的船只上进行安装建设

续表

探测系统类别	探测装备分类	功能描述	安装数量（个/套）	安装地点
天气雷达	单偏振天气雷达	“单偏振多普勒天气雷达”站址位于福田区竹子林，该雷达加入中国气象局雷达观测网，采用多普勒原理，使深圳的气象预报提高到定时、定量、定点的水平。可用于监测、预警台风、暴雨等大范围降水及雷雨、龙卷风、低空风切变、湍流等灾害性、危险性天气。可探测出460千米范围内的降雨量、中尺度气旋等天气信息。	1	市气象局大楼楼顶
	双偏振天气雷达	“深圳新一代双偏振雷达”站址位于深圳市宝安区凤凰山南麓的求雨坛。该雷达有效提升深圳强天气监测能力和精度，探测分辨率从原来单偏振雷达1000米提高到125米，将有效识别降雨粒子相态和大小，不仅能更精确估测降雨量，而且能区分降水类型。该雷达在国内创新采用了双路通道技术，既能满足国内泛华南区域天气雷达全国组网，将深圳天气雷达探测范围向北延伸近2000千米；又满足深港澳三地天气雷达组网要求，实现内地国产雷达与进口雷达组网拼图，为开展粤港澳大湾区台风、暴雨、强对流等灾害性天气的精细化监测提供基础支撑。除了提供更精准的气象服务外，新一代双偏振雷达还将通过气象与民航的雷达资料的实时共享，为宝安国际机场提供更为丰富气象数据和产品，对保障飞行安全具有重要意义。	1	深圳市宝安区凤凰山南麓求雨坛
	平流层风廓线雷达	一种脉冲式多普勒雷达，用于在晴空条件下探测地面以上3千米高度的大气数据，数据产品是水平风和垂直风的风速和风向，以及最高约1.5千米、随高度而变化的大气虚温。可以提供连续的边界层大气数据，生成风场廓线图。	1	西涌基地
	对流层风廓线雷达	利用大气湍流对电磁波的散射作用对大气风场等物理量进行探测的遥感设备。LAP-12000可以探测地面上1.5～12千米的风场廓线数据。	3	龙岗基地、石岩基地、机场基地
专业气象探测装备	闪电定位	对云闪和地闪进行定位和测定的设备。采用LS8000传感器，其配置集成了效果最佳的两种闪电探测技术，甚高频干涉技术（VHF）和磁向法和时差法（LF）。先进的全闪电传感器。它能探测闪电生成的低频和高频电磁信号。通过闪电强度测量和闪电类型区分来提供超高精度的地理定位能力。	5	龙岗基地、西涌基地、佛冈、东莞、江门
	通量观测	通量观测系统是测量下垫面和近地层大气的感热通量、潜热通量、水汽通量、二氧化碳通量等数据的设备。该系统通过各种陆气相互作用的相关要素，对各种不同下垫面的陆气相互交换过程进行分析并在业务上获得应用。	8	石岩基地、蔡屋围基地、龙岗基地
	微波辐射计	微波辐射计是测量大气垂直温湿度廓线的设备。工作原理是首先利用机内高温源和外置液氮制冷低温源进行绝对定标，经计算得出系统自身参数的精确值。然后对空凝视观测，实时精确测量K波段和V波段一组特定频点的微波辐射功率，得到所需大气辐射强度谱信息。然后根据历史统计相关气象要素（大气温度、水汽含量、相对湿度、液态水含量等）垂直分布情况对敏感波段大气辐射强度谱影响的综合数值关系，采用神经网络算法实时逆向推导出对流层大气的垂直分布数据。	3	龙岗基地、西涌基地、石岩基地
	激光雨滴谱	激光雨滴谱是测量探测降水粒子的粒径和速度，输出尺度谱和速度谱，同时利用谱数据算出降水量、能见度、雷达反射率因子等气象要素的设备。该数据对进一步了解自然降水的物理过程、研究成雨机制、评估人工降雨的云水条件、检验效果以及数值模拟提供科学的依据有重要意义。	8	竹子林、石岩基地、蔡屋围基地、罗田水库、南澳、机场、西涌、龙岗基地

续表

探测系统类别	探测装备分类	功能描述	安装数量（个 / 套）	安装地点
专业气象探测装备	生物舒适度仪	生物舒适度观测仪是测量自然湿球温度、黑球温度、干球温度、风速、太阳辐射等气象要素，并将这五种要素根据非线性方程计算而获得生物舒适度指数。生物舒适度观测有利于开展人体舒适度指数及暑热压力相关服务，也有利于对暑热压力与丰富的其他气象观测要素数据进行相关性研究，为提供精细化的生物舒适度预测服务打下良好基础。	3	蔡屋围基地、龙岗基地、西涌基地
	多下垫面温度	在观测场的铺设的草皮、灌木、沙地、花岗岩、玻璃、瓷砖等多种不同下垫面，通过铂电阻地温计和红外地温传感器测量进行相互校验。	5	龙岗基地
	GNSS/MET 水汽	自动测量某固定点上空垂直积分水汽总量的仪器。利用大气折射率对气象参数的敏感性来研究大气状态的，将大气湿延迟和可降水汽量联系起来，推导出它们之间的关系。通过 GPS 信号和地面温度、气压的观测推算接收机上空的垂直积分水汽总量。采集频率 1 次 / 分钟。	5	细靓北、石岩基地、西涌、大学城、细丫岛
	回南天观测	“回南天”这种回潮出水现象，虽然不是激烈的天气现象，但也给市民的生活带来诸多不便：楼梯湿滑、墙壁发霉、衣物多日不干、家电短路等，同时这种潮湿天气非常适合细菌的繁殖，易引发呼吸道疾病、关节炎和肠道疾病的发生，另外，伴随出现的雾等低能见度，对交通、旅游方面也造成不良影响。回南天观测主要监测室内气温、室内地板温度和室外空气露点温度。室内物体温度是否低于室外空气露点是判断“回南天”出现与否的关键。回南天观测作为发布“回南天”的预报提供数据支撑。	1	蔡屋围
	大气成分	分别在竹子林、西涌、龙岗和石岩气象观测基地建立一套大气成分站，探测设备包括：黑碳仪、浊度计、颗粒物监测仪、气溶胶成分分析仪、微脉冲激光雷达、自动跟踪太阳光度计、O_3 分析仪、紫外线辐射计、VOCs 监测仪、碳气溶胶分析仪、SO_2 监测仪、NOx（y）监测仪和 CO 监测仪等，为深圳灰霾天气的预测预警提供重要的数据支撑。	4	竹子林基地、西涌基地、龙岗基地、石岩基地
	温室气体	分别在石岩气象梯度观测塔和西涌基地建设一套温室气体监测系统，系统设备包括 Picarro G2301 和 Picarro G5102-i，可测量大气中 CO_2/CH_4、N_2O 浓度。该系统可有效评估整个区域的温室气体状况，为深圳开展碳排放清单编制与碳源汇评估提供佐证手段，可为生态和环境评估、资源承载力评估及区域气候变化检测和评估提供支撑。	2	石岩基地、西涌基地
	自然雷电观测	2017 年在石岩气象梯度塔顶建成了自然雷电流直接测量系统，该系统具备了雷电的光、电、磁等全要素观测手段，成为了中国气象科学研究院申报的“中国气象局野外科学试验基地”的授牌高塔雷电观测站点。该系统填补了深圳市雷电光学观测的空白。	1	石岩基地
	天气实景观测	天气实景观测是将实景视频与天气数据采集结合起来，直观准确地判断深圳市各个位置的天气实况。设备采用有线和无线的视频网络传输，具备网络观看、网络操控、360° 全方位观看、定时计划录像、实时手动录像、侦测移动报警、多视频浏览、用户分等级管理等多项功能。目前已组建天气实景观测网，天气实景信号及时反馈给观测和预报人员，为精准天气预报提供一手素材。	46	各气象观测基地和区域气象观测站点
	太阳辐射观测	以 BSRN 标准在石岩和西涌分别建立了一套太阳辐射观测系统，可探测直接辐射、总辐射、散射辐射、反射辐射、紫外辐射（UVB+A）、地球长波辐射、地面长波辐射、光合作用和日照指数等要素。太阳辐射观测数据不仅对研究辐射中长期变化的规律具有直接的气候意义，而且通过对光学厚度辐射产品的研究，有助于分析了解深圳区域大气颗粒污染状况，还可对太阳能资源状况进行有效评估。	2	石岩气象观测基地、西涌气象观测基地

续表

探测系统类别	探测装备分类	功能描述	安装数量（个／套）	安装地点
气象梯度观测塔	常规气象要素观测	常规气象要素包括风向风速、温度、湿度、气压、能见度6个要素。其中包括机械风速传感器（南）、超声风传感器（南）、温湿传感器（南）分布在10、20、40、50、80、100、150、160、200、250、300、320、350米高度。气压、能见度分布在50、100、300米。	13	石岩基地
	净辐射及紫外辐射观测	采用辐射测量仪进行观测，安装在50、100、300米3个高度层。	3	
	通量观测	采用美国Campbell Scientific Inc.（CSI）生产的涡动相关系统，探测要素主要包括三维风速脉动数据、水汽通量、二氧化碳通量等，数据频次为10次／秒。能获取感热通量、潜热通量、水汽通量、二氧化碳通量等各种陆气相互作用的相关要素，分布的高度层是10、40、160、320米。	4	
	气溶胶观测	环境空气质量立体监测布设在16个内平台上，其中8个内平台（60米、70米、110米、120米、210米、220米、325米、335米）上为自动监测，8个内平台（30米、90米、140米、180米、240米、280米、310米、345米）上为人工采样。梯度塔底部设置移动实验室，用于地面环境空气质量自动监测、手工采集样品处理和分析、设备的标定及校准。监测设备及系统包含有：SO_2紫外荧光分析仪、O_3紫外吸收分析仪、$NO/NO_2/NO_X$化学发光分析仪、$PM_{2.5}$自动监测仪、PM_{10}自动监测仪、颗粒物采样器、气体采样器、VOCs采样数码罐、GC/MS分析仪及在线VOCs、多气体动态校准设备、区域空气质量多模式集合预报系统、中心数据处理软件、数据采集及传输装置。	8	
	温室气体观测	温室气体的观测采样口位于50、100、350米3个高度层。梯度塔底部设置实验室放置设备，控制和标定整体体系，通过抽气来测量不同高度温室气体（CO_2/CH_4、N_2O）。	3	
	塔体结构观测	安装在300米高度层，能进行塔体自震观测。	1	
	天气实景观测	天气实景观测作为新的天气观测手段，在气象信息发布上应用广泛。梯度塔建设有天气实景观测，安装在100、350米高度。	2	

附录七　特载（气象人口述录）

一、天气多变，风向无常，气象人创业精神不能丢

人物简介：

张辅成，籍贯上海，船员家庭出身，深圳气象台首任台长。新中国成立后，以美国为首的“联合国军”悍然发动了朝鲜战争，中国人民志愿军跨过鸭绿江，抗美援朝，保家卫国。张辅成在抗美援朝的热潮中投笔从戎，走进军事干部学校成为一名气象兵。

口述：

深圳气象事业起步于新中国成立初期。1952 年 7 月 1 日，由 6 名军人筹建的珠江军分区宝安气象站开启了深圳气象 24 小时观测报告的历史。1954 年，气象站搬到特别荒凉的蔡屋围。同年，气象站从部队集体转建到地方，由省里垂直领导。

气象台站址最初设在和平路一个教堂内，全部气象观测设备为 3 个百叶箱，1 个木制风向杆，1 块苏式的风压板。其中，2 个百叶箱分别用来观测温度和湿度，另一个用于备份，仪器一架就开始工作。气象站有 4 个天气观测员、1 个通讯员、1 个炊事员。建站初期，气象站每天定时向宝安县县长提供天气预报信息，内容包括：“从今天晚上到明天预计最高温度和最低温度是多少，湿度是多少，风力多大。”气象站当时没有电话，信息每天下午由工作人员骑自行车送至县长办公室，当时设备简陋可见一斑。气象站只有一间平房，起风的时候，房顶的瓦片就会落下许多灰尘。夏天没有电风扇，实在热得难以忍受时，就打凉水冲洗，待身体微凉后再睡在地上，以此避暑。

记得有一年疟疾流行，气象站除指导员以外，所有同事都染上了，大伙儿时冷时热，集体“打摆子”，指导员只好顶班测报。作为气象站负责人，指导员偏偏不懂业务，于是只有盯住手表，一到观测时间就叫患病者，做完报告再续休。因为是 24 小时观测，夜以继日，能够安稳睡上一觉感觉真是莫大的幸福。有一晚实在太累，我查看风向的时候竟然站着睡着了……1964 年，因工作需要，我被调去肇庆，一走就是 17 年，直到 1981 年才重返深圳筹建气象台，并被任命为首任台长。说实话，深圳气象站比起当时肇庆的条件差远了。那时特区初建，到处都是工地、大吊车，路面坑坑洼洼，面对如此环境，我们骑着自行车，每天每小时将观测的天气数据实况报告，准时报送电信局再发往省气象台。有时适逢恶劣天气，每隔 5 分钟必须发报一次，凭着气象人的工作热情和创业精神，我们照样按时完成发报并做到准确无误。当年，我这个台长就住在柴房里，站里配置两人一辆自行车。虽然工作环境非常艰苦，但是气象人个个情绪高涨，干劲十足，深圳气象事业就在这样的环境中起步。

深圳气象台开始属广东省垂直管理，一年下拨经费仅 7.4 万元，台里经常捉襟见肘，这种状况一直持续到 1985 年。1986 年，气象台交由深圳市管理，在市委、市政府的大力支持下，深圳气象大楼于 1987 年落成，该大楼成为蔡屋围一带最高的建筑，楼顶装有 711 雷达、卫星接收天线、自动测风仪，设备真正实现了质的飞跃。气象台业务经费从建台初期的每年 7.4 万元增加到 1996 年的 2000 多万元，另外，还有若干科研攻关经费。由此开始，深圳气象事业发展有了长足的进步。除了全国首创、后在一些省市推广的“灾害性天气预警系统”外，深圳气象台自主研发的自动气象站，即自动向中心台发报气象要素数据库，堪称独树一帜，短短几年间，从最初 6 个发展到今天的 100 多个，自动气象站现已星罗棋布、遍布整个辖区，为深圳气象准确预报打下坚实的基础。目前，天气观测完全实现高科技

化，但是，深圳气象人的责任心及创业精神不能丢，天气观测再高度自动化，也得靠人来操作运转。

根据国家有关政策，我应该在 1995 年退休，当时深圳市政府刚刚启动“9501 工程——灾害性天气预警系统”，包括大气探测、现代化通信、自动测风仪、气象预报和气象服务，同时，市政府一次性拨出经费 2700 万元，由我具体负责落实。因要组织科技攻关，带领精兵强将攻下这个山头，所以，延迟到 1996 年才退休。

虽然已经退休多年，可现在只要看到老天变脸，风吹雨打、电闪雷击，就会想到曾经伴随自己度过半辈子的天气预报工作台，心里总有种说不出的情感！有时候，真想将自己的余热再次燃烧，为这座我们大家共同生活的城市贡献自己的余生。希望深圳气象事业之路越走越宽。

二、弘扬气象事业，为城市建设保驾护航

人物简介：

黄競基，1950 年出生，广东省河源市紫金县人。2003 年 5 月至 2009 年 11 月，兼任深圳市气象局（台）党组书记、局（台）长、机关党总支（后机关党委）书记。与此同时，1995 年 5 月至 2009 年 11 月，任深圳市农业局（后称农林渔业局，下同）党组成员、副局长，兼局机关党委副书记、纪委书记。

口述：

1995 年 5 月，经广东省委批准，从紫金县县委书记岗位调任深圳市农业局党组成员、副局长。

履新之时，适逢深圳农业二次创业刚拉开序幕。在此后 8 年中，与局里班子成员一起扎扎实实地开展了一系列卓有成效的工作，为深圳农业的二次创业做出了自己的贡献。

深圳气象事业从宝安气象站到深圳气象台，再到深圳市气象局，实现了质的飞跃。这是几代气象人不断创新发展的结果，他们开拓进取，用智慧和汗水为城市建设保驾护航。

2003 年 5 月，本人开始兼任深圳市气象局局长、党组书记。到任后和局里其他同志一起，从保运转、谋发展抓起，重新布局深圳气象规划。在短短 6 年时间里，气象局面貌发生了巨大变化，职工从原来 50 人增至 170 人，经费由 1000 万元增至近 7000 万元，资产由不足 3000 万元增至 1.5 亿元，还有 3.5 亿元项目在建中。通过创新业务，市气象局天气预报质量考核连续三年获评广东省第一，全市实现了一般灾害无伤亡、重大气象灾害无重大伤亡事故，经济损失由占 GDP 的 1% 降至 0.05%。在香港回归十周年庆典、F1 摩托艇世界级赛事等重大活动的气象保障服务中，深圳市气象局多次受到上级有关部门的表彰。本人在全国第五次气象服务工作会议上应大会委托向与会人员做经验介绍。

在市委、市政府的高度重视和大力支持下，深圳市气象事业开启了快速发展的新历程。2007 年 8 月，正式落成启用深圳市防灾预警气象雷达塔。2010 年 8 月，开始试运行深圳十大民生工程——西涌天文台。2009 年，在市政府机构改革中，深圳市气象局由参照公务员管理的事业单位改为市政府工作部门，人员编制转为行政编制。这在全国属于首例。

深圳市气象局在气象工作中，力求主动创新，坚持气象工作“两个融入”，大力推进“共建共享、共研共用、联动联防”。业务上主动融入全国、全省气象大网络，行政上与地方各部门积极衔接，融入到社会之中。通过修订完善《深圳市气象灾害预警信号发布规定》，制定《深圳市气象灾害应急预案》，建立“以预警信号为先导的部门联动和社会响应”机制，加强与全市各职能部门的灾时联动联防，先后与 47 个单位建立起了共建探测设施或探测数据互换、共享研究成果，通报灾情和共享社会管理的平台。这种“政府组织、预警先导、部门联动、社会响应”为特色的深圳气象防灾减灾模式，正如前中国气象局局长郑国光所说“为中国特色气象事业发展赋予更多新的内涵”。2006 年，市气象局与中国海洋石油集团有限公司在离深圳 200 多千米的海上共同兴建了海上石油平台流花自动气象站，由气象部门负责提供设备和通信费用，中海油负责场地安装、用电保障及技术人员的往来交通。该站成为全省防御来自南海台风的重要指标站。此后，市气象局又与深圳宝安机场达成实时交换气象资料协议，共

同兴建了机场综合气象观测基地，将风廓线仪及自动气象站安装到机场，既解决了机场无测风雷达问题，又为旅客出行安全增加一份保障。

在管理方面，我们坚持管理与服务并重的理念，以管理丰富服务，以服务强化管理。通过不断完善服务体系、创新服务方式、开拓服务领域、丰富服务产品，提高气象服务的主动性，扩大气象服务的覆盖面。市气象局坚持定点、定时、定量精细化预报服务方向，先后建成国内最先进的气象探测系统、预警预报系统和公共气象服务系统，自主研发了大型数据库、雷暴云团自动识别追踪系统以及基于 GIS 的气象信息综合显示和分区预警发布系统，建立“统一预报，分区预警，重点提示，对点广播”气象信息发布机制，推出包括决策服务、专业服务和公众服务在内的三大气象服务产品，制作“社区城市内涝灾害防御和风险明白卡”，建立行业风险特征库，气象灾害综合监测能力和预警预报服务能力水平不断提高。

深圳市气象局始终坚持自主创新与引进吸收齐头并进，以人才培养和科技创新为气象工作的核心竞争力。在“市场、服务、效率”三大改革措施指引下，加大人才队伍建设力度，逐步形成层级明显、结构优化的人才梯队，技术人员的创新意识、创新能力普遍增强。2011 年，围绕做好大运气象保障服务需求，市气象局先后引进 ANC、MAPLE 等多个世界上最先进的短时临近预报系统并进行独立自主的集成开发。同时，还与美国俄克拉何马大学风暴分析预报中心（CAPS）、中国气象局北京城市气象研究所等科研机构合作开发出高水平的台风、暴雨、强对流等恶劣天气预报新技术。此外，在太阳能辐射评估系统、城市热岛效应评价、城市空气流通评估及雷电密度分布图统计与发布的研究方面也取得显著进展。“新一代暴雨强度公式研制与应用”“中长期气候预测业务系统”和“深圳市气象局预警信息分发系统”均获广东省气象科技成果应用奖。另外，深圳市气象局还先后荣获全国气象科普先进集体、第七届全国科普先进集体、第七届华风杯全国电视气象节目观摩评比综合二等奖、广东省天气预报综合预报优质奖一等奖、广东省抵御低温雨雪冰冻灾害气象服务先进集体、广东省 2008 年度气象宣传工作优秀集体、深圳市创建全国文明城市工作先进单位、安全文明标兵小区等荣誉称号。时任中国气象局局长郑国光在参加深圳市气象防灾减灾大会时称赞：“我们高兴地看到，深圳市气象现代化建设水平处于全国的前列，气象业务服务整体水平处于全国的前列。”

深圳气象事业的发展还充分体现了全民参与的特点。气象工作要植根于社会土壤之中。为使广大市民更多又全方位地了解气象事业和参与气象工作，气象局在全国率先推广和普及气象灾害预警信号的运用，组建气象志愿者队伍，免费向他们提供气象信息，传授气象科普知识，让市民为气象局提供所在地的气象灾情，实行有奖报灾活动。每年“3·23 世界气象日”组织市民走进气象，了解气象。每年在深圳广播电台“民心桥”节目中，我均代表气象局回答市民提出的各种问题。新建的西涌天文台就是根据人大代表提议，按气象科普基地设计，将天文观测情况通过宽带传输到各科普场馆，每年还组织一定数量天文爱好者到西涌天文台观测天文和气象。如此，不仅提高了全民对气象的参与意识，也让公众对气象工作有了更多的理解和支持。

作为一个气象“门外汉”，虽然不懂专业技术，但我深谙如何去发现社会及公众的需求，并能及时根据这些需求提出气象工作的长远目标和阶段性任务，最大限度地调动大家工作的积极性、创造性，达到“无智”而“驾众智”，“无能”而“驭众能”的目标。

2009 年 9 月，在市政府机构改革中，本人再次被任命为市气象局局长、党组书记。为了更好地让年轻人顶上来，传承气象事业的精神，我主持气象局三个月工作，新局长上任后便主动请辞，退居二线，担任深圳市农业局巡视员。

几十年孜孜以求，几十年穷经皓首，几十年躬耕不辍。卸任之时，广东省气象局特地赠送我一块黄腊石。上书“石能通人，石如其人”。我期望深圳气象事业在新的领导班子带领下更上一层楼。

三、提着脑袋干营生，提前七天报台风

人物简介：

郭世浩，籍贯江苏苏州，16 岁进入西南军区气象学校（即现成都气象学校）学习。1955 年毕业，后分配到广东高要县气象站工作。1983 年，作为气象专业人才，从高要县气象局调入深圳气象台，担任预报科科长，1997 年光荣退休。后因工作需要，再次以 70 岁高龄重返深圳市气象服务有限公司发挥专长和余热。

口述：

深圳特区建设初期，气象工作的条件很艰苦。深圳气象站于 1952 年建站，1958 年开始预报，期间，气象站的任务就是监测，监测的数据主要为民航服务，监测数据编辑成电码通过邮电局发送至武汉再发回广州军区，有时候电话不通，就骑上摩托车将电报送往邮电局。1958 年开始天气预报。那时的预报很简单，主要是用眼睛观察，看天、看动物，访问老农，利用他们的经验来预报。例如，渔民出海打鱼，早晨看东南方，晚上看西北方，通过天象来判断天气情况。农民也是如此，当时的农谚有："梧桐山上戴帽子"，预示着梧桐山附近要下雨了；"久雨西风晴"，就是说雨下很久如果再吹西风就将转晴天了。

我们深圳气象人在特区建设初期简直就是"提着脑袋干营生"。当年蛇口工业区基建搞爆破，700 余吨炸药一安装到位，就通知我们进行预测，以确保爆破时间段施工现场上空没有浓积云。在当时没有雷达等检测设备的情况下，我们凭着一台手摇电话、一部滚筒式传真机，一边拎着半导体收听广东省的气象播报资料，依据多年积累的专业经验，对爆破时段的气象状况进行实时预测，使爆破如期顺利完成。当时的条件实在简陋，有时候我们想向省气象台要一些气象资料，得先拨通邮局的长途电话台转接广东省气象台，等接通了，时间至少要过去半小时了。而预报信息的传播也非常困难，当时并非家家都有广播，就连单位都不一定有，因此，一旦发生紧急情况，三防部门就通过汽车上装置的喇叭走街串巷，将台风的消息"喊"给老百姓。记得大亚湾核电站建设之前，深圳气象台观测员均自带设备，骑着自行车绕行于核电站周边进行实地监测，同时，还经常登上人迹罕至、满目荒凉的大甲岛监测。

作为深圳气象台第一任预报科科长，我至今仍对 1983 年 09 号台风"爱伦"记忆犹新。浓厚的阴云挟着疾风劲雨呼啸而来，茅草屋、工棚几乎全部被掀翻，那场台风使很多人被洪水围困。当年，我们深圳气象台就凭着简陋的设备和气象人的精神，提前 7 天预报出台风"爱伦"的动向。那时，创造"深圳速度"的国贸大厦刚刚建到 13 层，获悉强台风将正面袭击深圳，施工单位中建三局的领导赶到蔡屋围，守在我们值班室中，在强台风来临前有效控制了施工现场，没有造成损失。时任深圳市市长梁湘来到我们观测值班室，亲临现场指挥指导。成功预测"8309"号台风，大大增强了我和同事们对预报工作的信心，我们学习和借鉴国外搞天气预测的经验，次年以 9 万元起家，筹备创办了深圳市气象服务有限公司，当年 6 月份挂牌运营。此后，天气预报备受建筑企业瞩目，深圳市气象台自此声名远扬。

1983 年，我调来深圳的时候，整个气象台只有院中一个水龙头，值班室则是一间仅 14 平方米的小平房，气象台全部员工只有十多人。每天早上八点、下午两点，我们会准时收到国家气象局通过传真发来的两幅日本气象卫星云图，另外，再通过广播收听广东省气象台发布的天气形势与分区要素预报，使用电报来接受经纬度电码，通常前面是经度、后面是纬度，利用所获信息来绘制自己的云图，然后根据深圳的气象要素、时间剖面图与天象、物象特征综合分析，经过多次计算方程加上预报经验，做出 24 小时预报和未来几天的趋势预报。在常人看来，天气预报仅有简单的几行字，而在特区建设初期，这看似简单的预报却是多位"气象人"通过解读电码、计算经纬度、绘制云图、多次计算方程得来的结果。

1986年，深圳市气象台由省垂直管理改为深圳市管气象台，市气象台向市政府递交报告申请基建资金，一路“绿灯”，终于有了当时市气象局自己的办公楼。另外，用外汇购买了当时比较先进的150计算机和深圳市第一台苹果机及一台空调。

深圳气象事业起步虽晚，但发展很快，当时在全国已处于领先水平。我和另一位同事历时20年研发的“雨量传感器”在1986年获得国家专利。靠着这一“法宝”，深圳市气象服务有限公司与市三防指挥部合作，历时8个月建设后完成雨量监测系统，为深圳抗雨防灾预测增添新机。与相关科研院所合作在全市范围建起了5个测风站，提高天气预报的准确性。配合市气象局筹建SHQI-300自动气象站的宏大建设工程，一直干到1997年退休。

四、深圳气象事业与时俱进

人物简介：

刘敏，女，深圳人。17岁高中毕业，被分配到宝安县气象站任气象观测员，从事气象观测工作。工作两年后进入中山大学气象专业进修，毕业后继续回到深圳市气象局工作。

口述：

当时宝安县气象站设在位于和平路附近的一间平房里。起风的时候，屋顶的瓦片会被吹下许多灰尘，经常还有些小虫子从上面掉落下来。那时候只有10人左右，基本上都是搞观测的。气象站全部设备只有3个百叶箱，其中两个分别用来观测温度和湿度，另一个用于备份。气象站每天要向宝安县县长提供天气预报信息。气象站设备简陋，没有电话，每天下午员工要骑自行车把天气预报纸条送到县长办公室，纸条只有三句话：今天晚上到明天预计最高温度和最低温度是多少，湿度是多少，风力多大。虽然那时候工作条件艰苦，但是和老一辈气象人比起来还算幸福。

20世纪70年代末，有很多偷渡客欲偷渡香港。因为气象站24小时值班，灯火通明，偷渡客误以为气象站就是香港，加上前面有铁丝网，他们往往冒险爬观测场铁丝网过来，结果被县中队（那时不叫公安局）抓住遣返。另外，只要出现台风天气，我们都会很紧张。气象站老同志预报经验丰富，所以就成为中央气象台一个重要的观测点，有很多气象预报都要听取宝安气象站的意见。

在这种工作环境下，为了能够准确地预报天气，我们积极寻找一切可能采取的方法。当时，气象台员工每年都要专程走访许多乡间老农，咨询天气变化规律，向他们取经。由于农业与气候的密切关系，老农们养成了长期观察和总结气候变化征兆的习惯，并将有关经验编成农谚，代代流传。在这些农谚中，有一部分并没有什么科学道理，盖因某种巧合曾经“准确预测”过天气、气候的变化，故被老农记录并流传下来。在深圳乡间，曾一直流行着捕鲫鱼测台风的习俗。老农相信，每年汛期到来之前捕到的鲫鱼，其脊骨上的节数就预示着当年有多少场台风。这种预测当然缺乏科学依据，可我们仍旧把其当作参考资料汇集收录。同时，一些动物在天气变化时的反应也成为我们预测天气的参考之一。乌龟对天气变化十分敏感，我们就在院子里建了一个乌龟池，悉心饲养了许多乌龟，每天仔细观察它们行为的变化，然后作为预报的参考。那时候，获取台风相关资讯主要还是靠广播，广州靠飞机探测，一小时预报一次。宝安县共分布有20多个气象站，全部靠人工探测。每个公社派一名优秀共青团员负责探测，探测资料很有参考价值，分析也非常仔细，体现出老一代气象人独有的智慧。很多农谚当时我们都会熟记在心，现在已经忘记了。记得20世纪80年代气象台在蔡屋围办公的时候，台里预报处有一部相机，我负责洗、冲、晒相片并在暗房里操作。每天早晨，分别向着东南西北四个方向拍一组照片，有特殊的要说明，讲明什么云、什么状况、几点拍摄，仔细看清楚后再预报。

社会在发展，深圳气象事业也与时俱进。从气象站到气象台，随着诸多高科技气象技术的加入，深圳气象台规模也逐步扩大。有段时间，气象预报“三天不值班，就不懂怎么值班”成为气象人的口头禅，足以说明变化之快。高科技技术的广泛使用给气象预报带来了新生。在具体工作中，有些小程序需要预报员亲自编写，每天捧个大本子，一毫米一小格计算纸，在上面点三条线，还有一条平均线，对有关数据进行统计，是眼睛加思想的统计。当年，我刚从中山大学毕业回来，同事们经过创新后研发出洞卡，制成表格，气温、压强、湿度以及气候变温变湿等全填在表格上，旁边有对应的多少号、多少孔，然后用个竹签去捅，剩下的就弃之，来找概率、找相似点。这些小发明都是当时气象预报员智慧的结晶。那时候没有现在的高速计算机，所以很多气象数据无法准确分析。气象台建有一间计算机室，只有一台小小的 PC150，同事们穿着白大褂在里面工作，未经批准任何人不得进去。对计算机的应用是后期才开始掌握的，那时候自己年纪已大，所学的气象专业技术是打孔，从左孔输入到左孔机，做成一条像磁带似的纸条，孔代表 0 和 1，二进制。所编程序全部都在那个纸条上，打错了可以剪掉重新拼接。为此，气象局专门雇请学校的一位员工帮助打孔，保证计算机二十四小时运转。

数据预报是现代预报的重要手段。深圳气象台历时几年后才真正将该项技术应用到天气预报。数据预报刚开始应用的时候节点没能处理好，等压线到节点处会密集或者折断，所以基本不用。我们采用的是欧洲中心数据预报方法，早期的没啥参考价值，20 世纪 80 年代才普遍应用，几年后提高很多，现在的欧洲中心系统确实预报准确。90 年代末我们经常使用香港自动气象站的资料，其风场很好用。当时，我们南海的资料很少，后来建起石油平台气象站，就此弥补了空白。在众多气象硬件设施中，我认为最棒的就是石油平台气象站。

深圳气象事业是在一次次挫折中一步步走过来的。1997 年香港回归之前，市气象台为了准确预报香港回归期间天气状况忙碌几个月，力求做到精益求精。然而，在香港回归第二天，一台盛大的、非常重要的庆祝晚会在世界之窗举行时，一场持续不停的大暴雨不期而至，让气象部门的天气预报前功尽弃。按照广东省气象台传送过来的气象数据，那天只可能会有短时的阵雨，可结果却令人措手不及。在紧急联系香港气象部门后，深圳市气象台获取到香港气象雷达监测的最新数据，通过一系列实时数据，工作人员清晰看到了强劲的回波，预示着这场暴雨将长时间持续下去，这台庆祝晚会被迫宣告夭折，造成了极大的负面影响。这次误报令深圳气象局痛下决心：必须尽快拥有更有效、更先进的雷达设备。为此，深圳市气象局现已先后增添两部雷达，极大地提高了预报的准确性。防灾预警气象雷达塔是一座以提高气象防灾减灾服务能力为目标，集现代气象探测、通信、网络、预报、服务、科研为一体的高科技业务中心，该雷达可以有效地探测深圳及周边 250 千米范围内灾害性天气情况的变化，24 小时连续运行，6 分钟一次全方位扫描，对强雷暴探测率达 96%，可以探测到每小时 0.02 毫米的微弱降水，构成包括基准气候、城市气候、生态气候等气候观测所需的梯度通量、风温廓线、大气边界层和雷电定位在内的综合观测系统。

现在的深圳气象观测，借助信息化和数字化，已初步建成了综合观测平台、信息发布平台、预报预测平台、综合服务平台和减灾与应急平台，灾害天气系统捕捉和预警的能力显著提高，预报预警的针对性和有效性明显增强，气象灾害预警信息发布覆盖率大幅上升。

新世纪开始，深圳的气象事业也迎来了春天。气象局的基础设施不断完善，各种先进的设备仪器不断更新换代，当初那个简陋的宝安气象站已逐渐发展成为今天深圳城市发展的“保护神”，深圳的气象事业和这座城市一起，经历了一场脱胎换骨的巨变，迈入气象事业的新高度。

回忆起 30 多年的气象生涯，有欢乐也有痛苦，有成就也有挫折。作为气象人，或许你已经尽己所能，钻研气象预报的各类知识，但你仍然必须面对自己难堪的误报，这时候你甚至会怀疑自己努力的价值。总结而论，这就是奇妙的天象，反复不定，变化无穷。

五、从“看云识天气”到大数据时代

人物简介：

朱小雅，女，1959 年出生，广东河源人。1975 年上山下乡，1977 年恢复高考后参加高考，后被录取到位于从化市的广东省气象学校学习。1980 年毕业，作为当时唯一一位中专毕业生被分配到深圳市气象站（即宝安气象站）工作。2014 年 9 月从深圳市气象局退休。

口述：

作为深圳气象站第 13 位职工，我到岗后便被分配成为气象观测员。参加工作后第一件事是气象台搬砖盖房子。记得当时搞测报的有个年轻人被调去搞基建盖房子，站里没人搞测报，我刚来就顶上岗位，我的气象生涯从此开始。

气象站在我到岗不久就升格为气象台，直属广东省管辖。1982 年，深圳市气象台的管理体制从以省气象局领导为主，改为以市人民政府与广东省气象局双重领导、以市人民政府领导为主。气象台工作条件很艰苦，生活更是不方便，硬件设施和环境都很差。除了高高竖立在观测场中间的那根风向杆之外，其他建筑物都是些低矮的砖房，还有一部分铁皮屋。当时市政府、公安局、农业局都在气象台附近，相形之下这里显得有点儿“寒碜”。整个气象站只有一个自来水龙头，十几个职工只能准备好几个大桶，有空就去接水拎回宿舍留着备用。全台人共用一个屋顶为铁皮搭建的厕所。与厕所一墙之隔是公用厨房。那个时候深圳罕有“私家厕所、厨房”，因不敢去公用厨房做饭，单身职工都去前边市政府饭堂“蹭饭”吃。蔡屋围到上步则是一片荒地。

参加工作后我才发现，气象工作远非在校时想象的那么浪漫。历史上孔明夜观天象，抬头就知道未来天气的故事在现实中根本不可能发生。上白班、值中班、加夜班、三班倒成为工作中的常态。我们搞测报工作每隔一个小时要发报一次，通过电信把我们的资料（以电码的形式，把云能天气）最迟在正点后 3 分钟内发给邮电局，邮电局再将电码发到全世界，全球的气象部门在同一个时间将资料汇总，对专业要求特别严格。

气象局从建台到我退休这 30 多年，每个过程我都仍然历历在目。20 世纪 80 年代初的珠三角强对流天气，船翻桅断，灾祸惊人。三月份全省联防，天天拿个对讲机，一到时间就和各个台站、总局连话，昔日情景想起来就很清晰。2003 年，台风“杜鹃”携狂风暴雨横扫珠三角地区，那一次我们监测预报极准，在台风离深圳 800 千米的时候我们就已挂出信号，为深圳的防台防灾及时预警，避免了台风所造成的损失。记得我值班遇到最惊险的一次是深圳的雷暴天气，当时雷声轰鸣、响彻大地，我抓起电话时话机都冒火花，把我吓得魂飞魄散，至今难忘。与深圳的风雨雷电打交道 30 多年，对这座城市历经的各种气象灾害记忆犹新，最让我难忘的还是 1983 年 8309 号台风。此次台风从南面擦过深圳，在珠海登陆。深圳当时正处于建设初期，硬件设施极不完善，到处是铁皮屋、工棚、简易房屋，防灾预警体系更是无从谈起，因此，台风过后 80% 以上的简易房屋已被摧毁，气象台的公共厕所铁皮屋顶也被台风掀翻，整个城市满目疮痍，一片狼藉。

从事气象工作这么多年，自然会面对各种无形的压力。我始终认为，作为气象人，对工作要有一种高度的责任感，因此，上级部门对天气预报的苛刻要求和市民对气象预报的生活需求，都会给自己的工作造成压力。记得有一次中午值班，我们预报天气发布局部有阵雨，有一位龙岗的市民刚巧那天晒一种贵重物品，可局部阵雨偏偏就下到他那儿，后来他将电话打到气象局怒斥，说因天气预报之误导致他损失好几万……后来想想人家个体商贩损失惨重，虽言语过重我们也只好忍了。此类事情在工作中经常会发生，我们干气象工作的同志必须历炼自己。

对于专业业务方面，我非常喜欢从事预报观测工作。该业务既专业又比较单一，不用和外人打交道，利于提高个人的专业知识。气象台最早没有使用电脑，我们都是用手工记录云、能、天。具体做法是先去观测，观测完之后去值班室，再在专用记录本上进行记录。例如，今天云量是满天的，但是天空有点缝，按此客观记录。观测上依据相关标准全部用肉眼去观察。我们那时搞观测的技术是过硬的，那些云有多高，每个时段都不同，完毕之后用“1234567890”十个数字编成电报，发给邮电局。详细分为编码到 9 位数以上的就属雷雨天气，邮局就发给机场等各单位，机场根据我们的编码电报就知道机场上空的天气情况，这个就是当时的航空报，属最原始的气象预报。后来，逐步开始采用

PC150 机器编码，人工编码陆续被淘汰。

我从小就对气象感兴趣，小学升中学的时候整天去找那些小人书，比如《看云识天气》等之类的气象书。下乡当知青的时候，有关部门会发给我们一批图书，我就从中寻找一些气象知识的书籍，自己认真阅读，慢慢领悟，自那时起，气象事业就成为我所追求的一个梦想。成为气象局一个兵后，许多同学对我说，只有你实现了学生时代的梦想。气象事业我一干就是 40 年，完全是发自内心里的那份真爱，个中滋味，只有自己体会。

我从 1975 年参加工作到 2014 年 9 月退休，整整 40 年，用 40 年时间奋战在气象第一线，我很知足。退休后，我参加了市政府的老年长青大学，每周报两个班上课，一年有五六个月不用上课，有寒暑假。3 月份开学，6 月份下旬就放假，9 月中旬才开学，元旦前又放假了，一到寒暑假我们就出去玩，也深切体会了另一种生活。

随着现代科技的日新月异，气象预报早已今非昔比。现在的气象工作是大数据时代，既有庞大的资料库也有专业的仪器，为社会提供专业精准的气象知识和气象预报，作为气象人，我由衷地先赞叹。

经过 30 年的发展，深圳市气象局天气预报从听广播、手绘图、估算时代跨越到用超级计算机运算的年代，预报也从当年的一天一报变为目前的滚动播报，通过短信、微信公众号、互联网实时更新。现代生活使人们对于气象预报的要求越来越高，而风云变幻对于整体经济发展的影响也越来越大。我认为，在将来深圳的气象预报或许可以精细到每个小时、每条街道，更好地为大众服务。

编后记

《深圳市气象志》是首部记载深圳气象事业发展、天气气候变化历程的专志。根据 1998 年 5 月中共深圳市委、市政府发出《关于全面开展深圳市志编纂工作的通知》的要求，1998 年 8 月深圳市气象局成立了《深圳市气象志》编纂委员会，气象志修编工作正式启动。2000 年 8 月完成了气象志初稿，包含气象事业的发展、气象业务、气象服务、气象科研教育、对外交流、气候特征、气候资源、主要灾害性天气、气候变迁、逐年重要气候事件等篇章，记事时间为 1952—1998 年。但当时深圳市气象局作为深圳市农业局下属事业单位，其气象志内容略显单薄，未能作为专志出版，仅将部分章节提供给其他专志使用。

2002 年 1 月，深圳市气象局改为赋予行政职能、主管全市气象工作的市政府直属事业单位。2003 年，新任领导班子到位后，气象事业得到全面快速发展。2006 年底，气象志的补充编纂工作重新提到议事日程，2007 年 1 月，重新成立《深圳市气象志》编纂委员会，主编依然由原任《深圳市气象志》的主编钟保粦高工担任，并由各处室、单位人员组成编纂小组，补充 1999—2006 年资料。根据气象业务发展，增加了部分业务章节及民航机场气象台、直升机场气象台的机构与气象资料。在编纂过程中，局领导高度重视，多次组织协调会，亲自把关，仔细修改，组织编纂小组人员进行了两次集中编写，同时分别到市、区档案部门查阅资料，将两个机场气象台的气象资料人工输入电脑，整理出所需的数据，编纂小组人员经常加班，于 2008 年 2 月完成了总量为 23 万字的志书初稿。2008 年 2 月 28 日召开了《深圳市气象志》专家评审会，评审委员会由广东省地方史志办公室、深圳市史志办公室、国家气候中心、北京市气象局、广东省气象局、深圳市水务局、深圳市气象局等单位的 7 名专家组成，专家们一致认为该志稿思路清晰，资料翔实，记述详略得当，文风朴实，语言流畅，文图并茂，整体结构基本符合编志要求，同时具有时代特点和行业鲜明特色。会后，编纂小组根据专家的意见和建议，在局部章节、语言表述、文字使用、资料取舍、图表、技术规范等方面对志稿做了进一步的修改补充。

本次对《深圳市气象志》修编始于 2018 年 3 月初，终稿完成于 2020 年 5 月，成文 66 万字，内嵌图片 166 幅。为重修《深圳市气象志》，对 1952—2006 年旧版《深圳市气象志》的资料进行重新梳理，对 2007—2019 年的基础资料进行了收集和整理，对此次气象志新增口述史相关同志进行了采访，对 230 多张老照片进行分类、整理、扫描。搜集资料达 100 多万字，为修志工作打下了坚实的基础。

本届新修的《深圳市气象志》，由于时间跨度大、史料有些部分不甚完整，在付梓之前，修志人员反复自查、反复校对，遗漏和谬误在所难免，恳请读者指正。

编　者

2020 年 10 月